国家出版基金项目
NATIONAL PUBLICATION FOUNDATION

中国航天技术进展丛书
吴燕生　总主编

航天器姿轨一体化动力学与控制技术

孙　俊　刘付成
王剑颖　吴限德　著

中国宇航出版社
·北京·

图书在版编目（CIP）数据

航天器姿轨一体化动力学与控制技术 / 孙俊等著
.--北京:中国宇航出版社，2017.4
ISBN 978-7-5159-0997-4

Ⅰ.①航… Ⅱ.①孙… Ⅲ.①航天器－飞行控制
Ⅳ.①V448.2

中国版本图书馆 CIP 数据核字（2015）第 238893 号

责任编辑 杨 洁
责任校对 祝延萍 **封面设计** 宇星文化

出 版
发 行 中国宇航出版社

社 址 北京市阜成路 8 号 **邮 编** 100830
(010)60286808 (010)68768548
网 址 www.caphbook.com
发行部 (010)60286888 (010)68371900
(010)60286887 (010)60286804(传真)
零售店 读者服务部
(010)68371105
承 印 北京画中画印刷有限公司

版 次 2017 年 4 月第 1 版
2017 年 4 月第 1 次印刷
规 格 787×1092
开 本 1/16
印 张 16.75
字 数 406 千字
书 号 ISBN 978-7-5159-0997-4
定 价 148.00 元

本书如有印装质量问题，可与发行部联系调换

《中国航天技术进展丛书》
编 委 会

总　序

中国航天事业创建60年来，走出了一条具有中国特色的发展之路，实现了空间技术、空间应用和空间科学三大领域的快速发展，取得了“两弹一星”、载人航天、月球探测、北斗导航、高分辨率对地观测等辉煌成就。航天科技工业作为我国科技创新的代表，是我国综合实力特别是高科技发展实力的集中体现，在我国经济建设和社会发展中发挥着重要作用。

作为我国航天科技工业发展的主导力量，中国航天科技集团公司不仅在航天工程研制方面取得了辉煌成就，也在航天技术研究方面取得了巨大进展，对推进我国由航天大国向航天强国迈进起到了积极作用。在中国航天事业创建60周年之际，为了全面展示航天技术研究成果，系统梳理航天技术发展脉络，迎接新形势下在理论、技术和工程方面的严峻挑战，中国航天科技集团公司组织技术专家，编写了《中国航天技术进展丛书》。

这套丛书是完整概括中国航天技术进展、具有自主知识产权的精品书系，全面覆盖中国航天科技工业体系所涉及的主体专业，包括总体技术、推进技术、导航制导与控制技术、计算机技术、电子与通信技术、遥感技术、材料与制造技术、环境工程、测试技术、空气动力学、航天医学以及其他航天技术。丛书具有以下作用：总结航天技术成果，形成具有系统性、创新性、前瞻性的航天技术文献体系；优化航天技术架构，强化航天学科融合，促进航天学术交流；引领航天技术发展，为航天型号工程提供技术支撑。

雄关漫道真如铁，而今迈步从头越。“十三五”期间，中国航天事业迎来了更多的发展机遇。这套切合航天工程需求、覆盖关键技术领域的丛书，是中国航天人对航天技术发展脉络的总结提炼，对学科前沿发展趋势的探索思考，体现了中国航天人不忘初心、不断前行的执着追求。期望广大航天科技人员积极参与丛书编写、切实推进丛书应用，使之在中国航天事业发展中发挥应有的作用。

雷凡培

2016年12月

序

随着空间技术的发展，人类生活对空间资源的依赖程度日益提高，空间技术已经成为衡量国家综合实力的重要因素之一。空间载荷的精细化、多样化、大型化、协同化发展，对航天器的控制系统设计提出了更高的要求，提升单星控制能力及多星编队协同控制能力，将对我国空间科学观测、对地遥感等空间任务的实施奠定技术基础。

航天器的高精度动力学建模与高精度控制是航天器控制系统设计的核心问题，是载荷在轨正常工作的保障条件。本书针对该需求，以航天器姿轨一体化动力学模型为基础，设计了姿轨一体化跟踪控制、有限长时间控制与滑模变结构控制器，研究了基于对偶四元数的相对测量、位姿确定与导航方法，完成了详尽的仿真验证。研究成果能够提高单星控制能力，并能为多星在轨协同控制提供新的理论基础。

上海航天控制技术研究所的孙俊等同志在多年理论研究与工程实践的基础上，撰写了《航天器姿轨一体化动力学与控制技术》一书，它是作者多年研究成果的提炼与结晶，是目前国际上第一部系统、详细论述航天器姿轨一体化动力学与控制理论与方法的著作。该书将新技术理论研究与空间任务实践需求有机的融合，部分研究成果已经应用于航天器控制系统研制与背景型号论证中。该书在总结航天器姿轨一体化动力学与控制现状的基础上，结合工程实践需求，提出了基于对偶四元数的一体化建模理论与相适应的控制方法，该方法是传统动力学与控制方法的有益补充，能为我国的航天器总体部署与研制提供新的理论参考。

本书研究成果理论深入、表述清楚、系统性强，为解决动力学与控制问题提供了新思路，适合从事航天器相关专业研究的科技工作者参考。

孟执中

2017 年 4 月

前　言

现代航天器动力学建模与控制技术发展迅速，在空间编队、分离式航天器、集群航天器等新兴背景需求的推动下，多航天器的相对运动学和动力学建模思想、方法不断推陈出新，基于新动力学模型的控制和相对导航方法也逐渐成为研究热点，新成果不断涌现。

随着航天技术的发展，新的航天任务对航天器动力学和控制提出了更为苛刻的要求，如微小卫星编队飞行、航天器交汇对接、航天器空间逼近等都存在姿轨耦合的问题，传统上分而治之的方法表现出顾此失彼的局限性。本书以对偶四元数为数学工具，借助对偶四元数在描述螺旋运动方面的优势，将两航天器或多航天器的相对运动抽象为螺旋运动，再利用对偶四元数建立航天器姿态—轨道一体化动力学模型，据此设计姿轨一体化控制器和相对导航方法，以期为未来航天任务和航天器型号的空间部署提供理论和技术基础。

全书共分 11 章：第 1 章“绪论”，介绍航天器运动模型、姿轨一体化建模、控制方法和导航方法的国内外研究现状，为后续方法设计提供参考。第 2 章“航天器姿轨一体化相关理论基础”，介绍了四元数、对偶四元数、非线性控制等相关基础理论和基本思路，为后续控制器和相对导航方法的设计提供理论基础。第 3～6 章分别介绍基于对偶四元数动力学模型的跟踪控制、有限时间相对控制、基于偏差对偶四元数的滑模变结构控制等方法。第7～11章分别讨论了基于特征测量、单目视觉、多特征信息融合、对偶四元数和鲁棒滤波等相对导航方法。

本书是作者结合近十年来的研究成果编写而成，书中包含多位青年研究人员的先进成果和辛勤劳动，其中作者尤其要向郭凤至、崔本杰、张洪珠、郝勇、刘源等撰写本书部分内容的同志表示感谢。

本书可供航天、航空、兵器等部门从事卫星、导弹与火箭的总体设计、飞行力学、飞行控制、相对导航等专业领域的科研人员使用，也可作为高等院校有关专业的研究生和高年级本科生的教材和参考书。

限于作者水平，书中难免有错误和疏漏之处，敬请读者指正。

作　者

2015 年 9 月

目 录

第 1 章　绪论

1.1　背景、目的及意义

航天器轨道和姿态的导航与控制是完成航天任务的重要保障，因此，世界各国的研究学者都投入了大量精力进行相关问题的研究，经过五十余年的努力，国内外无论是在基础理论、技术应用还是在工程实现上都取得了丰硕的研究成果，刚体航天器的轨道和姿态动力学建模、经典的控制理论和导航方法都已日趋成熟。

然而，随着航天技术的发展，小推力推进等新技术的应用，空间交会对接和编队飞行等多航天器任务的出现带来了一些新的技术难题，在多方面对航天器动力学建模、导航与控制提出了更高、更新的要求。

1）传统的空间任务中，通常采用大推力发动机实现航天器轨道控制，控制时间很短，可以近似为脉冲式控制，因此通常在轨道控制期间很少考虑高精度的姿态控制。然而，随着小推力推进技术在航天器控制中的应用，使得控制时间变长，甚至近乎连续控制，因此，无法忽视航天器的轨道和姿态之间的相互影响。

2）在空间交会对接等目标逼近任务中，追踪航天器需要沿着目标航天器的对接端口方向逼近目标，与此同时，还需要与目标航天器保持一定的相对姿态，以实现姿态同步。因此，需要对航天器的相对位置和相对姿态进行实时估计和控制，最终使追踪航天器达到期望的运动状态。

3）对于多航天器编队，特别是诸如空间干涉测量编队等编队任务，任务期间既要精确保持编队的空间几何构形，又要对相对姿态进行高精度控制，由于此时编队中的航天器通常距离较近，使得相对轨道和相对姿态产生耦合，因此，在高精度控制算法与导航算法的设计过程中必须要考虑到这部分耦合影响。

对于航天器交会对接等空间目标逼近任务，由于需要同时控制追踪航天器相对于目标航天器的高精度相对位置和相对姿态，轨道和姿态的分别控制需配备轨控和姿控两套推进系统，若能通过共用执行机构实现轨道和姿态运动的一体化控制，则能提高航天器的控制精度和控制效率。然而，一体化建模与控制的实现却受到了以下两方面问题的限制。

数学模型方面：其一，传统的建模方法是轨道和姿态分而治之的独立建模，虽然简化了问题，但增加了模型的复杂度，使航天器近距离接近导航与控制算法繁琐，同时占用了大量有限的星上计算资源。其二，传统的航天器运动都是采用轨道和姿态各自独立的方式描述，因此所用数学工具都只是对各自问题最有利，如采用轨道六要素表示航天器轨道，采用欧拉角/四元数等表示航天器姿态等，但却不一定适用于新的问题，而且还存在大量繁琐的三角函数运算、大角度奇异和表达不直观的问题，很难实现真正意义上的一体化动力学建模。

控制方面：传统上通常将航天器控制分为轨道控制和姿态控制两部分分别加以研究，并在实际任务中得到成功应用。然而，随着航天技术的发展，新的航天任务对航天器动力学和控制提出了更为苛刻的要求，如微小卫星编队飞行、航天器交会对接、航天器空间逼近等都存在姿轨耦合（控制输入和执行机构等的耦合）等，传统上分而治之的方法表现出顾此失彼的局限性。

由于传统的基于视觉的相对运动参数估计算法需要进行大量的数据处理，星上处理器与资源有限导致数据更新率不足。另外在空间交会对接任务中，姿态和轨道动力学强烈耦合，传统方法是将轨道和姿态分别描述、独立控制，虽然使问题得到了简化，但当面对控制要求较高的航天任务时，这种分而治之的方法忽略了航天器姿态和轨道之间的耦合性，无法达到令人满意的控制效果。对于合作或非合作航天器间相对位姿参数确定算法，系统的可靠性和算法的鲁棒性是首要考虑的问题，如果仅利用某一种特征信息，会由于特征光标损坏、遮挡或特征提取和匹配错误导致特征数据量不足，从而导致算法可靠性和精度降低，甚至得到错误的结果。利用单幅视觉成像图片只能确定某一时刻的位置和姿态，无法直接测得位移速度和姿态角速度，而仅靠增加特征数量不能有效滤去可近似为高斯白噪声的误差。另一方面，视觉系统在轴线方向的深度信息精度低，在该方向上的可观测性很差。

Chasles 定理[1]表明：任何一般性刚体运动都可以通过绕某个轴的旋转和沿相同轴的平移实现。这种旋转和平移的组合很像一种螺旋式的运动。基于以上理论把旋转和平移统一考虑，产生了对偶四元数概念，对偶四元数继承了四元数的诸多优点，能避免在大角度旋转时运算中的奇异性和姿态矩阵的正交性问题。在计算机视觉、机器人等领域的应用显示出了其数学表达式直观、明了，计算效率高等很多优势。可见，基于对偶四元数的建模方法很好地为上述问题找到了答案。

传统上针对特征点、特征直线等几何特征的数学表示不同，导致基于上述特征的相对位姿确定算法差别极大，同时多特征融合也极为困难。在对偶数代数框架内能够以统一的数学模型表示特征点和直线，为推导基于点、线特征的多特征融合提供了可能。

利用图像序列进行递推估计比利用单帧图像的位姿确定算法更能抑制可近似为高斯白噪声的误差，设计基于单目视觉的卡尔曼滤波算法，可以通过系统运动学和动力学模型估计出线速度和角速度信息，满足相对导航任务的需要。考虑到大部分航天器上都装有惯性组件（IMU，Inertial Measure Unit），包括陀螺和加速度计，其可靠性高，短期内精度高且不受距离影响，但是误差会随时间累积。针对单目视觉和 IMU 系统各自的优点与不足，同样可采用卡尔曼滤波将两信息融合，取长补短，进而提高导航精度。

对于航天器交会对接、空间目标逼近、卫星编队飞行等任务，由于需要同时控制追踪航天器相对于目标航天器的高精度相对位置和相对姿态，一般情况下轨道和姿态的分别控制需配备轨控和姿控两套控制算法和推进系统，因此基于统一的位置、姿态相对运动模型为论文的后续工作（设计轨道姿态一体化控制算法，共用推进系统实现轨道姿态一体化控制）奠定了基础。

由此可见，传统的将航天器运动分解为轨道运动和姿态运动并对其分别研究的解决方式，在航天任务和空间技术不断发展的今天逐步显露出潜在的问题。近年来不断出现的轨道和姿态耦合动力学[2]、一体化控制[3]、一体化导航[4]问题的研究结果也表明了上述问题的重要性，引起众多学者的普遍关注。

本书以探索实现航天器轨道和姿态一体化（简称姿轨一体化）动力学建模、控制与导航的新理论和新方法为主要目的，重点研究航天器姿轨一体化动力学建模方法，航天器姿轨一体化鲁棒控制方法，以及基于特征测量的航天器相对视觉导航方法。本书的研究有望为解决轨道和姿态动力学控制与导航等相关问题提供新方法和新途径，为我国多航天器飞行任务的总体分析和设计提供必要的理论基础。

1.2 对偶四元数的应用现状

对偶四元数多用于分析和处理运动学和动力学问题，应用在空间机器人、机械、捷联惯导、控制、计算机辅助设计等多个领域中。20 世纪 50 年代之前，在机械领域，应用其对平面连杆机构相对位置进行分析。

基于这种描述，刚体的一般运动也可用“螺旋运动”描述，基于以上理论，Clifford 于 19 世纪 70 年代率先给出了对偶数的定义，并建立了对偶四元数代数，对偶四元数在继承了四元数的诸多优点的基础上，将旋转和平移统一考虑，和其他描述螺旋运动的数学工具相比，具有表达式直观、明了、计算效率高等优势，因此基于对偶四元数的建模方法被逐步应用到各工程领域中解决运动学和动力学相关问题。

Yang[5]采用对偶四元数代数分析了空间连杆问题，证明它不仅能够进行位置分析，还可以进行速度、力和力矩、加速度的分析。Daniilidis[6]引入对偶四元数代数进行理论分析，将非线性问题映射成一个线性问题，解决了手眼标定问题，在减小计算量的同时提高了计算精度。

20 世纪 90 年代初，俄罗斯数学家、物理学家，联盟号宇宙飞船控制系统的总设计师 Branets 把对偶四元数代数应用于惯性导航领域[15]，首次论述了在捷联式系统的理论分析中引入对偶四元数代数的可能性，并勾画了用对偶四元数描述捷联式系统中各坐标系间关系的基本框架。

在计算机辅助设计领域，Rooney[8]将刚体的空间变换划分为空间点变换和线变换，并将对偶四元数应用于空间线变换中，证明其是最有效的。George V Paul 和 Katsushi Ikeuchi[9]利用对偶四元数给出了当一物体与固定物体接触时，描述其运动的一般性方法，并将其应用于 APO（assembly plan from observation）系统中。

完成了对人的胳膊等肢体运动的基于对偶四元数分析，并证明了相关定理。国内学者武元新研究了基于对偶四元数的捷联惯导系统中涉及的导航信息的数学描述、数值解算及导航信息的最优实时融合策略问题[11]，他指出：基于对偶四元数的导航方法具有导航位置和速度精度高、鲁棒性好的优点。

由 Kotelnikov 转移原理可知矢量代数运算法则同样适用于对偶矢量代数，因此利用轨道和姿态一体化动力学模型设计控制算法与利用传统模型并无本质上的不同。一体化的航天器轨道和姿态控制是从系统和全局角度来考虑控制问题，依据航天器全局运动特性，设计航天器运动状态的控制算法，并利用由控制算法给出的期望控制力/力矩指令，通过控制共用的执行机构，完成航天任务，由此既能提高航天器的控制精度和对执行机构故障的容错能力，又能省去部分硬件、节省推进剂，达到控制效率最大化，为解决未来新型航天任务所面临的控制问题提供一条可行的技术途径。

国内，韩大鹏基于李群结构，利用对偶四元数进行了多自由度空间机械臂位姿控制的研究[12]，指出：融合任务空间几何结构与对偶四元数代数工具获得的位姿控制律形式更为简单，并能够提供平动和转动之间耦合的补偿，显示了对偶四元数在控制领域中应用的优势。刘延柱等利用对偶数和对偶矢量等概念，建立了对偶形式的简洁紧凑的多刚体动力学方程[13]。

交会对接作为对偶四元数的重要应用方向，国内外也对其进行了一些卓有成效的研究，提出了一些方法。在空间机器人、交会对接等任务中对目标进行基于视觉的观测方面，美国、俄罗斯、西欧等都已进行了成功的研究，并应用于空间实验和交会对接等空间任务。20 世纪 40 年代能源火箭与航天公司（RSC-Energia，俄罗斯）和德国航空航天公司（DASA，德国）共同开始研制自由飞行监测航天器（Inspectora），并配备一台 CCD 相机用于航天器相对导航和监测任务。其原理样机于 1997 年发射并与“进步号”飞船和“和平号”空间站一起进行了任务演示。同年，美国国家航空航天局（NASA）开始研究利用光测图像测量空间目标的距离和位置。欧洲空间局（ESA）从 20 世纪 80 年代开始进行空间交会对接技术的研究，包括与空间平台有关的、无人航天器、空间站与航天飞机交会对接技术的研究工作等。20 世纪 90 年代末开始，DASA 资助阿斯特里木（Astrium）公司、不来梅大学和柏林技术大学共同研制 Micros 微小卫星相关技术，用于绕国际空间站飞行并对空间站和来访飞行器进行近距离监视。20 世纪 80 年代以后，美国的航天飞机利用交会对接技术捕获和回收了失效卫星。近些年，美国空军研制了对低轨道运行卫星进行在轨检测、监视和接近的 XSS-10 微小卫星。英国在此方面也进行了相关研究，2000 年发射了纳卫星（Snap-1），主要用于演示小卫星编队飞行及对其编队星座进行遥检查和多点遥感任务的可行性。该卫星还对希望号（Nadezhda）卫星（俄罗斯）和清华一号卫星（中国）进行了拍照等。20 世纪 50 年代，NASA 发射了自主交会技术演示（DART）卫星，用于试验在无人情况下与其他卫星进行在轨交会的技术。由美国轨道科学公司研制设计的 DART 采用先进视频制导敏感器（AVGS）测量航天器之间的相对位置和姿态。

1.3　航天器运动模型研究现状

1.3.1　航天器一般运动的描述方法介绍

一般情况下，对刚体航天器运动的研究通常分解为质心的平动和绕质心的转动两部分，即轨道运动和姿态运动。其中，轨道运动可由平移矢量或轨道根数来描述；而绕质心的转动运动则可由多种数学工具来描述，如：方向余弦矩阵、四元数、罗德里格参数等。相比于其他姿态描述方法，四元数具有无奇异性、计算量小等优点，是描述姿态运动最简洁的表达形式。

航天器的轨道运动和姿态运动是一个有机整体，共同构成了航天器在轨的一般性空间运动，因此若要实现对航天器轨道运动和姿态运动的一体化描述，有必要了解刚体一般运动的描述方法。Charles 定理指出：任何刚体的一般性运动都可以分解为绕空间中某个轴的转动和在该轴方向上的平移两部分。基于这种描述，刚体的一般运动还可用“螺旋变换”或“螺旋运动”来描述。Clifford 于 19 世纪 70 年代率先给出了对偶数的定义，并建立了对偶四元数代数。对偶四元数可以将旋转和平移统一考虑，且相比于其他螺旋运动的描述工具，其表达形式更加简洁有效[14]。直到对偶数提出的一百余年后，即 20 世纪中后期才被应用到各工程领域中用于分析和解决运动学和动力学的相关问题。如，针对空间连杆机构的运动分析问题，Yang 提出了基于对偶四元数的分析方法，该方法不但实现了对连杆位置的分析，还可对其速度和加速度进行分析[5]；在计算机辅助设计领域，Rooney 对三种空间线变换的方法进行了详尽的比较和分析，并得出结论：在空间线变换中对偶四元数描述方法最有效[15]；在机器人领域，Daniilidi 引入了对偶四元数解决了手眼标定问题，并将手眼标定这个非线性问题映射为一个线性问题，既减少了计算量又提高了精度[6]；在航天领域，俄罗斯联盟号宇宙飞船控制系统的总设计师 Branets 于 20 世纪 90 年代初首次将对偶四元数代数引入惯性导航领域，建立了以对偶四元数描述捷联式惯导系统中坐标系转换的基本框架，并论述了对偶四元数在捷联式系统的理论分析中应用的可能性[16]；国内的航天领域也逐渐注意到对偶四元数理论，并做了一些探索性的研究。其中，武元新采用对偶四元数描述了捷联惯导系统的导航信息，并研究了导航信息的数值解算方法以及相关的滤波方法，文中表明，采用对偶四元数可以简化导航算法的结构、提高导航算法的精度[11]。

不难发现，上述研究成果大多体现了对偶四元数解决运动学问题的优势。然而众所周知，四元数在姿态动力学问题中得到了广泛的应用并发挥了相当大的作用，又由于对偶四元数在描述刚体的一般运动与四元数描述姿态运动的数学性质非常类似，所以，对偶四元数在解决刚体的动力学问题方面也具有潜在的优势，只是目前基于对偶四元数的动力学问题的研究还不是很多。Brodsky 等基于对偶数建立了刚体一般性运动的动力学模型，该模型与刚体旋转运动的动力学模型具有相似的形式，因此对刚体一般性空间运动的研究可以借鉴刚体旋转运动的成熟的研究方法。近年来，部分学者基于对偶四元数研究了一般机械系统的控制问题[16]，而这些研究仅仅是将现有成熟的控制方法应用于基于对偶数描述的动力学系统中，而并未做深入的研究。

1.3.2 航天器动力学建模方法研究现状

传统的航天器动力学模型通常将轨道运动和姿态运动分别进行描述，且不考虑这两部分运动之间的耦合影响，因此并不能真实地表征航天器的运动特性。针对该问题，一些学者在不同的任务背景下建立了六自由度的航天器动力学模型。如，Lisano 针对太阳帆推进航天器[17]，Somenzi 针对绳系航天器系统[18]，Subbarao 针对空间自主接近任务[19]，Gaulocher、Pan 和 Kristiansen 等针对航天器编队飞行任务[20-22]，将姿态运动对轨道运动的影响考虑进去，建立了航天器姿轨耦合的动力学模型。然而，上述文献所建立的运动模型都是由两部分组成的：一部分表示的是质心运动的轨道动力学模型，另一部分表示的是相对于质心转动的姿态动力学模型；而且轨道参数和姿态参数仍然分别采用不同的方式描述，如采用位置矢量描述轨道参数，而以四元数或欧拉角等表示姿态。上述将航天器的轨道运动与姿态运动分别建模的方法，仍需进行轨道运动与姿态运动之间复杂的混合运算，并未在真正意义上实现航天器的姿轨一体化的动力学建模。

为了建立航天器姿轨一体化的动力学模型，既要实现两种运动参数表示上的统一，还要实现两种动力学模型形式上的统一。在该问题上，也有部分学者作了相关研究。其中，Junkins 等采用四元数来表示轨道运动，并推导了基于四元数的航天器轨道动力学方程，由于该方程在形式上与姿态动力学方程相似，因此实现了航天器姿态运动与轨道运动模型形式上的统一[23]。然而，由于四元数仅能表示三个独立的变量，因此并不能完全取代轨道六要素，仍没有实现航天器轨道和姿态模型的完全统一，尽管如此，这些研究的手段和方法仍能够应用于进一步的研究。此外，一些研究人员探索采用其他数学方法对航天器的一般运动进行一体化描述。如，Sinclair 等基于 Cayley 形式的运动学原理指出航天器在轨运行的轨道运动和姿态运动可以表示成一个四维刚体的纯转动运动，并通过建立四维刚体的姿态运动模型得到了航天器的姿轨耦合动力学模型[24]；Ploen 等采用张量的形式同时描述了航天器的轨道运动和姿态运动，并基于坐标系无关的方法建立了单刚体航天器和多航天器编队的姿轨耦合动力学模型[25]；邹晖等将几何代数引入飞行力学问题中，并对旋转体运动进行了建模与分析[26]；方茹等分析了几何代数在摄动 Kepler 问题中应用的可行性以及优势[27]。

通过上述分析可以看出，航天器姿轨一体化问题正在引起众多学者的关注，虽然已经进行了大量卓有成效的前期研究，但是以实现航天器轨道和姿态耦合动力学建模为目的的研究才刚刚开始，正是这一系列工作启发了本书的研究内容。对于刚体一般性运动的研究，另一重要的结论是 Kotelnikov 转移原理，该原理表明：相对于定点的刚体运动学的所有矢量代数法则在自由刚体运动学的旋量代数中同样成立[28]。由此可知，Chasles 定理在研究一般刚体运动时具有同 Euler 定理研究刚体旋转运动时相似的、重要的地位，因此我们可以将刚体旋转运动的研究方法和手段扩展到刚体一般运动的研究中去。通过上节对对偶数研究现状的阐述发现，相比其他数学工具，对偶数能够简洁有效地表示刚体的一般性运动。因此，本书的首要工作即：在对偶代数的框架内，研究航天器一般性空间运动参数的描述方法，并建立航天器轨道与姿态一体化的运动学及动力学模型，最终形成适合控制算法设计和导航任务需要的合理的动力学模型。

1.4　航天器姿轨一体化建模研究现状

以往对一体化航天器轨道和姿态动力学建模的研究多是针对某一具体的问题，考虑特定的因素，采用适当的方法（如牛顿—欧拉法、拉格朗日法、有限元法等）进行的。建模过程当中往往是以其中一方面（轨道或姿态）为主，将另一方面作为影响因素来处理，二者不是在同等重要的地位上。其中，带有挠性部件的，刚柔多体耦合的研究成果丰富。国内外学者在上述研究中运用的思路和方法为实现真正意义上一体化的动力学建模提供了借鉴。

Pennock[29]等将螺旋理论应用于刚体空间运动动力学问题的研究成果，以及Brodsky[30]等关于刚体一般性运动动力学对偶数建模方法的研究成果等为利用成熟的刚体旋转运动学与动力学研究方法进行航天器一般性空间运动的研究与分析提供了理论基础。

针对传统上将姿轨两部分运动机械拆分的问题，Lisano 等针对太阳帆推进航天器[16]、Gaulocher 等针对空间干涉成像的多航天器编队系统[21]，考虑轨道和姿态的耦合影响，建立了系统的六自由度动力学模型。

Junkins 等研究了四元数表示航天器轨道的方法，并建立了与航天器姿态欧拉动力学方程形式相似的航天器轨道动力学方程[22]。Chelnokov 等也进行了类似的研究，分析了四元数应用于牛顿重力场中航天器质心运动建模和最优控制问题的可行性，并将其应用于航天器交会对接控制任务[31]。

Waldvogel 等将三维空间受摄开普勒运动看作为一个受摄谐振子，利用四元数实现其简洁表述，并分析了四元数在摄动理论领域内的应用[32]。Sinclair 等采用 Cayley 形式分析了航天器一般运动（包括轨道和姿态运动）与四维刚体旋转运动之间的类推关系，从而将航天器一般运动表示为姿态运动模型的扩展形式，在同一代数框架内建立了航天器轨道和姿态运动的耦合动力学模型[23]。

Ploen 等采用矢阵（vectrix）将航天器轨道运动和姿态运动统一到同一数学框架内，并分别建立了刚体航天器和 N 个航天器编队的轨道和姿态耦合动力学模型[24]。

在这些研究中，基于四元数的航天器轨道参数的表示、轨道动力学建模和控制的研究是具有里程碑意义的。在此之前的研究，轨道参数采用位置和速度坐标矢量或轨道六要素，姿态参数采用方向余弦矩阵、欧拉角或四元数等，这种参数表示的不统一，为运算带来了困难，很难实现真正意义上的一体化的耦合动力学建模。之后在其基础上的研究一定程度上实现了两种运动参数表示上和动力学模型形式上的统一。但由于四元数仅能表示三个独立的变量，仍没有实现航天器轨道和姿态模型的完全统一。前文介绍的 Sinclair、Ploen 等人正是克服上述困难，尝试采用其他数学工具对航天器轨道和姿态耦合动力学建模的问题进行研究。

国内，荆武兴、杨涤等在重力作为耦合源的情况下，建立了适合数值计算的空间站的轨道和姿态耦合动力学方程。彭冬亮等针对空间交会对接[33]等不同类型的航天任务，考虑轨道和姿态的耦合影响，建立了系统的六自由度动力学模型。彭冬亮、荆武兴等考虑停靠段的轨道姿态耦合问题进行了动力学和控制的研究。邹晖、陈万春等探索使用几何代数来描述飞行力学中应用的可行性，并利用几何代数在描述空间旋转变换时的便利，在几何代数框架内对相对姿态运动进行了建模与分析[25]。

杨佳、朱战霞、张艳召针对小卫星近距操作过程中轨道和姿态的控制问题，建立了小卫星相对轨道和姿态的误差动力学模型[34]。方茹、曹喜滨等在 Waldvogel 等研究的基础上，分析了几何代数在摄动 Kepler 问题中的应用[26]。以上问题的研究奠定了在几何代数框架内进行一体化的航天器轨道和姿态动力学建模的研究基础。

通过上述总结与分析可以看出，能够一体化描述航天器轨道和姿态参数的数学工具在一体化建模中发挥着举足轻重的作用。

1.5 航天器控制方法研究现状

1.5.1 相对轨道控制算法

根据不同的控制力输出方式，航天器的相对轨道控制方法可分为脉冲式相对轨道控制与连续推力相对轨道控制。

(1) 脉冲式相对轨道控制

脉冲式相对轨道控制是指利用推进器所提供的一个或多个短时速度增量来进行轨道机动的控制方式。当推进器的工作时间非常短以至于可以忽略时，其输出的推力可视为脉冲力。根据相对运动过程中推进器产生的脉冲个数，脉冲式控制又可分为单脉冲控制和多脉冲控制，其中比较常用的是多脉冲控制。如，佘志坤等针对追踪卫星与目标卫星处于共面轨道的情况，提出用普适变量法来求解 Lambert 问题，最终实现了双星的最优双冲量交会[35]；Luo 等以交会时间最短和推进剂最省为优化准则，设计了基于遗传算法的三脉冲和四脉冲相对轨道控制策略[36]；Ichimura 和 Ichikawa 基于 CW 方程将航天器相对轨道运动分解成轨道平面内与轨道平面外两部分运动，并分别提出了轨道平面内三脉冲和轨道平面外单脉冲的控制形式[37]；Hablani 针对圆轨道的自主交会任务，提出了多脉冲滑移控制算法，使得追踪航天器可以从任意轨道主动接近目标航天器[38]；Williams 和 Lightsy 基于 CW 方程研究了相对轨道保持的多脉冲控制方法[39]；Jifuku 与 Ichikawa 等为航天器编队飞行设计了相对轨道的多脉冲控制方法[40]。脉冲控制是一种经典的相对轨道控制方法，其算法简单，易于工程实现，但脉冲式相对轨道控制大多是无反馈信息的开环控制，其控制精度较低，并不适合航天器的自主相对轨道控制。

（2）连续推力相对轨道控制

相对于脉冲式相对轨道控制的短时间作用，连续推力控制是指推力器长时间工作的相对轨道控制。近年来，随着现代控制理论的发展，以及大推力可连续变化的喷气推进器的出现，使得连续推力的控制方法逐渐成为研究热点。由于 CW 方程是线性的，因此许多学者都基于 CW 方程设计了相对轨道的线性控制算法。如，Yue 等采用连续小推力轨道机动形式，分别针对轨道转移、轨道拦截和轨道交会设计了基于单点打靶法的控制器[41]；Kluever 为了实现沿特定方向的交会，基于 CW 方程设计了反馈线性化算法[42]；同样基于 CW 方程，Naasz 等研究了采用 H_2、H_∞ 的控制方法来解决编队飞行中的控制问题[43]；Gaulocher 等考虑到 J2 摄动的影响，建立了 Lawden 方程并对其进行了线性分式变换，基于该线性分式变换模型设计了 H_∞ 控制器，并通过 μ 分析证明了整个闭环系统是稳定的[44]；Gao 等针对航天器自主交会任务设计了基于多优化目标的鲁棒 H_∞ 控制器，并采用 Lyapunov 方法以及线性矩阵不等式，解决了航天器模型不确定性、空间干扰以及输入受限等问题[45]。

由于轨道干扰的存在，许多学者将线性的 CW 方程和 Lawden 方程发展为非线性的动力学模型，这也促进了非线性控制理论在航天器相对轨道控制中的应用。如，Queiroz 等建立了参考轨道为椭圆形的非线性相对动力学模型，并基于 Lyapunov 方法设计了输出反馈控制器，该控制器能够保证当存在质量不确定性和外部干扰力时，相对位置和速度的跟踪误差仍是全局一致收敛的[46]；Wang 等提出了依赖于模型的相对位置控制器，并基于 Lyapunov 理论证明了位置跟踪误差的局部渐近稳定性[47]；Bilodeau 等针对椭圆轨道上的航天器编队的队形保持以及机动问题，设计了基于模型预测的控制器[48]。由于对外界干扰的良好鲁棒性，滑模控制也被用来设计接近空间目标任务的控制系统。Yeh 等应用滑模控制理论设计了一种非线性的跟踪控制器，并证明了闭环系统的渐近稳定性[49]；Liu 等在干扰有界的情况下，提出了终端滑模控制器，实现了刚体航天器编队的相对运动控制[50]。由于航天器参数不确定性的存在，使得自适应控制方法在航天器的相对轨道控制中受到越来越广泛的关注。Queiroz 等针对航天器编队飞行任务，在航天器质量不确定以及干扰未知的情况下，提出了一种全局渐近稳定的自适应控制方法[51]；梅杰和马广富在干扰上界未知的情况下，设计了相对轨道控制的鲁棒自适应控制器，该控制器可以保证系统的一致渐近稳定，且不需要知道目标的绝对轨道信息[52]；Singla 等针对自主交会过程中航天器质量不确定性设计了一种自适应估计器[53]。上述基于现代控制理论的连续推力控制属于闭环控制，控制精度较高，且对外界干扰和模型不确定性具有较好的鲁棒性，但其算法相对复杂，不易于工程应用。

1.5.2　姿态控制算法

根据控制系统的任务的不同，可将航天器的姿态控制分为姿态调节控制与姿态跟踪控制。

（1）航天器姿态调节控制

航天器姿态调节控制的目标是设计一个控制器使得航天器的姿态被镇定到平衡点附近。姿态调节控制又可分为姿态镇定控制与姿态机动控制，目前已有众多学者对航天器姿态调节控制进行了深入的研究。如，Joshi 与 Wen 等针对刚性航天器的镇定控制问题，基于四元数设计了全局渐近稳定的反馈控制器[54]；Dwyer 为实现姿态机动，基于罗德里格参数设计了滑模变结构控制器，并证明了闭环系统的渐近稳定性[55]；考虑到航天器的惯性参数在实际中不能精确确定，且航天器会受到各种外界干扰的影响，Vadali 和 Cong 等设计了滑模变结构姿态控制器[56-57]、宋斌等提出了航天器姿态机动的鲁棒自适应控制算法[58]；此外，非线性 H_∞ 控制等也在姿态调节中取得了一些成果。

（2）航天器姿态跟踪控制

相比于航天器姿态调节控制，当期望的参考轨迹为时变信号时，航天器姿态控制问题被称为姿态跟踪控制。一般来讲，姿态跟踪问题比姿态调节问题更难于处理，因为对于姿态跟踪问题，控制器不仅要镇定整个系统的状态变量，还需使系统的输出跟踪上时变的期望轨迹。由于姿态跟踪控制在许多航天任务中都有广泛的应用价值，近年来已逐渐成为研究的热点。Wen 针对姿态跟踪问题，基于四元数分别设计了依赖于模型的 PD 反馈控制器、模型独立的 PD 控制器和自适应控制器，并证明了所设计的控制器可使闭环系统是全局稳定的[59]；Jin 设计了一种仅由 PD 项和一个附加项构成的类 PD 控制器，该控制器结构简单，且对外部干扰和模型不确定性具有鲁棒性[60]；Tayebi 和 Maruthi 分别基于四元数和修正的罗德里格参数，提出了不需要角速度测量的输出反馈控制器，实现了刚性航天器的姿态跟踪[61-62]；Lo 等考虑了模型参数不确定性和干扰力矩有界的情况，基于滑模控制理论，提出了航天器的姿态跟踪控制算法[63]；张治国基于受控卫星和目标卫星的轨道参数，推导出了期望姿态的解析式，并以动量轮为执行机构为受控卫星设计了姿态控制器[64]。由于在主从式航天器编队中，姿态协同问题即变为姿态跟踪问题，这使得姿态跟踪控制在编队协同控制方面得到了许多研究。如，Wang 和 Hadaegh 针对主从式航天器编队任务，分别设计了基于四元数和修正罗德里格参数的姿态协同控制器，并分析了闭环系统的渐近稳定性[48]；Nelson 等为解决编队飞行中不同情况的姿态跟踪问题设计了滑模变结构的控制方法[65]；张玉琨提出了基于修正罗德里格参数的自适应滑模控制器，减小了传统滑模控制器控制增益选取的保守性[66]；苏罗鹏等为使编队飞行中的从星始终指向主星，提出了能够实现相对姿态渐近收敛的保持控制器[67]；李化义等研究了 InSAR 编队卫星的姿态控制问题，考虑到波束同步的要求，并为从星设计了全状态反馈姿态协同控制器和输出反馈姿态协同控制器[68]。

由上述文献和分析可以看出，无论是航天器姿态调节还是姿态跟踪控制，没有一般的方法，而有的是大量可替换的和相互补充的方法，每一种方法都能有效地解决一类特殊情况的控制问题。

1.5.3 姿轨一体化控制算法

传统上，研究人员通常对航天器的轨道与姿态采用分别独立的控制方式，而航天器编队飞行任务是一种轨道和姿态动力学严重耦合的航天任务，因此这种分而治之的控制方式势必会带来顾此失彼的被动局面，无法达到满意的控制效果。为了避免上述问题，应系统而全面地考虑航天器的轨道和姿态控制问题。航天器姿轨一体化的控制方式由于充分地考虑了轨道运动与姿态运动的耦合影响，在面对控制要求较高的任务时则充分体现了其优越性。

为了实现航天器轨道和姿态的一体化控制，应在控制器的设计过程中充分考虑轨道和姿态的耦合影响。对此，许多学者都进行了相关研究，其研究方法主要分为以下两种：一种是首先独立设计姿态控制器和轨道控制器，并在此基础上对姿轨耦合部分进行控制修正，如 Lennox 等针对多航天器编队控制问题，设计了推力器推力矢量估计器、姿态控制器以及轨道估计器，并提出了相对轨道和相对姿态的耦合控制方法[3]。另一种是以姿轨耦合动力学模型为基础来设计一体化控制算法，这种方式虽然需要建立姿轨耦合的动力学模型，但是由于可以直接利用许多现有的控制器设计方法，因此已经成为目前较为常用的方法。如，Pan 等针对轨道和姿态耦合情况下从星对主星轨迹的跟踪控制问题，设计了全局收敛的自适应控制器[19]；Welsh 等为了使空间中的抓捕机器人与目标实现同步，基于自适应控制理论设计了相对轨道和相对姿态的跟踪控制律[69]；Xu 等设计了卫星轨道和姿态的连续滑模跟踪控制器[70]；Bondhus 等针对无角速度测量的情况，设计了一种角速度估计器，并基于输出反馈的控制方法提出了主星跟踪控制律和从星协同控制律[71]；Wong 等针对角速度信息未知的情况，通过设计高通滤波器，实现了卫星的姿轨耦合协同控制[72]。

不难发现，上述轨道和姿态一体化的控制算法均是渐近收敛的，即当时间趋近于无穷时，系统才能到达平衡状态。与这些方法不同，本书重点研究的是有限时间控制方法，有限时间控制方法可以使系统在有限时间内收敛到平衡状态，具有更快的收敛速度和更好的鲁棒性。现有文献对航天器的有限时间控制算法研究很少，如 Jin 和 Wu 针对航天器编队的姿态控制问题[73-74]、Liu 针对航天器编队队形重构问题设计了有限时间控制算法[75]。因此，如何对航天器间的相对位置和相对姿态进行有限时间控制是本书的另一个研究重点。

1.6 导航方法研究现状

基于视觉的相对导航方法是通过装配在某物体上的光学敏感器对目标物体的几何特征成像，再根据小孔成像原理求得该物体相对于目标的位置和姿态的一类方法。该方法具有如下优点：光学敏感器 CCD 相机价格便宜；系统建立和标定简单；系统体积小；集成度高；可靠性高及隐蔽性好。考虑到多航天器任务中，成员的体积通常较小以及任务对成本的要求，使用光学传感器和先进的图像处理技术来完成相对位姿的确定是一个优先的选择。

基于视觉的目标运动参数确定的问题是计算机视觉领域的经典问题之一，同时也是最关键、最具挑战性的问题。根据获取目标信息的方法不同，可以将计算机视觉方法分为：单目视觉、双目立体视觉和多目立体视觉。在工程领域中，由于单目视觉方法仅需一台相机即可实现位姿确定，因此可以节约成本、简化安装，且不需要进行立体视觉中复杂的特征匹配过程。然而，单目视觉方法也存在一个最明显的缺点：由于将 3-D 物体投影到 2-D 平面上会丢失深度信息，致使所得到的 3-D 到 2-D 的转换关系是非线性的。因此，许多学者都致力于研究基于单目视觉的位姿确定方法，并取得了诸多研究成果。

基于目标几何特征的单目视觉位姿确定方法已在摄影测量、机器人领域和航天领域取得了大量的研究和应用[76]，根据几何特征的不同，可分为基于特征点、特征线与高阶几何特征的单目视觉方法等几类。相对来说，目前对基于特征点和特征线的视觉方法研究较多，而针对基于更高阶几何特征的视觉方法的研究还比较少[77]。下面将对基于特征点和特征线的相对位姿确定方法进行详细阐述。

1.6.1 基于特征点的位姿确定算法

基于特征点的位姿确定问题一般可视为经典的 n 点透视（Perspective n Points，PnP）问题。PnP 问题是指利用小孔成像模型从 3-D 物体透视到 2-D 像平面，并由特征点与其像点的对应关系求解出相机与目标物体之间的相对位置和姿态。对于 PnP 问题的求解方法，一般可分为直接算法和迭代算法。

基于 PnP 问题的直接求解算法，国内外学者重点对 P3P 问题、P4P 问题和 P5P 问题进行了研究。研究结果表明：若目标上的特征点数目为 3 且各点不共线时，问题最多有 4 个解；若考虑目标上的 4 个共面特征点时，问题有 1 个解，当考虑 4 个非共面特征点时，问题最多有 5 个解；当目标上有 5 个特征点且其中任意 3 个点都不共线时，问题最多有 2 个解。这些针对 P3P、P4P 及 P5P 问题所推导出的解析算法的特点是可以直接得到位姿估计结果，但是精度不高。此外，还有一些学者针对多于 4 个共面特征点或多于 6 个非共面特征点的情况，通过给出代数距离的约束方程，将 PnP 问题转化为线性问题并对其进行求解。

对 PnP 问题的另一类求解方法是基于数值迭代算法进行的。其求解思想是首先以非线性方程的形式对 PnP 问题进行描述，然后通过采用数值迭代算法求取该非线性方程的最优解，进而求得物体相对于目标的位置和姿态参数。这种迭代算法可以降低成像噪声对位姿确定的影响，达到提高精度的目的，但是计算量会随之增大，且算法的收敛性能与初始值的选取相关，若选取不当，可能会导致算法无法收敛到全局最优解。为了解决上述问题，Lu 等基于使共线误差最小的准则，推导了求解正交旋转矩阵和位置矢量的全局收敛迭代算法[78]；Schweighofer 等考虑了由误差函数得到的两个局部最小解，通过对其赋予明确的意义给出了位姿估计的无歧义鲁棒算法[79]；Schweighofer 等还在文献中，通过将 PnP 问题转化为半正定规划问题，得到了位姿估计的全局收敛迭代算法[80]。

在航天领域，基于特征点的视觉导航方法已被广泛地应用于航天器间相对位置和相对姿态的确定问题中。Junkins 研究了空间交会对接中的视觉导航算法，基于 VisNav 视觉导航系统测量目标航天器上光标点的位置，计算相应的视线方向矢量，利用高斯最小二乘算法和扩展卡曼滤波算法来估计航天器间的相对位姿参数[81]。邢艳军等研究了航天器非质心点相对位置和姿态的估计方法，基于 PSD 敏感器，分别采用 EKF 和 UKF 算法对航天器的相对位置和姿态进行了估计[4]。张志勇等基于特征点在投影平面的测量信息提出了改进的正交迭代估计算法，该算法使得位姿确定参数快速收敛，并具有一定的抗噪声能力[78]。

1.6.2　基于特征线的位姿确定算法

除了特征点之外，特征线也是存在于目标物体上常见的几何特征。相比于特征点，对特征线的提取更容易获得较高的精度，且特征线的抗遮挡能力更强；而相比于其他更高阶的几何特征，特征线在目标物体上更常见，对其进行数学处理的过程也更容易。鉴于特征线的上述优势，近年来许多学者都投入到了基于特征线的位姿确定算法的研究中。

在基于特征线的视觉模型中，由于目标上的特征直线、投影直线和相机中心都处于同一平面，因此大多数学者都是基于这种共面关系来建立测量模型的。对该测量模型的求解主要有两种方法：直接求解解析法和数值迭代算法。其中对于直接求解解析法，Dhome 基于目标上的三条棱边建立了八次方程的几何关系模型，并通过对模型方程的求解实现了物体位姿的确定[82]；Chen 推导了能够表示线和面之间几何关系的多项式，并给出了位姿确定问题有解的充分条件以及各种情况下的闭式解[83]。直接求解解析法具有实时性好、计算速度快的优点，但同时也具有存在多解和精度低的缺点。针对解析法的上述缺点，一些学者研究了数值迭代的位姿确定方法。如，Lowe 等将位姿确定问题转化为距离误差最小化问题，并采用牛顿迭代法对问题进行求解[84]；Liu 等研究了旋转参数和平移参数分别确定的方法，该方法首先基于特征线对旋转矩阵进行迭代求解，再通过求解一系列线性方程得到平移矢量参数[85]。数值迭代的求解方法可以提高位姿确定的精度，但同时也增加了计算量，降低了计算速度，且在迭代过程中容易收敛到局部最优解。近年来，一些学者注意到了对偶四元数在表示 3-D 坐标转换时的优势，提出了基于对偶四元数的特征线定位方法。如，Chiang 等利用对偶四元数取代了传统的转换矩阵和平移矢量的表示方法，并建立了基于 2-D 观测图像的测量模型，最后运用迭代算法求解出了表示坐标转换的对偶四元数参数，该方法简单明了，可操作性和实用性强[86]。目前在航天领域中，基于特征线的视觉导航算法还鲜有应用和研究。为了使该算法可以广泛地应用于航天领域中并发挥其优势，本书将进一步深入研究基于特征线的位姿确定算法，以满足航天器相对导航系统的要求。

1.6.3　视觉/惯性组合导航系统

仅利用视觉导航还存在作用范围短、数据更新率低等不足，惯性导航具备不受空间限制和采样频率快等优点，因此将视觉/惯性进行组合的导航技术已经在计算机视觉机器人、微型飞行器自主导航、无人机自主着陆、空中加油、水下机器人等领域等到了广泛应用。

国内外学者利用各种卡尔曼滤波技术对视觉/惯性组合导航进行滤波估计，取得了许多研究成果。

Wu[87]等提出了用于无人机控制的基于视觉的惯性导航方法。在控制系统回路中，设计了一种改进的 EKF 算法，利用视觉相机从已知位姿信息的目标飞行器中获得导航参数，与惯性敏感器测量的导航参数进行融合，得到修正的导航参数。Huster 在博士论文中提出了一种把惯性速率测量和基于一个特征信息的单目视觉测量相融合的算法，用于一个移动的观测器对一个固定的目标体进行观测时所需的相对位置信息。改进并推导了适用于相对位姿测量的非线性系统的 EKF 算法。

针对视觉/惯性组合导航方式引起的多速率采样问题，国内外学者提出了大量的多速率信息融合算法。

Rehbinder 和 Ghosh[88]在研究快速移动中的视觉导航问题时，利用延迟的慢速率视觉量测信息和快速率陀螺测量信息对相机在惯性坐标系中的位置和姿态进行估计。在实时的约束条件下把两种敏感器的导航信息进行多速率融合。采用了基于特征线信息的视觉测量方式，但同时指出使用 EKF 进行滤波时不一定能够保证收敛。Armesto 和 Tornero[89]提出了一种应用于地图匹配和激光测距组合导航方式的多速率信息融合算法，使用 EKF 进行滤波，经过数学仿真和物理仿真验证了其有效性，能够应用于全自主机器人导航系统。Strelow[90]在其硕士论文中提出在进行视觉/惯性组合导航时使用 IEKF 算法，在状态估计时进行时间更新的判断，在没有量测更新时代入上一时刻的量测值进行时间更新，并通过估计的新值来修正量测更新参数。Smyth 和 Wu[87]在分析惯性导航系统时指出位置和加速度的数据应采用不同的更新频率，通常在位置估计时进行慢速率采样以避免产生高频噪声。由于在高频阶段加速度的精度更高，因此在加速度估计时进行快速率采样。在进行卡尔曼滤波更新时，采用高频的加速度计采样周期作为滤波周期。这种多速率卡尔曼滤波器能够对速度和位置进行最优的估计。

以上这些学者大都考虑采用目前在组合导航领域最为成熟的卡尔曼滤波算法，但需要针对各自不同的组合方式对传统的卡尔曼滤波进行改进。

国内的冷雪飞、刘建业和熊智等学者[91]也对多速率导航系统的滤波问题进行了深入研究。主要的研究成果如下。

刘建业为解决异步多传感器组合存在的信息更新频率不同步问题，借鉴了联邦滤波子滤波器的设计思路，提出在集中滤波器中根据组合时刻量测值的不同，选择相应量测矩阵进行切换的方法实现多传感器的异步组合。该算法在 GPS/CNS/SINS 组合导航实时仿真系统的应用表明，补偿量测滞后的方法对降低滤波误差有明显作用，滤波结果精度较高。熊智指出在设计组合导航滤波器时，选择辅助传感器输出周期的最小值为滤波的固有组合周期，在滤波时刻没有辅助传感器量测信息时，则进行时间更新；当在某个时刻获得传感器信息时，根据获得的量测值选择 $\boldsymbol{H}$ 阵、$\boldsymbol{R}$ 阵进行滤波，从而解决了异步组合的问题。冷雪飞提出了非等间隔与量测滞后问题的算法，认为在常规一个滤波周期内的卡尔曼滤波可以分为两个信息更新过程：时间更新和量测更新。在没有量测信息输出时只进行时间更新；在有量测信息输出的时刻，同时进行卡尔曼滤波器的时间更新和量测更新。该算法可以有效解决非等间隔量测的滤波问题。

1.7 非线性滤波方法研究现状

在工程实践中，由于所得到的观测信息不仅包括所需的信号，还包括随机观测噪声和干扰信号。因此，如何对一系列带有观测噪声和干扰信号的实际观测数据进行处理，以得到所需要的各种参量的估计值，便是非线性滤波器在导航系统中所要解决的问题。

几十年来，非线性滤波已取得了众多的研究成果。1960 年，Kalman 在线性和高斯的前提假设下，基于系统状态空间模型提出了线性卡尔曼滤波算法，它为线性高斯滤波问题提供了精确的解析解。然而在实际问题中，系统的数学模型通常都包含着非线性、非高斯的因素。因此，针对非线性系统的滤波方法引起了许多研究学者的关注。其中最著名的就是 Sunahara 和 Bucy 于 1970 年提出的扩展卡尔曼滤波算法（EKF，Extended Kalman Filtering)，该算法的基本思想是将非线性系统模型在状态估计值处进行一阶 Taylor 级数展开，进而转化为线性模型，再应用卡尔曼滤波公式完成滤波[92-93]。目前，EKF 算法已经在几乎各个学科和工程领域都得到了广泛的应用。

尽管 EKF 算法具有易于应用和实现的优点，但是当系统的随机部分并不是近似高斯分布时，滤波算法的性能会有所降低，另外，当系统模型的非线性较强或初始估计误差较大时，EKF 算法则可能会导致有偏估计甚至发散。为了克服 EKF 的以上缺点，Julier 和 Uhlmnan 在 1970 年左右提出了无迹卡尔曼滤波器（UKF，Unscented Kalman Filter)，该算法用一系列确定样本（Sigma 点）来逼近状态的后验概率密度，并通过 Unscented 变换来处理状态均值和误差协方差的非线性传递[94]。对于 UKF 算法，一个明显的优点是算法取消了对系统模型的近似线性假设条件，且无须计算状态方程和量测方程的 Jacobian 矩阵。此外，研究还表明 UKF 算法的理论估计要高于 EKF 算法。由于继承了人们熟知的卡尔曼滤波器结构，UKF 算法在包括航空航天在内的各个工程领域中的应用研究也颇多。如，Crassidis 在对航天飞机的姿态进行估计的过程中，发现 UKF 算法可以容许较大的初始条件误差[95]；Giannitrapani 针对地月轨道转移和地球静止轨道转移任务中的位置估计问题，分别应用了 EKF 算法和 UKF 算法，并得出结论：UKF 具有较高的收敛精度[96]。

由于在实际问题中通常存在系统模型的不确定性和外界干扰，因此有必要研究鲁棒的滤波算法。现阶段，主要有以下几种鲁棒滤波方法：H_∞ 滤波，其设计思想是使干扰输入到滤波误差的传递函数的 H_∞ 范数最小化，最终使得系统在干扰情况下估计误差最小。H_∞ 滤波近年来发展较快，并广泛应用于包括航空航天在内的许多工程领域。另一种是自适应滤波，这种滤波器一方面利用观测不断地修正预测值，同时也对未知的或不确定的系统模型参数、噪声统计参数等进行估计和修正。自适应滤波方法已经在很多领域取得了广泛的应用，通常可以将其分为三个类型：多模自适应滤波，基于新息的自适应滤波和基于残差的自适应滤波。多模自适应滤波是指多个滤波器按照不同的模型并行运算，因而滤波器的结构复杂，计算量大。基于新息或残差的自适应滤波器是指通过某种规则来调整协方差矩阵，而这种规则通常是根据经验建立的模糊规则。此外，还有强跟踪滤波器，该滤波器通过在线调整滤波增益矩阵，强迫不同时刻的测量残差序列保持相互正交，最终使得滤波器实现对系统真实状态的跟踪。强跟踪滤波主要通过在 EKF 算法中引入次优渐消因子来达到强跟踪的目的，根据渐消因子数目的不同，一般分为带单重渐消因子的滤波器和带多重渐消因子的滤波器。近年来，强跟踪滤波也由于其跟踪能力强引起了各个工程领域的重视。

综上所述，非线性滤波方法有很多种，每种算法都有其各自的优缺点，因此可以根据系统本身的特点以及要求选择适合的滤波算法。

参 考 文 献

［1］ 理查德·摩雷，李泽湘，夏恩卡·萨思特．机器人操作的数学导论［M］.徐卫良，钱瑞明，译．第1版．北京：机械工业出版社，1997.

［2］ SGUBINI S，TEOFILATTOP. Attitude－Orbit Dynamical Coupling in Tethered Systems［C］.6th International Conference on Dynamics and Control of Systems and Structures in Space，Riomaggiore，Italy，2004.

［3］ LENNOX S E. Coupled Orbital and Attitude Control Simulations for Spacecraft Formation Flying［C］.The 2004 AIAA Region I－MA Student Conference，Blacksburg，USA，2004.

［4］ XING Y，CAO X，ZHANG S，GUO H，Wang F. Relative Position and Attitude Estimation for Satellite Formation with Coupled Translational and Rotational Dynamics［J］. ACTA Astronautica，2010，67：455－467.

［5］ CLIFFORD W K. Preliminary Sketch of Bi－Quaternions［D］.Proc. London Mathematics Socicty：1873.

［6］ DANIILIDIS K. Hand－eye Calibration Using Dual Quaternions［J］. International Journal of Robotics Research，1999，18：286－298.

［7］ BRANETS V N，SHMYGLEVSKY I P. Introductiorn to The Theory of Strapdown Inertial Navigation System［M］. Nauka，Moscow，1992：320.

［8］ ROONEY J. Acomputational Analysis of Representation of General Spatial Screw Transformations in Robotics［J］.Environment and Planning B，1978，5：45－88.

［9］ PAUL G V，IKEUCHI K. Representing The Motion of Objects in Contact Using Dual Quaternions and Its Applications［D］. Pittsburgh：Carnegie Mellon University，1997.

［10］ PENNESTRÌ E，VALENTINI P P. Dual Quaternions as a Tool for Rigid Body Motion Analysis：A Tutorial With an Application to Biomechanics［J］. Multibody Dynamics. Eccomas Thematic Conference，Porland，2009.

［11］ 武元新. 对偶四元数导航算法与非线性高斯滤波研究［D］.长沙：国防科学技术大学，2005.

［12］ 韩大鹏. 基于四元数代数和李群框架的任务空间控制方法研究［D］. 长沙：国防科学技术大学，2008.

［13］ 刘延柱，洪嘉振，杨海兴. 多刚体系统动力学［M］. 北京：高等教育出版社，1989.

［14］ FISCHER I S. Dual－Number Methods in Kinematics，Statics and Dynamics［M］.BocaRaton：CRC Press，1999.

［15］ ROONEY J. A Comparison of Representation of General Spatial Screw Displacement［J］. Environment and Planning B，1978，5：45－88.

［16］ BRANETS V N，SHMYGLEVSKY I P. Introduction to the Theory of Strapdown Inertial Navigation System［M］.Moscow，Nauka(in Russian)，1992.

［17］ LISANO M E. A Practical Six－Degree－of－Freedom Solar Sail Dynamics Model for Optimizing Solar Sail Trajectories with Torque Constraints［C］. AIA A Guidance，Navigation，and Control

Conference and Exhibit, Providence, Rhode Island, 2004.

[18] SOMENZI L, IESS L. Linear Stability Analysis of Electrodynamic Thethers [J]. Journal of Guidance, Control, and Dynamics. 2005, 28(5): 843 - 849.

[19] SUBBARAO K. Nonlinear Control of Motion Sychronization for Satellite Proximity Operations [J]. Journal of Guidance, Control, and Dynamics, 2008, 31(5): 1284 - 1294.

[20] PAN H, KAPILA V. Adaptive Nonlinear Control for Spacecraft Formation Flying with Coupled Translational and Attitude Dynamics [C]. Proceedings of 40th IEEE Conference on Decision and Control, Inst. of Electrical and Electronics Engineers, New York, 2001: 2057 - 2062.

[21] KRISTIANSEN R, NICKLASSON P J, GRAVDAHL J T. Spacecraft Coordination Control in 6DOF: Integrator Backstepping vs Passivity - based Control [J]. Automatica, 2008, 44 (11): 2896 - 2901.

[22] GAULOCHER S. Modeling the Coupled Translational and Rotational Relative Dynamics for Formation Flying Control [C]. AIAA Guidance, Navigation, and Control Conference and Exhibit, San Francisco, USA, 2005.

[23] JUNKINS J D, TURNER J D. On the Analogy between Orbital Dynamics and Rigid Body Dynamics [J].Journal of the Astronautical Sciences, 1979, XXVII(4): 345 - 358.

[24] SINCLAIR A, HURTADO J, JUNKINS J L. Application of the Cayley Form to General Spacecraft Motion [J].Journal of Guidance, Control, and Dynamics, 2006, 29(2): 368 - 373.

[25] PLOEN S R,HADAEGH F Y, SCHARF D P. Rigid Body Equations of Motion for Modeling and Control of Spacecraft Formations - Part 1: Absolute Equations of Motion [C]. Proceeding of the 2004 American Control Conference, Boston, USA, 2004.

[26] 邹晖，陈万春，殷兴良. 几何代数及其在飞行力学中的应用[J].飞行力学，2004，22(4)：60 - 64.

[27] 方茹，曹喜滨.几何代数及其在摄动 Kepler 问题中的应用[J].哈尔滨工业大学学报，2008，40(2)：282 - 286.

[28] MARTINEZ J M R, DUFFY J. The Principle of Transference: History, Statement and Proof [J]. Mechanisms and Machine Theory, 1993, 26(1): 165 - 177.

[29] PENNOCK G R,ONCU B A. Application of Screw Theory to Rigid Body Dynamics [J]. ASME Journal of Dynamic Systems, Measurement, and Control, 1992, 114(2): 262 - 269.

[30] BRODSKY V,SHOHAM M. The Dual Inertia Operator and Its Application to Robot Dynamics [J].Journal of Mechanical Design, 1994, 116: 1189 - 1195.

[31] CHELNOKOV Y N. The Use of Quaternions in the Optimal Control Problems of Motion of the Center of Mass of a Spacecraft in a Newtonian Gravitational Field: I [J]. Cosmic Research, 2001, 39(5): 470 - 484.

[32] WALDVOGEL J. Quaternions and the Perturbed Kepler Problem [J]. Celestial Mechanics and Dynamical Astronomy, 2006, 95(1 - 4): 201 - 212.

[33] 彭冬亮,荆武兴，徐世杰. 停靠阶段轨道姿态耦合动力学与控制研究[J].飞行力学，2002，20(1)：33 - 37.

[34] 杨佳，朱战霞，张艳召. 绕飞监测小卫星姿轨联合自适应控制研究. 飞行力学，2008，26(5)：59 - 62.

[35] 佘志坤，薛白，丛源良，刘铁钢，郑志明. 最优双冲量交会问题的数学建模与数值求解[J].宇航学

报，2010，31(1)：155－161.

[36] LUO Y Z，LEI Y J，TANG G J. Optimal Multi－Objective Nonlinear Impulsive Rendezvous [J]. Journal of Guidance，Control，and Dynamics，2007，30(4)：994－1002.

[37] ICHIMRA Y，ICHIKAWA A. Optimal Impulsive Relative Orbit Transfer along a Circular Orbit [J].Journal of Guidance Control and Dynamics，2008，31(4)：1014－1027.

[38] HABLANI H B，TAPPER M L，BASKIAN D J D. Guidance and Relative Navigation for Autonomous Rendezvous in a Circular Orbit [J].Journal of Guidance Control and Dynamics，2002，25(3)：553－562.

[39] WILLIAMS J L，LIGHTSEY E G. Optimal Impulsive Maneuvering Within a Confined Hover Region [C].AIAA Guidance Navigation and Control Conference and Exhibit，Hawaii，2008.

[40] JIFUKU R，CHIKAWA A I，BANDO M. Optimal Pulse Strategies for Relative Orbit Transfer along a Circular Orbit [J].Journal of Guidance Control and Dynamics，2011，34(5)：1329－1341.

[41] YUE X C，YANG Y，GENG Z Y. Indirect Optimization for Finite－Thrust Time－Optimal Orbital Maneuver [J].Journal of Guidance Control and Dynamics，2010，33(2)：628－634.

[42] KLUEVER C A. Feedback Control for Spacecraft Rendezvous and Docking [J].Journal of Guidance Control and Dynamics，1999，22(4)：609－611.

[43] NAASZ B，KARLGAARD C D，HALL C D. Application of Several Control Techniques for the Ionospheric Observation Nanosatellite Formation [C]. Proceedings of the AAS/AIAA Space Flight Mechanics Meeting，San Antonio，TX，2002.

[44] GAULOCHER S，CHRÉTIEN J P，PITTE C，DELPECH M，ALAZARD D. Closed－loop Control of Formation Flying Satellites：Time and Parameter Varying Framework [C].Proceedings of the Second International Symposium on Formation Flying Missions & Technologies，Washington DC，2004.

[45] GAO H J，YANG X B，SHI P. Multi－objective Robust H_∞ Control of Spacecraft Rendezvous [J]. IEEE Transactions on Control System Technology，2009，17(4)：794－802.

[46] QUEIROZ M，YAN Q，YANG G，KAPILA V. Global Output Feedback Tracking Control of Spacecraft Formation Flying with Parametric Uncertainty [C].Proceedings of the IEEE Conference on Decision and Control，Phoenix，AZ，1999.

[47] WANG P K C，HADAEGH F Y. Coordination and Control of Multiple Microspacecraft Moving in Formation [J].Journal of Astronautical Sciences，1996，44(3)：315－355.

[48] BILODEAU V S，LAFONTAINE J. Explicit Predictive Control Law for Satellite Formation Flying in Eccentric Orbits [C].AAS/AIAA 18th Space Flight Mechanics Meeting，Galveston，TX，2008.

[49] YEH H H，NELSON E，SPARKS A. Nonlinear Tracking Control for Satellite Formations [C]. Proceedings of the IEEE Conference on Decision and Control，Sydney，Australia，2000.

[50] LIU H，LI J F. Terminal Sliding Mode Control for Spacecraft Formation Flying [J]. IEEE Transactions on Aerospace and Electronic Systems，2009，45(3)：835－846.

[51] QUEIROZ M S，KAPILA V，YAN Q. Adaptive Nonlinear Control of Multiple Spacecraft Formation Flying [J].Journal of Guidance Control and Dynamics，2000，23(3)：385－390.

[52] 梅杰，马广富. 近距离航天器相对轨道的鲁棒自适应控制[J]. 宇航学报，2010，31(10)：2276－2282.

[53] SINGLA P, SUBBARAO K, JUNKINS J L. Adaptive Output Feedback Control for Spacecraft Rendezvous and Docking Under Measurement Uncertainty [J]. Journal of Guidance Control and Dynamics, 2006, 29(4): 892 - 902.

[54] JOSHI S M, KELKAR A G, WEN J T Y. Robust Attitude Stabilization of Spacecraft Using Nonlinear Quaternion Feedback [J]. IEEE Transactions on Automatic Control, 1995, 40(10): 1800 - 1803.

[55] DWYER T A W, RAMIREZ H S. Variable - Structure Control of Spacecraft Attitude Maneuvers [J]. Journal of Guidance Control and Dynamics, 1988, 11(3): 262 - 270.

[56] VADALI S R. Variable Structure Control of Spacecraft Large Angle Maneuvers [J]. Journal of Guidance Control and Dynamics, 1986, 9(2): 235 - 239.

[57] CONG B L, LIU X D, CHEN Z, REN X R. Time - varying Sliding Mode Control for Spacecraft Attitude Maneuver with Angular Velocity Constraint [C]. 2011 Chinese Control and Decision Conference, Mianyang, 2011: 670 - 674.

[58] 宋斌，李传江，马广富. 航天器姿态机动的鲁棒自适应控制器设计[J].宇航学报，2008，29(1)：121 - 125.

[59] WEN J T Y, DDLGADO K K. The Attitude Control Problem [J]. IEEE Transactions on Automatic Control, 1991, 36(10): 1148 - 1162.

[60] JIN E D, SUN Z W. A New Simple PD - Like Robust Attitude Tracking Controller for Rigid Spacecraft [C]. IMACS Multiconference on "Computional Engineering in Systems Applications", Beijing, China, 2006.

[61] AKELLA M R. Rigid Body Attitude Tracking without Angular Velocity Feedback [J]. Systems & Control Letters, 2001, 42: 321 - 326.

[62] TAYEBI A. Unit Quaternion - Based Output Feedback for the Attitude Tracking Problem [J]. IEEE Transactions on Automatic Control, 2008, 53(6): 1516 - 1520.

[63] LO S C, CHEN S P. Smooth Sliding - mode Control for Spacecraft Attitude Tracking Maneuvers [J]. Journal of Guidance Control and Dynamics, 1995, 18(6): 1345 - 1349.

[64] 张治国，李俊峰，宝音贺西. 卫星编队飞行指向跟踪姿态控制[J].清华大学学报(自然科学版)，2006，46(11)：1914 - 1917.

[65] NELSON E, SPARKS A, KANG W. Coordinated Nonlinear Tracking Control for Satellite Formations [C]. AIAA Guidance Navigation and Control Conference and Exhibit, Monterey, 2001.

[66] 张玉锟.卫星编队飞行的动力学与控制研究[D].长沙：国防科技大学，2002.

[67] 苏罗鹏，李俊峰，高云峰. 卫星编队飞行相对姿态控制[J].清华大学学报(自然科学版)，2003，43(5)：683 - 689.

[68] 李化义，张迎春，强文义，李葆华. 编队 InSAR 相对姿态控制[J].宇航学报，2007，28(2)：338 - 343.

[69] WELSH S J, SUBBARAO K. Adaptive Synchronization and Control of Free Flying Robots for Capture of Dynamic Free - Floating Spacecrafts [C]. AIAA/AAS Astrodynamics Specialist Conference, 2004: 1193 - 1214.

[70] XU Y J, TATSCH A, COY N G F. Chattering Free Sliding Model Control for a 6 DOF Formation Flying Mission [C]. AIAA Guidance, Navigation, and Control Conference, San Francisco,

CA, 2005.

[71] BONDHUS A K, PETTERSEN K Y, Gravdahl J T. Leader/Follower Synchronization of Satellite Attitude without Angular Velocity Measurements [C]. Proceedings of the IEEE Conference on Decision and Control, Seville, Spain, 2005: 7270 - 7277.

[72] WONG H, PAN H Z, KAPILA V. Output Feedback Control for Spacecraft Formation Flying with Coupled Translation and Attitude Dynamics [C]. Proceedings of the American Control Conference, Portland, USA, 2005: 2419 - 2426.

[73] Jin E, Sun Z. Robust Controllers Design with Finite Time Convergence for Rigid Spacecraft Attitude Tracking Control [J]. Aerospace Science and Technology, 2008, 12: 324 - 330.

[74] WU S, RADICE G, GAO Y, SUN Z. Quaternion - Based Finite Time Control for Spacecraft Attitude Tracking [J]. ACTA Astronautica, 2011, 69: 48 - 58.

[75] LIU H, LI J. Terminal Sliding Mode Control for Spacecraft Formation Flying [J]. IEEE Transactions on Aerospace and Electronic Systems, 2009, 45(3): 835 - 846.

[76] 张世杰.基于单目视觉的航天器相对导航理论与算法研究[D].哈尔滨：哈尔滨工业大学，2005.

[77] 张志勇，张靖，朱大勇. 一种基于视觉成像的快速收敛的位姿测量算法及实验研究. 航空学报，2007，28(4)：943 - 947.

[78] LU C P, HAGER G D, MJOLSNESS E. Fast and Globally Convergent Pose Estimation from Video Images [J]. IEEE Transactions on Pattern Analysis and Machine Intelligence, 2000, 22(6): 610 - 622.

[79] SCHWEIGHOFER G, PINZ A. Robust Pose Estimation from a Planar Target [J]. IEEE Transactions on Pattern Analysis and Machine Intelligence, 2006, 28(12): 2024 - 2030.

[80] SCHWEIGHOFER G, PINZ A. Globally Optimal O(n) Solution to the PnP Problem for General Camera Models [C], BMVC, Leeds, 2008.

[81] JUNKINS J L, HUGHES D, WAZNI K, PARIYAPONG V. Vision - Based Navigation for Rendezvous, Doking, and Proximity Operations. 22nd Annual AAS Guidance and Control Conference, Advances in Astronautical Sciences, 1999.

[82] DHOME M, RICHETIN M, LAPRESTE J T, RIVES G. Determination of the Attitude of 3 - D Objects from a Single Perspective View [J]. IEEE Transactions on Pattern Analysis and Machine Intelligence, 1989, 11(12): 1265 - 1278.

[83] CHEN H H. Pose Determination from Line - to - Plane Correspondences: Existence Condition and Closed - Form Solutions [J]. IEEE Transactions on Pattern Analysis and Machine Intelligence, 1991, 13(6): 530 - 541.

[84] LOWE D G. Three - dimensional Object Recognition from Single Two - dimensional Images [J]. Artificial Intelligence, 1987, 31(3): 355 - 395.

[85] LIU Y, HUANG T S, FAUGERAS O D. Determination of Camera Location from 2 - D to 3 - D Line and Point Correspondences [J]. IEEE Transactions on Pattern Analysis and Machine Intelligence, 1990, 12(1): 28 - 37.

[86] CHIANG Y T, HUANG P Y, CHEN H W, CHANG F R. Estimation of 3 - D Transformation from 2 - D Observing Image Using Dual Quaternion [C]. Proceedings of the 17th World Congress, the International Federation of Automatic Control, Seoul, Korea, 2008.

[87] SMYTH A, WU M. Multi - rate Kalman Filtering for the Data Fusion of Displacement and Acceleration Measurements in dynamid system monitoring [J]. Mechaninal Systems and Signal Processiny, 2007, 21 (2): 706 - 723.

[88] REHBINDER H, GHOSH B K. Multi - rate Fusion of Visual and Inertial Data. Proceedings of IEEE Conference on Multi - Sensor Fusion Integration Intelligent Systems Baden - Baden, Germany, 2001: 97 - 102.

[89] ARMESTO L,TORNERO J. SLAM Based on Kalman Filter for Multi - rate Fusion of Laser and Encoder Measurements. Intelligent Robots and Systems, 2004(2): 1860 - 1865.

[90] STRELOW D W.Motion Estimation from Image and Inertial Measurements [D]. Collgeg Park: Maryland University, 2004.

[91] 冷雪飞，刘建业，熊智. SAR/INS/TAN 组合导航系统中的滤波算法研究 [J]. 系统工程与电子技术，2006，28(1)：23 - 25.

[92] ATHANS M,WISHER R P, BERTOLINI A. Suboptimal State Estimation for Continuous Time Nonlinear Systems from Discrete Noisy Measurements [J].IEEE Transactions on Automatic Control, 1968, 13: 504 - 514.

[93] TANIZAKI H,MARIANO R S. Nonlinear Filters Based on Tayloe Series Expansion [J].Commu. Statist. Theory and Methods, 1996, 25(6): 1261 - 1282.

[94] JULIER S, UHLMANN J, WHYTE H F D. A New Method for Nonlinear Transformation of Means and Covariances in Filters and Estimators [J]. IEEE Transactions on Automatic Control, 2000, 45(3): 477 - 482.

[95] CRASSIDIS J L.Sigma - Point Kalman Filtering for Integrated GPS and Inertial Navigation [J].IEEE Transactions on Aerospace and Electronic Systems, 2005.

[96] GIANNITRAPANI A, CECCARELLI N, SCORTECCI F, GARULLI A. Comparison of EKF and UKF for Spacecraft Localization via Angle Measurements [J].IEEE Transactions on Aerospace and Electronic Systems, 2011, 47(1): 75 - 84.

第 2 章　航天器姿轨一体化相关理论基础

2.1　引言

为了便于参考，本章将为本书的后续推导提供必要的数学基础，主要内容包括对偶数、对偶四元数和非线性控制理论的基础知识。

2.2　数学理论基础

2.2.1　四元数

1843 年，爱尔兰数学家 William Rowan Hamilton 发明了四元数，其定义为

$$\boldsymbol{q}=[\eta,\ \boldsymbol{\xi}]=\eta+\xi_1\boldsymbol{i}+\xi_2\boldsymbol{j}+\xi_3\boldsymbol{k} \tag{2-1}$$

其中

$$\boldsymbol{\xi}=\xi_1\boldsymbol{i}+\xi_2\boldsymbol{j}+\xi_3\boldsymbol{k}$$

式中　η——实数；

$\boldsymbol{\xi}$——三维矢量；

$\boldsymbol{i}$，$\boldsymbol{j}$，$\boldsymbol{k}$——单位正交矢量，满足$\boldsymbol{i}^2=\boldsymbol{j}^2=\boldsymbol{k}^2=\boldsymbol{ijk}=-1$。

四元数的集合在实数上形成了一个满足结合律的四维赋范可除代数，其基本运算法则为

$$\begin{aligned}
\boldsymbol{q}_1+\boldsymbol{q}_2&=[\eta_1+\eta_2,\ \boldsymbol{\xi}_1+\boldsymbol{\xi}_2]\\
\lambda\boldsymbol{q}&=[\lambda\eta,\ \lambda\boldsymbol{\xi}]\\
\boldsymbol{q}_1\circ\boldsymbol{q}_2&=(\eta_1\eta_2-\boldsymbol{\xi}_1\cdot\boldsymbol{\xi}_2,\ \eta_1\boldsymbol{\xi}_2+\eta_2\boldsymbol{\xi}_1+\boldsymbol{\xi}_1\times\boldsymbol{\xi}_2)\\
\boldsymbol{q}^*&=[\eta,\ -\boldsymbol{\xi}]\\
\|\boldsymbol{q}\|^2&=\boldsymbol{q}\circ\boldsymbol{q}^*\\
\boldsymbol{q}^{-1}&=\boldsymbol{q}^*/\|\boldsymbol{q}\|^2
\end{aligned} \tag{2-2}$$

式中　λ——标量；

$\circ$——四元数的乘法；

$\boldsymbol{q}^*$——四元数的共轭；

$\|\cdot\|$——四元数的模，且模为 1 的四元数被称为单位四元数。

单位四元数常用来描述坐标系的旋转变换。根据 Euler 定理可知，刚体绕固定点的任

意旋转变换可由绕通过该定点的某个轴转过一个角度得到。利用单位四元数，一个绕单位轴 $\boldsymbol{n}$，转过角度 ϕ 的坐标系转动可由下式表示

$$\boldsymbol{q}=[\cos(\frac{\phi}{2}),\sin(\frac{\phi}{2})\boldsymbol{n}] \tag{2-3}$$

本书将考虑两种旋转变换：一是矢量转动，指的是坐标系固定不动，而矢量在空间旋转，这种情况考察的是不同的矢量在同一坐标系下的投影；二是坐标系转动，指的是矢量固定不动，而坐标系旋转，这种情况需关注同一矢量在不同坐标系下的投影。上述两种转动事实上是等价的，且都可以由单位四元数来描述。如，初始矢量 $\boldsymbol{r}_0$ 在空间转动后得到另一矢量 $\boldsymbol{r}_1$，则 $\boldsymbol{r}_0$ 和 $\boldsymbol{r}_1$ 满足

$$\boldsymbol{r}_1=\boldsymbol{q}\circ\boldsymbol{r}_0\circ\boldsymbol{q}^* \tag{2-4}$$

而固定矢量 $\boldsymbol{r}$ 在初始坐标系 O 的投影 $\boldsymbol{r}^O$ 和转动后坐标系 N 的投影 $\boldsymbol{r}^N$ 满足

$$\boldsymbol{r}^N=\boldsymbol{q}^*\circ\boldsymbol{r}^O\circ\boldsymbol{q} \tag{2-5}$$

在式（2－4）和式（2－5）中，矢量 $\boldsymbol{r}$ 代替了标部为零的四元数 $[0, \boldsymbol{r}]$。为了便利，除非特殊说明，本书将采用这种简写形式。

以单位四元数表示的刚体转动运动学方程为

$$2\dot{\boldsymbol{q}}=\boldsymbol{\omega}_{NO}^O\circ\boldsymbol{q}=\boldsymbol{q}\circ\boldsymbol{\omega}_{NO}^N \tag{2-6}$$

式中 $\boldsymbol{\omega}_{NO}^O$，$\boldsymbol{\omega}_{NO}^N$——分别为坐标系 N 相对于坐标系 O 的角速度在坐标系 O 和坐标系 N 下的表示。

2.2.2 对偶数

Clliford 首先提出了对偶数的概念[1]，其后由 Study 对其进行了完善[2]。对偶数的定义为

$$\hat{a}=a+\varepsilon a' \tag{2-7}$$

式中 a，a'——均为实数，a 被称为“实数部分”，a'被称为“对偶部分”；

ε——对偶单位，满足 $\varepsilon^2=0$ 且 $\varepsilon\neq0$。

对偶数的集合在实数上构成了一类满足交换律、结合律并含有单位元素的二维代数。其基本运算法则为

$$\begin{aligned}
&\hat{a}_1+\hat{a}_2=a_1+a_2+\varepsilon(a'_1+a'_2)\\
&\lambda\hat{a}=\lambda a+\varepsilon\lambda a'\\
&\hat{a}_1\hat{a}_2=a_1a_2+\varepsilon(a_1a'_2+a_2a'_1)\\
&\frac{\hat{a}_1}{\hat{a}_2}=\frac{a_1}{a_2}+\varepsilon(\frac{a'_1}{a_2}-\frac{a_1a'_2}{a_2^2}),\ a_2\neq0
\end{aligned} \tag{2-8}$$

式中 λ——标量。

由于 ε 的高于一次的幂都为零，因此以对偶数为因变量的函数具有一个很重要的性质，即函数的 Taylor 展开式可写成

$$f(a+\varepsilon a')=f(a)+\varepsilon a'f'(a) \tag{2-9}$$

特别地，有

$$\sin(x+\varepsilon x')=\sin(x)+\varepsilon x'\cos(x)$$
$$\cos(x+\varepsilon x')=\cos(x)-\varepsilon x'\sin(x) \quad (2-10)$$
$$e^{(x+\varepsilon x')}=e^{x}+\varepsilon x' e^{x}$$

对偶矢量可以被看成一类实数部分和对偶部分都是矢量的对偶数，还可以看作元素为对偶数的矢量，其定义为

$$\hat{\boldsymbol{v}}=\boldsymbol{v}+\varepsilon \boldsymbol{v}' \quad (2-11)$$

特别地，若实数部分 $\boldsymbol{v}$ 为定位矢量，对偶部分 $\boldsymbol{v}'$ 为自由矢量，则称该对偶矢量为“旋量”，在这种意义下，后文中所涉及的对偶速度矢量，对偶力矢量和对偶动量都可以看作旋量。单位对偶矢量可用来表示空间直线。如图 2－1 所示，过点 T，单位方向矢量为 $\boldsymbol{l}$ 的直线可以被表示为

$$\hat{\boldsymbol{L}}=\boldsymbol{l}+\varepsilon \boldsymbol{m}$$

这里

$$\boldsymbol{m}=\boldsymbol{t}\times\boldsymbol{l}$$

为该直线相对于坐标原点的矩，方向垂直于该直线和坐标原点的平面向外。在这种情况下，单位对偶矢量就是人们熟知的 Plücker 直线，如图 2－1 所示。

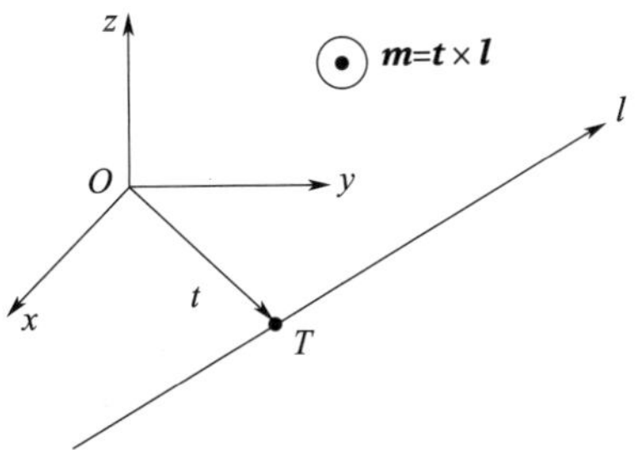

图 2－1　Plücker 直线

对于两个对偶矢量 $\hat{\boldsymbol{v}}_1=\boldsymbol{v}_1+\varepsilon\boldsymbol{v}_1'$ 和 $\hat{\boldsymbol{v}}_2=\boldsymbol{v}_2+\varepsilon\boldsymbol{v}_2'$，其叉乘运算和内积运算定义如下

$$\hat{\boldsymbol{v}}_1\times\hat{\boldsymbol{v}}_2=\boldsymbol{v}_1\times\boldsymbol{v}_2+\varepsilon(\boldsymbol{v}_1\times\boldsymbol{v}_2'+\boldsymbol{v}_1'\times\boldsymbol{v}_2)$$
$$\langle\hat{\boldsymbol{v}}_1,\hat{\boldsymbol{v}}_2\rangle=\boldsymbol{v}_1^{\mathrm{T}}\boldsymbol{v}_1'+\boldsymbol{v}_2^{\mathrm{T}}\boldsymbol{v}_2' \quad (2-12)$$

特别地，为了后文的推导，定义如下对偶矢量的乘法

$$[\hat{\boldsymbol{v}}_1|\hat{\boldsymbol{v}}_2]=[\boldsymbol{v}_1+\varepsilon\boldsymbol{v}_1'|\boldsymbol{v}_2+\varepsilon\boldsymbol{v}_2']=\boldsymbol{v}_1^{\mathrm{T}}\boldsymbol{v}_2'+\boldsymbol{v}_1'^{\mathrm{T}}\boldsymbol{v}_2 \quad (2-13)$$

式（2－13）所示的乘法运算是具有物理意义的：对于一个速度旋量和一个动量旋量，应用该乘法公式，所得到的结果是系统的能量。除此之外，定义一个对偶数 $\hat{a}$ 和对偶矢量 $\hat{\boldsymbol{v}}$ 具有如下运算

$$\hat{a}\odot\hat{\boldsymbol{v}}=a\boldsymbol{v}+\varepsilon a'\boldsymbol{v}' \quad (2-14)$$

类似的，对偶矩阵也可看作一类实数部分和对偶部分都为矩阵的对偶数，即

$$\hat{\boldsymbol{A}}=\boldsymbol{A}+\varepsilon\boldsymbol{A}' \quad (2-15)$$

式中 $\boldsymbol{A}$，$\boldsymbol{A}'$——都为实数矩阵。

对偶矩阵的乘法满足一般对偶数的乘法法则，即对于两个对偶矩阵$\hat{\boldsymbol{A}}_1$ 和$\hat{\boldsymbol{A}}_2$，有

$$\hat{\boldsymbol{A}}_1 \hat{\boldsymbol{A}}_2 = \boldsymbol{A}_1 \boldsymbol{A}_2 + \varepsilon(\boldsymbol{A}_1 \boldsymbol{A}'_2 + \boldsymbol{A}'_1 \boldsymbol{A}_2) \tag{2-16}$$

与普通的实数矩阵一样，对偶矩阵的乘法也满足结合律。特别地，对于对偶矩阵 $\hat{\boldsymbol{A}} = \boldsymbol{A} + \varepsilon \boldsymbol{A}'$，若其实数部分 $\boldsymbol{A}$ 是非奇异的，则对偶矩阵 $\hat{\boldsymbol{A}}$ 的逆定义如下

$$\hat{\boldsymbol{A}}^{-1} = \boldsymbol{A}^{-1} - \varepsilon(\boldsymbol{A}^{-1}\boldsymbol{A}'\boldsymbol{A}^{-1}) \tag{2-17}$$

基于式（2-17）的定义，有

$$\hat{\boldsymbol{A}}^{-1}\hat{\boldsymbol{A}} = \hat{\boldsymbol{A}}\hat{\boldsymbol{A}}^{-1} = \boldsymbol{E} \tag{2-18}$$

式中 $\boldsymbol{E}$——单位实数矩阵。

2.2.3 对偶四元数

对偶四元数既可以看成是元素为对偶数的四元数，也可以看成一个元素为四元数的对偶数，即

$$\begin{aligned}\hat{\boldsymbol{q}} &= [\hat{\eta}, \hat{\boldsymbol{\xi}}] = \boldsymbol{q} + \varepsilon\boldsymbol{q}' \\ &= \eta + \xi_1\boldsymbol{i} + \xi_2\boldsymbol{j} + \xi_3\boldsymbol{k} + \varepsilon(\eta' + \xi'_1\boldsymbol{i} + \xi'_2\boldsymbol{j} + \xi'_3\boldsymbol{k})\end{aligned} \tag{2-19}$$

式中 $\hat{\eta}$——对偶数；

$\hat{\boldsymbol{\xi}}$——对偶矢量；

$\boldsymbol{q}$，$\boldsymbol{q}'$——均为普通的四元数；

$\boldsymbol{i}$，$\boldsymbol{j}$，$\boldsymbol{k}$——单位正交矢量，亦满足$\boldsymbol{i}^2 = \boldsymbol{j}^2 = \boldsymbol{k}^2 = \boldsymbol{ijk} = -1$。

与普通四元数相似，对偶四元数的运算法则如下

$$\begin{aligned}\hat{\boldsymbol{q}}_1 + \hat{\boldsymbol{q}}_2 &= [\hat{\eta}_1 + \hat{\eta}_2, \hat{\boldsymbol{\xi}}_1 + \hat{\boldsymbol{\xi}}_2] \\ \lambda\hat{\boldsymbol{q}} &= [\lambda\hat{\eta}, \lambda\hat{\boldsymbol{\xi}}] \\ \hat{\boldsymbol{q}}_1 \circ \hat{\boldsymbol{q}}_2 &= [\hat{\eta}_1\hat{\eta}_2 - \hat{\boldsymbol{\xi}}_1 \cdot \hat{\boldsymbol{\xi}}_2, \hat{\eta}_1\hat{\boldsymbol{\xi}}_2 + \hat{\eta}_2\hat{\boldsymbol{\xi}}_1 + \hat{\boldsymbol{\xi}}_1 \times \hat{\boldsymbol{\xi}}_2] \\ \hat{\boldsymbol{q}}^* &= [\hat{\eta}, -\hat{\boldsymbol{\xi}}] \\ \|\hat{\boldsymbol{q}}\|^2 &= \hat{\boldsymbol{q}} \circ \hat{\boldsymbol{q}}^* \\ \hat{\boldsymbol{q}}^{-1} &= \|\hat{\boldsymbol{q}}\|^{-2} \circ \hat{\boldsymbol{q}}^*\end{aligned} \tag{2-20}$$

式中 λ——标量；

$\hat{\boldsymbol{q}}^*$——对偶四元数的共轭；

$\|\cdot\|$——定义了对偶四元数的模。

如果对偶四元数的模$\|\hat{\boldsymbol{q}}\| = 1 + \varepsilon 0$，则称其为单位对偶四元数，易见，单位对偶四元数逆存在并等于其共轭。

单位对偶四元数可以用来描述坐标系的六自由度运动，包括转动运动和平移运动。如图 2-2 所示，由坐标系 O 到坐标系 N 的变换可由转动 $\boldsymbol{q}$ 紧接着平移 $\boldsymbol{p}^N$（或平移 $\boldsymbol{p}^O$ 紧接着转动 $\boldsymbol{q}$）实现。利用对偶四元数，该坐标系变换可描述为

$$\begin{aligned}\hat{\boldsymbol{q}}&=\boldsymbol{q}+\varepsilon\boldsymbol{q}'\\&=\boldsymbol{q}+\varepsilon\frac{1}{2}\boldsymbol{q}\circ\boldsymbol{p}^N\\&=\boldsymbol{q}+\varepsilon\frac{1}{2}\boldsymbol{p}^O\circ\boldsymbol{q}\end{aligned}\tag{2-21}$$

由式（2-21）可知，$\boldsymbol{p}^N$ 和 $\boldsymbol{p}^O$ 也可表示为

$$\begin{aligned}\boldsymbol{p}^O&=2\boldsymbol{q}'\circ\boldsymbol{q}^*\\\boldsymbol{p}^N&=2\boldsymbol{q}^*\circ\boldsymbol{q}'\end{aligned}\tag{2-22}$$

由 Chasles 定理可知，刚体的一般运动均可看作螺旋运动，即绕不经过原点的轴旋转并沿着该轴平移的运动（见图 2-2），基于螺旋运动的运动参数，单位对偶四元数也可以写成

$$\begin{aligned}\hat{\boldsymbol{q}}&=\left[\cos\left(\frac{\hat{\phi}}{2}\right),\ \sin\left(\frac{\hat{\phi}}{2}\right)\hat{\boldsymbol{n}}\right]\\\hat{\phi}&=\phi+\varepsilon d\end{aligned}\tag{2-23}$$

式中　$\hat{\boldsymbol{n}}$——螺旋轴；

ϕ——转角；

d——螺距。

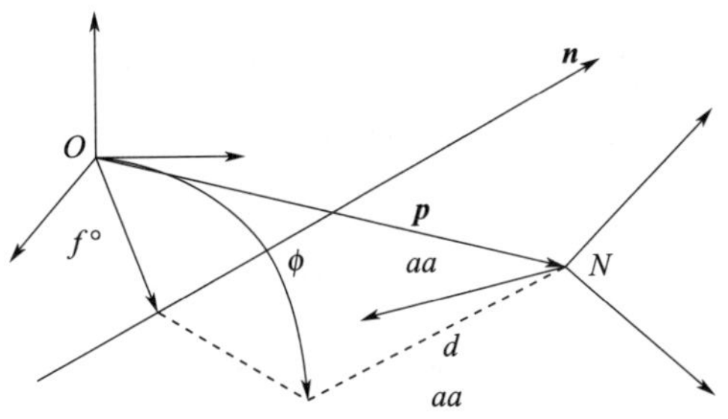

图 2-2　坐标系变换示意图

假设空间中的某一 Plücker 直线 $\hat{\boldsymbol{L}}$ 在坐标系 N 中可表示为 $\hat{\boldsymbol{L}}^N=\boldsymbol{l}^N+\varepsilon\boldsymbol{m}^N$，在坐标系 O 中的表示为 $\hat{\boldsymbol{L}}^O=\boldsymbol{l}^O+\varepsilon\boldsymbol{m}^O$，那么有

$$\begin{aligned}\boldsymbol{l}^N&=\boldsymbol{q}^*\circ\boldsymbol{l}^O\circ\boldsymbol{q}\\\boldsymbol{m}^N&=\boldsymbol{f}^N\times\boldsymbol{l}^N\\&=(\boldsymbol{q}^*\circ\boldsymbol{f}^O\circ\boldsymbol{q}-\boldsymbol{p}^N)\times(\boldsymbol{q}^*\circ\boldsymbol{l}^O\circ\boldsymbol{q})\\&=\boldsymbol{q}^*\circ\boldsymbol{m}^O\circ\boldsymbol{q}-\frac{1}{2}(\boldsymbol{p}^{N*}\circ\boldsymbol{q}^*\circ\boldsymbol{l}^O\circ\boldsymbol{q}+\boldsymbol{q}^*\circ\boldsymbol{l}^O\circ\boldsymbol{q}\circ\boldsymbol{p}^N)\end{aligned}\tag{2-24}$$

又由于对偶四元数 $\hat{\boldsymbol{q}}=\boldsymbol{q}+\varepsilon\boldsymbol{q}'=\boldsymbol{q}+\varepsilon\ \frac{1}{2}\boldsymbol{q}\circ\boldsymbol{p}^N$，因此可以得到

$$\begin{aligned}\hat{\boldsymbol{L}}^N&=\boldsymbol{l}^N+\varepsilon\,\boldsymbol{m}^N\\&=(\boldsymbol{q}+\varepsilon\boldsymbol{q}')^*\circ(\boldsymbol{l}^O+\varepsilon\,\boldsymbol{m}^O)\circ(\boldsymbol{q}+\varepsilon\boldsymbol{q}')\\&=\hat{\boldsymbol{q}}^*\circ\hat{\boldsymbol{L}}^O\circ\hat{\boldsymbol{q}}\end{aligned}\tag{2-25}$$

式（2－25）描述的是同一对偶矢量在不同坐标系下的表示。若考虑不同对偶矢量在同一坐标系下的表示，则某初始对偶矢量$\hat{\boldsymbol{L}}_0$ 经六自由度运动至$\hat{\boldsymbol{L}}_1$ 的过程可描述为

$$\hat{\boldsymbol{L}}_1=\hat{\boldsymbol{q}}\circ\hat{\boldsymbol{L}}_0\circ\hat{\boldsymbol{q}}^*\tag{2-26}$$

考虑式（2－21）所示的对偶四元数 $\hat{\boldsymbol{q}}=\boldsymbol{q}+\varepsilon\ \frac{1}{2}\boldsymbol{p}^O\circ\boldsymbol{q}$，可以得到其对时间的微分为

$$2\,\dot{\hat{\boldsymbol{q}}}=2\dot{\boldsymbol{q}}+\varepsilon(\dot{\boldsymbol{p}}^O\circ\boldsymbol{q}+\boldsymbol{p}^O\circ\dot{\boldsymbol{q}})\tag{2-27}$$

代入式（2－6）得

$$\begin{aligned}2\,\dot{\hat{\boldsymbol{q}}}&=\boldsymbol{\omega}_{NO}^O\circ\boldsymbol{q}+\varepsilon(\dot{\boldsymbol{p}}^O\circ\boldsymbol{q}+\frac{1}{2}\,\boldsymbol{p}^O\circ\boldsymbol{\omega}_{NO}^O\circ\boldsymbol{q})\\&=\boldsymbol{\omega}_{NO}^O\circ\boldsymbol{q}+\varepsilon[\dot{\boldsymbol{p}}^O\circ\boldsymbol{q}+(\boldsymbol{p}^O\times\boldsymbol{\omega}_{NO}^O)\circ\boldsymbol{q}+\frac{1}{2}\,\boldsymbol{\omega}_{NO}^O\circ\boldsymbol{p}^O\circ\boldsymbol{q}]\\&=[\boldsymbol{\omega}_{NO}^O+\varepsilon(\dot{\boldsymbol{p}}^O+\boldsymbol{p}^O\times\boldsymbol{\omega}_{NO}^O)]\circ(\boldsymbol{q}+\varepsilon\,\frac{1}{2}\,\boldsymbol{p}^O\circ\boldsymbol{q})\\&\triangleq\hat{\boldsymbol{\omega}}_{NO}^O\circ\hat{\boldsymbol{q}}\end{aligned}\tag{2-28}$$

其中

$$\hat{\boldsymbol{\omega}}_{NO}^O=\boldsymbol{\omega}_{NO}^O+\varepsilon\ (\dot{\boldsymbol{p}}^O+\boldsymbol{p}^O\times\boldsymbol{\omega}_{NO}^O)$$

定义$\hat{\boldsymbol{\omega}}_{NO}^N=\boldsymbol{\omega}_{NO}^N+\varepsilon\ (\dot{\boldsymbol{p}}^N+\boldsymbol{\omega}_{NO}^N\times\boldsymbol{p}^N)$，易得

$$\hat{\boldsymbol{\omega}}_{NO}^N=\hat{\boldsymbol{q}}^*\circ\hat{\boldsymbol{\omega}}_{NO}^O\circ\hat{\boldsymbol{q}}\tag{2-29}$$

再由式（2－28），可以得到

$$2\,\dot{\hat{\boldsymbol{q}}}=\hat{\boldsymbol{\omega}}_{NO}^O\circ\hat{\boldsymbol{q}}=\hat{\boldsymbol{q}}\circ\hat{\boldsymbol{\omega}}_{NO}^N\tag{2-30}$$

式（2－30）即为基于对偶四元数的刚体一般运动的运动学方程，且$\hat{\boldsymbol{\omega}}_{NO}^O$和$\hat{\boldsymbol{\omega}}_{NO}^N$可被称为速度旋量。不难看出，对偶四元数在描述刚体的一般运动时表现出了与四元数在描述旋转运动时许多相似的性质。这是由于 Kotelnikov 转移原理（Principle of Transference）给出了一条重要结论：相对于定点的刚体运动学的所有矢量代数法则在自由刚体运动学的旋量代数中同样成立[3]。因此，由上述结论可知 Chasles 定理在研究一般刚体运动时具有同欧拉定理研究刚体旋转运动时相似的、重要的地位，使得我们可以将刚体旋转运动的研究方法和手段扩展到一般性刚体运动的研究中。

2.2.4　四元数与对偶四元数的对数运算

2.2.4.1　四元数的对数运算

对于一个给定的由矢量形式表示的单位四元数，Kim 在 1996 年给出了其对数定义[4]

$$\ln\boldsymbol{q}=\left[0,\frac{\arccos\eta}{2\sqrt{1-\eta^2}}\boldsymbol{\xi}\right] \tag{2-31}$$

对于如式（2－3）所示的使用欧拉轴角形式表示的单位四元数，其等价形式为

$$\ln\boldsymbol{q}=\left[0,\frac{\phi}{2}\boldsymbol{n}\right],0\leqslant\phi\leqslant2\pi \tag{2-32}$$

简写为

$$\ln\boldsymbol{q}=\frac{\phi}{2}\boldsymbol{n} \tag{2-33}$$

注意到，当 $\phi=0$ 时，有 $\boldsymbol{q}_{+}=[1,0,0,0]$；当 $\phi=2\pi$ 时，有 $\boldsymbol{q}_{-}=[-1,0,0,0]$，事实上，它们表示的是相同的旋转运动，因此特别定义 $\ln\boldsymbol{q}_{+}=\ln\boldsymbol{q}_{-}=(0,0,0)$。这样，每个四元数都可以通过对数运算映射成一个三维矢量，与之对应，一个三维矢量 $\boldsymbol{v}$ 也可以映射为四元数，该映射由以下四步运算完成

$$\begin{aligned}
&\kappa=\begin{cases}-1, & \text{如果 } \boldsymbol{v}\cdot\boldsymbol{h}<0\\ 1, & \text{其他}\end{cases}\\
&\phi=2\kappa\|\boldsymbol{v}\|\\
&\boldsymbol{n}=\begin{cases}0, & \text{如果 } \phi=0\\ 2\boldsymbol{v}/\phi, & \text{其他}\end{cases}\\
&\boldsymbol{q}=\left[\cos\frac{\phi}{2},\sin\frac{\phi}{2}\boldsymbol{n}\right]
\end{aligned} \tag{2-34}$$

式中　$\boldsymbol{h}$——选定的转轴正方向。

基于上述对四元数对数运算的定义，给出如下定理。

定理 2－1：已知随时间变化的四元数 $\boldsymbol{q}(t)$，以及角速度 $\boldsymbol{\omega}(t)$，则有如下等式成立

$$\frac{1}{2}\frac{\mathrm{d}}{\mathrm{d}t}(\boldsymbol{\Gamma}^{\mathrm{T}}\boldsymbol{\Gamma})=(\boldsymbol{\Gamma}^{\mathrm{T}}\boldsymbol{\omega}) \tag{2-35}$$

其中

$$\boldsymbol{\Gamma}=2\ln\boldsymbol{q}$$

证明：由等式左边出发可得

$$\frac{1}{2}\frac{\mathrm{d}}{\mathrm{d}t}(\boldsymbol{\Gamma}^{\mathrm{T}}\boldsymbol{\Gamma})=(\boldsymbol{\Gamma}^{\mathrm{T}}\dot{\boldsymbol{\Gamma}}) \tag{2-36}$$

根据姿态参数间的转换关系，由 $\boldsymbol{\Gamma}=\phi\boldsymbol{n}$ 可得方向余弦矩阵为

$$\boldsymbol{C}=\boldsymbol{I}+\frac{\sin\phi}{\phi}[\boldsymbol{\Gamma}\times]+\frac{(1-\cos\phi)}{\phi^2}[\boldsymbol{\Gamma}\times]^2 \tag{2-37}$$

其中

$$[\boldsymbol{\Gamma}\times]=\begin{bmatrix} 0 & -\boldsymbol{\Gamma}_z & \boldsymbol{\Gamma}_y \\ \boldsymbol{\Gamma}_z & 0 & -\boldsymbol{\Gamma}_x \\ -\boldsymbol{\Gamma}_y & \boldsymbol{\Gamma}_x & 0 \end{bmatrix} \tag{2-38}$$

$$\phi=(\boldsymbol{\Gamma}^{\mathrm{T}}\boldsymbol{\Gamma})^{1/2} \tag{2-39}$$

式中　$\boldsymbol{I}$——单位矩阵；

$[\boldsymbol{\Gamma}\times]$——叉乘矩阵；

ϕ——转角。

方向余弦矩阵随时间的变化率与角速度 $\boldsymbol{\omega}$ 的关系为

$$\dot{\boldsymbol{C}}=\boldsymbol{C}[\boldsymbol{\omega}\times] \tag{2-40}$$

由式（2-37），可得矩阵 $\boldsymbol{C}$ 的迹为

$$\mathrm{tr}(\boldsymbol{C})=1+2\cos\phi \tag{2-41}$$

对式（2-41）两边同时求导可得

$$\frac{\mathrm{d}}{\mathrm{d}t}[\mathrm{tr}(\boldsymbol{C})]=\mathrm{tr}(\dot{\boldsymbol{C}})=-2\dot{\phi}\sin\phi \tag{2-42}$$

将式（2-37）代入式（2-40）中，可得

$$\mathrm{tr}(\dot{\boldsymbol{C}})=-2\,\frac{\sin\phi}{\phi}\boldsymbol{\Gamma}^{\mathrm{T}}\boldsymbol{\omega} \tag{2-43}$$

比较式（2-42）和式（2-43），知

$$\dot{\phi}=\frac{\boldsymbol{\Gamma}^{\mathrm{T}}\boldsymbol{\omega}}{\phi} \tag{2-44}$$

对式（2-39）两边同时求导得

$$\dot{\phi}=\frac{\boldsymbol{\Gamma}^{\mathrm{T}}\dot{\boldsymbol{\Gamma}}}{\phi} \tag{2-45}$$

由式（2-44）和式（2-45）可得

$$\boldsymbol{\Gamma}^{\mathrm{T}}\dot{\boldsymbol{\Gamma}}=\boldsymbol{\Gamma}^{\mathrm{T}}\boldsymbol{\omega}$$

证毕。

2.2.4.2　对偶四元数的对数运算

考虑某对偶四元数 $\hat{\boldsymbol{q}}=\boldsymbol{q}+\varepsilon\boldsymbol{q}'$，再由式（2-10）给出的对偶指数函数的定义，可以得到对偶四元数的另一种定义形式为

$$\hat{\boldsymbol{q}}=\boldsymbol{q}+\varepsilon\boldsymbol{q}'=\boldsymbol{q}\circ\mathrm{e}^{\varepsilon\boldsymbol{q}^{-1}\circ\boldsymbol{q}'} \tag{2-46}$$

对等式两边同时进行对数运算，有

$$\ln\hat{\boldsymbol{q}}=\ln(\boldsymbol{q}\circ\mathrm{e}^{\varepsilon\boldsymbol{q}^{-1}\circ\boldsymbol{q}'})=\ln\boldsymbol{q}+\varepsilon\boldsymbol{q}^{-1}\circ\boldsymbol{q}' \tag{2-47}$$

考虑如式（2-21）所示的对偶四元数，结合式（2-33），可得

$$\ln\hat{\boldsymbol{q}}=\frac{1}{2}(\phi\boldsymbol{n}+\varepsilon p\boldsymbol{t}),0\leqslant\phi\leqslant 2\pi \tag{2-48}$$

其中

$$p=\|\boldsymbol{p}\|;\ \boldsymbol{t}=\boldsymbol{p}/p$$

类似于四元数的情况，定义 $\hat{\boldsymbol{q}}_+=(1,0,0,0)+\varepsilon(0,0,0,0)$ 和 $\hat{\boldsymbol{q}}_-=(-1,0,0,0)+\varepsilon(0,0,0,0)$ 的对数为 $\ln\hat{\boldsymbol{q}}_+=\ln\hat{\boldsymbol{q}}_-=(0,0,0)+\varepsilon(0,0,0)$。因此，一个对偶四元数可通过对数运算映射成一个三维对偶矢量。反之，亦可以由一个三维对偶矢量得到一个对偶四元数，其计算过程为：首先通过式（2 - 34）计算得到四元数 $\boldsymbol{q}$，再由对偶矢量的对偶部分得到位移矢量 $\boldsymbol{p}$，最后根据式（2 - 34）求得对偶四元数 $\hat{\boldsymbol{q}}$。

基于上述对偶四元数的对数定义，给出如下定理。

定理 2 - 2：已知随时间变化的对偶四元数 $\hat{\boldsymbol{q}}(t)$，以及速度旋量 $\hat{\boldsymbol{\omega}}(t)$，则有如下等式成立

$$\frac{1}{2}\frac{\mathrm{d}}{\mathrm{d}t}\langle\hat{\boldsymbol{\Gamma}},\hat{\boldsymbol{\Gamma}}\rangle=\langle\hat{\boldsymbol{\Gamma}},\hat{\boldsymbol{\omega}}\rangle \tag{2-49}$$

其中

$$\hat{\boldsymbol{\Gamma}}=2\ln\hat{\boldsymbol{q}}$$

证明：从等式的左边考虑，易见

$$\frac{1}{2}\frac{\mathrm{d}}{\mathrm{d}t}\langle\hat{\boldsymbol{\Gamma}},\hat{\boldsymbol{\Gamma}}\rangle=\langle\hat{\boldsymbol{\Gamma}},\dot{\hat{\boldsymbol{\Gamma}}}\rangle \tag{2-50}$$

对 $\hat{\boldsymbol{\Gamma}}=\phi\boldsymbol{n}+\varepsilon p\boldsymbol{t}$ 两边求导可得

$$\dot{\hat{\boldsymbol{\Gamma}}}=(\dot{\phi}\boldsymbol{n}+\phi\dot{\boldsymbol{n}})+\varepsilon(\dot{p}\boldsymbol{t}+p\dot{\boldsymbol{t}}) \tag{2-51}$$

因此

$$\langle\hat{\boldsymbol{\Gamma}},\dot{\hat{\boldsymbol{\Gamma}}}\rangle=(\phi\boldsymbol{n})^{\mathrm{T}}(\dot{\phi}\boldsymbol{n}+\phi\dot{\boldsymbol{n}})+(p\boldsymbol{t})^{\mathrm{T}}(\dot{p}\boldsymbol{t}+p\dot{\boldsymbol{t}}) \tag{2-52}$$

又由于速度旋量 $\hat{\boldsymbol{\omega}}$ 可以写为

$$\hat{\boldsymbol{\omega}}=\boldsymbol{\omega}+\varepsilon(\dot{p}\boldsymbol{t}+p\dot{\boldsymbol{t}}+\boldsymbol{\omega}\times p\boldsymbol{t}) \tag{2-53}$$

所以有

$$\begin{aligned}\langle\hat{\boldsymbol{\Gamma}},\ \hat{\boldsymbol{\omega}}\rangle&=(\phi\boldsymbol{n})^{\mathrm{T}}\boldsymbol{\omega}+(p\boldsymbol{t})^{\mathrm{T}}(\dot{p}\boldsymbol{t}+p\dot{\boldsymbol{t}}+\boldsymbol{\omega}\times p\boldsymbol{t})\\&=(\phi\boldsymbol{n})^{\mathrm{T}}\boldsymbol{\omega}+(p\boldsymbol{t})^{\mathrm{T}}(\dot{p}\boldsymbol{t}+p\dot{\boldsymbol{t}})\end{aligned} \tag{2-54}$$

比较式（2 - 52）和式（2 - 54）可得式（2 - 49）的结论，证毕。

2.3　非线性控制理论基础

一般地说，非线性控制系统的任务分为两类：镇定和跟踪。在镇定问题中，控制器用来使得闭环系统的状态被镇定到平衡点附近。在跟踪控制问题中，设计的目标是构造控制器使得系统的输出跟上一个给定的时变轨线。本书主要考虑的是跟踪控制问题。在非线性控制系统设计中，没有一般的方法，而有的是大量可替换的和相互补充的方法，每一种都

能有效地应用于一些特殊的非线性系统中。例如，反馈线性化的基本思想是将非线性系统转化为线性系统，进而可以采用线性系统设计方法完成控制设计；滑模变结构控制适于处理存在外界干扰以及系统建模不确定性的问题；自适应控制主要用于动态结构已知但存在未知常数或时变参数的系统等。本节将介绍后续章节用到的稳定性理论、非线性控制理论以及相关的定义、定理、引理等，并简要阐述滑模变结构控制和有限时间控制的基本方法。

2.3.1 稳定性理论及预备知识

通常，一个非线性系统可以由如下非线性微分方程描述

$$\dot{\boldsymbol{x}}=\boldsymbol{f}(\boldsymbol{x},t) \tag{2-55}$$

式中 $\boldsymbol{x}$——$n\times 1$ 维的状态矢量；

$\boldsymbol{f}$——$n\times 1$ 维的非线性函数。

初始条件为 $\boldsymbol{x}(t_0)=\boldsymbol{x}_0$。

需要说明的是，式（2-55）表示的是一个反馈控制系统的闭环动态，因此，虽然系统式（2-55）不显含控制变量，但它还是可以直接用于反馈控制系统。

下面给出一些定义、定理与引理[5-8]。

定义 2-1：矢量 $\boldsymbol{x}\in\mathbf{R}^n$ 的范数定义为

$$\begin{aligned}&\|\boldsymbol{x}\|_p=(|x_1|^p+\cdots+|x_n|^p)^{\frac{1}{p}},1\leqslant p<\infty\\&\|\boldsymbol{x}\|_\infty=\max_i|x_i|\end{aligned} \tag{2-56}$$

矩阵 $\mathbf{A}=(a_{ij})_{m\times n}$ 的范数定义为

$$\begin{aligned}&\|\boldsymbol{A}\|_p=\sup_{\delta\neq 0}\frac{\|\boldsymbol{Ax}\|_p}{\|\boldsymbol{x}\|_p}=\max_{\|\delta\|_p=1}\|\boldsymbol{Ax}\|_p\\&\|\boldsymbol{A}\|_\infty=\max_i\sum_{j=1}^{n}|a_{ij}|\\&\|\boldsymbol{A}\|_1=\max_j\sum_{i=1}^{m}|a_{ij}|\\&\|\boldsymbol{A}\|_2=[\lambda_{\max}(\boldsymbol{A}^{\mathrm{T}}\boldsymbol{A})]^{\frac{1}{2}}\end{aligned} \tag{2-57}$$

式中 $\lambda(\cdot)$——矩阵的最大特征值；

$\|\cdot\|$——矢量或矩阵的 2 范数。

定义 2-2：如果 $\boldsymbol{f}$ 不显含 t，即系统方程可以写作

$$\dot{\boldsymbol{x}}=\boldsymbol{f}(\boldsymbol{x}) \tag{2-58}$$

则称以式（2-58）所表示的系统为自治的；否则，该称系统为非自治系统。

定义 2-3：如果一旦 $\boldsymbol{x}(t)=\boldsymbol{x}^*$，那么此后状态永远停留在 $\boldsymbol{x}^*$ 处，则称状态 $\boldsymbol{x}^*$ 为系统的一个平衡点。

定义 2-4：如果任给 $R>0$，存在 $r>0$，使得当 $\|\boldsymbol{x}(0)\|<r$ 时，$\|\boldsymbol{x}(t)\|<R,t>0$，则称 $\boldsymbol{x}=\boldsymbol{0}$ 为稳定的平衡点。如果平衡点是稳定的，且存在 $r>0$ 使当 $\|\boldsymbol{x}(0)\|<r$ 时，$\boldsymbol{x}(t)$

$\to \boldsymbol{0}$，$t\to\infty$，则称平衡点是渐近稳定的。一个稳定而又不是渐近稳定的平衡点称为临界稳定的平衡点。

定义 2-5：如果对于任何初值渐近稳定成立，则称这样的平衡点为大范围渐近稳定，也称全局渐近稳定。

定义 2-6：对于一个连续标量函数 $V(\boldsymbol{x})$，如果 $V(\boldsymbol{0})=0$，且在 $\boldsymbol{U}_0\subset\boldsymbol{U}$ 内有 $\boldsymbol{x}\neq\boldsymbol{0}\Rightarrow V(\boldsymbol{x})>0$，则称 $V(\boldsymbol{x})$ 为局部正定的；若上述性质在整个状态空间成立，则称 $V(\boldsymbol{x})$ 为全局正定函数。如果 $V(\boldsymbol{0})=0$，且 $\boldsymbol{x}\neq\boldsymbol{0}\Rightarrow V(\boldsymbol{x})\geqslant 0$，则称 $V(\boldsymbol{x})$ 为半正定的。负定以及半负定可以按照类似的方法得到。

定义 2-7：若 $\|\boldsymbol{x}\|\to\infty$ 时，$V(\boldsymbol{x})\to\infty$，则称连续函数 $V(\boldsymbol{x})$ 是径向无界的（正则的）。

定义 2-8：，如果从集合 $\boldsymbol{G}$ 中一个点出发的轨线永远留在 $\boldsymbol{G}$ 中，则称 $\boldsymbol{G}$ 为一个动态系统的不变集。

定义 2-9：对于一个方阵

$$\mathbf{A}=(a_{ij})_{m\times m}$$

如果

$$\mathbf{A}=\mathbf{A}^{\mathrm{T}}$$

即

$$a_{ij}=a_{ji}$$

则称 $\mathbf{A}$ 为对称的；

反之，如果

$$\mathbf{A}=-\mathbf{A}^{\mathrm{T}}$$

即

$$a_{ij}=-a_{ji}$$

则称 $\mathbf{A}$ 为反对称的。

定义 2-10：对于一个方阵 $\mathbf{A}=(a_{ij})_{m\times m}$，如果满足 $\boldsymbol{x}\neq\boldsymbol{0}\Rightarrow\boldsymbol{x}^{\mathrm{T}}\mathbf{A}\boldsymbol{x}>0$，则称 $\mathbf{A}$ 为正定的；一个对称正定矩阵 $\mathbf{N}$ 有如下性质：$\lambda_{\min}(\mathbf{N})\|\boldsymbol{x}\|^2\leqslant\boldsymbol{x}^{\mathrm{T}}\mathbf{N}\boldsymbol{x}\leqslant\lambda_{\max}(\mathbf{N})\|\boldsymbol{x}\|^2$。

定理 2-3（Lyapunov 定理）：针对非线性系统式（2-58），如果存在定义在 $\boldsymbol{U}_0\subset\boldsymbol{U}$ 内的标量函数 $V(\boldsymbol{x})$，它具有一阶连续导数，且 $V(\boldsymbol{x})$ 在 $\boldsymbol{U}_0$ 内正定，$\dot{V}(\boldsymbol{x})$ 在 $\boldsymbol{U}_0$ 内半负定，那么平衡点 $\boldsymbol{x}=\boldsymbol{0}$ 是 Lyapunov 稳定的，称 $V(\boldsymbol{x})$ 为 Lyapunov 函数；如果 $\dot{V}(\boldsymbol{x})$ 在 $\boldsymbol{U}_0$ 内负定，那么平衡点 $\boldsymbol{x}=\boldsymbol{0}$ 是局部渐近稳定的；如果 $\boldsymbol{U}_0=\boldsymbol{U}=\mathbf{R}$，$V(\boldsymbol{x})$ 正定且是径向无界的，$\dot{V}(\boldsymbol{x})$ 负定，那么平衡点 $\boldsymbol{x}=\boldsymbol{0}$ 是全局渐近稳定的。

定理 2-4（LaSalle 不变集定理）：考虑某非线性自治系统式（2-58），其中 $\boldsymbol{f}$ 连续，设 $V(\boldsymbol{x})$ 是具有一阶连续偏导数的标量函数，并且对于任何 $l>0$，由 $V(\boldsymbol{x})<l$ 定义的 $\boldsymbol{U}_l$ 为一个有界区域，对于 $\boldsymbol{x}\in\boldsymbol{U}_l$，有 $\dot{V}(\boldsymbol{x})\leqslant 0$。记 $\boldsymbol{M}$ 为 $\boldsymbol{U}_l$ 内所有使 $\dot{V}(\boldsymbol{x})=0$ 的点的集合，$\boldsymbol{M}_0$ 是 $\boldsymbol{M}$ 中的最大不变集，那么当 $t\to\infty$ 时，从 $\boldsymbol{U}_l$ 出发的每一个解均趋于 $\boldsymbol{M}_0$。

推论 2-1：若非线性系统为自治系统，$\boldsymbol{f}$ 连续，设存在具有连续偏导数的标量函数 $V(\boldsymbol{x})$，在原点的某个邻域 $\boldsymbol{U}_0$ 内满足：1）$V(\boldsymbol{x})$ 正定；2）$\dot{V}(\boldsymbol{x})$ 负半定；3）由 $\dot{V}(\boldsymbol{x})=0$ 确定的集 $\boldsymbol{M}$ 不包括除 $\boldsymbol{x}=\boldsymbol{0}$ 之外的任何轨线，那么 0 是渐近稳定的平衡点。

引理 2-1（Barbalat 引理）：如果 $x:[0,\infty)\to\mathbf{R}$ 为一阶连续可导，且当 $t\to\infty$ 时有极限，则如果 $\dot{x}(t), t\in[0,\infty)$ 一致连续，那么 $\lim\limits_{t\to\infty}\dot{x}(t)=0$。

推论 2-2：若 $x:[0,\infty)\to\mathbf{R}$ 一致连续，且存在 $p\in[1,\infty)$，使得 $x\in L_p$，那么

$$\lim_{t\to\infty}x(t)=0$$

其中

$$L_p:\{x \mid x:[0,\infty)\to\mathbf{R},(\int_0^\infty |x(t)|^p \mathrm{d}t)^{\frac{1}{p}}<\infty\},p\in[1,\infty)$$

引理 2-2：假设存在定义在原点的邻域 $\hat{\boldsymbol{U}}\subset\mathbf{R}^n$ 上的 C^1 光滑函数 $\Delta(x)$，并且 $\exists c>0$ 与 $0<\boldsymbol{\alpha}<1$，使得 $\Delta(x)$ 在 $\hat{\boldsymbol{U}}$ 上正定且 $\Delta\cdot(x)+c\Delta^{\alpha}(x)$ 在 $\hat{\boldsymbol{U}}$ 上半负定，则 $\Delta(x)=0$ 在有限时间内达到。收敛时间 T_{reach} 满足[9]

$$T_{\text{reach}}\leqslant\frac{\Delta(x_0)^{1-\alpha}}{c(1-\alpha)} \tag{2-59}$$

引理 2-3：对于任意矢量 $\boldsymbol{x}=[x_1, x_2, \cdots, x_n]^{\mathrm{T}}$，存在 $0<p<2$，使得下列不等式成立

$$\|\boldsymbol{x}\|^p\leqslant\sum_{i=1}^{n}|\boldsymbol{x}_i|^p \tag{2-60}$$

2.3.2 滑模变结构控制

一般地，具有右端不连续微分方程的系统可描述为

$$\dot{\boldsymbol{x}}=\boldsymbol{f}(\boldsymbol{x},\boldsymbol{u}) \tag{2-61}$$

其中

$$\boldsymbol{f}(\boldsymbol{x},\boldsymbol{u})=\begin{cases}\boldsymbol{f}^{+}(\boldsymbol{x},\boldsymbol{u})=\boldsymbol{f}(\boldsymbol{x},\boldsymbol{u}^{+}),s(\boldsymbol{x})>0\\ \boldsymbol{f}^{-}(\boldsymbol{x},\boldsymbol{u})=\boldsymbol{f}(\boldsymbol{x},\boldsymbol{u}^{-}),s(\boldsymbol{x})<0\end{cases} \tag{2-62}$$

式中 $\boldsymbol{x}\in\mathbf{R}^n$——状态变量；

$\boldsymbol{u}\in\mathbf{R}^m$——控制输入；

$s(\boldsymbol{x})$——切换函数，其满足可微条件，$\boldsymbol{f}(\boldsymbol{x},\boldsymbol{u})$ 根据条件 $s(\boldsymbol{x})$ 的正负使系统的结构发生变化。

由于系统微分方程式（2-61）在 $s(\boldsymbol{x})=0$ 上没有定义，因此给出如下微分方程

$$\dot{\boldsymbol{x}}=\boldsymbol{f}(\boldsymbol{x},\boldsymbol{u}_0),s(\boldsymbol{x})=0 \tag{2-63}$$

我们称 $s(\boldsymbol{x})=0$ 为切换面，它将状态空间分为两部分，如图 2-3 所示。在切换面上的运动点有以下三种情况：常点 A、起点 B 和止点 C。

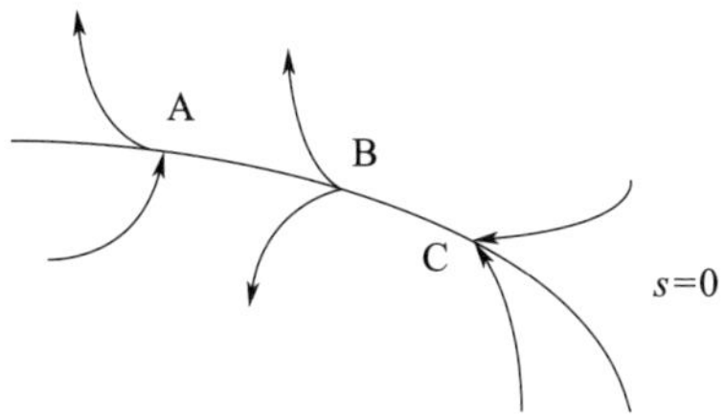

图 2-3　切换面上的运动点

若切换面上某一区域内所有点都是止点，则一旦状态点趋近该区域，就会被“吸引”到该区域内运动。此时，称在切换面上所有点都是止点的区域为“滑动模态”区域。按照滑动模态区域上的点都是止点的这一要求，当状态点到达切换面附近时，必有

$$\lim_{s\to 0^+} \dot{s} \leqslant 0 \text{ 及 } \lim_{s\to 0^-} \dot{s} \geqslant 0 \tag{2-64}$$

称式（2-64）为局部到达条件。对局部到达条件扩展可得全局到达条件为

$$s\dot{s} < 0 \tag{2-65}$$

因此，滑模变结构控制的过程可简述为：考虑如下闭环控制系统状态方程

$$\dot{\boldsymbol{x}} = \boldsymbol{f}(\boldsymbol{x}, \boldsymbol{u}, t), \quad \boldsymbol{x}, \boldsymbol{u} \in \mathbf{R}^n \tag{2-66}$$

需要设计 $s(\boldsymbol{x})$以及与 $s(\boldsymbol{x})$有关的控制器

$$\boldsymbol{u}(\boldsymbol{x}) = \begin{cases} \boldsymbol{u}^+(\boldsymbol{x}), & s(\boldsymbol{x}) > 0 \\ \boldsymbol{u}^-(\boldsymbol{x}), & s(\boldsymbol{x}) < 0 \end{cases} \tag{2-67}$$

使得：1）在有限时间内满足如式（2-65）所示的可达性条件；2）式（2-67）成立，即存在滑动模态；3）保证滑动模态运动的渐稳定性并具有良好的动态品质[10-13]。

为了分析滑模变结构控制系统的特性，考虑如下 n 阶系统

$$\dot{\boldsymbol{x}}(t) = \boldsymbol{A}\boldsymbol{x}(t) + \boldsymbol{B}\boldsymbol{u}(t) + \boldsymbol{D}\boldsymbol{r}(x, t) \tag{2-68}$$

式中　$\boldsymbol{x}$——系统状态；

$\boldsymbol{u}$——控制信号；

$\boldsymbol{r}$——外界干扰；

$\boldsymbol{A}$，$\boldsymbol{B}$ 与 $\boldsymbol{D}$——增益矩阵。

切换函数 $s(\boldsymbol{x})$设计为

$$s = Gx \tag{2-69}$$

则可以得到以下三点关于滑模变结构控制的性质[14-16]。

性质 1：当系统式（2-68）的状态到达 $s = Gx = 0$ 时，设计如下的控制器$\boldsymbol{u}_0$

$$\boldsymbol{u}_0 = -(\boldsymbol{G}\boldsymbol{B})^{-1}\boldsymbol{G}(\boldsymbol{A}\boldsymbol{x} + \boldsymbol{D}\boldsymbol{r}) \tag{2-70}$$

式中 $\boldsymbol{GB}$ 非奇异，则系统状态将在 $\boldsymbol{s} = 0$ 上运动。

性质 2：当系统式（2-68）中的外界干扰 $\boldsymbol{r}$ 满足下式

$$[\boldsymbol{I} - \boldsymbol{B}(\boldsymbol{G}\boldsymbol{B})^{-1}\boldsymbol{G}]\boldsymbol{D}\boldsymbol{r} = 0 \tag{2-71}$$

$$\text{rank}[\boldsymbol{B}, \boldsymbol{D}] = \text{rank}[\boldsymbol{B}] \tag{2-72}$$

时，系统方程变为

$$\begin{cases}\dot{\boldsymbol{x}}=[\boldsymbol{I}-\boldsymbol{B}(\boldsymbol{GB})^{-1}\boldsymbol{G}]\boldsymbol{Ax}\\ s=0\end{cases} \tag{2-73}$$

易见，系统状态方程中不再含有 $\boldsymbol{r}$，因此，可认为闭环系统对干扰具有不变性。

性质 3：假设系统式（2-68）中的参数 $\boldsymbol{A}$ 是由标称量 $\boldsymbol{A}_0$ 与不确定量 $\Delta\boldsymbol{A}$ 构成的，即

$$\boldsymbol{A}=\boldsymbol{A}_0+\Delta\boldsymbol{A} \tag{2-74}$$

当满足如下条件时

$$\mathrm{rank}[\boldsymbol{B},\Delta\boldsymbol{A}]=\mathrm{rank}[\boldsymbol{B}] \tag{2-75}$$

闭环系统对 $\Delta\boldsymbol{A}$ 的变化具有不变性。

通过以上分析可知，滑模变结构控制系统具有滑动模态区域可到达性、对外界干扰以及系统不确定因素的鲁棒性。因此，在具有建模不准确以及存在外界干扰的情况下，滑模变结构控制设计为保持系统稳定性和一致性提供了系统的方法，是实现鲁棒控制的一个简单途径。

2.3.3 有限时间控制

收敛性是控制系统的一个关键的性能指标。目前，绝大多数控制器都是渐近收敛的，即当时间趋于无穷时，被控系统状态达到控制目标[17]。而从控制系统时间优化的角度来看，使闭环系统有限时间收敛的控制方法才是时间最优的控制方法。除了收敛性能最优的优点，研究表明由于有限时间控制器中带有分数幂项，使其与非有限时间闭环控制相比，具有更好的鲁棒性和抗扰动性能[18,21-26]。下面首先给出系统有限时间收敛的概念。

考虑如下系统

$$\dot{\boldsymbol{x}}=\boldsymbol{f}(\boldsymbol{x},\boldsymbol{u},t),\quad \boldsymbol{f}(\boldsymbol{0},t)=0 \tag{2-76}$$

式中　$\boldsymbol{x}\in\mathbf{R}^n$——系统状态；

$\boldsymbol{u}\in\mathbf{R}^m$——控制输入；

$\boldsymbol{f}:\boldsymbol{U}\rightarrow\mathbf{R}^n$——定义域 $\boldsymbol{U}$ 到 n 维空间 $\mathbf{R}^n$ 的一个连续函数。

针对上述系统，系统的平衡点 $\boldsymbol{x}=\boldsymbol{0}$ 为连续有限时间稳定的，当且仅当系统是稳定的且有限时间收敛的。对于初始状态 $\boldsymbol{x}_0\in\boldsymbol{U}_0\subset\boldsymbol{U}$，记系统的解为 $\boldsymbol{x}(t,\boldsymbol{x}_0)$，有限时间收敛则表示存在一个连续函数 $T(\boldsymbol{x})$：$\boldsymbol{U}_0\setminus\{\boldsymbol{0}\}\rightarrow(0,+\infty)$ 使得：当 $t\in[0,T(\boldsymbol{x}_0))$ 时，有 $\boldsymbol{x}(t,\boldsymbol{x}_0)\in\boldsymbol{U}_0\setminus\{\boldsymbol{0}\}$ 和 $\lim\limits_{t\rightarrow T(\boldsymbol{x}_0)}\boldsymbol{x}(t,\boldsymbol{x}_0)=\boldsymbol{0}$；当 $t>T(\boldsymbol{x}_0)$ 时，有 $\boldsymbol{x}(t,\boldsymbol{x}_0)=\boldsymbol{0}$。如果 $\boldsymbol{U}=\boldsymbol{U}_0=\mathbf{R}^n$，则系统是全局连续有限时间稳定的。

对于系统式（2-76），有限时间控制问题的目的是设计一个连续的反馈控制器 $\boldsymbol{u}$ 使得闭环系统的原点 $\boldsymbol{x}=\boldsymbol{0}$ 是 Lyapunov 稳定的平衡点，并且对于任意初始值，系统状态 $\boldsymbol{x}$ 可在有限时间内收敛到 $\boldsymbol{0}$。

如何判别一个系统的连续有限时间稳定性是研究有限时间控制系统的基础，参考文献[19] 指出，连续有限时间控制系统的验证方法主要包括两种：齐次性方法和有限时间 Lyapunov 稳定性定理。这两种方法为有限时间控制系统设计和综合问题提供了理论依据。齐次性系统及有限时间控制方法可参见参考文献［20］。本书主要应用有限时间 Lyapunov

稳定性判据验证系统的有限时间稳定性，故给出如下定理。

定理 2－5：假设存在连续可微函数 V：$\boldsymbol{U}\to\mathbf{R}$，使得其满足下列条件：

1）V 为正定函数；

2）存在正实数 $\gamma>0$ 和 $\alpha\in(0,1)$，以及一个包含原点的开邻域 $\boldsymbol{U}_0\subset\boldsymbol{U}$，使得下列条件成立

$$\dot{V}(\boldsymbol{x})+\gamma V^{\alpha}(\boldsymbol{x})\leqslant 0,\quad \boldsymbol{x}\in\boldsymbol{U}_0\setminus\{\boldsymbol{0}\} \tag{2-77}$$

则系统式（2－76）为有限时间稳定的；若 $\boldsymbol{U}=\boldsymbol{U}_0=\mathbf{R}^n$，则系统为全局有限时间稳定的。且收敛时间满足

$$T\leqslant\frac{V_0^{1-\alpha}}{\gamma-\gamma\alpha} \tag{2-78}$$

目前，关于有限时间控制技术的研究正处于快速发展中，由于有限时间控制系统本身的非 Lips－chitz 连续性，导致有限时间控制系统的分析和综合问题比较困难。尽管国内外的学者已经开始研究有限时间控制理论与应用，并取得了一些成果，但目前该研究还处在发展阶段，仍然有很多方面有待进一步的深入研究。

2.4　小结

本章介绍了后续章节中要用到的基础知识。首先给出了四元数、对偶数和对偶四元数的定义以及它们的基本数学运算公式，特别地，还定义了四元数和对偶四元数的对数运算。随后，介绍了非线性控制理论的相关知识，包括稳定性基本理论、滑模变结构控制方法、有限时间控制方法以及一些定义、定理和引理等。

参 考 文 献

[1] MORTENSEN R E. Strapdown Guidance Error Analysis [J]. IEEE Transactions on Aerospace and Electronic Systems, 1974, 10 (4): 451 - 457.

[2] MARKLEY F L. Attitude Error Representation for Kalman Filtering [J]. Journal of Guidance, Control, and Dynamics, 2003, 26 (2): 311 - 318.

[3] FISCHER I S. Dual - Number Methods in Kinematics, Statics and Dynamics [M]. BocaRaton: CRC Press, 1999.

[4] YANG A T. Application of Quaternion Algebra and Dual Numbers to the Analysis of Spatial Mechanisms [D]. New York: Columbia University, 1964.

[5] ROONEY J . A Comparison of Representation of General Spatial Screw Displacement [J]. Environment and Planning B, 1978, 5: 45 - 88.

[6] DANIILIDIS K. Hand - eye Calibration Using Dual Quaternions [J]. International Journal of Robotics Research, 1999, 18: 286 - 298.

[7] BRANETS V N, Shmyglevsky I P. Introduction to the Theory of Strapdown Inertial Navigation System [M]. Moscow, Nauka (in Russian), 1992.

[8] 武元新 . 对偶四元数导航算法与非线性高斯滤波研究[D]. 长沙：国防科学技术大学，2005.

[9] 夏琳琳，赵琳，刘繁明，胡晓彤 . 基于对偶四元数的航姿系统姿态更新算法研究[J]. 系统仿真学报，2008 (2): 276 - 280.

[10] BRODSKY V, SHOHAM M. The Dual Inertia Operator and Its Application to Robot Dynamics [J]. Journal of Mechanical Design, 1994, 116: 1189 - 1195.

[11] BRODSKY V, SHOHAM M. Dual Numbers Representation of Rigid Body Dynamics [J]. Mechanism and Machine Theory, 1999, 34 (5): 693 - 718.

[12] HAN D, WEI Q, LI Z, SUN W. Control of Oriented Mechanical Systems: a Method Based on Dual Quaternion [C]. Proceedings of the 17th World Congress the International Federation of automatic Control, Seoul, Korea, 2008: 3836 - 3841.

[13] HAN D P, WEI Q, LI Z X. Kinematic Control of Free Rigid Bodies Using Dual Quaternions [J]. International Journal of Automation and Computing, 2008, 5 (3): 319 - 324.

[14] PHAM H L, PERDEREAU V, ADORNO B V, FRAISSE P. Position and Orientation Control of Robot Manipulators Using Dual Quaternion Feedback [C]. IEEE International Conference on Intelligent Robots and Systems, 2010: 658 - 663.

[15] SOMENZI L, IESS L. Linear Stability Analysis of Electrodynamic Thethers [J]. Journal of Guidance, Control, and Dynamics, 2005, 28 (5): 843 - 849.

[16] SUBBARAO K. Nonlinear Control of Motion Sychronization for Satellite Proximity Operations [J]. Journal of Guidance, Control, and Dynamics, 2008, 31 (5): 1284 - 1294.

[17] PAN H, KAPILA V. Adaptive Nonlinear Control for Spacecraft Formation Flying with Coupled

Translational and Attitude Dynamics [C]. Proceedings of 40th IEEE Conference on Decision and Control, Inst. of Electrical and Electronics Engineers, New York, 2001: 2057 - 2062.

[18] KRISTIANSEN R, NICKLASSON P J, GRAVDAHL J T. Spacecraft Coordination Control in 6DOF: Integrator Backstepping vs Passivity - based Control [J]. Automatica, 2008, 44 (11): 2896 - 2901.

[19] MARTINEZ J M R, DUFFY J. The Principle of Transference: History, Statement and Proof [J]. Mechanisms and Machine Theory, 1993, 26 (1): 165 - 177.

[20] 袁建平,和兴锁．航天器轨道机动动力学[M].北京：中国宇航出版社，2010：293 - 463.

[21] 佘志坤,薛白，丛源良，刘铁钢，郑志明．最优双冲量交会问题的数学建模与数值求解[J].宇航学报，2010，31 (1)：155 - 161.

[22] LUO Y Z, LEI Y J, TANG G J. Optimal Multi - Objective Nonlinear Impulsive Rendezvous [J]. Journal of Guidance, Control, and Dynamics, 2007, 30 (4): 994 - 1002.

[23] ICHIMRA Y,ICHIKAWA A. Optimal Impulsive Relative Orbit Transfer along a Circular Orbit [J]. Journal of Guidance Control and Dynamics, 2008, 31 (4): 1014 - 1027.

[24] HABLANI H B, TAPPER M L, BASHIAN D J D. Guidance and Relative Navigation for Autonomous Rendezvous in a Circular Orbit [J].Journal of Guidance Control and Dynamics, 2002, 25 (3): 553 - 562.

[25] WILLIAMS J L,LIGHTSEY E G. Optimal Impulsive Maneuvering Within a Confined Hover Region [C].AIAA Guidance Navigation and Control Conference and Exhibit, Hawaii, 2008.

[26] JIFUKU R,ICKIKAWA A, BANDO M. Optimal Pulse Strategies for Relative Orbit Transfer along a Circular Orbit [J].Journal of Guidance Control and Dynamics, 2011, 34 (5): 1329 - 1341.

第 3 章　航天器姿轨一体化动力学建模与跟踪控制

3.1　引言

航天器动力学建模是航天器控制与导航算法设计的基础，它为航天器控制系统设计提供被控对象的数学模型，为导航算法设计提供系统运动的状态模型，因此，航天器动力学模型的准确度以及可靠度将直接影响控制与导航系统的设计和性能。航天器的一般运动通常被拆分为轨道运动和姿态运动，并采用轨道和姿态各自独立的方式描述，如轨道参数采用位移矢量或轨道六要素表示，而姿态参数采用方向余弦矩阵、欧拉角或四元数等。这种分而治之的描述方法通常忽略了姿态和轨道的耦合影响，并且由于轨道和姿态参数表示的不统一，使得两种运动参数间的混合运算变得困难，因此建立航天器姿轨一体化的动力学模型是十分必要的。所谓姿轨一体化动力学建模，并不是将两部分独立的模型简单地叠加在一起，而是两部分要有交叉、有耦合，最终的动力学模型应该能够表示出相互影响的关系。本书选择对偶四元数来描述刚体航天器的一般性空间运动，并在对偶代数的框架内进行耦合运动学及动力学建模，最终形成适合控制与导航算法设计的合理的动力学模型。

本章的另一研究内容是航天器轨道与姿态一体化的鲁棒跟踪控制器设计。航天器总是处于复杂的空间环境之中，因而会受到各种各样的外界干扰，另外在实际问题中，由于航天器的质量和转动惯量参数难以实时精确获知，使得系统模型具有一定的不确定性。上述外界干扰和模型不确定势必会为控制系统的设计带来挑战。因此，为满足航天器控制系统的精度和鲁棒性要求，需在控制器设计过程中考虑干扰和模型不确定性，并保证控制系统的闭环稳定性。

针对上述问题，本章的第一部分内容首先采用对偶数这一新的数学工具，研究单航天器一般性空间运动的动力学，即建立航天器一般性空间运动与外力和外力矩的关系模型。在单航天器相关研究的基础上，建立基于对偶数的航天器质心相对姿轨一体化动力学模型。特别地，考虑到由于非质心点引起的姿轨耦合影响，建立航天器非质心点相对姿轨一体化动力学模型。本章的第二部分内容为单航天器姿轨一体化跟踪控制器设计。为了实现航天器对期望轨道与期望姿态的一体化跟踪，在考虑有界干扰与模型不确定性的情况下，基于误差动力学模型设计线性滑模变结构控制器和类 PD 鲁棒控制器，并采用相关定理证明闭环系统的稳定性。

3.2　常用坐标系定义

为了便于描述，如图 3-1 所示，给出如下相关坐标系的定义。

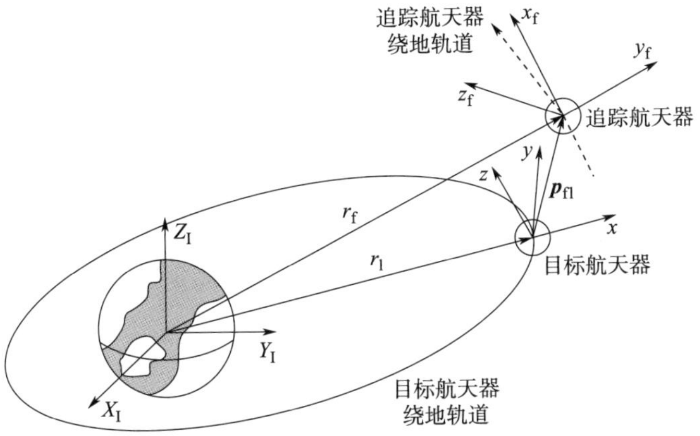

图 3-1　坐标系定义

(1) 地心惯性坐标系 $O_I-X_IY_IZ_I$

坐标原点位于地心 O_I，X_IY_I 平面与赤道平面重合，X_I 轴指向春分点 ϒ，Z_I 轴垂直于赤道面指向北极，Y_I 轴与 X_I 轴、Z_I 轴构成右手正交坐标系[1-2]。

(2) 航天器本体坐标系

坐标原点位于航天器的质心，三个坐标轴方向分别与航天器的惯量主轴重合。在单航天器的研究中，记航天器的本体坐标系为 $O_b-x_by_bz_b$。在航天器的相对运动的研究中，记目标航天器的本体坐标系为 $O_l-x_ly_lz_l$，追踪航天器的本体坐标系为 $O_f-x_fy_fz_f$[3-7]。

(3) 相对运动参考坐标系 $O-xyz$

坐标原点 O 在目标航天器的质心，x 轴由地心指向目标航天器质心，z 轴沿目标航天器轨道角动量方向，y 轴与 x 轴和 z 轴构成右手正交坐标系。相对运动参考坐标系又被称为当地垂直当地水平坐标系（LVLH 坐标系）[8-9]。

3.3　对偶质量与对偶动量

在对偶数框架下研究刚体的动力学方程首先要赋予其对偶质量的概念。刚体可看作是由许多质量元组成的，且每个质量元都有唯一的速度旋量$\hat{\boldsymbol{\omega}}_A=\boldsymbol{\omega}+\varepsilon\,\boldsymbol{v}_A$与之对应，将每个质量元的对偶质量乘以其速度旋量可以得到该质量元线动量为

$$\mathrm{d}\hat{m}_A\,\hat{\boldsymbol{\omega}}_A=\mathrm{d}m_A\,\frac{\mathrm{d}}{\mathrm{d}\varepsilon}(\boldsymbol{\omega}+\varepsilon\,\boldsymbol{v}_A)=\boldsymbol{v}_A\,\mathrm{d}m_A \tag{3-1}$$

其中

$$\mathrm{d}\hat{m}=\mathrm{d}m\,\frac{\mathrm{d}}{\mathrm{d}\varepsilon}$$

式中　$\mathrm{d}\hat{m}$——质量元的对偶质量。

算子$\frac{\mathrm{d}}{\mathrm{d}\varepsilon}$与对偶单元$\varepsilon$具有互补的定义，即对于某一对偶矢量$\hat{\boldsymbol{v}}$，有

$$\varepsilon\hat{\boldsymbol{v}}=\varepsilon(\boldsymbol{v}+\varepsilon\boldsymbol{v}')=\varepsilon\boldsymbol{v},\frac{\mathrm{d}}{\mathrm{d}\varepsilon}\hat{\boldsymbol{v}}=\frac{\mathrm{d}}{\mathrm{d}\varepsilon}(\boldsymbol{v}+\varepsilon\boldsymbol{v}')=\boldsymbol{v}' \tag{3-2}$$

值得注意的是，式（3－1）所描述的运算并不是单纯的在速度矢量上乘以一个标量，实质上，它改变了速度矢量的基本特性，即位于某点处的质量元$\mathrm{d}m_A$，具有线速度$\boldsymbol{v}_A$，通过计算所得到的线动量$\boldsymbol{v}_A\mathrm{d}m_A$是与质量元的位置有关的，而不再是一个自由矢量。

如图3－2所示，刚体上存在位于A点的质量元$\mathrm{d}\hat{m}$，其线动量为$\mathrm{d}\hat{m}_A\hat{\boldsymbol{\omega}}_A$，由旋量转换规则可知，该质量元相对于惯性空间中某参考点B的对偶动量为$\hat{\boldsymbol{D}}_{BA}\mathrm{d}\hat{m}_A\hat{\boldsymbol{\omega}}_A$，通过对质量元的对偶动量在整个刚体上积分可以得到整个刚体的对偶动量，即

$$\hat{\boldsymbol{h}}_B=\int_{A\in b}\hat{\boldsymbol{D}}_{BA}\mathrm{d}\hat{m}_A\hat{\boldsymbol{\omega}}_A \tag{3-3}$$

其中

$$\begin{aligned}\hat{\boldsymbol{D}}_{BA}&=[1+\varepsilon(\boldsymbol{d}_{BA}\times)]\\&=\begin{bmatrix}1&-\varepsilon d_{BA,z}&\varepsilon d_{BA,y}\\\varepsilon d_{BA,z}&1&-\varepsilon d_{BA,x}\\-\varepsilon d_{BA,y}&\varepsilon d_{BA,x}&1\end{bmatrix}\end{aligned} \tag{3-4}$$

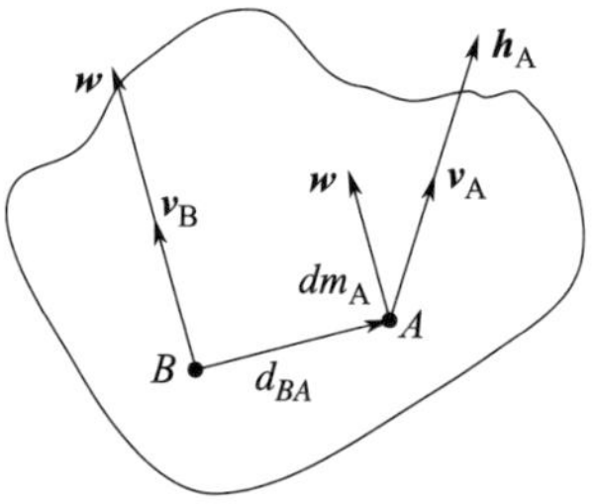

图3－2　刚体的对偶动量

由于任意点A的速度旋量可由某点O的速度旋量得到，则$\hat{\boldsymbol{h}}_B$还可以写为

$$\begin{aligned}\hat{\boldsymbol{h}}_B&=\int_{A\in b}\hat{\boldsymbol{D}}_{BA}\left\{\mathrm{d}\hat{m}_A\frac{\mathrm{d}}{\mathrm{d}\varepsilon}[\hat{\boldsymbol{D}}_{AO}(\boldsymbol{\omega}+\varepsilon\boldsymbol{v}_O)]\right\}\\&=m\boldsymbol{v}_O+m\boldsymbol{D}_{CO}\boldsymbol{\omega}+\varepsilon(\boldsymbol{J}_{BO}\boldsymbol{\omega}-m\boldsymbol{D}_{CB}\boldsymbol{v}_O)\end{aligned} \tag{3-5}$$

其中

$$\boldsymbol{D}=[\boldsymbol{d}\times],\ \boldsymbol{J}_{BO}=\boldsymbol{J}_C-m[\boldsymbol{D}_{CB}][\boldsymbol{D}_{CO}]$$

即

$$\boldsymbol{J}_{BO}=\begin{bmatrix} J_{Cxx}+m(d_{CBy}d_{COy}+d_{CBz}d_{COz}) & J_{Cxy}-md_{CBy}d_{COx} & J_{Cxz}-md_{CBz}d_{COx} \\ J_{Cxy}-md_{CBx}d_{COy} & J_{Cyy}+m(d_{CBx}d_{COx}+d_{CBz}d_{COz}) & J_{Cyz}-md_{CBz}d_{COy} \\ J_{Cxz}-md_{CBx}d_{COz} & J_{Cyz}-md_{CBy}d_{COz} & J_{Czz}+m(d_{CBx}d_{COx}+d_{CBy}d_{COy}) \end{bmatrix}$$

式（3－5）描述的是最一般的情况，即已知刚体在某点 O 的速度旋量，欲求刚体相对另一点 B 的对偶矢量。可以看出，利用对偶质量运算符和旋量转换规则，整个计算过程是在三维对偶形式下进行的。

下面给出对偶惯量矩阵的定义

$$\hat{\boldsymbol{M}}=m\frac{\mathrm{d}}{\mathrm{d}\varepsilon}\boldsymbol{I}+\varepsilon\boldsymbol{J}_C=\begin{bmatrix} m\frac{\mathrm{d}}{\mathrm{d}\varepsilon}+\varepsilon J_{xx} & \varepsilon J_{xy} & \varepsilon J_{xz} \\ \varepsilon J_{xy} & m\frac{\mathrm{d}}{\mathrm{d}\varepsilon}+\varepsilon J_{yy} & \varepsilon J_{yz} \\ \varepsilon J_{xz} & \varepsilon J_{yz} & m\frac{\mathrm{d}}{\mathrm{d}\varepsilon}+\varepsilon J_{zz} \end{bmatrix} \tag{3-6}$$

基于对偶惯量矩阵的定义，式（3－5）可以写成如下更紧凑的形式

$$\hat{\boldsymbol{h}}_B=\hat{\boldsymbol{D}}_{BC}\hat{\boldsymbol{M}}(\hat{\boldsymbol{D}}_{CO}\hat{\boldsymbol{\omega}}_O) \tag{3-7}$$

式中　$\hat{\boldsymbol{D}}_{CO}$，$\hat{\boldsymbol{D}}_{BC}$——分别是从点 O 到质心 C，以及从质心 C 到点 B 的旋量转换矩阵。

当速度旋量的参考点以及对偶动量的参考点同为点 A 时，有

$$\begin{aligned}\hat{\boldsymbol{h}}_A&=\hat{\boldsymbol{D}}_{AC}\hat{\boldsymbol{M}}(\hat{\boldsymbol{D}}_{CA}\hat{\boldsymbol{\omega}}_A)\\&=m\boldsymbol{v}_A+m\boldsymbol{D}_{CA}\boldsymbol{\omega}+\varepsilon(\boldsymbol{J}_A\omega-m\boldsymbol{D}_{CA}\boldsymbol{v}_A)\end{aligned} \tag{3-8}$$

其中

$$\boldsymbol{J}_A=\boldsymbol{J}_C-m[\boldsymbol{D}_{CA}]^2$$

特别地，当对偶动量计算的参考点选为质心 C 时，会得到如下更简洁的形式

$$\begin{aligned}\hat{\boldsymbol{h}}_C&=\hat{\boldsymbol{M}}\hat{\boldsymbol{\omega}}_C\\&=m\boldsymbol{v}_C+\varepsilon\boldsymbol{J}\boldsymbol{\omega}\end{aligned} \tag{3-9}$$

式（3－9）的实数部分表示的是刚体相对于质心的线动量，对偶部分表示的则是刚体的角动量。

3.4　航天器姿轨一体化动力学模型

3.4.1　单航天器姿轨一体化动力学模型

为了得到刚体的牛顿欧拉形式的动力学方程，对式（3－8）两边进行求导，得

$$\frac{\mathrm{d}}{\mathrm{d}t}\hat{\boldsymbol{h}}_A=\frac{\partial}{\partial t}\hat{\boldsymbol{h}}_A+\hat{\boldsymbol{\omega}}_A\times\hat{\boldsymbol{h}}_A \tag{3-10}$$

式（3－10）计算的结果是作用于点 A 的对偶力旋量（包括力和力矩），即

$$\begin{aligned}\hat{\boldsymbol{f}}_A &= \frac{\mathrm{d}}{\mathrm{d}t}\hat{\boldsymbol{h}}_A = \frac{\partial}{\partial t}\hat{\boldsymbol{h}}_A + \hat{\boldsymbol{\omega}}_A \times \hat{\boldsymbol{h}}_A \\ &= \frac{\partial}{\partial t}(m\,\boldsymbol{v}_A + m\,\boldsymbol{D}_{CA}\boldsymbol{\omega}) + m\boldsymbol{\omega} \times \boldsymbol{v}_A + m\boldsymbol{\omega} \times (\boldsymbol{D}_{CA}\boldsymbol{\omega}) + \\ &\quad \varepsilon\left[\frac{\partial}{\partial t}(\boldsymbol{J}_A\omega - m\,\boldsymbol{D}_{CA}\,\boldsymbol{v}_A) + m\,\boldsymbol{D}_{CA}(\boldsymbol{\omega} \times \boldsymbol{v}_A) + \boldsymbol{\omega} \times \boldsymbol{J}_A\boldsymbol{\omega}\right]\end{aligned} \tag{3-11}$$

由式（3－11）可以看出，刚体的平移运动与旋转运动是相互耦合的，即实数部分表示的平移运动是与旋转运动有关的，这是由于速度矢量在动坐标系下求导产生的；而对偶部分表示的旋转运动也会受到平移运动的影响，除非当 A 与质心 C 重合时，即 $\boldsymbol{D}_{CA}=\boldsymbol{0}$，式（3－11）中的对偶部分所表示的旋转运动才与平移运动无关，这也是通常取刚体质心为观测点的缘故。

以质心为参考点的刚体动力学方程，可以通过对式（3－9）两边在体坐标系下求导得到，即

$$\begin{aligned}\hat{\boldsymbol{f}}_C &= \frac{\mathrm{d}}{\mathrm{d}t}\hat{\boldsymbol{h}}_C = \hat{\boldsymbol{M}}\,\frac{\partial}{\partial t}\hat{\boldsymbol{\omega}}_C + \hat{\boldsymbol{\omega}}_C \times \hat{\boldsymbol{M}}\,\hat{\boldsymbol{\omega}}_C \\ &= \hat{\boldsymbol{M}}\,\frac{\partial}{\partial t}\hat{\boldsymbol{\omega}}_C + \boldsymbol{\omega} \times \hat{\boldsymbol{M}}\,\hat{\boldsymbol{\omega}}_C \\ &= \frac{\partial}{\partial t}(m\,\boldsymbol{v}_C) + m\boldsymbol{\omega} \times \boldsymbol{v}_C + \varepsilon\left[\frac{\partial}{\partial t}(\boldsymbol{J}_C\boldsymbol{\omega}) + \boldsymbol{\omega} \times \boldsymbol{J}_C\boldsymbol{\omega}\right]\end{aligned} \tag{3-12}$$

其中

$$\hat{\boldsymbol{f}}_C = \boldsymbol{f}_C + \varepsilon\,\boldsymbol{\tau}_C$$

式中 $\hat{\boldsymbol{f}}_C$——作用于刚体质心的对偶力旋量。

不难看出，对偶形式下的牛顿欧拉方程形式十分简单，但却可以同时描述刚体的平移运动以及旋转运动。此外，由实数部分表示的平移运动仍会受到旋转运动的影响，而这种影响通常被称为“动力学耦合”，因此，如式（3－12）所示的对偶欧拉方程是可以描述平移运动、旋转运动，以及它们之间的动力学耦合影响的一体化动力学方程。

对于在地球轨道运行的航天器，若将其视为刚体，则基于对偶四元数描述的航天器运动学方程为

$$\dot{\hat{\boldsymbol{q}}} = \frac{1}{2}\hat{\boldsymbol{\omega}}_{\mathrm{b}}^{i} \circ \hat{\boldsymbol{q}} = \frac{1}{2}\hat{\boldsymbol{q}} \circ \hat{\boldsymbol{\omega}}_{\mathrm{b}}^{\mathrm{b}} \tag{3-13}$$

式中 $\hat{\boldsymbol{\omega}}_{\mathrm{b}}^{i}$，$\hat{\boldsymbol{\omega}}_{\mathrm{b}}^{\mathrm{b}}$——分别为航天器的速度旋量在惯性坐标系和本体坐标系下的表示。

$$\begin{aligned}\hat{\boldsymbol{\omega}}_{\mathrm{b}}^{i} &= \boldsymbol{\omega}_{\mathrm{b}}^{i} + \varepsilon(\dot{\boldsymbol{r}}^{i} + \boldsymbol{r}^{i} \times \boldsymbol{\omega}_{\mathrm{b}}^{i}) \\ \hat{\boldsymbol{\omega}}_{\mathrm{b}}^{\mathrm{b}} &= \boldsymbol{\omega}_{\mathrm{b}}^{\mathrm{b}} + \varepsilon(\dot{\boldsymbol{r}}^{\mathrm{b}} + \boldsymbol{\omega}_{\mathrm{b}}^{\mathrm{b}} \times \boldsymbol{r}^{\mathrm{b}})\end{aligned} \tag{3-14}$$

式中 $\boldsymbol{\omega}_{\mathrm{b}}^{i}$，$\boldsymbol{\omega}_{\mathrm{b}}^{\mathrm{b}}$——分别为航天器的角速度在惯性坐标系和本体坐标系下的分量；

$\dot{\boldsymbol{r}}^{i}$，$\dot{\boldsymbol{r}}^{\mathrm{b}}$——分别为航天器的位置矢量 $\boldsymbol{r}$ 在惯性坐标系和本体坐标系下的导数。

若将航天器视为刚体，则由式（3－12）可直接得到以航天器质心为参考点的动力学方程

$$\hat{\boldsymbol{F}}_{\mathrm{b}}^{\mathrm{b}}=\frac{\mathrm{d}}{\mathrm{d}t}\hat{\boldsymbol{h}}_{\mathrm{b}}^{\mathrm{b}}=\hat{\boldsymbol{M}}\dot{\hat{\boldsymbol{\omega}}}_{\mathrm{b}}^{\mathrm{b}}+\hat{\boldsymbol{\omega}}_{\mathrm{b}}^{\mathrm{b}}\times\hat{\boldsymbol{M}}\hat{\boldsymbol{\omega}}_{\mathrm{b}}^{\mathrm{b}} \tag{3-15}$$

式中　$\hat{\boldsymbol{\omega}}_{\mathrm{b}}^{\mathrm{b}}$——航天器质心位置的速度旋量；

$\dot{\hat{\boldsymbol{\omega}}}_{\mathrm{b}}^{\mathrm{b}}$——$\hat{\boldsymbol{\omega}}_{\mathrm{b}}^{\mathrm{b}}$ 在本体坐标系中的导数。

作用于航天器质心的对偶力旋量为

$$\hat{\boldsymbol{F}}_{\mathrm{b}}^{\mathrm{b}}=\boldsymbol{f}_{\mathrm{b}}^{\mathrm{b}}+\varepsilon\,\boldsymbol{\tau}_{\mathrm{b}}^{\mathrm{b}}$$

考虑运行于地球轨道的航天器，则有

$$\boldsymbol{f}_{\mathrm{b}}^{\mathrm{b}}=\boldsymbol{f}_{\mathrm{g}}^{\mathrm{b}}+\boldsymbol{f}_{\mathrm{u}}^{\mathrm{b}}+\boldsymbol{f}_{\mathrm{d}}^{\mathrm{b}}$$

其中，万有引力为

$$\boldsymbol{f}_{\mathrm{g}}^{\mathrm{b}}=-\mu_{\oplus}m_{\mathrm{b}}\boldsymbol{r}_{\mathrm{b}}^{\mathrm{b}}/\|\boldsymbol{r}_{\mathrm{b}}^{\mathrm{b}}\|^{3}$$

式中　$\boldsymbol{f}_{\mathrm{u}}^{\mathrm{b}}$，$\boldsymbol{f}_{\mathrm{d}}^{\mathrm{b}}$——分别表示控制力和干扰力。

$$\boldsymbol{\tau}_{\mathrm{b}}^{\mathrm{b}}=\boldsymbol{\tau}_{\mathrm{g}}^{\mathrm{b}}+\boldsymbol{\tau}_{\mathrm{u}}^{\mathrm{b}}+\boldsymbol{\tau}_{\mathrm{d}}^{\mathrm{b}}$$

其中重力梯度力矩为

$$\boldsymbol{\tau}_{\mathrm{g}}^{\mathrm{b}}=3\mu_{\oplus}\boldsymbol{r}_{\mathrm{b}}^{\mathrm{b}}\times\boldsymbol{J}_{\mathrm{b}}\cdot\boldsymbol{r}_{\mathrm{b}}^{\mathrm{b}}/\|\boldsymbol{r}_{\mathrm{b}}^{\mathrm{b}}\|^{5}$$

式中　$\boldsymbol{\tau}_{\mathrm{u}}^{\mathrm{b}}$，$\boldsymbol{\tau}_{\mathrm{d}}^{\mathrm{b}}$——分别表示控制力矩和干扰力矩。

由式（3－13）和式（3－15）可以看出，航天器空间运动的运动学遵循 Kotelnikov 转移定理[10-12]，即可以直接通过对偶四元数替换航天器姿态运动学模型中相应的四元数得到。根据 Kotelnikov 转移定理，对偶四元数完全继承了四元数的诸多性质，包括旋转角没有歧义、避免繁琐的三角函数运算等，因此对偶四元数是描述空间运动最简洁和最有效的方式。

3.4.2　航天器质心相对姿轨一体化动力学模型

如图 3－1 所示，本节主要研究追踪航天器相对于目标航天器的一般运动，即坐标系 $O_{\mathrm{f}}-x_{\mathrm{f}}y_{\mathrm{f}}z_{\mathrm{f}}$ 相对于 $O_{\mathrm{l}}-x_{\mathrm{l}}y_{\mathrm{l}}z_{\mathrm{l}}$ 的运动。利用乘性误差对偶四元数，该相对运动可表示为

$$\begin{aligned}\hat{\boldsymbol{q}}_{\mathrm{fl}}&=\hat{\boldsymbol{q}}_{\mathrm{l}}^{*}\circ\hat{\boldsymbol{q}}_{\mathrm{f}}\\&=\boldsymbol{q}_{\mathrm{fl}}+\varepsilon\,\frac{1}{2}\,\boldsymbol{p}_{\mathrm{fl}}^{\mathrm{l}}\circ\boldsymbol{q}_{\mathrm{fl}}\\&=\boldsymbol{q}_{\mathrm{fl}}+\varepsilon\,\frac{1}{2}\boldsymbol{q}_{\mathrm{fl}}\circ\boldsymbol{p}_{\mathrm{fl}}^{\mathrm{f}}\end{aligned} \tag{3-16}$$

其中

$$\boldsymbol{p}_{\mathrm{fl}}^{\mathrm{l}}=\boldsymbol{r}_{\mathrm{f}}^{\mathrm{l}}-\boldsymbol{r}_{\mathrm{l}}^{\mathrm{l}},\quad \boldsymbol{p}_{\mathrm{fl}}^{\mathrm{f}}=\boldsymbol{r}_{\mathrm{f}}^{\mathrm{f}}-\boldsymbol{r}_{\mathrm{l}}^{\mathrm{f}}$$

式中　$\hat{\boldsymbol{q}}_{\mathrm{l}}$，$\hat{\boldsymbol{q}}_{\mathrm{f}}$——分别为目标航天器和追踪航天器相对于惯性坐标系的对偶四元数；

$\boldsymbol{q}_{\mathrm{fl}}$——追踪航天器相对于目标航天器的姿态四元数；

$\boldsymbol{p}_{\mathrm{fl}}^{\mathrm{l}}$，$\boldsymbol{p}_{\mathrm{fl}}^{\mathrm{f}}$——分别为追踪航天器相对于目标航天器质心的相对位置矢量在坐标系 $O_{\mathrm{l}}-x_{\mathrm{l}}y_{\mathrm{l}}z_{\mathrm{l}}$ 和 $O_{\mathrm{f}}-x_{\mathrm{f}}y_{\mathrm{f}}z_{\mathrm{f}}$ 下的分量。

由式（3－13）和式（3－16）可推出，$\hat{\boldsymbol{q}}_{\mathrm{fl}}$对时间的微分满足

$$2\dot{\hat{\boldsymbol{q}}}_{\mathrm{fl}}=\hat{\boldsymbol{q}}_{\mathrm{fl}}\circ\hat{\boldsymbol{\omega}}_{\mathrm{fl}}^{\mathrm{f}} \tag{3-17}$$

其中

$$\hat{\boldsymbol{\omega}}_{\mathrm{fl}}^{\mathrm{f}}=\boldsymbol{\omega}_{\mathrm{fl}}^{\mathrm{f}}+\varepsilon\ (\dot{\boldsymbol{p}}_{\mathrm{fl}}^{\mathrm{f}}+\boldsymbol{\omega}_{\mathrm{fl}}^{\mathrm{f}}\times\boldsymbol{p}_{\mathrm{fl}}^{\mathrm{f}})$$

为相对速度旋量在坐标系 $O_{\mathrm{f}}-x_{\mathrm{f}}y_{\mathrm{f}}z_{\mathrm{f}}$ 中的表示，$\boldsymbol{\omega}_{\mathrm{fl}}^{\mathrm{f}}$为相对角速度在$O_{\mathrm{f}}-x_{\mathrm{f}}y_{\mathrm{f}}z_{\mathrm{f}}$中的表示。式（3－17）即是坐标系 $O_{\mathrm{f}}-x_{\mathrm{f}}y_{\mathrm{f}}z_{\mathrm{f}}$ 相对于$O_{\mathrm{l}}-x_{\mathrm{l}}y_{\mathrm{l}}z_{\mathrm{l}}$的运动学方程。

由$\hat{\boldsymbol{\omega}}_{\mathrm{fl}}^{\mathrm{f}}$的定义可知，$\hat{\boldsymbol{\omega}}_{\mathrm{fl}}^{\mathrm{f}}$还可以写为

$$\hat{\boldsymbol{\omega}}_{\mathrm{fl}}^{\mathrm{f}}=\hat{\boldsymbol{\omega}}_{\mathrm{f}}^{\mathrm{f}}-\hat{\boldsymbol{q}}_{\mathrm{fl}}^{*}\circ\hat{\boldsymbol{\omega}}_{\mathrm{l}}^{\mathrm{l}}\circ\hat{\boldsymbol{q}}_{\mathrm{fl}} \tag{3-18}$$

对式（3－18）两边同时求导，并应用式（3－17），可得

$$\begin{aligned}\dot{\hat{\boldsymbol{\omega}}}_{\mathrm{fl}}^{\mathrm{f}}&=\dot{\hat{\boldsymbol{\omega}}}_{\mathrm{f}}^{\mathrm{f}}-\hat{\boldsymbol{q}}_{\mathrm{fl}}^{*}\circ\dot{\hat{\boldsymbol{\omega}}}_{\mathrm{l}}^{\mathrm{l}}\circ\hat{\boldsymbol{q}}_{\mathrm{fl}}-\hat{\boldsymbol{q}}_{\mathrm{fl}}^{*}\circ\hat{\boldsymbol{\omega}}_{\mathrm{l}}^{\mathrm{l}}\circ\dot{\hat{\boldsymbol{q}}}_{\mathrm{fl}}-\dot{\hat{\boldsymbol{q}}}_{\mathrm{fl}}^{*}\circ\hat{\boldsymbol{\omega}}_{\mathrm{l}}^{\mathrm{l}}\circ\hat{\boldsymbol{q}}_{\mathrm{fl}}\\&=\dot{\hat{\boldsymbol{\omega}}}_{\mathrm{f}}^{\mathrm{f}}-\hat{\boldsymbol{q}}_{\mathrm{fl}}^{*}\circ\dot{\hat{\boldsymbol{\omega}}}_{\mathrm{l}}^{\mathrm{l}}\circ\hat{\boldsymbol{q}}_{\mathrm{fl}}-\hat{\boldsymbol{q}}_{\mathrm{fl}}^{*}\circ\hat{\boldsymbol{\omega}}_{\mathrm{l}}^{\mathrm{l}}\circ\frac{1}{2}\hat{\boldsymbol{q}}_{\mathrm{fl}}\circ\hat{\boldsymbol{\omega}}_{\mathrm{fl}}^{\mathrm{f}}+\frac{1}{2}\hat{\boldsymbol{\omega}}_{\mathrm{fl}}^{\mathrm{f}}\circ\hat{\boldsymbol{q}}_{\mathrm{fl}}^{*}\circ\hat{\boldsymbol{\omega}}_{\mathrm{l}}^{\mathrm{l}}\circ\hat{\boldsymbol{q}}_{\mathrm{fl}}\\&=\dot{\hat{\boldsymbol{\omega}}}_{\mathrm{f}}^{\mathrm{f}}-\hat{\boldsymbol{q}}_{\mathrm{fl}}^{*}\circ\dot{\hat{\boldsymbol{\omega}}}_{\mathrm{l}}^{\mathrm{l}}\circ\hat{\boldsymbol{q}}_{\mathrm{fl}}+\hat{\boldsymbol{\omega}}_{\mathrm{fl}}^{\mathrm{f}}\times(\hat{\boldsymbol{q}}_{\mathrm{fl}}^{*}\circ\hat{\boldsymbol{\omega}}_{\mathrm{l}}^{\mathrm{l}}\circ\hat{\boldsymbol{q}}_{\mathrm{fl}})\\&=-\hat{\boldsymbol{M}}_{\mathrm{f}}^{-1}(\hat{\boldsymbol{\omega}}_{\mathrm{f}}^{\mathrm{f}}\times\hat{\boldsymbol{M}}_{\mathrm{f}}\hat{\boldsymbol{\omega}}_{\mathrm{f}}^{\mathrm{f}})+\hat{\boldsymbol{M}}_{\mathrm{f}}^{-1}\hat{\boldsymbol{F}}_{\mathrm{f}}^{\mathrm{f}}-\hat{\boldsymbol{q}}_{\mathrm{fl}}^{*}\circ\dot{\hat{\boldsymbol{\omega}}}_{\mathrm{l}}^{\mathrm{l}}\circ\hat{\boldsymbol{q}}_{\mathrm{fl}}+\hat{\boldsymbol{\omega}}_{\mathrm{fl}}^{\mathrm{f}}\times(\hat{\boldsymbol{q}}_{\mathrm{fl}}^{*}\circ\hat{\boldsymbol{\omega}}_{\mathrm{l}}^{\mathrm{l}}\circ\hat{\boldsymbol{q}}_{\mathrm{fl}})\end{aligned} \tag{3-19}$$

其中

$$\hat{\boldsymbol{F}}_{\mathrm{f}}^{\mathrm{f}}=\hat{\boldsymbol{F}}_{\mathrm{g}}^{\mathrm{f}}+\hat{\boldsymbol{F}}_{\mathrm{u}}^{\mathrm{f}}+\hat{\boldsymbol{F}}_{\mathrm{d}}^{\mathrm{f}}$$

$$\hat{\boldsymbol{F}}_{\mathrm{g}}^{\mathrm{f}}=\boldsymbol{f}_{\mathrm{g}}^{\mathrm{f}}+\varepsilon\,\boldsymbol{\tau}_{\mathrm{g}}^{\mathrm{f}}$$

$$\hat{\boldsymbol{F}}_{\mathrm{u}}^{\mathrm{f}}=\boldsymbol{f}_{\mathrm{u}}^{\mathrm{f}}+\varepsilon\,\boldsymbol{\tau}_{\mathrm{u}}^{\mathrm{f}}$$

$$\hat{\boldsymbol{F}}_{\mathrm{d}}^{\mathrm{f}}=\boldsymbol{f}_{\mathrm{d}}^{\mathrm{f}}+\varepsilon\,\boldsymbol{\tau}_{\mathrm{d}}^{\mathrm{f}}$$

$$\hat{\boldsymbol{M}}_{\mathrm{f}}=m_{\mathrm{f}}\frac{\mathrm{d}}{\mathrm{d}\varepsilon}\boldsymbol{I}+\varepsilon\,\boldsymbol{J}_{\mathrm{f}}$$

式中 $\hat{\boldsymbol{F}}_{\mathrm{f}}^{\mathrm{f}}$——作用于追踪航天器质心的对偶力旋量；

$\hat{\boldsymbol{F}}_{\mathrm{g}}^{\mathrm{f}}$——对偶重力；

$\hat{\boldsymbol{F}}_{\mathrm{u}}^{\mathrm{f}}$——对偶控制力；

$\hat{\boldsymbol{F}}_{\mathrm{d}}^{\mathrm{f}}$——对偶干扰力；

$\hat{\boldsymbol{M}}_{\mathrm{f}}$——追踪航天器的对偶惯量矩阵；

m_{f}，$\boldsymbol{J}_{\mathrm{f}}$——分别为追踪航天器的质量和转动惯量，且$\hat{\boldsymbol{M}}_{\mathrm{f}}^{-1}=\boldsymbol{J}_{\mathrm{f}}^{-1}\dfrac{\mathrm{d}}{\mathrm{d}\varepsilon}+\varepsilon\dfrac{1}{m_{\mathrm{f}}}\boldsymbol{I}$ 为对偶惯量矩阵的逆。

式（3－19）即是追踪航天器相对于目标航天器的一体化动力学模型，该方程依赖于目标航天器和追踪航天器的绝对速度旋量，因此当每个航天器的绝对速度已知时，该方程对于控制系统的设计是适用的。然而当可直接测量得到两航天器的相对速度旋量时，

式（3-19）的另一种变换形式更为适用。利用式（3-18），可得

$$\dot{\hat{\boldsymbol{\omega}}}_{\mathrm{fl}}^{\mathrm{f}}=-\hat{\boldsymbol{M}}_{\mathrm{f}}^{-1}[(\hat{\boldsymbol{\omega}}_{\mathrm{fl}}^{\mathrm{f}}+\hat{\boldsymbol{q}}_{\mathrm{fl}}^{*}\circ\hat{\boldsymbol{\omega}}_{\mathrm{l}}^{\mathrm{l}}\circ\hat{\boldsymbol{q}}_{\mathrm{fl}})\times\hat{\boldsymbol{M}}_{\mathrm{f}}(\hat{\boldsymbol{\omega}}_{\mathrm{fl}}^{\mathrm{f}}+\hat{\boldsymbol{q}}_{\mathrm{fl}}^{*}\circ\hat{\boldsymbol{\omega}}_{\mathrm{l}}^{\mathrm{l}}\circ\hat{\boldsymbol{q}}_{\mathrm{fl}})]+\hat{\boldsymbol{M}}_{\mathrm{f}}^{-1}\hat{\boldsymbol{F}}_{\mathrm{f}}^{\mathrm{f}}-\hat{\boldsymbol{q}}_{\mathrm{fl}}^{*}\circ\dot{\hat{\boldsymbol{\omega}}}_{\mathrm{l}}^{\mathrm{l}}\circ\hat{\boldsymbol{q}}_{\mathrm{fl}}+\hat{\boldsymbol{\omega}}_{\mathrm{fl}}^{\mathrm{f}}\times(\hat{\boldsymbol{q}}_{\mathrm{fl}}^{*}\circ\hat{\boldsymbol{\omega}}_{\mathrm{l}}^{\mathrm{l}}\circ\hat{\boldsymbol{q}}_{\mathrm{fl}}) \tag{3-20}$$

注 3-1：为了说明本书所推导的一体化相对动力学方程描述了相对轨道与姿态运动的耦合影响，将式（3-20）分为两部分：实数部分表示相对姿态运动的动力学模型，对偶部分表示相对轨道的动力学模型。其中，实数部分为

$$\dot{\boldsymbol{\omega}}_{\mathrm{fl}}^{\mathrm{f}}=-\boldsymbol{J}_{\mathrm{f}}^{-1}[(\boldsymbol{\omega}_{\mathrm{fl}}^{\mathrm{f}}+\boldsymbol{C}_{\mathrm{fl}}\boldsymbol{\omega}_{\mathrm{l}}^{\mathrm{l}})^{\times}\boldsymbol{J}_{\mathrm{f}}(\boldsymbol{\omega}_{\mathrm{fl}}^{\mathrm{f}}+\boldsymbol{C}_{\mathrm{fl}}\boldsymbol{\omega}_{\mathrm{l}}^{\mathrm{l}})]-\boldsymbol{C}_{\mathrm{fl}}\dot{\boldsymbol{\omega}}_{\mathrm{l}}^{\mathrm{l}}+\boldsymbol{\omega}_{\mathrm{fl}}^{\times}\boldsymbol{C}_{\mathrm{fl}}\boldsymbol{\omega}_{\mathrm{l}}^{\mathrm{l}}+\boldsymbol{J}_{\mathrm{f}}^{-1}(\boldsymbol{\tau}_{\mathrm{g}}^{\mathrm{f}}+\boldsymbol{\tau}_{\mathrm{u}}^{\mathrm{f}}+\boldsymbol{\tau}_{\mathrm{d}}^{\mathrm{f}}) \tag{3-21}$$

对偶部分为

$$\ddot{\boldsymbol{p}}_{\mathrm{fl}}^{\mathrm{f}}=-2\boldsymbol{C}_{\mathrm{fl}}\boldsymbol{\omega}_{\mathrm{l}}^{\mathrm{l}}\times\dot{\boldsymbol{p}}_{\mathrm{fl}}^{\mathrm{f}}-\boldsymbol{C}_{\mathrm{fl}}\boldsymbol{\omega}_{\mathrm{l}}^{\mathrm{l}}\times(\boldsymbol{C}_{\mathrm{fl}}\boldsymbol{\omega}_{\mathrm{l}}^{\mathrm{l}}\times\boldsymbol{p}_{\mathrm{fl}}^{\mathrm{f}})-(\boldsymbol{C}_{\mathrm{fl}}\dot{\boldsymbol{\omega}}_{\mathrm{l}}^{\mathrm{l}}\times\boldsymbol{p}_{\mathrm{fl}}^{\mathrm{f}})+\boldsymbol{C}_{\mathrm{fl}}\frac{\mu}{r_{\mathrm{l}}^{3}}\boldsymbol{r}_{\mathrm{l}}^{\mathrm{l}}-\frac{\mu}{r_{\mathrm{f}}^{3}}\boldsymbol{r}_{\mathrm{f}}^{\mathrm{f}}-2\boldsymbol{\omega}_{\mathrm{fl}}^{\mathrm{f}}\times\dot{\boldsymbol{p}}_{\mathrm{fl}}^{\mathrm{f}}-\boldsymbol{\omega}_{\mathrm{fl}}^{\mathrm{f}}\times(\boldsymbol{\omega}_{\mathrm{fl}}^{\mathrm{f}}\times\boldsymbol{p}_{\mathrm{fl}}^{\mathrm{f}})-2\boldsymbol{C}_{\mathrm{fl}}\boldsymbol{\omega}_{\mathrm{l}}^{\mathrm{l}}\times(\boldsymbol{\omega}_{\mathrm{fl}}^{\mathrm{f}}\times\boldsymbol{p}_{\mathrm{fl}}^{\mathrm{f}})-\dot{\boldsymbol{\omega}}_{\mathrm{fl}}^{\mathrm{f}}\times\boldsymbol{p}_{\mathrm{fl}}^{\mathrm{f}}+\frac{\boldsymbol{f}_{\mathrm{u}}^{\mathrm{f}}}{m}+\frac{\boldsymbol{f}_{\mathrm{d}}^{\mathrm{f}}}{m} \tag{3-22}$$

为了方便，式中应用了方向余弦矩阵$\boldsymbol{C}_{\mathrm{fl}}$代替了基于四元数的坐标变换表示。由式（3-22）可见，相对轨道的动力学受到姿态运动的影响，也就是说，式（3-18）和式（3-19）所表示的相对动力学模型是轨道与姿态耦合的动力学模型。值得说明的是，与参考文献［13］中所推导的耦合动力学模型一样，本书的动力学模型中的姿轨耦合影响也来源于矢量在动坐标系下求导以及两航天器所受的力在不同坐标系下的表示不同。但与参考文献［14］不同的是，本书仅需一个方程便一体化描述了相对姿态运动、相对轨道运动以及姿轨耦合影响，避免了复杂的数学推导，形式上也更加简洁。

注 3-2：若假设目标航天器始终在预定的轨道上运行，则$\boldsymbol{f}_{\mathrm{lu}}^{\mathrm{l}}=-\boldsymbol{f}_{\mathrm{ld}}^{\mathrm{l}}$，因此有$\ddot{\boldsymbol{r}}_{\mathrm{l}}=-\mu_{\oplus}\boldsymbol{r}_{\mathrm{l}}^{\mathrm{l}}/r_{\mathrm{l}}^{3}$。且如果目标航天器是对地定向的，即目标航天器的本体坐标系与其轨道坐标系完全重合，则$\boldsymbol{\omega}_{\mathrm{l}}^{\mathrm{l}}$的方向与目标航天器的轨道角速度方向平行，大小等于真近点角的变化率，即

$$|\boldsymbol{\omega}_{\mathrm{l}}^{\mathrm{l}}(t)|=\dot{\boldsymbol{\nu}}_{\mathrm{l}}(t)=\frac{n_{\mathrm{l}}[1+e_{\mathrm{l}}\cos\boldsymbol{\nu}_{\mathrm{l}}(t)]^{2}}{(1-e_{\mathrm{l}}^{2})^{\frac{3}{2}}} \tag{3-23}$$

其中

$$n_{\mathrm{l}}=\sqrt{\mu/a_{\mathrm{l}}^{3}}$$

式中　$\dot{\boldsymbol{\nu}}_{\mathrm{l}}(t)$——目标航天器的真近点角；

n_{l}——目标航天器的平均轨道角速度；

a_{l}——目标航天器轨道的半长轴；

e_{l}——轨道偏心率。

对式(3-23)求导可得$\boldsymbol{\omega}_l^l$的变化率为

$$|\dot{\boldsymbol{\omega}}_l^l(t)|=\ddot{\boldsymbol{v}}_l(t)=\frac{-2n_l^2e_l[1+e_l\cos\boldsymbol{v}_l(t)]^3\sin\boldsymbol{v}_l(t)}{(1-e_l^2)^3} \tag{3-24}$$

更特殊的情况是，若目标航天器运行在圆轨道上，则有$\dot{\boldsymbol{\omega}}_l^l=\boldsymbol{0}$。

3.4.3 航天器非质心相对姿轨一体化动力学模型

式（3-19）表示的是两个航天器本体坐标系的相对运动方程，其中相对轨道动力学部分描述的是航天器质心的相对位置变化。然而很多情况需要考察航天器非质心点的相对运动，比如，在航天器交会对接的过程中关心的是对接点的相对位置，对接点通常并不是航天器的质心，而非质心点的相对位置必然会受到航天器本身姿态的影响。因此，为了建立更精确的相对动力学模型，还需考虑这种由非质心点引起的运动学耦合的影响。

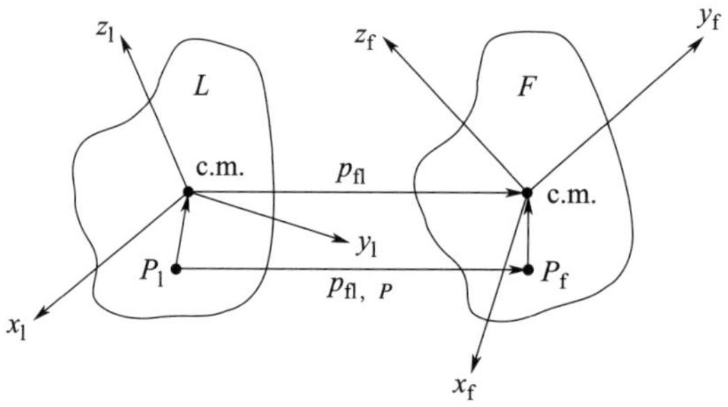

图 3-3 航天器非质心点相对运动

如图 3-3 所示，在目标航天器上存在非质心点 P_l，该点到目标航天器质心的位置矢量在目标航天器本体坐标系下的表示为

$$\boldsymbol{P}_l=[P_{lx} \quad P_{ly} \quad P_{lz}]^{\mathrm{T}}$$

在追踪航天器上存在非质心点 P_f，该点到追踪航天器质心的位置矢量在追踪航天器本体坐标系下的表示为

$$\boldsymbol{P}_f=[P_{fx} \quad P_{fy} \quad P_{fz}]^{\mathrm{T}}$$

引入算子$\hat{\boldsymbol{P}}_l=[1+\varepsilon(\boldsymbol{P}_l\times)]$、$\hat{\boldsymbol{P}}_f=[1+\varepsilon(\boldsymbol{P}_f\times)]$，则非质心点的速度旋量可由质心点的速度旋量得到，即

$$\begin{aligned}\hat{\boldsymbol{\omega}}_{l,P}&=\hat{\boldsymbol{P}}_l\,\hat{\boldsymbol{\omega}}_l^l\\ \hat{\boldsymbol{\omega}}_{f,P}&=\hat{\boldsymbol{P}}_f\,\hat{\boldsymbol{\omega}}_f^f\end{aligned} \tag{3-25}$$

式中（$\boldsymbol{P}_l\times$）和（$\boldsymbol{P}_f\times$）为叉乘矩阵，以（$\boldsymbol{P}_l\times$）为例

$$(\boldsymbol{P}_l\times)=\begin{bmatrix}0 & -P_{lz} & P_{ly}\\ P_{lz} & 0 & -P_{lx}\\ -P_{ly} & P_{lx} & 0\end{bmatrix} \tag{3-26}$$

将目标航天器及追踪航天器的本体坐标系原点分别平移至 P_l 和 P_f 点，可以得到坐标

系 $P_1-x_1y_1z_1$ 和 $P_f-x_fy_fz_f$。以 $\hat{\boldsymbol{q}}_{fl,P}$ 表示坐标系 $P_1-x_1y_1z_1$ 到 $P_f-x_fy_fz_f$ 的转换关系，则可得到如下微分方程

$$2\dot{\hat{\boldsymbol{q}}}_{fl,P}=\hat{\boldsymbol{q}}_{fl,P}\circ\hat{\boldsymbol{\omega}}_{fl,P}^{f} \tag{3-27}$$

其中

$$\hat{\boldsymbol{\omega}}_{fl,P}^{f}=\boldsymbol{\omega}_{fl}^{f}+\varepsilon\ (\dot{\boldsymbol{p}}_{fl,P}^{f}+\boldsymbol{\omega}_{fl}^{f}\times\boldsymbol{p}_{fl,P}^{f})$$

式中　$\boldsymbol{p}_{fl,P}^{f}$——追踪航天器上的 P_f 点相对于目标航天器上的 P_1 点的位置矢量在 $P_f-x_fy_fz_f$ 系下的表示。

$\hat{\boldsymbol{\omega}}_{fl,P}^{f}$ 还可以表示为

$$\hat{\boldsymbol{\omega}}_{fl,P}^{f}=\hat{\boldsymbol{P}}_f\hat{\boldsymbol{\omega}}_f^f-\hat{\boldsymbol{q}}_{fl,P}^{*}\circ(\hat{\boldsymbol{P}}_1\hat{\boldsymbol{\omega}}_1^1)\circ\hat{\boldsymbol{q}}_{fl,P} \tag{3-28}$$

对式（3-28）两边同时求导可得

$$\begin{aligned}\dot{\hat{\boldsymbol{\omega}}}_{fl,P}^{f}&=\hat{\boldsymbol{P}}_f\dot{\hat{\boldsymbol{\omega}}}_f^f-\hat{\boldsymbol{q}}_{fl,P}^{*}\circ(\hat{\boldsymbol{P}}_1\dot{\hat{\boldsymbol{\omega}}}_1^1)\circ\hat{\boldsymbol{q}}_{fl,P}-\hat{\boldsymbol{q}}_{fl,P}^{*}\circ(\hat{\boldsymbol{P}}_1\hat{\boldsymbol{\omega}}_1^1)\circ\dot{\hat{\boldsymbol{q}}}_{fl,P}-\\&\quad\dot{\hat{\boldsymbol{q}}}_{fl,P}^{*}\circ(\hat{\boldsymbol{P}}_1\hat{\boldsymbol{\omega}}_1^1)\circ\hat{\boldsymbol{q}}_{fl,P}\\&=\hat{\boldsymbol{P}}_f\dot{\hat{\boldsymbol{\omega}}}_f^f-\hat{\boldsymbol{q}}_{fl,P}^{*}\circ(\hat{\boldsymbol{P}}_1\dot{\hat{\boldsymbol{\omega}}}_1^1)\circ\hat{\boldsymbol{q}}_{fl,P}-\hat{\boldsymbol{q}}_{fl,P}^{*}\circ(\hat{\boldsymbol{P}}_1\hat{\boldsymbol{\omega}}_1^1)\circ\frac{1}{2}\hat{\boldsymbol{q}}_{fl,P}\circ\hat{\boldsymbol{\omega}}_{fl,P}^{f}+\\&\quad\frac{1}{2}\hat{\boldsymbol{\omega}}_{fl,P}^{f}\circ\hat{\boldsymbol{q}}_{fl,P}^{*}\circ(\hat{\boldsymbol{P}}_1\hat{\boldsymbol{\omega}}_1^1)\circ\hat{\boldsymbol{q}}_{fl,P}\\&=\hat{\boldsymbol{P}}_f[-\hat{\boldsymbol{M}}_f^{-1}(\hat{\boldsymbol{\omega}}_f^f\times\hat{\boldsymbol{M}}_f\hat{\boldsymbol{\omega}}_f^f)+\hat{\boldsymbol{M}}_f^{-1}\hat{\boldsymbol{F}}_f^f]-\hat{\boldsymbol{q}}_{fl,P}^{*}\circ(\hat{\boldsymbol{P}}_1\dot{\hat{\boldsymbol{\omega}}}_1^1)\circ\hat{\boldsymbol{q}}_{fl,P}+\\&\quad\hat{\boldsymbol{\omega}}_{fl,P}^{f}\times[\hat{\boldsymbol{q}}_{fl,P}^{*}\circ(\hat{\boldsymbol{P}}_1\hat{\boldsymbol{\omega}}_1^1)\circ\hat{\boldsymbol{q}}_{fl,P}]\end{aligned} \tag{3-29}$$

其中，$\hat{\boldsymbol{\omega}}_f^f$ 可由 $\hat{\boldsymbol{\omega}}_{fl,P}^{f}$ 和 $\hat{\boldsymbol{\omega}}_1^1$ 通过下式求得

$$\hat{\boldsymbol{\omega}}_f^f=\hat{\boldsymbol{P}}_f^{*}[\hat{\boldsymbol{\omega}}_{fl,P}^{f}+\hat{\boldsymbol{q}}_{fl,P}^{*}\circ(\hat{\boldsymbol{P}}_1\hat{\boldsymbol{\omega}}_1^1)\circ\hat{\boldsymbol{q}}_{fl,P}] \tag{3-30}$$

其中，$\hat{\boldsymbol{P}}_f^{*}$ 被定义为

$$\hat{\boldsymbol{P}}_f^{*}=[1-\varepsilon\ (\boldsymbol{P}_f\times)\ ]。$$

式（3-29）为航天器非质心点的相对动力学方程，其相对轨道动力学部分描述的是航天器非质心点的相对位置变化。值得一提的是，该方程虽然描述的是非质心点处的相对运动，但是方程中外力和外力矩的参考点仍然是质心，这样传统的空间干扰力和力矩模型仍然适用，且将方程应用于控制器设计时，可以直接输出以质心为参考点的控制力和控制力矩，满足传统的控制器设计习惯[15]。

3.5　单航天器姿轨一体化鲁棒跟踪控制

本节主要研究单航天器的姿轨一体化的跟踪控制问题，其控制目标为：设计控制器使得航天器的运动状态 $[\hat{\boldsymbol{q}}(t),\hat{\boldsymbol{\omega}}(t)]$ 渐近收敛于期望的运动状态 $[\hat{\boldsymbol{q}}_d(t),\hat{\boldsymbol{\omega}}_d(t)]$。定义对偶四元数跟踪误差为

$$\hat{\boldsymbol{q}}_{\mathrm{e}}=[\hat{\eta}_{\mathrm{e}},\hat{\boldsymbol{\xi}}_{\mathrm{e}}]^{\mathrm{T}}=\hat{\boldsymbol{q}}_{\mathrm{d}}^{-1}\circ\hat{\boldsymbol{q}}$$

速度旋量误差为

$$\hat{\boldsymbol{\omega}}_{\mathrm{e}}=\boldsymbol{\omega}_{\mathrm{e}}+\varepsilon\,\boldsymbol{v}_{\mathrm{e}}=\hat{\boldsymbol{\omega}}-\hat{\boldsymbol{q}}_{\mathrm{e}}^{*}\circ\hat{\boldsymbol{\omega}}_{\mathrm{d}}\circ\hat{\boldsymbol{q}}_{\mathrm{e}}$$

则控制器的设计目标是使航天器的跟踪误差($\hat{\boldsymbol{\xi}}_{\mathrm{e}},\hat{\boldsymbol{\omega}}_{\mathrm{e}}$)渐近收敛到($\hat{\boldsymbol{0}},\hat{\boldsymbol{0}}$)。

3.5.1 线性滑模变结构控制器设计

假设航天器为刚体,则根据航天器相对动力学模型类似的推导,可以得到基于 $\hat{\boldsymbol{q}}_{\mathrm{e}}$、$\hat{\boldsymbol{\omega}}_{\mathrm{e}}$ 的误差运动学和动力学方程为

$$2\dot{\hat{\boldsymbol{q}}}_{\mathrm{e}}=\hat{\boldsymbol{q}}_{\mathrm{e}}\circ\hat{\boldsymbol{\omega}}_{\mathrm{e}} \tag{3-31}$$

$$\begin{aligned}\hat{\boldsymbol{M}}\dot{\hat{\boldsymbol{\omega}}}_{\mathrm{e}}=&\hat{\boldsymbol{F}}-(\hat{\boldsymbol{\omega}}_{\mathrm{e}}+\hat{\boldsymbol{q}}_{\mathrm{e}}^{*}\circ\hat{\boldsymbol{\omega}}_{\mathrm{d}}\circ\hat{\boldsymbol{q}}_{\mathrm{e}})\times\hat{\boldsymbol{M}}(\hat{\boldsymbol{\omega}}_{\mathrm{e}}+\hat{\boldsymbol{q}}_{\mathrm{e}}^{*}\circ\hat{\boldsymbol{\omega}}_{\mathrm{d}}\circ\hat{\boldsymbol{q}}_{\mathrm{e}})-\\&\hat{\boldsymbol{M}}(\hat{\boldsymbol{q}}_{\mathrm{e}}^{*}\circ\dot{\hat{\boldsymbol{\omega}}}_{\mathrm{d}}\circ\hat{\boldsymbol{q}}_{\mathrm{e}})+\hat{\boldsymbol{M}}\hat{\boldsymbol{\omega}}_{\mathrm{e}}\times(\hat{\boldsymbol{q}}_{\mathrm{e}}^{*}\circ\hat{\boldsymbol{\omega}}_{\mathrm{d}}\circ\hat{\boldsymbol{q}}_{\mathrm{e}})\end{aligned} \tag{3-32}$$

考虑到航天器所受到的外界干扰和模型不确定性,式(3-32)可改写为

$$\begin{aligned}\hat{\boldsymbol{M}}_{0}\dot{\hat{\boldsymbol{\omega}}}_{\mathrm{e}}=&-(\hat{\boldsymbol{\omega}}_{\mathrm{e}}+\hat{\boldsymbol{q}}_{\mathrm{e}}^{*}\circ\hat{\boldsymbol{\omega}}_{\mathrm{d}}\circ\hat{\boldsymbol{q}}_{\mathrm{e}})\times\hat{\boldsymbol{M}}_{0}(\hat{\boldsymbol{\omega}}_{\mathrm{e}}+\hat{\boldsymbol{q}}_{\mathrm{e}}^{*}\circ\hat{\boldsymbol{\omega}}_{\mathrm{d}}\circ\hat{\boldsymbol{q}}_{\mathrm{e}})-\hat{\boldsymbol{M}}_{0}(\hat{\boldsymbol{q}}_{\mathrm{e}}^{*}\circ\dot{\hat{\boldsymbol{\omega}}}_{\mathrm{d}}\circ\hat{\boldsymbol{q}}_{\mathrm{e}})+\\&\hat{\boldsymbol{M}}_{0}\hat{\boldsymbol{\omega}}_{\mathrm{e}}\times(\hat{\boldsymbol{q}}_{\mathrm{e}}^{*}\circ\hat{\boldsymbol{\omega}}_{\mathrm{d}}\circ\hat{\boldsymbol{q}}_{\mathrm{e}})+\hat{\boldsymbol{F}}_{\mathrm{u}}+\hat{\boldsymbol{F}}_{\mathrm{g0}}+\hat{\boldsymbol{F}}_{\mathrm{d}}+\Delta\hat{\boldsymbol{F}}_{\mathrm{g}}+\Delta\hat{\Sigma}\end{aligned} \tag{3-33}$$

其中

$$\hat{\boldsymbol{M}}=\hat{\boldsymbol{M}}_{0}+\Delta\hat{\boldsymbol{M}}$$

$$\begin{aligned}\Delta\hat{\Sigma}=&-\Delta\hat{\boldsymbol{M}}\dot{\hat{\boldsymbol{\omega}}}_{\mathrm{e}}-(\hat{\boldsymbol{\omega}}_{\mathrm{e}}+\hat{\boldsymbol{q}}_{\mathrm{e}}^{*}\circ\hat{\boldsymbol{\omega}}_{\mathrm{d}}\circ\hat{\boldsymbol{q}}_{\mathrm{e}})\times\Delta\hat{\boldsymbol{M}}(\hat{\boldsymbol{\omega}}_{\mathrm{e}}+\hat{\boldsymbol{q}}_{\mathrm{e}}^{*}\circ\hat{\boldsymbol{\omega}}_{\mathrm{d}}\circ\hat{\boldsymbol{q}}_{\mathrm{e}})-\\&\Delta\hat{\boldsymbol{M}}(\hat{\boldsymbol{q}}_{\mathrm{e}}^{*}\circ\dot{\hat{\boldsymbol{\omega}}}_{\mathrm{d}}\circ\hat{\boldsymbol{q}}_{\mathrm{e}})+\Delta\hat{\boldsymbol{M}}\hat{\boldsymbol{\omega}}_{\mathrm{e}}\times(\hat{\boldsymbol{q}}_{\mathrm{e}}^{*}\circ\hat{\boldsymbol{\omega}}_{\mathrm{d}}\circ\hat{\boldsymbol{q}}_{\mathrm{e}})\end{aligned}$$

式中 $\hat{\boldsymbol{M}}_{0}$,$\Delta\hat{\boldsymbol{M}}$——分别表示对偶惯量矩阵的标称部分和不确定部分;

$\hat{\boldsymbol{F}}_{\mathrm{d}}$——有界干扰;

$\Delta\hat{\Sigma}$——由对偶惯量矩阵的不确定性引起的不确定部分;

$\hat{\boldsymbol{F}}_{\mathrm{g0}}$,$\Delta\hat{\boldsymbol{F}}_{\mathrm{g}}$——分别是与$\hat{\boldsymbol{M}}_{0}$ 和 $\Delta\hat{\boldsymbol{M}}$ 相关的对偶重力。

为了设计线性滑模(LSM)控制器,首先定义如下线性滑模面

$$\hat{s}_{i}=\hat{\omega}_{\mathrm{e}i}+\hat{c}_{i}\odot\hat{\Gamma}_{\mathrm{e}i},i=1,2,3 \tag{3-34}$$

其中

$$\hat{\boldsymbol{\Gamma}}_{\mathrm{e}}=2\ln(\hat{\boldsymbol{q}}_{\mathrm{e}})$$

$$\hat{c}_{i}=c_{i}+\varepsilon c'_{i},\ 满足\ \hat{c}_{i}>0\ 和\ \hat{c}'_{i}>0$$

式中运算“⊙”的定义见式(2-14)。

基于式(3-34),提出如下线性滑模控制器

$$\hat{\boldsymbol{F}}_{\mathrm{u}}=\hat{\boldsymbol{\eta}}_0-(\varepsilon+\frac{\mathrm{d}}{\mathrm{d}\varepsilon})\hat{\boldsymbol{\rho}}\odot\mathrm{sgn}(\hat{\boldsymbol{s}}) \tag{3-35}$$

其中

$$\hat{\boldsymbol{s}}=[\hat{s}_1,\ \hat{s}_2,\ \hat{s}_3]^{\mathrm{T}}$$

$$\mathrm{sgn}\ (\hat{\boldsymbol{s}})\ =[\mathrm{sgn}\ (\hat{s}_1),\ \mathrm{sgn}\ (\hat{s}_2),\ \mathrm{sgn}\ (\hat{s}_3)\ ]^{\mathrm{T}}$$

且

$$\mathrm{sgn}\ (\hat{s}_i)\ =\mathrm{sgn}\ (s_i)\ +\varepsilon\,\mathrm{sgn}\ (s'_i)$$

$$\hat{\boldsymbol{\rho}}=\mathrm{diag}\ (\hat{\rho}_1,\ \hat{\rho}_2,\ \hat{\rho}_3)$$

且

$$\hat{\rho}_i=\rho_i+\varepsilon\rho'_i,\ \text{满足}\ \rho_i>0\ \text{和}\ \hat{\rho}_i>0$$

这里

$$\begin{aligned}\hat{\boldsymbol{\eta}}_0=&(\hat{\boldsymbol{\omega}}_{\mathrm{e}}+\hat{\boldsymbol{q}}_{\mathrm{e}}^*\circ\hat{\boldsymbol{\omega}}_{\mathrm{d}}\circ\hat{\boldsymbol{q}}_{\mathrm{e}})\times\hat{\boldsymbol{M}}_0(\hat{\boldsymbol{\omega}}_{\mathrm{e}}+\hat{\boldsymbol{q}}_{\mathrm{e}}^*\circ\hat{\boldsymbol{\omega}}_{\mathrm{d}}\circ\hat{\boldsymbol{q}}_{\mathrm{e}})+\\&\hat{\boldsymbol{M}}_0(\hat{\boldsymbol{q}}_{\mathrm{e}}^*\circ\dot{\hat{\boldsymbol{\omega}}}_{\mathrm{d}}\circ\hat{\boldsymbol{q}}_{\mathrm{e}})-\hat{\boldsymbol{M}}_0\ \hat{\boldsymbol{\omega}}_{\mathrm{e}}\times(\hat{\boldsymbol{q}}_{\mathrm{e}}^*\circ\hat{\boldsymbol{\omega}}_{\mathrm{d}}\circ\hat{\boldsymbol{q}}_{\mathrm{e}})-\hat{\boldsymbol{F}}_{\mathrm{g0}}-\hat{\boldsymbol{c}}\odot\hat{\boldsymbol{M}}_0\hat{\boldsymbol{\Omega}}\end{aligned} \tag{3-36}$$

$$\begin{aligned}\hat{\boldsymbol{\Omega}}(\hat{\boldsymbol{\Gamma}}_{\mathrm{e}},\hat{\boldsymbol{\omega}}_{\mathrm{e}})=&\{\boldsymbol{\omega}_{\mathrm{e}}+\frac{1}{2}\boldsymbol{\Gamma}_{\mathrm{e}}\times\boldsymbol{\omega}_{\mathrm{e}}+\frac{1}{\phi_{\mathrm{e}}^2}[(1-\frac{\phi_{\mathrm{e}}\cot\phi_{\mathrm{e}}/2}{2})\boldsymbol{\Gamma}_{\mathrm{e}}\times\\&(\boldsymbol{\Gamma}_{\mathrm{e}}\times\boldsymbol{\omega}_{\mathrm{e}})]\}+\varepsilon(\boldsymbol{v}_{\mathrm{e}}-\boldsymbol{\omega}_{\mathrm{e}}\times\boldsymbol{p}_{\mathrm{e}})\end{aligned} \tag{3-37}$$

且

$$\boldsymbol{\Gamma}_{\mathrm{e}}=2\ln\ (\boldsymbol{q}_{\mathrm{e}})$$

$$\phi_{\mathrm{e}}=(\boldsymbol{\Gamma}_{\mathrm{e}}^{\mathrm{T}}\ \boldsymbol{\Gamma}_{\mathrm{e}})^{1/2}$$

式中 $\hat{\boldsymbol{s}}$——线性滑模变量。

定理 3-1：对于式（3-31）和式（3-32）描述的非线性系统，采用控制器式（3-35）可以使得系统状态从初始位置渐近收敛到平衡位置，即有 $\lim\limits_{t\to\infty}\hat{\boldsymbol{\Gamma}}_{\mathrm{e}}=\hat{\boldsymbol{0}}$，$\lim\limits_{t\to\infty}\hat{\boldsymbol{\omega}}_{\mathrm{e}}=\hat{\boldsymbol{0}}$。

证明：证明过程分两个步骤：第一步，系统状态渐近收敛于 $\hat{\boldsymbol{s}}=\hat{\boldsymbol{0}}$；第二步，在 $\hat{\boldsymbol{s}}=\hat{\boldsymbol{0}}$ 的情况下，$\hat{\boldsymbol{\Gamma}}_{\mathrm{e}}$ 与 $\hat{\boldsymbol{\omega}}_{\mathrm{e}}$ 渐近收敛到 $\hat{\boldsymbol{0}}$。

（1）第一步

定义如下形式的 Lyapunov 函数

$$\begin{aligned}V_1&=\frac{1}{2}[\hat{\boldsymbol{s}}\,|\,\hat{\boldsymbol{M}}_{\mathrm{f}}\hat{\boldsymbol{s}}]\\&=\frac{1}{2}(\boldsymbol{s}^{\mathrm{T}}\ \boldsymbol{J}_{\mathrm{f}}\boldsymbol{s}+m_{\mathrm{f}}\ \boldsymbol{s}'^{\mathrm{T}}\boldsymbol{s}')\end{aligned} \tag{3-38}$$

运算[·|·]的定义见式（2-13）。

计算 V_1 的一阶导数，可得

$$
\begin{aligned}
\dot{V}_1 &= [\hat{\boldsymbol{s}} | \hat{\boldsymbol{M}} \dot{\hat{\boldsymbol{s}}}] \\
&= [\hat{\boldsymbol{s}} | \hat{\boldsymbol{M}} (\dot{\hat{\boldsymbol{\omega}}}_{\mathrm{e}} + \hat{\boldsymbol{c}} \odot \dot{\hat{\boldsymbol{\Gamma}}}_{\mathrm{e}})] \\
&= \left[\hat{\boldsymbol{s}} \left| \begin{array}{l} \hat{\boldsymbol{F}}_{\mathrm{u}} + \hat{\boldsymbol{F}}_{\mathrm{g0}} - (\hat{\boldsymbol{\omega}}_{\mathrm{e}} + \hat{\boldsymbol{q}}_{\mathrm{e}}^* \circ \hat{\boldsymbol{\omega}}_{\mathrm{d}} \circ \hat{\boldsymbol{q}}_{\mathrm{e}}) \times \hat{\boldsymbol{M}}_0 (\hat{\boldsymbol{\omega}}_{\mathrm{e}} + \hat{\boldsymbol{q}}_{\mathrm{e}}^* \circ \hat{\boldsymbol{\omega}}_{\mathrm{d}} \circ \hat{\boldsymbol{q}}_{\mathrm{e}}) \\ - \hat{\boldsymbol{M}}_0 (\hat{\boldsymbol{q}}_{\mathrm{e}}^* \circ \dot{\hat{\boldsymbol{\omega}}}_{\mathrm{d}} \circ \hat{\boldsymbol{q}}_{\mathrm{e}}) \cdots \\ \cdots + \hat{\boldsymbol{M}}_0 \hat{\boldsymbol{\omega}}_{\mathrm{e}} \times (\hat{\boldsymbol{q}}_{\mathrm{e}}^* \circ \hat{\boldsymbol{\omega}}_{\mathrm{d}} \circ \hat{\boldsymbol{q}}_{\mathrm{e}}) + \hat{\boldsymbol{c}} \odot \hat{\boldsymbol{M}}_0 \hat{\boldsymbol{\Omega}} + \hat{\boldsymbol{D}} \end{array} \right. \right]
\end{aligned} \tag{3-39}
$$

其中

$$\hat{\boldsymbol{D}} = \hat{\boldsymbol{F}}_{\mathrm{d}} + \Delta\hat{\Sigma} + \Delta \hat{\boldsymbol{F}}_{\mathrm{g}} + \hat{\boldsymbol{c}} \odot \Delta\hat{\boldsymbol{M}}\hat{\boldsymbol{\Omega}}$$

式中　$\hat{\boldsymbol{D}}$——广义有界干扰。

将控制器式（3－35）代入式（3－39）得

$$
\begin{aligned}
\dot{V}_1 &= [\hat{\boldsymbol{s}} | \hat{\boldsymbol{M}}_{\mathrm{f}} \dot{\hat{\boldsymbol{s}}}] \\
&= [\hat{\boldsymbol{s}} | \hat{\boldsymbol{D}} - \hat{\boldsymbol{\rho}} \operatorname{sgn}(\hat{\boldsymbol{s}})]
\end{aligned} \tag{3-40}
$$

由于 $\hat{\boldsymbol{D}}$ 是有界的，因此存在 ρ_i 和 ρ'_i，使之满足

$$\| D_i \|_{\infty} < \rho_i , \| D'_i \|_{\infty} < \rho'_i \tag{3-41}$$

则 $\dot{V}_1 \leqslant 0$，且只有当 $\hat{\boldsymbol{s}} = \hat{\boldsymbol{0}}$ 时，$V_1 = 0$。由推论 2－1 可知，$\hat{\boldsymbol{s}} = \hat{\boldsymbol{0}}$ 是系统渐近稳定的平衡点。

（2）第二步

当 $\hat{\boldsymbol{s}} = \hat{\boldsymbol{0}}$ 后，系统变为

$$\hat{\boldsymbol{\omega}}_{\mathrm{e}} = -\hat{\boldsymbol{c}} \odot \hat{\boldsymbol{\Gamma}}_{\mathrm{e}} \tag{3-42}$$

考虑如下 Lyapunov 函数

$$V_2 = \langle \hat{\boldsymbol{\Gamma}}_{\mathrm{e}} , \hat{\boldsymbol{\Gamma}}_{\mathrm{e}} \rangle \tag{3-43}$$

运算〈·，·〉的定义见式（2－12）。

计算 V_2 的一阶导数，并根据定理 2－2，有

$$
\begin{aligned}
\dot{V}_2 &= \langle \hat{\boldsymbol{\Gamma}}_{\mathrm{e}} , \dot{\hat{\boldsymbol{\Gamma}}}_{\mathrm{e}} \rangle \\
&= \langle \hat{\boldsymbol{\Gamma}}_{\mathrm{e}} , \hat{\boldsymbol{\omega}}_{\mathrm{e}} \rangle \\
&= \langle \hat{\boldsymbol{\Gamma}}_{\mathrm{e}} , -\hat{\boldsymbol{c}} \odot \hat{\boldsymbol{\Gamma}}_{\mathrm{e}} \rangle \leqslant 0
\end{aligned} \tag{3-44}
$$

因此，$\hat{\boldsymbol{\Gamma}}_{\mathrm{e}}$ 和 $\hat{\boldsymbol{\omega}}_{\mathrm{e}}$ 渐近收敛到平衡点 $\hat{\boldsymbol{0}}$。

证毕。

注 3－3：由式（3－35）可知，控制器 $\hat{\boldsymbol{F}}_{\mathrm{u}}$ 分成两个部分，其中 $\hat{\boldsymbol{\eta}}_0$ 为等效控制，使得

系统到达滑模面 $\hat{\boldsymbol{s}}=\hat{\boldsymbol{0}}$；剩余部分为切换控制，使得系统在到达滑模面后对模型不确定性以及外界干扰具备鲁棒性。

注 3-4：值得注意的是，控制器式（3-35）中存在的符号函数会导致震颤，而在实际应用过程中震颤会导致系统零部件损坏等，因此必须对震颤加以抑制，一个有效的办法是采用如下饱和函数来代替符号函数

$$\mathrm{sat}(x,\sigma)=\begin{cases}1, & x>\sigma\\ x/\sigma, & |x|\leqslant\sigma\\ -1, & x<-\sigma\end{cases} \tag{3-45}$$

式中　σ——小的正常数。

3.5.2　类 PD 鲁棒控制器设计

上一小节所设计的控制器中，等效控制部分 $\hat{\boldsymbol{\eta}}_0$ 中显含系统模型的参数信息，也就是说控制器是与系统的模型息息相关的，而这些参数信息有时并不能精确得知。因此，为了进一步提高系统的鲁棒性，本节将设计不显含模型参数的类 PD 鲁棒控制器。

首先给出如下定义

$$\begin{aligned}\boldsymbol{\alpha}&=\boldsymbol{\tau}_\mathrm{d}-(\boldsymbol{C}_\mathrm{e}\boldsymbol{\omega}_\mathrm{d})^{\times}\boldsymbol{J}\boldsymbol{C}_\mathrm{e}\boldsymbol{\omega}_\mathrm{d}-\boldsymbol{J}\boldsymbol{C}_\mathrm{e}\dot{\boldsymbol{\omega}}_\mathrm{d}\\ \boldsymbol{\beta}&=m\left[\boldsymbol{f}_\mathrm{d}-\frac{\mu}{r^3}\boldsymbol{r}-\ddot{\boldsymbol{r}}_\mathrm{d}-2\boldsymbol{\omega}_\mathrm{d}\times\dot{\boldsymbol{r}}_\mathrm{d}-\dot{\boldsymbol{\omega}}_\mathrm{d}\times\boldsymbol{r}-\boldsymbol{\omega}_\mathrm{d}\times(\boldsymbol{\omega}_\mathrm{d}\times\boldsymbol{r})\right]\end{aligned} \tag{3-46}$$

假设式中 $\boldsymbol{\alpha}$ 和 $\boldsymbol{\beta}$ 均为有界的实数矢量。航天器的期望角速度 $\boldsymbol{\omega}_\mathrm{d}$ 满足 $\|\boldsymbol{\omega}_\mathrm{d}\|\leqslant\rho_\omega$，且 ρ_ω 为正实数。

为了完成跟踪控制的控制目标，设计如下与 PD 控制结构类似的控制器

$$\hat{\boldsymbol{F}}_\mathrm{u}=-\hat{K}_p\hat{\boldsymbol{\xi}}_\mathrm{e}-\hat{K}_\mathrm{d}\hat{\boldsymbol{\omega}}_\mathrm{e}-\hat{\boldsymbol{f}}(\hat{\boldsymbol{s}}) \tag{3-47}$$

其中

$$\hat{\boldsymbol{\xi}}_\mathrm{e}=\boldsymbol{\xi}_\mathrm{e}+\varepsilon\boldsymbol{\xi}'_\mathrm{e}$$

$$\hat{\boldsymbol{f}}(\hat{\boldsymbol{s}})=\boldsymbol{f}(\boldsymbol{s})+\varepsilon\boldsymbol{f}'(\boldsymbol{s}')$$

式中　$\hat{\boldsymbol{\xi}}_\mathrm{e}$——对偶四元数 $\hat{\boldsymbol{q}}_\mathrm{e}$ 的矢量部分；

$\hat{\boldsymbol{f}}(\hat{\boldsymbol{s}})$——对偶函数。

$\boldsymbol{f}_i(\boldsymbol{s})$ 和 $\boldsymbol{f}'(\boldsymbol{s}')$ 被定义为

$$\boldsymbol{f}_i(\boldsymbol{s})=\frac{\lambda_i\boldsymbol{s}_i}{|\boldsymbol{s}_i|+\phi_i(t)},\ \boldsymbol{f}'_i(\boldsymbol{s}')=\frac{\lambda'_i\boldsymbol{s}'_i}{|\boldsymbol{s}'_i|+\phi'_i(t)} \tag{3-48}$$

其中

$$\hat{\boldsymbol{s}}=\hat{\boldsymbol{\omega}}_\mathrm{e}+\hat{c}\odot\hat{\boldsymbol{\xi}}_\mathrm{e}$$

$$\hat{c}=c+\varepsilon c'$$

式中　λ_i，λ'_i——均为正实数，当 $t\geqslant0$ 时，$\phi_i(t)>0,\phi'_i(t)>0$；

c,c'——均为正实数。

定理 3-2:考虑系统运动学和动力学模型式(3-31)和式(3-32),当满足下述条件时,

1)c 和 c' 足够小;

2)$\lambda_i > |\boldsymbol{\alpha}_i|$ 且 $\lambda'_i > |\boldsymbol{\beta}_i|$,$i=1,2,3$;

3)$\int_0^{+\infty}[\sum_{i=1}^{3}\lambda_i\phi_i(t)]\mathrm{d}t = M < +\infty$ 且 $\int_0^{+\infty}[\sum_{i=1}^{3}\lambda'_i\phi'_i(t)]\mathrm{d}t = M' < +\infty$。

则控制器式(3-47)可使 $\hat{\boldsymbol{\xi}}_e$ 和 $\hat{\boldsymbol{\omega}}_e$ 在 $t\to\infty$ 时收敛于零。

证明:控制器式(3-47)可分解为两部分:实数部分和对偶部分。实数部分会使相对姿态运动收敛于零,对偶部分可使相对轨道运动收敛于零。

(1)实数部分

控制器式(3-47)的实数部分为

$$\boldsymbol{\tau}_u = -K_p\boldsymbol{\xi}_e - K_d\boldsymbol{\omega}_e - \boldsymbol{f}(\boldsymbol{s}) \tag{3-49}$$

其中

$$\boldsymbol{s} = \boldsymbol{\omega}_e + c\boldsymbol{\xi}_e$$

$$\boldsymbol{\omega}_e = \boldsymbol{\omega} - \boldsymbol{q}_e^* \circ \boldsymbol{\omega}_d \circ \boldsymbol{q}_e$$

$$\boldsymbol{q}_e = (\eta_e, \boldsymbol{\xi}_e)$$

式中 $\boldsymbol{\omega}_e$——角速度跟踪误差;

$\boldsymbol{q}_e$——误差四元数;

$\boldsymbol{\omega}_d$——期望角速度。

考虑如下 Lyapunov 方程

$$V_1 = (K_p + cK_d)[(\eta_e - 1)^2 + \boldsymbol{\xi}_e^{\mathrm{T}}\boldsymbol{\xi}_e] + \frac{1}{2}\boldsymbol{\omega}_e^{\mathrm{T}}\boldsymbol{J}\boldsymbol{\omega}_e + c\boldsymbol{\xi}_e^{\mathrm{T}}\boldsymbol{J}\boldsymbol{\omega}_e \tag{3-50}$$

V_1 的一个下界为

$$V_1 \geqslant \frac{1}{2}\boldsymbol{\chi}_1^{\mathrm{T}}\boldsymbol{A}_e\boldsymbol{\chi}_1 \tag{3-51}$$

其中

$$\boldsymbol{\chi}_1 = (\|\boldsymbol{\xi}_e\| \quad \|\boldsymbol{\omega}_e\|)^{\mathrm{T}}$$

且

$$\boldsymbol{A}_e = \begin{bmatrix} 2(K_p + cK_d) & -c\sigma_{\max}(\boldsymbol{J}) \\ -c\sigma_{\max}(\boldsymbol{J}) & \sigma_{\min}(\boldsymbol{J}) \end{bmatrix} \tag{3-52}$$

式中 $\sigma_{\max}$,$\sigma_{\min}$——分别表示矩阵的最大和最小特征值。

当 c 足够小时可以保证 $\boldsymbol{A}_e$ 为正定矩阵,因此 V_1 也是正定的。

对 V_1 求导,并将控制器式(3-49)代入,得

$$\begin{aligned}
\dot{V}_1 \leqslant & -K_d \|\boldsymbol{\omega}_e\|^2 - cK_p \|\boldsymbol{\xi}_e\|^2 - \sum_{i=1}^{3}\lambda_i |s_i| + \\
& \sum_{i=1}^{3}\frac{\lambda_i\phi_i |s_i|}{|s_i|+\phi_i} + \boldsymbol{s}^T[\boldsymbol{\tau}_d - (\boldsymbol{C}_e\boldsymbol{\omega}_d)^{\times}\boldsymbol{J}\boldsymbol{C}_e\boldsymbol{\omega}_d - \boldsymbol{J}\boldsymbol{C}_e\dot{\boldsymbol{\omega}}_d] + \\
& c\left[\frac{1}{2}\eta_e\boldsymbol{\omega}_e - \frac{1}{2}\boldsymbol{\xi}_e^{\times}\boldsymbol{\omega}_e + (\boldsymbol{C}_e\boldsymbol{\omega}_d)^{\times}\boldsymbol{\xi}_e\right]^T\boldsymbol{J}\boldsymbol{\omega}_e + \\
& c\,\boldsymbol{\xi}_e^T(\boldsymbol{J}\boldsymbol{\omega}_e^{\times}\boldsymbol{C}_e\boldsymbol{\omega}_d - \boldsymbol{\omega}_e^{\times}\boldsymbol{J}\boldsymbol{C}_e\boldsymbol{\omega}_d) \\
\leqslant & -\boldsymbol{\chi}_1^T\boldsymbol{\Theta}_{e1}\boldsymbol{\chi}_1 - \sum_{i=1}^{3}(\lambda_i - |\boldsymbol{\alpha}_i|)|s_i| + \sum_{i=1}^{3}\lambda_i\phi_i \\
\leqslant & -\boldsymbol{\chi}_1^T\boldsymbol{\Theta}_{e1}\boldsymbol{\chi}_1 + \sum_{i=1}^{3}\lambda_i\phi_i
\end{aligned} \tag{3-53}$$

其中

$$\boldsymbol{\Theta}_{e1} = \begin{bmatrix} cK_p & -\dfrac{3c\rho_{\boldsymbol{\omega}}\sigma_{\max}(\boldsymbol{J})}{2} \\ -\dfrac{3c\rho_{\boldsymbol{\omega}}\sigma_{\max}(\boldsymbol{J})}{2} & K_d - c\sigma_{\max}(\boldsymbol{J}) \end{bmatrix} \tag{3-54}$$

当 c 足够小时，$\sigma_{\min}(\boldsymbol{\Theta}_{e1})>0$，且 $\dot{V}_1$ 的上界为

$$\dot{V}_1 \leqslant -\sigma_{\min}(\boldsymbol{\Theta}_{e1})\|\boldsymbol{\chi}_1\|^2 + \sum_{i=1}^{3}\lambda_i\phi_i \tag{3-55}$$

将式（3－55）两端同时积分，得

$$V_1(t) \leqslant V_1(0) - \sigma_{\min}(\boldsymbol{\Theta}_{e1})\int_0^t \|\boldsymbol{\chi}_1(s)\|^2 ds + \int_0^t\left[\sum_{i=1}^{3}\lambda_i\phi_i(s)\right]ds \tag{3-56}$$

由于 $V_1(t)>0$，因此 $\sigma_{\min}(\boldsymbol{\Theta}_{e1})\int_0^t \|\boldsymbol{\chi}_1(s)\|^2 ds < V_1(0) + \int_0^t\left[\sum_{i=1}^{3}\lambda_i\phi_i(s)\right]ds \leqslant V_1(0) + M$，也就是说，$\boldsymbol{\xi}_{f1}(t)$ 和 $\boldsymbol{\omega}_{f1}^f(t)$ 是有界的，所以 $V_1(t)$ 也是有界的。当 $t\to\infty$ 时，有

$$\|\boldsymbol{\chi}_1(t)\|_{L_2}^2 \leqslant \frac{M+V_1(0)}{\sigma_{\min}(\boldsymbol{\Theta}_{e1})} \tag{3-57}$$

所以，$\boldsymbol{\xi}_e(t),\boldsymbol{\omega}_e(t)\in L_2$。由推论 2－2 可知，$\lim\limits_{t\to\infty}\boldsymbol{\xi}_e(t)=\boldsymbol{0}$ 且 $\lim\limits_{t\to\infty}\boldsymbol{\omega}_e(t)=\boldsymbol{0}$。因此，闭环系统的转动部分是收敛的。

（2）对偶部分

由于实数部分是稳定的，即 $\boldsymbol{\xi}_e(t)$ 和 $\boldsymbol{\omega}_e(t)$ 是随时间增加而趋于零的，因此控制器式（3－47）的对偶部分可以写为

$$\boldsymbol{f}_u = -K'_p\boldsymbol{p}_e - K'_d\dot{\boldsymbol{p}}_e - \boldsymbol{f}'(\boldsymbol{s}') \tag{3-58}$$

其中

$$\boldsymbol{s}' = \dot{\boldsymbol{p}}_e + \boldsymbol{\omega}_e \times \boldsymbol{p}_e + c'\boldsymbol{\xi}'_e$$

$$\boldsymbol{p}_e = \boldsymbol{r} - \boldsymbol{q}_e^* \circ \boldsymbol{r}_d \circ \boldsymbol{q}_e$$

式中　$\boldsymbol{p}_e$——位置跟踪误差；

$\boldsymbol{r}_d$——期望位置矢量。

当$\boldsymbol{\xi}_e=\boldsymbol{0}$且$\boldsymbol{\omega}_e=\boldsymbol{0}$时，有

$$\boldsymbol{\xi}'_e=\boldsymbol{p}_e，\boldsymbol{s}'=\dot{\boldsymbol{p}}_e+c'\boldsymbol{p}_e$$

考虑如下 Lyapunov 方程

$$V_2=\frac{1}{2}(K'_p+c'K'_d)\boldsymbol{p}_e^T\boldsymbol{p}_e+\frac{1}{2}m\dot{\boldsymbol{p}}_e^T\dot{\boldsymbol{p}}_e+c'm\boldsymbol{p}_e^T\dot{\boldsymbol{p}}_e \tag{3-59}$$

V_2 的下界为

$$V_2\geqslant\frac{1}{2}\boldsymbol{\chi}_2^T A_{e2}\boldsymbol{\chi}_2 \tag{3-60}$$

其中

$$\boldsymbol{\chi}_2=(\|\boldsymbol{p}_e\| \quad \|\dot{\boldsymbol{p}}_e\|)^T$$

且

$$\boldsymbol{A}_{e2}=\begin{bmatrix}2(K'_p+c'K'_d) & -mc' \\ -mc' & m\end{bmatrix} \tag{3-61}$$

当c'足够小时，$\boldsymbol{A}_{e2}$是正定矩阵，V_2 也是正定的。对 V_2 进行求导，并将控制器式（3-58）代入得

$$\begin{aligned}\dot{V}_2\leqslant&-K'_d\|\dot{\boldsymbol{p}}_e\|^2-c'K'_p\|\boldsymbol{p}_e\|^2-\sum_{i=1}^{3}\lambda'_i|\boldsymbol{s}'_i|+\sum_{i=1}^{3}\frac{\lambda'_i\phi'_i|\boldsymbol{s}'_i|}{|\boldsymbol{s}'_i|+\phi'_i}+\\&\boldsymbol{s}'^Tm[\boldsymbol{f}_d-\frac{\mu}{r^3}\boldsymbol{r}-\ddot{\boldsymbol{p}}_d-2\boldsymbol{\omega}_d\times\dot{\boldsymbol{p}}_d-\dot{\boldsymbol{\omega}}_d\times\boldsymbol{r}-\boldsymbol{\omega}_d\times(\boldsymbol{\omega}_d\times\boldsymbol{r})]-\\&2c'm\boldsymbol{p}_e^T(\boldsymbol{\omega}_d\times\dot{\boldsymbol{p}}_e)+c'm\dot{\boldsymbol{p}}_e^T\dot{\boldsymbol{p}}_e\\\leqslant&-\boldsymbol{\chi}_2^T\boldsymbol{\Theta}_{e2}\boldsymbol{\chi}_2-\sum_{i=1}^{3}(\lambda'_i-|\boldsymbol{\beta}_i|)|\boldsymbol{s}'_i|+\sum_{i=1}^{3}\lambda'_i\phi'_i\\\leqslant&-\boldsymbol{\chi}_2^T\boldsymbol{\Theta}_{e2}\boldsymbol{\chi}_2+\sum_{i=1}^{3}\lambda'_i\phi'_i\end{aligned} \tag{3-62}$$

其中

$$\boldsymbol{\Theta}_{e2}=\begin{bmatrix}c'K'_p & c'm\rho_{\boldsymbol{\omega}} \\ c'm\rho_{\boldsymbol{\omega}} & K'_d-c'm\end{bmatrix} \tag{3-63}$$

当c'足够小时，$\sigma_{\min}$（$\boldsymbol{\Theta}_{e2}$）>0，且$\dot{V}_2$ 的上界为

$$\dot{V}_2\leqslant-\sigma_{\min}(\boldsymbol{\Theta}_{e2})\|\boldsymbol{\chi}_2\|^2+\sum_{i=1}^{3}\lambda'_i\phi'_i \tag{3-64}$$

将式（3-64）两边同时积分，可得如下不等式

$$V_2(t)\leqslant V_2(0)-\sigma_{\min}(\boldsymbol{\Theta}_{e2})\int_0^t\|\boldsymbol{\chi}_2(s)\|^2\mathrm{d}s+\int_0^t[\sum_{i=1}^{3}\lambda'_i\phi'_i(s)]\mathrm{d}s \tag{3-65}$$

由 $V_2(t)>0$ 可得

$$\sigma_{\min}(\boldsymbol{\Theta}_{e2})\int_0^t\|\boldsymbol{\chi}_2(s)\|^2\mathrm{d}s<V_2(0)+\int_0^t[\sum_{i=1}^{3}\lambda_i\phi_i(s)]\mathrm{d}s\leqslant V_2(0)+M'$$

也就是说，$\boldsymbol{p}_e(t)$和$\dot{\boldsymbol{p}}_e(t)$是有界的，因此 $V_2(t)$ 也是有界的。当$t\to\infty$时，计算

式(3－65) 的极限有

$$\| \boldsymbol{\chi}_2(t) \|_{L_2}^2 \leqslant \frac{M' + V_2(0)}{\sigma_{\min}(\boldsymbol{\Theta}_{e2})} \tag{3-66}$$

所以，$\boldsymbol{p}_e(t), \dot{\boldsymbol{p}}_e(t) \in L_2$。

由推论 2－2 可知，$\lim_{t\to\infty}\boldsymbol{p}_e(t)=\boldsymbol{0}$ 且 $\lim_{t\to\infty}\dot{\boldsymbol{p}}_e(t)=\boldsymbol{0}$。

因此，闭环系统的位移部分是收敛的。

证毕。

注 3－5：为使矩阵 $\boldsymbol{A}_{e1}$ 和 $\boldsymbol{A}_{e2}$ 是正定的，需要合适地选取 K_p, K_d, c 和 c'。为了满足定理 3－2中的第 2 个和第 3 个条件，在设计控制器前要预估 $|\boldsymbol{\alpha}_i|$ 和 $|\boldsymbol{\beta}_i|$ 的大小并选取合适的 λ_i 和 λ'_i。

注 3－6：在控制器式(3－47)中，若选取合适的 $\phi_i(t)$ 和 $\phi'_i(t)$，对偶函数 $\hat{\boldsymbol{f}}(\hat{\boldsymbol{s}})$ 可使控制器在理论上是连续的。

注 3－7：为满足定理 3－2 中的第 2 个和第 3 个条件，$\phi_i(t)$ 和 $\phi'_i(t)$ 在 $t\to\infty$ 时需满足 $\phi_i(t)\to 0$ 和 $\phi'_i(t)\to 0$，此时，$\boldsymbol{f}_i(\boldsymbol{s}) \triangleq \lambda_i \operatorname{sgn}(\boldsymbol{s}_i)$ 和 $\boldsymbol{f}'_i(\boldsymbol{s}'_i) \triangleq \lambda'_i \operatorname{sgn}(\boldsymbol{s}'_i)$。为了避免由于符号函数引起的震颤问题，以如下函数代替 $\hat{\boldsymbol{f}}(\hat{\boldsymbol{s}})$

$$\bar{\hat{\boldsymbol{f}}}(\hat{\boldsymbol{s}}) = \bar{\boldsymbol{f}}(\boldsymbol{s}) + \varepsilon\, \bar{\boldsymbol{f}}'(\boldsymbol{s}') \tag{3-67}$$

其中

$$\bar{\boldsymbol{f}}_i(\boldsymbol{s}) = \lambda_i \tanh\left(\frac{s_i}{\delta_i}\right),\ \bar{\boldsymbol{f}}'_i(\boldsymbol{s}') = \lambda'_i \tanh\left(\frac{s'_i}{\delta'_i}\right), i=1,2,3 \tag{3-68}$$

式中　δ_i，δ'_i——小的正常数；

tanh（·）——双曲正切函数。

注 3－8：在考虑了外部干扰的情况下，基于控制器式（3－47）的闭环系统已被证明是稳定的，因此可以说控制器对外部干扰是鲁棒的。另一方面，由于该控制器中不显含模型的参数信息，因此该控制器对模型不确定性具有鲁棒性。

3.6　数学仿真及结果分析

为了验证本章动力学方程与鲁棒跟踪控制算法的可行性和有效性，本节给出航天器悬停指令下两种情况的数学仿真。

悬停是指由于某些空间任务的需要（如监视目标航天器的飞行状态等），要求某追踪航天器相对于目标航天器的相对位置和姿态指向始终保持不变，即追踪航天器在目标航天器的轨道下方运行，并且要求追踪航天器和目标航天器的轨道相位与轨道角速度相同，姿态始终保持与目标航天器同步。对于追踪航天器来讲，其期望轨道和姿态可由对目标航天器的在轨运行参数进行计算获得。

假设目标航天器在某近地椭圆轨道上运行，且目标航天器本体坐标系与其轨道坐标系完全重合，目标航天器的轨道参数如表 3-1 所示。由轨道学知识，容易计算出 t 时刻目标航天器的绝对姿态 $\boldsymbol{q}_1$，位置矢量 $\boldsymbol{r}_1$，角速度 $\boldsymbol{\omega}_1$ 和速度 $\boldsymbol{v}_1$。

表 3-1　目标航天器轨道参数

半长轴 a/m	偏心率 e	轨道倾角 i/deg	升交点赤经 Ω/deg	近地点角距 w/deg	初始真近角 ν/deg
6 998 455	0.02	45	0	0	30

若要求追踪航天器悬停在目标航天器 1 000 m 以下的轨道，则追踪航天器的期望状态为

$$\boldsymbol{q}_{\mathrm{d}}=\boldsymbol{q}_1;\ \boldsymbol{r}_{\mathrm{d}}=r_1+[1000\quad 0\quad 0]^{\mathrm{T}}$$

$$\boldsymbol{\omega}_{\mathrm{d}}=\boldsymbol{\omega}_1,\ \boldsymbol{v}_{\mathrm{d}}=[\dot{r}_1\quad 0\quad 0]^{\mathrm{T}}+\boldsymbol{\omega}_{\mathrm{d}}\times\boldsymbol{r}_{\mathrm{d}}$$

假设追踪航天器实际的质量和转动惯量为

$$m=100\ \mathrm{kg},\ \boldsymbol{J}=\begin{bmatrix}22 & 0 & 0\\ 0 & 20 & 0\\ 0 & 0 & 23\end{bmatrix}\mathrm{kg}\cdot\mathrm{m}^2$$

初始时刻，追踪航天器的姿态和位置跟踪误差为

$$\boldsymbol{q}_{\mathrm{e}}(0)=[0.377\,2\quad -0.432\,9\quad 0.664\,5\quad 0.478\,3]^{\mathrm{T}}$$
$$\boldsymbol{p}_{\mathrm{e}}(0)=[-200\quad -100\quad 100]^{\mathrm{T}}\mathrm{m}$$
$$\boldsymbol{\omega}_{\mathrm{e}}(0)=[0\quad 0\quad 0]^{\mathrm{T}}\mathrm{rad/s}$$
$$\boldsymbol{v}_{\mathrm{e}}(0)=[0\quad 0\quad 0]^{\mathrm{T}}\mathrm{m/s}$$

追踪航天器所受的干扰力和力矩为

$$\boldsymbol{f}_{\mathrm{d}}=\begin{bmatrix}0.6+0.3\sin(0.5t)\\ 0.5+0.4\sin(0.5t)\\ 0.4+0.1\sin(0.5t)\end{bmatrix}\mathrm{N}$$

$$\boldsymbol{\tau}_{\mathrm{d}}=\begin{bmatrix}0.002+0.004\sin(0.5t)\\ 0.003-0.003\sin(0.5t)\\ 0.001+0.007\sin(0.5t)\end{bmatrix}\mathrm{N}\cdot\mathrm{m}$$

将控制力限制在 $|f_i|\leqslant 10\ \mathrm{N}$ 的范围内，控制力矩限制在 $|\tau_i|\leqslant 1\ \mathrm{N}\cdot\mathrm{m}$ 的范围内。给出如下两种情况的仿真。

情况一：为了验证控制器式（3-35）的有效性，假设追踪航天器质量和转动惯量的不确定部分为

$$\Delta m_{\mathrm{f}}=3\ \mathrm{kg},\ \Delta\boldsymbol{J}=\begin{bmatrix}4 & 0 & 0\\ 0 & 3 & 0\\ 0 & 0 & 3\end{bmatrix}\mathrm{kg}\cdot\mathrm{m}^2$$

控制器式（3-35）的参数选为

$$\hat{\boldsymbol{k}}=0.1+\varepsilon 0.15,\ \hat{\boldsymbol{\rho}}=15+\varepsilon 80$$

以式（3－45）所示的饱和函数代替控制器中的符号函数，并选取饱和函数的参数为 $\delta_i=\delta'_i=0.05$。

情况二：为了进一步验证控制器式（3－47）对模型不确定性和外界干扰的鲁棒性，假设追踪航天器质量和转动惯量的不确定部分为

$$\Delta m_{\mathrm{f}}=20\ \mathrm{kg},\ \Delta \boldsymbol{J}=\begin{bmatrix}8&0&0\\0&7&0\\0&0&10\end{bmatrix}\mathrm{kg}\cdot\mathrm{m}^2$$

将式（3－67）所示的函数代入控制器式（3－47）中，并选取如下控制器参数

$$\hat{K}_p=10+\varepsilon 10,\ \hat{K}_{\mathrm{d}}=150+\varepsilon 150$$
$$c=0.8,\ c'=5$$
$$\lambda_1=\lambda_2=\lambda_3=0.3,\ \lambda'_1=\lambda'_2=\lambda'_3=2$$
$$\delta_1=\delta_2=\delta_3=0.005,\ \delta'_1=\delta'_2=\delta'_3=0.005$$

针对情况一的仿真条件，采用控制器式（3－35）的仿真结果如图 3－4～图 3－10 所示。图 3－4 和图 3－5 显示了姿态角跟踪误差和角速度跟踪误差的时间历程曲线，可以看出，姿态角误差与角速度误差在 100 s 内收敛，且姿态角误差收敛至 0.015°以内，角速度误差收敛到 0.002（°）/s 以内。图 3－6 和图 3－7 给出了位置误差和速度误差曲线，可以看出，位置误差与速度误差经过大约 300 s 后收敛，且位置和速度的控制精度分别为 0.003 m 和 0.000 5 m/s。图3－8和图 3－9 给出了输入受限的控制力矩和控制力曲线，可见由于利用饱和函数替代了符号函数，系统的震颤情况得以改善。图3－10给出了惯性坐标系下 $X_{\mathrm{I}}Y_{\mathrm{I}}$ 平面内目标航天器和追踪航天器的轨道示意图，可见追踪航天器轨道能够与目标航天器轨道保持预定的距离，实现了对目标的悬停伴飞。由上述仿真结果可知，在考虑了外

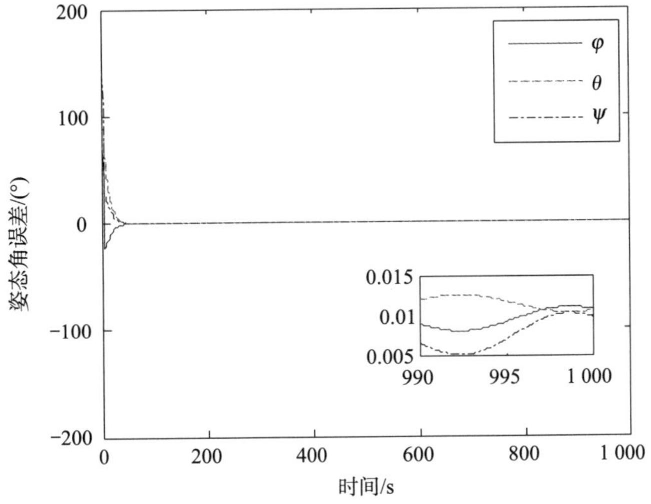

图 3－4　姿态角跟踪误差

界干扰与模型不确定性的情况下，采用 LSM 跟踪控制算法，可以使追踪航天器到达期望的悬停轨道和姿态，且系统状态的跟踪误差可以在较短时间内以较高的精度收敛。

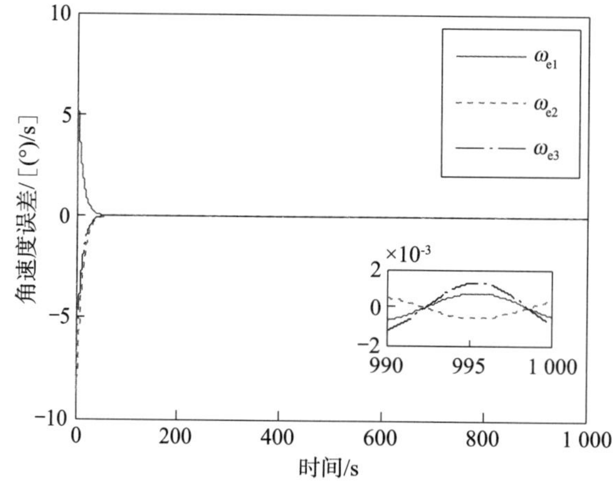

图 3-5　角速度跟踪误差

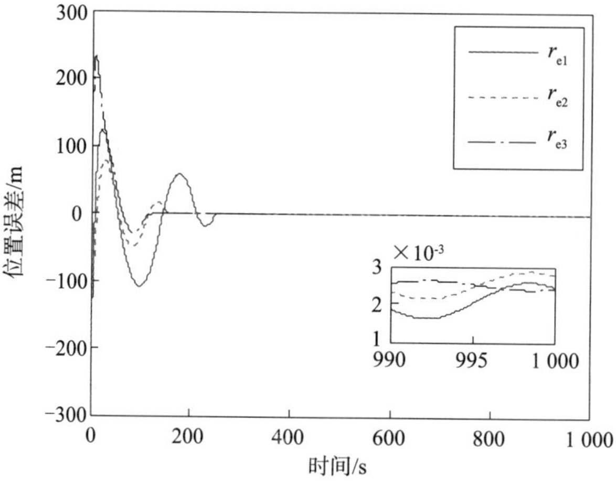

图 3-6　位置跟踪误差

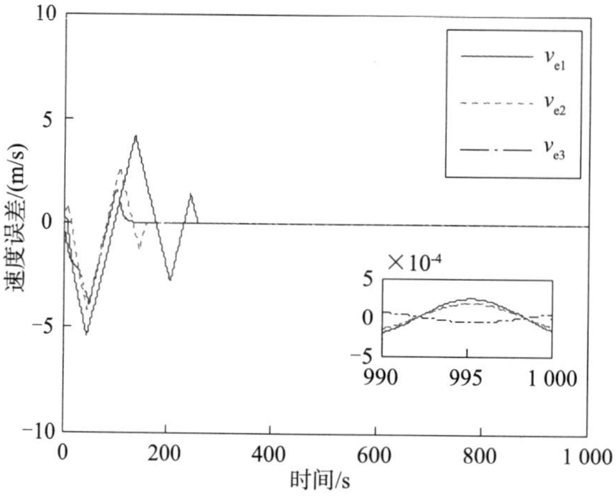

图 3-7　速度跟踪误差

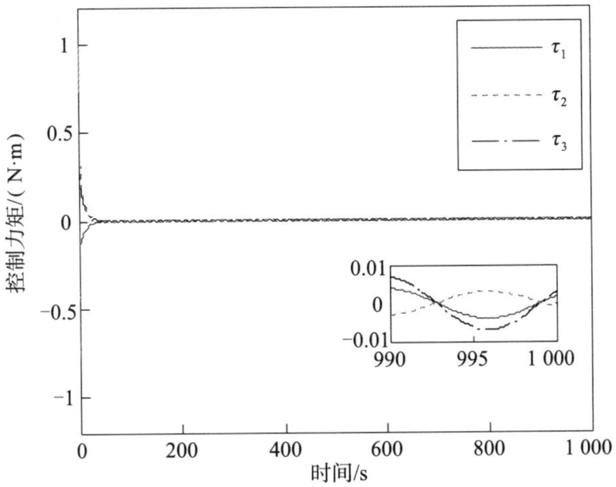

图 3-8　控制力矩曲线

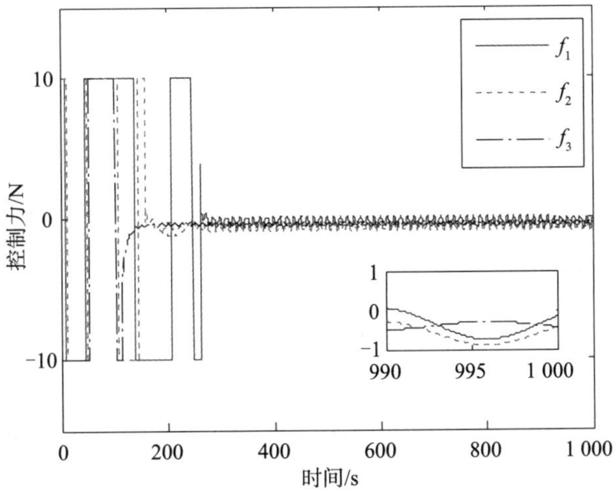

图 3-9　控制力曲线

针对情况二的仿真条件，仿真结果如图 3-11～图 3-17 所示。由图 3-11 和图 3-12 可以看出，在大约 100 s 以内，姿态角误差和角速度跟踪误差均收敛，且控制精度分别为 0.01°和 0.002 (°)/s。如图 3-13 和图 3-14 所示，位置与速度的跟踪误差大约在 200 s 以内收敛，且位置跟踪误差小于0.000 5 m，速度跟踪误差小于0.000 2 m/s。图 3-15 和图 3-16 给出了控制力矩和和控制力曲线，可见通过采用式（3-67）所示的双曲正切函数，控制力和控制力矩并未出现明显的震颤情况。以惯性坐标系下的 X_IY_I 平面为例，图 3-17 给出了该平面内目标航天器和追踪航天器的轨道示意图，可以看出，追踪航天器能够与目标航天器保持预定的距离，实现了对目标的悬停伴飞。由上述仿真结果可知，尽管增大了转动惯量不确定部分与外界干扰，但采用类 PD 鲁棒控制器式（3-47）仍能使追踪航天器达到期望的悬停轨道和姿态，且姿态和位置的跟踪误差能以较快的速度和较高的精度收敛，这可以说明控制器式（3-47）也具有良好的鲁棒性。

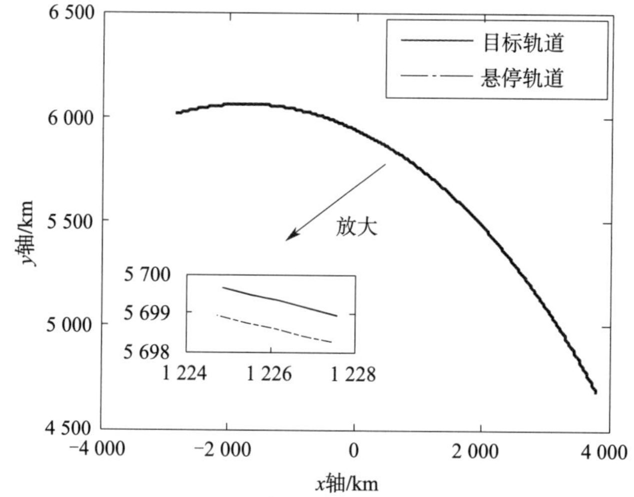

图 3-10　X_IY_I 平面内目标轨道和悬停轨道示意图

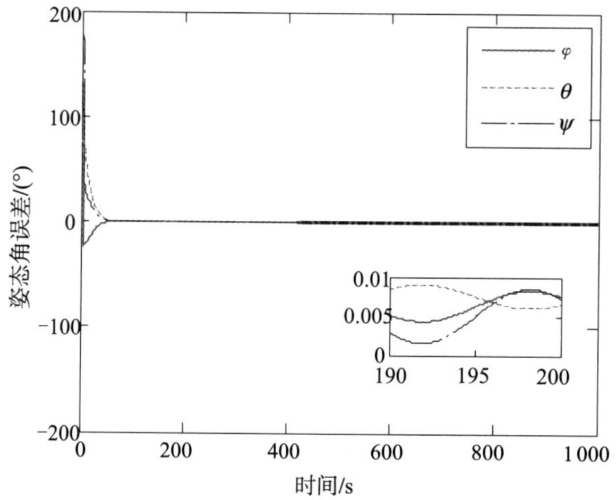

图 3-11　姿态角跟踪误差

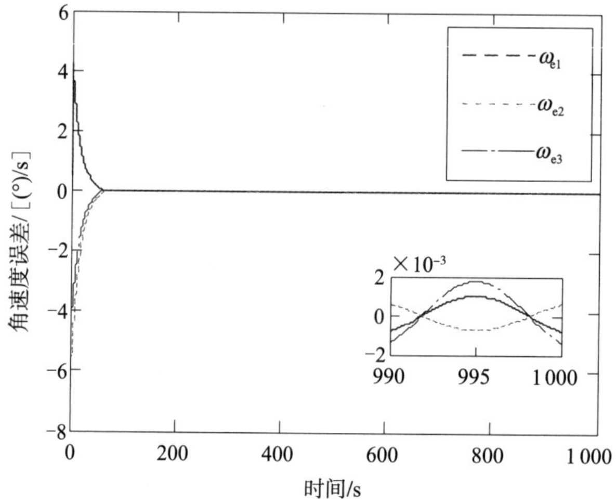

图 3-12　角速度跟踪误差

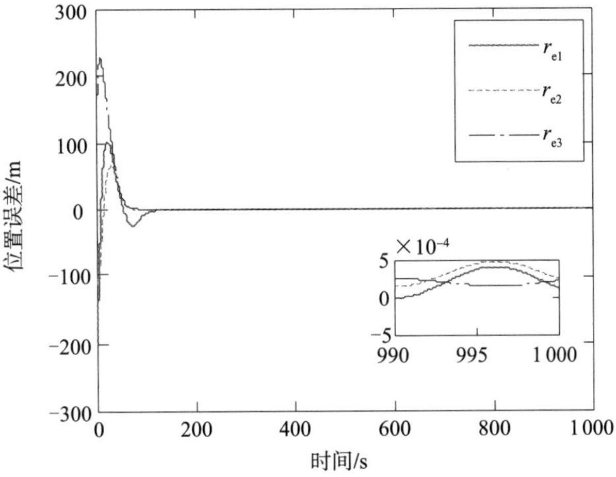

图 3-13　位置跟踪误差

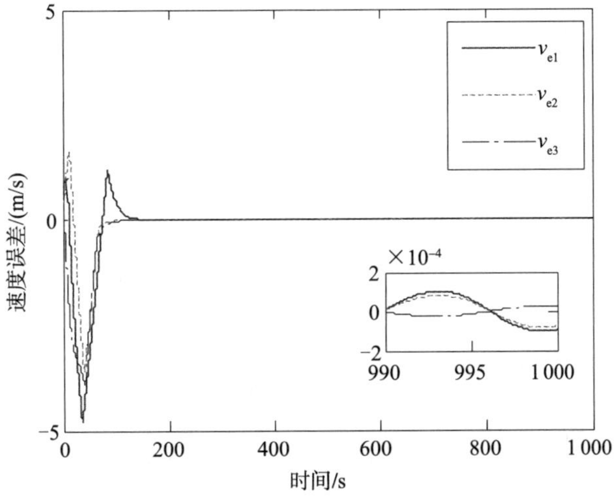

图 3-14　速度跟踪误差

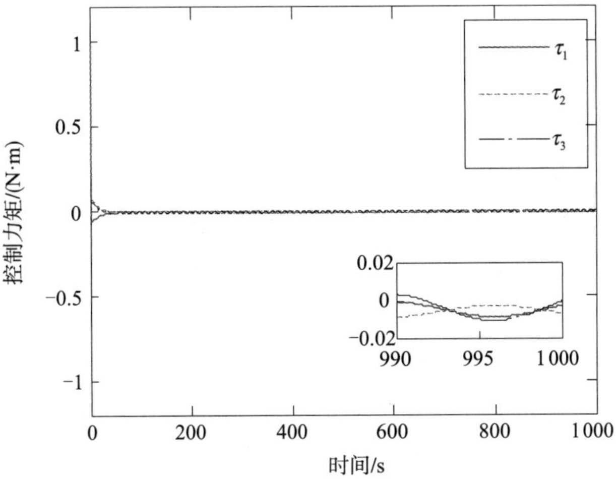

图 3-15　控制力矩曲线

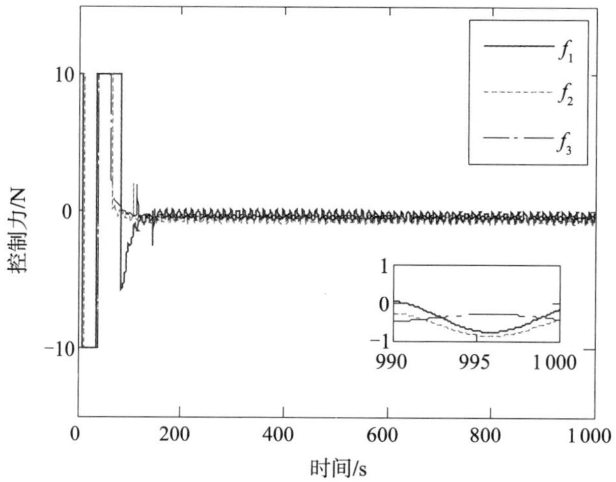

图 3-16 控制力曲线

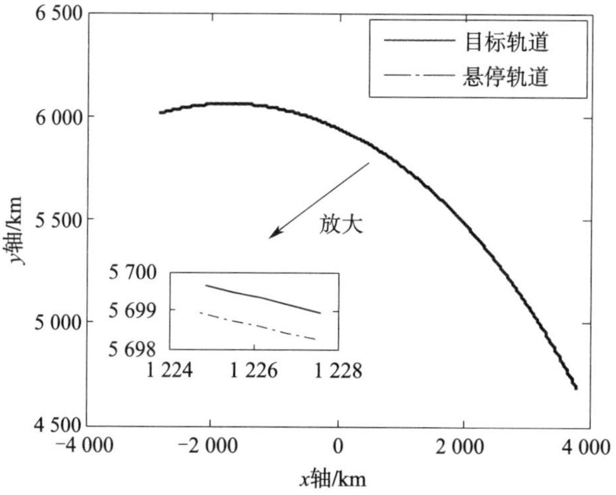

图 3-17 X_1Y_1 平面内目标轨道和悬停轨道示意图

3.7 小结

本章基于对偶数推导了单航天器轨道与姿态一体化运动学模型、航天器质心相对轨道与姿态耦合运动学和动力学模型，以及航天器非质心点的相对运动模型，并分析了航天器轨道与姿态运动的耦合影响。为了实现航天器对期望轨道与姿态的跟踪，基于姿轨一体化动力学模型，设计了线性滑模变结构控制器以实现对期望状态的跟踪，采用 Lyapunov 方法证明了控制系统的渐近稳定性，并分析了控制系统对广义干扰的鲁棒性；此外，还设计了一种类 PD 鲁棒控制器，利用 Barbalat 引理证明了控制系统的渐近稳定性，并通过分析表明了控制器对外界干扰和系统模型不确定性均具有鲁棒性。仿真结果显示在存在外界干扰和系统模型不确定性的情况下，本章设计的两种控制器都具有较快的收敛速度和较高的控制精度。

参考文献

[1] YUE X C, YANG Y, GENG Z Y. Indirect Optimization for Finite - Thrust Time - Optimal Orbital Maneuver [J].Journal of Guidance Control and Dynamics, 2010, 33 (2): 628 - 634.

[2] KLUEVER C A. Feedback Control for Spacecraft Rendezvous and Docking [J].Journal of Guidance Control and Dynamics, 1999, 22 (4): 609 - 611.

[3] NAASZ B, KARLGAARD C D, HALL C D. Application of Several Control Techniques for the Ionospheric Observation Nanosatellite Formation [C]. Proceedings of the AAS/AIAA Space Flight Mechanics Meeting, San Antonio, TX, 2002.

[4] GAULOCHER S, CHRÉTIEN J P, PITTE C, DELPECH M, ALAZARD D. Closed - loop Control of Formation Flying Satellites: Time and Parameter Varying Framework [C].Proceedings of the Second International Symposium on Formation Flying Missions & Technologies, Washington DC, 2004.

[5] GAO H J, YANG X B, SHI P. Multi - objective Robust H_∞ Control of Spacecraft Rendezvous [J]. IEEE Transactions on Control System Technology, 2009, 17 (4): 794 - 802.

[6] QUEIROZ M, YAN Q, YANG G, KAPILA V. Global Output Feedback Tracking Control of Spacecraft Formation Flying with Parametric Uncertainty [C].Proceedings of the IEEE Conference on Decision and Control, Phoenix, AZ, 1999.

[7] WANG P K C, HADAEGH F Y. Coordination and Control of Multiple Microspacecraft Moving in Formation [J].Journal of Astronautical Sciences, 1996, 44 (3): 315 - 355.

[8] BILODEAU V S, LAFONTAINE J. Explicit Predictive Control Law for Satellite Formation Flying in Eccentric Orbits [C].AAS/AIAA 18th Space Flight Mechanics Meeting, Galveston, TX, 2008.

[9] YEH H H, NELSON E, SPARKS A. Nonlinear Tracking Control for Satellite Formations [C]. Proceedings of the IEEE Conference on Decision and Control, Sydney, Australia, 2000.

[10] PARK J U, LEE S, CHOI K H. Orbital Maneuver Using Two - Step Sliding Mode Control [J]. Journal of Astronomy and Space Sciences, 1998, 15 (1): 235 - 244.

[11] LIU H, LI J F. Terminal Sliding Mode Control for Spacecraft Formation Flying [J]. IEEE Transactions on Aerospace and Electronic Systems, 2009, 45 (3): 835 - 846.

[12] QUEIROZ M S, KAPILA V, YAN Q. Adaptive Nonlinear Control of Multiple Spacecraft Formation Flying [J].Journal of Guidance Control and Dynamics, 2000, 23 (3): 385 - 390.

[13] 梅杰，马广富. 近距离航天器相对轨道的鲁棒自适应控制[J]. 宇航学报，2010，31 (10): 2276 - 2282.

[14] SINGLA P, SUBBARAO K, JUNKINS J L. Adaptive Output Feedback Control for Spacecraft Rendezvous and Docking Under Measurement Uncertainty [J].Journal of Guidance Control and Dynamics, 2006, 29 (4): 892 - 902.

[15] SLOTINE J E, LI W P. Applied Nonlinear Control [M].Beijing: China Machine Press, 2004.

第4章　航天器姿轨一体化有限时间相对控制方法

4.1　引言

目前，航天器的轨道与姿态控制器主要是基于渐近稳定或指数稳定理论来设计的，即控制系统在时间趋于无穷时达到控制目标。由于上述理论属于无限时间稳定的范畴，因此，基于该思想的姿态控制算法并不是计算收敛时间最优的算法。然而，对于某些航天任务，如逼近空间非合作目标、小卫星快速编队等，则要求航天器具有轨道与姿态的快速机动能力以及对外界干扰因素的抵抗能力。研究表明，有限时间控制是一种计算收敛时间最优的方法，且由于有限时间控制器中带有分数幂项，使其与非有限时间控制算法相比，具有更好的鲁棒性和抗扰动性[1]。近年来，有限时间控制方法由于其鲁棒性强、响应快和控制精度高等特性已在机器人、机械臂控制等领域被广泛地研究与应用[2-6,24]。有限时间控制是一类难于理论分析的控制方法，它常常是非光滑的。采用有限时间方法来设计航天器的轨道与姿态控制系统，在提高空间交会对接和航天器编队任务快速性的同时，也为控制器的设计者带来一定的挑战。

本章首先以对偶四元数的对数作为控制变量，设计航天器姿轨一体化的终端滑模控制器，使得控制器可以实现对期望状态的有限时间跟踪，并对外界干扰以及模型不确定性具有一定的鲁棒性。当考虑到由于空间环境的复杂性而不能精确获知外界干扰以及模型不确定部分的信息时，提出了一种自适应有限时间控制器。为了进一步提高控制器的快速性，建立航天器相对运动的类拉格朗日方程，基于该方程设计快速有限时间控制器，并对线性滑模、终端滑模和快速滑模的控制性能进行比较分析。最后，结合航天器交会对接的应用背景，实现对本章控制算法的数值仿真验证。

4.2　终端滑模控制器设计

4.2.1　一般终端滑模控制算法

考虑如式（3-17）和式（3-20）所描述的非线性系统，航天器相对轨道与相对姿态的有限时间控制目标为：设计控制器使得追踪航天器相对于目标航天器的运动状态 $[\hat{\boldsymbol{q}}_{\mathrm{fl}}(t),\hat{\boldsymbol{\omega}}_{\mathrm{fl}}(t)]$ 能够在有限时间内收敛到期望相对运动状态 $[\hat{\boldsymbol{q}}_{\mathrm{fl,d}}(t),\hat{\boldsymbol{\omega}}_{\mathrm{fl,d}}(t)]$。

定义相对运动的跟踪误差为

$$\hat{\boldsymbol{e}}_q = (\hat{e}_\eta, \hat{\boldsymbol{e}}_\xi) = \hat{\boldsymbol{q}}_{\mathrm{fl,d}}^* \circ \hat{\boldsymbol{q}}_{\mathrm{fl}}$$

相对速度旋量的跟踪误差为

$$\hat{\boldsymbol{e}}_\omega = \hat{\boldsymbol{\omega}}_{\mathrm{fl}}^{\mathrm{f}} - \hat{\boldsymbol{\omega}}_{\mathrm{fl,d}}^{\mathrm{f}}$$

引入控制变量

$$\hat{\boldsymbol{e}}_\Gamma = \boldsymbol{e}_\Gamma + \varepsilon\, \boldsymbol{e}_p \Delta 2\ln(\hat{\boldsymbol{e}}_q)$$

则控制器的控制目标为使得由式(3－17)和式(3－20)所描述的闭环系统稳定，且($\hat{\boldsymbol{e}}_\Gamma$，$\hat{\boldsymbol{e}}_\omega$)在有限时间内收敛到($\hat{\boldsymbol{0}}$，$\hat{\boldsymbol{0}}$)。

为了完成上述控制目标，定义如下终端滑模面

$$\hat{s}_i = s_i + \varepsilon s'_i = \hat{e}_{\boldsymbol{\omega} i} + \hat{c}_i \odot \mathrm{sig}\,(\hat{e}_{\Gamma i})^\alpha, i = 1,2,3 \tag{4-1}$$

其中

$$\mathrm{sig}\,(\hat{e}_{\Gamma i})^\alpha = \mathrm{sgn}\,(e_{\Gamma i})\ |e_{\Gamma i}|^\alpha + \varepsilon\,\mathrm{sgn}\,(e_{pi})\ |e_{pi}|^\alpha$$

$$\hat{c}_i = c_i + \varepsilon c'_i$$

式中　$\mathrm{sig}\,(\hat{e}_{\Gamma i})^\alpha$——避免奇异，$\alpha$ 满足 $0.5<\alpha<1$；

$\hat{c}_i$——对偶常数且满足 $c_i>0$ 和 $c'_i>0$。

基于上述滑模面，提出如下终端滑模（TSM）控制器

$$\hat{\boldsymbol{F}}_{\mathrm{u}}^{\mathrm{f}} = -\hat{\boldsymbol{\eta}}_0 - (\varepsilon + \frac{\mathrm{d}}{\mathrm{d}\varepsilon})\hat{\boldsymbol{\rho}} \odot \mathrm{sgn}(\hat{\boldsymbol{s}}) \tag{4-2}$$

其中

$$\hat{\boldsymbol{s}} = [\hat{s}_1,\ \hat{s}_2,\ \hat{s}_3]^{\mathrm{T}}$$

$$\mathrm{sgn}\,(\hat{\boldsymbol{s}}) = [\mathrm{sgn}\,(\hat{s}_1),\ \mathrm{sgn}\,(\hat{s}_2),\ \mathrm{sgn}\,(\hat{s}_3)]^{\mathrm{T}}$$

且

$$\mathrm{sgn}\,(\hat{s}_i) = \mathrm{sgn}\,(s_i) + \varepsilon\,\mathrm{sgn}\,(s'_i)$$

$$\hat{\boldsymbol{\rho}} = \mathrm{diag}\,(\hat{\rho}_1,\ \hat{\rho}_2,\ \hat{\rho}_3)$$

且

$$\hat{\rho}_i = \rho_i + \varepsilon \rho'_i$$

这里

$$\begin{aligned}\hat{\boldsymbol{\eta}}_0 &= \boldsymbol{\eta}_0 + \varepsilon\, \boldsymbol{\eta}'_0 \\ &= \alpha \hat{\boldsymbol{M}}_{\mathrm{f0}}\,\mathrm{diag}(\hat{c}_i \odot |\hat{e}_{\Gamma i}|^{\alpha-1}) \odot \hat{\boldsymbol{\Omega}}(\hat{\boldsymbol{e}}_\Gamma, \hat{\boldsymbol{e}}_{\boldsymbol{\omega}}) - (\hat{\boldsymbol{\omega}}_{\mathrm{f}}^{\mathrm{f}} \times \hat{\boldsymbol{M}}_{\mathrm{f0}} \hat{\boldsymbol{\omega}}_{\mathrm{f}}^{\mathrm{f}}) + \\ &\quad \hat{\boldsymbol{M}}_{\mathrm{f0}}[\hat{\boldsymbol{\omega}}_{\mathrm{fl}}^{\mathrm{f}} \times (\hat{\boldsymbol{q}}_{\mathrm{fl}}^* \circ \hat{\boldsymbol{\omega}}_{\mathrm{l}}^{\mathrm{l}} \circ \hat{\boldsymbol{q}}_{\mathrm{fl}}) - \hat{\boldsymbol{q}}_{\mathrm{fl}}^* \circ \dot{\hat{\boldsymbol{\omega}}}_{\mathrm{l}}^{\mathrm{l}} \circ \hat{\boldsymbol{q}}_{\mathrm{fl}}] + \hat{\boldsymbol{F}}_{\mathrm{g0}}^{\mathrm{f}} - \hat{\boldsymbol{M}}_{\mathrm{f0}} \dot{\hat{\boldsymbol{\omega}}}_{\mathrm{fl,d}}^{\mathrm{f}}\end{aligned} \tag{4-3}$$

$$\begin{aligned}\Delta\hat{\boldsymbol{\eta}} &= \Delta\boldsymbol{\eta} + \varepsilon \Delta\, \boldsymbol{\eta}' \\ &= \alpha \Delta \hat{\boldsymbol{M}}_{\mathrm{f}}\,\mathrm{diag}(\hat{c}_i \odot |\hat{e}_{\Gamma i}|^{\alpha-1}) \odot \hat{\boldsymbol{\Omega}}(\hat{\boldsymbol{e}}_\Gamma, \hat{\boldsymbol{e}}_{\boldsymbol{\omega}}) - (\hat{\boldsymbol{\omega}}_{\mathrm{f}}^{\mathrm{f}} \times \Delta \hat{\boldsymbol{M}}_{\mathrm{f}}\, \hat{\boldsymbol{\omega}}_{\mathrm{f}}^{\mathrm{f}}) + \\ &\quad \Delta \hat{\boldsymbol{M}}_{\mathrm{f}}[\hat{\boldsymbol{\omega}}_{\mathrm{fl}}^{\mathrm{f}} \times (\hat{\boldsymbol{q}}_{\mathrm{fl}}^* \circ \hat{\boldsymbol{\omega}}_{\mathrm{l}}^{\mathrm{l}} \circ \hat{\boldsymbol{q}}_{\mathrm{fl}}) - \hat{\boldsymbol{q}}_{\mathrm{fl}}^* \circ \dot{\hat{\boldsymbol{\omega}}}_{\mathrm{l}}^{\mathrm{l}} \circ \hat{\boldsymbol{q}}_{\mathrm{fl}}] + \Delta \hat{\boldsymbol{F}}_{\mathrm{g}}^{\mathrm{f}} - \Delta \hat{\boldsymbol{M}}_{\mathrm{f}}\, \dot{\hat{\boldsymbol{\omega}}}_{\mathrm{fl,d}}^{\mathrm{f}} + \hat{\boldsymbol{F}}_{\mathrm{d}}^{\mathrm{f}}\end{aligned} \tag{4-4}$$

$$|\hat{e}_{\Gamma i}|^{\alpha-1}=|e_{\Gamma i}|^{\alpha-1}+\varepsilon\ |e_{pi}|^{\alpha-1}$$

其中

$$\hat{\boldsymbol{\Omega}}(\hat{\boldsymbol{e}}_{\Gamma},\hat{\boldsymbol{e}}_{\boldsymbol{\omega}})=\boldsymbol{\Omega}(\boldsymbol{e}_{\Gamma},\boldsymbol{e}_{\boldsymbol{\omega}})+\varepsilon(\boldsymbol{e}_{v}-\boldsymbol{e}_{\boldsymbol{\omega}}\times\boldsymbol{e}_{p})$$

且

$$\boldsymbol{\Omega}(\boldsymbol{e}_{\Gamma},\boldsymbol{e}_{\boldsymbol{\omega}})=\boldsymbol{e}_{\boldsymbol{\omega}}+\frac{1}{2}\boldsymbol{e}_{\Gamma}\times\boldsymbol{e}_{\boldsymbol{\omega}}+\frac{1}{\phi_{\mathrm{e}}^{2}}[(1-\frac{\phi_{\mathrm{e}}\cot\phi_{\mathrm{e}}/2}{2})\boldsymbol{e}_{\Gamma}\times(\boldsymbol{e}_{\Gamma}\times\boldsymbol{e}_{\boldsymbol{\omega}})]$$

$$\phi_{\mathrm{e}}=(\boldsymbol{e}_{\Gamma}^{\mathrm{T}}\boldsymbol{e}_{\Gamma})^{1/2}$$

式中 $\hat{\boldsymbol{s}}$——终端滑模变量；

ρ_i——满足 $\rho_i\geqslant|\Delta\eta'_i|$ 和 $\rho'_i\geqslant|\Delta\eta_i|$；

$\hat{\boldsymbol{M}}_{\mathrm{f0}}$，$\Delta\hat{\boldsymbol{M}}_{\mathrm{f}}$——分别为$\hat{\boldsymbol{M}}_{\mathrm{f}}$ 的标称部分和不确定部分；

$\hat{\boldsymbol{F}}_{\mathrm{g0}}^{\mathrm{f}}$，$\Delta\hat{\boldsymbol{F}}_{\mathrm{g}}^{\mathrm{f}}$——分别为对应于$\hat{\boldsymbol{M}}_{\mathrm{f0}}$ 和 $\Delta\hat{\boldsymbol{M}}_{\mathrm{f}}$ 的对偶重力。

定理 4-1：若追踪航天器所受的外界干扰$\hat{\boldsymbol{F}}_{\mathrm{d}}^{\mathrm{f}}$ 和模型不确定性$\Delta\hat{\boldsymbol{M}}_{\mathrm{f}}$是有界的，利用控制器式（4-2），系统状态 $[\hat{\boldsymbol{q}}_{\mathrm{fl}}(t),\hat{\boldsymbol{\omega}}_{\mathrm{fl}}(t)]$将从初始位置在有限时间内收敛到期望状态$[\hat{\boldsymbol{q}}_{\mathrm{fl,d}}(t),\hat{\boldsymbol{\omega}}_{\mathrm{fl,d}}(t)]$，且跟踪误差$[\hat{\boldsymbol{e}}_{\Gamma}(t),\hat{\boldsymbol{e}}_{\boldsymbol{\omega}}(t)]$将在有限时间内收敛到$(\hat{\boldsymbol{0}},\hat{\boldsymbol{0}})$，即有$\lim\limits_{t\to T}\hat{\boldsymbol{e}}_{\Gamma}(t)=\hat{\boldsymbol{0}}$，$\lim\limits_{t\to T}\hat{\boldsymbol{e}}_{\boldsymbol{\omega}}(t)=\hat{\boldsymbol{0}}$。

证明：证明过程分两个步骤：第一步证明系统状态在有限时间内达到 $\hat{s}_i=0+\varepsilon 0$；第二步证明$[\hat{\boldsymbol{e}}_{\Gamma}(t),\hat{\boldsymbol{e}}_{\boldsymbol{\omega}}(t)]$在有限时间内收敛至$(\hat{\boldsymbol{0}},\hat{\boldsymbol{0}})$[11-14]。

(1)第一步

定义如下形式的 Lyapunov 函数

$$\begin{aligned}V_1&=\frac{1}{2}[\hat{\boldsymbol{s}}\,|\,\hat{\boldsymbol{M}}_{\mathrm{f}}\hat{\boldsymbol{s}}]\\&=\frac{1}{2}(\boldsymbol{s}^{\mathrm{T}}\boldsymbol{J}_{\mathrm{f}}\boldsymbol{s}+m_{\mathrm{f}}\boldsymbol{s}'^{\mathrm{T}}\boldsymbol{s}')\end{aligned}\tag{4-5}$$

计算 V_1 的一阶导数得

$$\begin{aligned}\dot{V}_1&=[\hat{\boldsymbol{s}}\mid\hat{\boldsymbol{M}}_{\mathrm{f}}\dot{\hat{\boldsymbol{s}}}]\\&=\{\hat{\boldsymbol{s}}\mid\hat{\boldsymbol{M}}_{\mathrm{f}}[\dot{\hat{\boldsymbol{e}}}_{\boldsymbol{\omega}}+\alpha\,\mathrm{diag}(\hat{c}_i\odot|\hat{e}_{\Gamma i}|^{\alpha-1})\odot\dot{\hat{\boldsymbol{e}}}_{\Gamma}]\}\\&=\{\hat{\boldsymbol{s}}\mid\hat{\boldsymbol{M}}_{\mathrm{f}}[\dot{\hat{\boldsymbol{e}}}_{\boldsymbol{\omega}}+\alpha\,\mathrm{diag}(\hat{c}_i\odot|\hat{e}_{\Gamma i}|^{\alpha-1})\odot\hat{\boldsymbol{\Omega}}(\hat{\boldsymbol{e}}_{\Gamma},\hat{\boldsymbol{e}}_{\boldsymbol{\omega}})]\}\\&=\left[\hat{\boldsymbol{s}}\left|\begin{array}{l}-(\hat{\boldsymbol{\omega}}_{\mathrm{f}}^{\mathrm{f}}\times\hat{\boldsymbol{M}}_{\mathrm{f}}\hat{\boldsymbol{\omega}}_{\mathrm{f}}^{\mathrm{f}})+\hat{\boldsymbol{M}}_{\mathrm{f}}[\hat{\boldsymbol{\omega}}_{\mathrm{fl}}^{\mathrm{f}}\times(\hat{\boldsymbol{q}}_{\mathrm{fl}}^{*}\circ\hat{\boldsymbol{\omega}}_{\mathrm{l}}^{\mathrm{l}}\circ\hat{\boldsymbol{q}}_{\mathrm{fl}})-\hat{\boldsymbol{q}}_{\mathrm{fl}}^{*}\circ\dot{\hat{\boldsymbol{\omega}}}_{\mathrm{l}}^{\mathrm{l}}\circ\hat{\boldsymbol{q}}_{\mathrm{fl}}]\\+(\hat{\boldsymbol{F}}_{\mathrm{u}}^{\mathrm{f}}+\hat{\boldsymbol{F}}_{\mathrm{d}}^{\mathrm{f}}+\hat{\boldsymbol{F}}_{\mathrm{g}}^{\mathrm{f}})-\hat{\boldsymbol{M}}_{\mathrm{f}}\dot{\hat{\boldsymbol{\omega}}}_{\mathrm{fl,d}}^{\mathrm{f}}\\+\alpha\hat{\boldsymbol{M}}_{\mathrm{f}}\mathrm{diag}(\hat{c}_i\odot|\hat{e}_{\Gamma i}|^{\alpha-1})\odot\hat{\boldsymbol{\Omega}}(\hat{\boldsymbol{e}}_{\Gamma},\hat{\boldsymbol{e}}_{\boldsymbol{\omega}})\end{array}\right.\right]\\&=[\hat{\boldsymbol{s}}\mid\hat{\boldsymbol{\eta}}_0+\Delta\hat{\boldsymbol{\eta}}+\hat{\boldsymbol{F}}_{\mathrm{u}}^{\mathrm{f}}]\end{aligned}\tag{4-6}$$

将控制器式（4-2）代入式（4-6），并应用引理 2-3 可得

$$\begin{aligned}\dot{V}_1&\leqslant-\sum_{i=1}^{3}(\rho_i-|\Delta\eta'_i|)|s_i|+(\rho'_i-|\Delta\eta_i|)|s'_i|\\&\leqslant-\underline{\lambda}_1(\|\boldsymbol{s}\|+\|\boldsymbol{s}'\|)\\&\leqslant-\lambda_1V_1^{\frac{1}{2}}\end{aligned}\tag{4-7}$$

其中

$$\underline{\lambda}_1=\min[(\rho_i-|\Delta\eta'_i|),(\rho'_i-|\Delta\eta_i|)],i=1,2,3$$

$$\lambda_1=\underline{\lambda}_1\sqrt{2/\max[\sigma_{\max}(\boldsymbol{J}_{\mathrm{f}}),m_{\mathrm{f}}]}$$

由于 $\rho_i\geqslant|\Delta\eta'_i|$ 和 $\rho'_i\geqslant|\Delta\eta_i|$，因此 $\underline{\lambda}_1$ 和 λ_1 均为正实数。由定理 2-5 可知，系统状态将在有限时间内到达滑模面 $\hat{s}_i=0+\varepsilon0$。

（2）第二步

当系统状态到达滑模面 $\hat{s}_i=0+\varepsilon0$ 后，系统方程变为

$$\hat{\boldsymbol{e}}_{\omega i}=-\hat{c}_i\odot[\mathrm{sgn}(e_{\Gamma i})|e_{\Gamma i}|^{\alpha}+\varepsilon\,\mathrm{sgn}(e_{pi})|e_{pi}|^{\alpha}]\tag{4-8}$$

考虑如下 Lyapunov 函数

$$V_2=\langle\hat{\boldsymbol{e}}_{\Gamma},\hat{\boldsymbol{e}}_{\Gamma}\rangle\tag{4-9}$$

计算 V_2 的一阶导数，并利用定理 2-2 和引理 2-3，可得

$$\begin{aligned}\dot{V}_2&=\langle\hat{\boldsymbol{e}}_{\Gamma},\dot{\hat{\boldsymbol{e}}}_{\Gamma}\rangle\\&=\langle\hat{\boldsymbol{e}}_{\Gamma},\hat{\boldsymbol{e}}_{\boldsymbol{\omega}}\rangle\\&=-\sum_{i=1}^{3}(c_i|\boldsymbol{e}_{\Gamma i}|^{1+\alpha}+c'_i|\boldsymbol{e}_{pi}|^{1+\alpha})\\&\leqslant-\lambda_2V_2^{\frac{1+\alpha}{2}}\end{aligned}\tag{4-10}$$

其中

$$\lambda_2=\min(c_i,\ c'_i),\ i=1,\ 2,\ 3$$

由定理 2-5 可知，（$\hat{\boldsymbol{e}}_{\Gamma}$，$\hat{\boldsymbol{e}}_{\boldsymbol{\omega}}$）将在有限时间内到达（$\hat{\boldsymbol{0}}$，$\hat{\boldsymbol{0}}$）。

证毕。

注 4-1：在第一步的证明过程中，由定理 2-5 可知，系统状态到达滑模面 $\hat{s}_i=0+\varepsilon0$ 的时间上限为

$$t_1\leqslant\lambda_1V_1(0)^{\frac{1}{2}}\tag{4-11}$$

在第二步的证明过程中，将式（4-9）代入式（4-10）中，可得

$$\begin{aligned}\langle\hat{e}_{\Gamma i},\dot{\hat{e}}_{\Gamma i}\rangle=\langle\hat{e}_{\Gamma i},-\hat{c}_i\odot(&\mathrm{sgn}(e_{\Gamma i})|e_{\Gamma i}|^{\alpha}+\\&\varepsilon\,\mathrm{sgn}(e_{pi})|e_{pi}|^{\alpha})\rangle,i=1,2,3\end{aligned}\tag{4-12}$$

即

$$\frac{\langle\hat{e}_{\Gamma i},\mathrm{d}\hat{e}_{\Gamma i}\rangle}{\langle\hat{e}_{\Gamma i},-\hat{c}_i\odot[\mathrm{sgn}(e_{\Gamma i})|e_{\Gamma i}|^{\alpha}+\varepsilon\,\mathrm{sgn}(e_{pi})|e_{pi}|^{\alpha}]\rangle}=$$

$$-\mathrm{d}t_i, i=1,2,3 \tag{4-13}$$

在时间区间 $[t_{i1},\ t_{i1}+t_{i2}]$ 上，对式（4－10）两边同时积分，有

$$-k_i \ln\langle \hat{e}_{\Gamma i}, \hat{c}_i \odot [\mathrm{sgn}(e_{\Gamma i})|e_{\Gamma i}|^{\alpha}+\varepsilon\,\mathrm{sgn}(e_{pi})|e_{pi}|^{\alpha}]\rangle|_{t_i=t_{i1}} = -\int_{t_{i1}}^{t_{i1}+t_{i2}} \mathrm{d}t, i=1,2,3 \tag{4-14}$$

其中

$$k_i=\frac{1}{\alpha\hat{c}_i}\odot(|e_{\Gamma i}|^{1-\alpha}+\varepsilon\ |e_{pi}|^{\alpha-1}|e_{\Gamma i}|^{1-\alpha}), i=1,2,3 \tag{4-15}$$

系统状态 $\hat{e}_{\Gamma i}$ 从滑模面到达 $\hat{e}_{\Gamma i}=\hat{0}$ 所需的时间为

$$t_{i2}=k_i \ln\langle \hat{e}_{\Gamma i}, \hat{c}_i \odot [\mathrm{sgn}(e_{\Gamma i})|e_{\Gamma i}|^{\alpha}+\varepsilon\,\mathrm{sgn}(e_{pi})|e_{pi}|^{\alpha}]\rangle|_{t_i=t_{i1}}, i=1,2,3 \tag{4-16}$$

因此，系统所有状态到达它们的平衡点时间为

$$t_2=\max(t_{i2}), i=1,2,3 \tag{4-17}$$

值得说明的是，由于 t_2 的计算依赖于 $\hat{\boldsymbol{e}}_{\Gamma}(t_1)$，而 $\hat{\boldsymbol{e}}_{\Gamma}(t_1)$ 无法获知，因此 t_2 也无法精确获得。

注 4－2：定理 4－1 中，对于平衡状态 $\hat{\boldsymbol{e}}_{\Gamma}=\hat{\boldsymbol{0}}$，事实上有两个平衡点与之对应，一个是 $\hat{\boldsymbol{e}}_{q+}=(1,\ 0,\ 0,\ 0)^{\mathrm{T}}+\varepsilon\ (0,\ 0,\ 0,\ 0)^{\mathrm{T}}$，另一个是 $\hat{\boldsymbol{e}}_{q-}=(-1,\ 0,\ 0,\ 0)^{\mathrm{T}}+\varepsilon\ (0,\ 0,\ 0,\ 0)^{\mathrm{T}}$。研究表明，$\hat{\boldsymbol{e}}_{q+}$ 是一个稳定的平衡点，而 $\hat{\boldsymbol{e}}_{q-}$ 是不稳定的[7－10]。然而，在物理意义上，$\hat{\boldsymbol{e}}_{q+}$ 和 $\hat{\boldsymbol{e}}_{q-}$ 实际上表示同样的运动。因此，当初始状态在 $\hat{\boldsymbol{e}}_{q-}$ 附近时，控制器以 $\hat{\boldsymbol{e}}_{q-}$ 为平衡点则更为合理，否则系统将经过"很长的"轨迹收敛到 $\hat{\boldsymbol{e}}_{q+}$。为了解决该双平衡点的问题，对于给定的初始条件

$$\hat{\boldsymbol{e}}_q(0)=(e_{qs0},\ \boldsymbol{e}_{qv0})+\varepsilon\ (e'_{qs0},\ \boldsymbol{e}'_{qv0}) \tag{4-18}$$

引入如下参数

$$\mu=\begin{cases}1, & e_{\eta 0}\geqslant 0\\ -1, & e_{\eta 0}<0\end{cases} \tag{4-19}$$

以 $\hat{\boldsymbol{e}}_{\mu\Gamma}=\ln(\mu\hat{\boldsymbol{e}}_q)$ 代替 $\hat{\boldsymbol{e}}_{\Gamma}$，可以得到如下控制器

$$\tilde{\hat{\boldsymbol{F}}}_{\mathrm{u}}^{\mathrm{f}}=-\tilde{\hat{\boldsymbol{\eta}}}_0-(\varepsilon+\frac{\mathrm{d}}{\mathrm{d}\varepsilon})\tilde{\hat{\boldsymbol{\rho}}}\odot\mathrm{sgn}(\tilde{\hat{\boldsymbol{s}}}) \tag{4-20}$$

其中

$$\tilde{\hat{\boldsymbol{s}}}=[\tilde{\hat{s}}_1,\ \tilde{\hat{s}}_2,\ \tilde{\hat{s}}_3]^{\mathrm{T}}$$

且

$$\tilde{\hat{s}}_i=\hat{e}_{\boldsymbol{\omega} i}+\hat{c}_i\odot\mathrm{sig}\ (\hat{e}_{\mu\Gamma i})^{\alpha}$$

$$\mathrm{sig}\ (\hat{e}_{\mu\Gamma i})^{\alpha}=\mathrm{sgn}\ (e_{\mu\Gamma i})\ \ |e_{\mu\Gamma i}|^{\alpha}+\varepsilon\,\mathrm{sgn}\ (e_{pi})\ \ |e_{pi}|^{\alpha}$$

$$\tilde{\hat{\boldsymbol{\rho}}}=\mathrm{diag}\ (\tilde{\hat{\rho}}_1,\ \tilde{\hat{\rho}}_2,\ \tilde{\hat{\rho}}_3)$$

且

$$\hat{\tilde{\rho}}_i=\tilde{\rho}_i+\varepsilon\tilde{\rho}'_i\text{，满足 }\tilde{\rho}_i\geqslant|\Delta\tilde{\eta}'_i|\text{ 和 }\tilde{\rho}'_i\geqslant|\Delta\tilde{\eta}_i|$$

这里

$$\begin{aligned}\hat{\tilde{\boldsymbol{\eta}}}_0=&\alpha\hat{\boldsymbol{M}}_{f0}\mathrm{diag}(\hat{c}_i\odot|\hat{e}_{\mu\Gamma i}|^{\alpha-1})\odot\hat{\boldsymbol{\Omega}}(\hat{\boldsymbol{e}}_{\mu\Gamma},\hat{\boldsymbol{e}}_{\omega})-(\hat{\boldsymbol{\omega}}_f^f\times\hat{\boldsymbol{M}}_{f0}\hat{\boldsymbol{\omega}}_f^f)+\\&\hat{\boldsymbol{M}}_{f0}[\hat{\boldsymbol{\omega}}_{fl}^f\times(\hat{\boldsymbol{q}}_{fl}^*\circ\hat{\boldsymbol{\omega}}_l^l\circ\hat{\boldsymbol{q}}_{fl})-\hat{\boldsymbol{q}}_{fl}^*\circ\dot{\hat{\boldsymbol{\omega}}}_l^l\circ\hat{\boldsymbol{q}}_{fl}]+\hat{\boldsymbol{F}}_{g0}^f-\hat{\boldsymbol{M}}_{f0}\dot{\hat{\boldsymbol{\omega}}}_{fl,d}^f\end{aligned}\tag{4-21}$$

$$\begin{aligned}\Delta\hat{\tilde{\boldsymbol{\eta}}}=&\alpha\Delta\hat{\boldsymbol{M}}_f\mathrm{diag}(\hat{c}_i\odot|\hat{e}_{\mu\Gamma i}|^{\alpha-1})\odot\hat{\boldsymbol{\Omega}}(\hat{\boldsymbol{e}}_{\mu\Gamma},\hat{\boldsymbol{e}}_{\omega})-(\hat{\boldsymbol{\omega}}_f^f\times\Delta\hat{\boldsymbol{M}}_f\hat{\boldsymbol{\omega}}_f^f)+\\&\Delta\hat{\boldsymbol{M}}_f[\hat{\boldsymbol{\omega}}_{fl}^f\times(\hat{\boldsymbol{q}}_{fl}^*\circ\hat{\boldsymbol{\omega}}_l^l\circ\hat{\boldsymbol{q}}_{fl})-\hat{\boldsymbol{q}}_{fl}^*\circ\dot{\hat{\boldsymbol{\omega}}}_l^l\circ\hat{\boldsymbol{q}}_{fl}]+\Delta\hat{\boldsymbol{F}}_g^f-\Delta\hat{\boldsymbol{M}}_f\dot{\hat{\boldsymbol{\omega}}}_{fl,d}^f+\hat{\boldsymbol{F}}_d^f\end{aligned}\tag{4-22}$$

$$|\hat{e}_{\mu\Gamma i}|^{\alpha-1}=|e_{\mu\Gamma i}|^{\alpha-1}+\varepsilon|e_{pi}|^{\alpha-1}$$

通过与定理 4-1 类似的证明，易得改进的控制器式（4-20）可以使$\hat{e}_{\mu\Gamma}$在有限时间内收敛于$\hat{\boldsymbol{0}}$，即 $_\mu\hat{\boldsymbol{e}}_q$ 收敛到$(1,0,0,0)^{\mathrm{T}}\varepsilon(0,0,0,0)^{\mathrm{T}}$。这样，系统状态的跟踪误差将会根据初始条件的不同收敛到$\hat{\boldsymbol{e}}_{q+}$或$\hat{\boldsymbol{e}}_{q-}$。

注 4-3：为了避免由于符号函数引起的震颤问题，可以采用连续的饱和函数来代替符号函数[15-17]。该饱和函数可写为

$$\mathrm{sat}(x,\sigma)=\begin{cases}1,x>\sigma\\x/\sigma,|x|\leqslant\sigma\\-1,x<-\sigma\end{cases}\tag{4-23}$$

式中　σ——小的正常数。

4.2.2　自适应终端滑模控制算法

在一般终端滑模控制器的设计过程中，为了保证闭环系统的稳定性，要求符号函数的增益大于广义干扰的上界。然而在实际系统中，由于空间环境的复杂性以及航天器未建模动态等因素，并不能轻易获取广义干扰的上界。为解决该问题，本节在不需要干扰上界信息的情况下，提出了一种自适应的终端滑模控制方法来实现轨道与姿态的有限时间跟踪[18]。

基于式（4-1）定义的滑模面，提出如下自适应终端滑模（ATSM）控制器

$$\hat{\boldsymbol{F}}_u^f=-\hat{\hat{\boldsymbol{\psi}}}-(\varepsilon+\frac{\mathrm{d}}{\mathrm{d}\varepsilon})[\hat{\rho}\odot\mathrm{sgn}(\hat{\boldsymbol{s}})]\tag{4-24}$$

其中

$$\hat{\rho}=\rho+\varepsilon\rho'$$

式中　$\hat{\rho}$——对偶常数，满足 $\rho>0$ 和 $\rho'>0$。

$\hat{\hat{\boldsymbol{\psi}}}$定义为

$$\hat{\hat{\boldsymbol{\psi}}}=\hat{\boldsymbol{\psi}}+\varepsilon\hat{\boldsymbol{\psi}}'=\hat{\boldsymbol{f}}_d^f+\boldsymbol{Y}'\hat{m}_f+\varepsilon(\hat{\boldsymbol{\tau}}_d^f+\boldsymbol{Y}\hat{\boldsymbol{\varphi}}_f)\tag{4-25}$$

其中，$\boldsymbol{Y}$ 和$\boldsymbol{Y}'$定义为

$$\begin{aligned} \boldsymbol{Y}&=\boldsymbol{L}(\boldsymbol{\beta}_1)+\boldsymbol{L}(\boldsymbol{\beta}_2)-\boldsymbol{\omega}_{\mathrm{f}}^{\mathrm{f}}\times\boldsymbol{L}(\boldsymbol{\omega}_{\mathrm{f}}^{\mathrm{f}})+\frac{3\mu_{\oplus}}{r_{\mathrm{f}}^{5}}\boldsymbol{r}_{\mathrm{f}}^{\mathrm{f}}\times\boldsymbol{L}(\boldsymbol{r}_{\mathrm{f}}^{\mathrm{f}})-\boldsymbol{L}(\dot{\boldsymbol{\omega}}_{\mathrm{fl,d}}^{\mathrm{f}}) \\ \boldsymbol{Y}'&=\boldsymbol{\beta}_1{}'+\boldsymbol{\beta}_2{}'-\boldsymbol{\omega}_{\mathrm{f}}^{\mathrm{f}}\times\boldsymbol{v}_{\mathrm{f}}^{\mathrm{f}}-\frac{\mu_{\oplus}}{r_{\mathrm{f}}^{3}}\boldsymbol{r}_{\mathrm{f}}^{\mathrm{f}}-\dot{\boldsymbol{v}}_{\mathrm{fl,d}}^{\mathrm{f}} \end{aligned} \tag{4-26}$$

$$\boldsymbol{\varphi}_{\mathrm{f}}=[J_{\mathrm{f},xx}J_{\mathrm{f},yy}J_{\mathrm{f},zz}J_{\mathrm{f},yz}J_{\mathrm{f},xz}J_{\mathrm{f},xy}]^{\mathrm{T}}$$

这里

$$\begin{aligned} \hat{\boldsymbol{\beta}}_1&=\boldsymbol{\beta}_1+\varepsilon\,\boldsymbol{\beta}_1{}'=\alpha\,\mathrm{diag}(\hat{c}_i\odot|\hat{e}_{\Gamma i}|^{\alpha-1})\odot\hat{\boldsymbol{\Omega}}(\hat{\boldsymbol{e}}_{\Gamma},\hat{\boldsymbol{e}}_{\omega}) \\ \hat{\boldsymbol{\beta}}_2&=\boldsymbol{\beta}_2+\varepsilon\,\boldsymbol{\beta}_2{}'=\hat{\boldsymbol{\omega}}_{\mathrm{fl}}^{\mathrm{f}}\times(\hat{\boldsymbol{q}}_{\mathrm{fl}}^{*}\circ\hat{\boldsymbol{\omega}}_{1}^{1}\circ\hat{\boldsymbol{q}}_{\mathrm{fl}})-\hat{\boldsymbol{q}}_{\mathrm{fl}}^{*}\circ\dot{\hat{\boldsymbol{\omega}}}_{1}^{1}\circ\hat{\boldsymbol{q}}_{\mathrm{fl}} \end{aligned} \tag{4-27}$$

$\boldsymbol{L}$ 为作用在矢量 $\boldsymbol{x}=[x_1\quad x_2\quad x_3]^{\mathrm{T}}$ 的线性算子，其定义为

$$\boldsymbol{L}(\boldsymbol{x})\triangleq\begin{bmatrix} x_1 & 0 & 0 & 0 & x_3 & x_2 \\ 0 & x_2 & 0 & x_3 & 0 & x_1 \\ 0 & 0 & x_3 & x_2 & x_1 & 0 \end{bmatrix} \tag{4-28}$$

式中 $\hat{\boldsymbol{f}}_{\mathrm{d}}^{\mathrm{f}}$，$\hat{\boldsymbol{\tau}}_{\mathrm{d}}^{\mathrm{f}}$——干扰力和力矩的估计值；

$\hat{m}_{\mathrm{f}}$——追踪航天器质量的估计值；

$\boldsymbol{\varphi}_{\mathrm{f}}$——追踪航天器的转动惯量参数；

$\hat{\boldsymbol{\varphi}}_{\mathrm{f}}$——追踪航天器转动惯量的估计值。

对于估计变量$\hat{\boldsymbol{f}}_{\mathrm{d}}^{\mathrm{f}}$，$\hat{\boldsymbol{\tau}}_{\mathrm{d}}^{\mathrm{f}}$，$\hat{m}_{\mathrm{f}}$ 和$\hat{\boldsymbol{\varphi}}_{\mathrm{f}}$，采用如下自适应律更新

$$\begin{aligned} \dot{\hat{\boldsymbol{f}}}_{\mathrm{d}}^{\mathrm{f}}&=\boldsymbol{\Xi}\,\boldsymbol{s}' \\ \dot{\hat{\boldsymbol{\tau}}}_{\mathrm{d}}^{\mathrm{f}}&=\boldsymbol{\Pi}\boldsymbol{s} \\ \dot{\hat{m}}_{\mathrm{f}}&=\lambda\,\boldsymbol{s}'^{\mathrm{T}}\,\boldsymbol{Y}' \\ \dot{\hat{\boldsymbol{\varphi}}}_{\mathrm{f}}&=\boldsymbol{\Lambda}\,\boldsymbol{Y}^{\mathrm{T}}\boldsymbol{s} \end{aligned} \tag{4-29}$$

式中 $\boldsymbol{\Xi}$，$\boldsymbol{\Pi}\in\mathbf{R}^{3\times3}$，$\boldsymbol{\Lambda}\in\mathbf{R}^{6\times6}$——均为对角正定的自适应增益矩阵；

λ——正的增益系数。

令$\boldsymbol{f}_{\mathrm{d}}^{\mathrm{f}}$，$\boldsymbol{\tau}_{\mathrm{d}}^{\mathrm{f}}$，$m_{\mathrm{f}}$ 和$\boldsymbol{\varphi}_{\mathrm{f}}$ 表示相应参数的真值，则真值与估计值之间的误差可表示为

$$\begin{aligned} \Delta\boldsymbol{f}_{\mathrm{d}}^{\mathrm{f}}&=\boldsymbol{f}_{\mathrm{d}}^{\mathrm{f}}-\hat{\boldsymbol{f}}_{\mathrm{d}}^{\mathrm{f}} \\ \Delta\boldsymbol{\tau}_{\mathrm{d}}^{\mathrm{f}}&=\boldsymbol{\tau}_{\mathrm{d}}^{\mathrm{f}}-\hat{\boldsymbol{\tau}}_{\mathrm{d}}^{\mathrm{f}} \\ \Delta m_{\mathrm{f}}&=m_{\mathrm{f}}-\hat{m}_{\mathrm{f}} \\ \Delta\boldsymbol{\varphi}_{\mathrm{f}}&=\boldsymbol{\varphi}_{\mathrm{f}}-\hat{\boldsymbol{\varphi}}_{\mathrm{f}} \end{aligned} \tag{4-30}$$

定理 4-2：考虑由式（3-17）和式（3-20）描述的航天器系统，通过采用自适应有限时间控制器式（4-24）和自适应律式（4-29），系统状态跟踪误差$\boldsymbol{e}_{\Gamma i}$和$\boldsymbol{e}_{pi}$将在有限时间内分别收敛到平衡点附近的有界邻域$X_i$ 和X'_i 内，其中X_i 和X'_i 分别定义为

$$X_i=\{e_{\Gamma i}:|e_{\Gamma i}|\leqslant(\kappa/c_i)^{1/\alpha}\}\text{和}X'_i=\{e_{pi}:|e_{pi}|\leqslant(\kappa'/c'_i)^{1/\alpha}\} \tag{4-31}$$

式中　$\kappa>0$，$\kappa'>0$——其定义由后文式（4-37）给出。

证明：该定理的证明过程包括如下两步，第一步，滑模变量 s_i 和 s'_i 将会在有限时间内分别收敛到邻域 $\{B_i:\ |s_i|\leqslant\kappa\}$ 和 $\{B'_i:\ |s'_i|\leqslant\kappa'\}$ 内；第二步，在滑模变量到达邻域 B_i 和 B'_i 之后，跟踪误差 $\boldsymbol{e}_{\Gamma i}$ 和 $\boldsymbol{e}_{pi}$ 将在有限时间内分别收敛到邻域 X_i 和 X'_i 内。

（1）第一步

考虑如下 Lyapunov 函数

$$\begin{aligned}V_1&=\frac{1}{2}[\hat{\boldsymbol{s}}\,|\,\hat{\boldsymbol{M}}_{\mathrm{f}}\hat{\boldsymbol{s}}]+\\&\quad\frac{1}{2}(\Delta\boldsymbol{f}_{\mathrm{d}}^{\mathrm{fT}}\boldsymbol{\Xi}^{-1}\Delta\boldsymbol{f}_{\mathrm{d}}^{\mathrm{f}}+\Delta\boldsymbol{\tau}_{\mathrm{d}}^{\mathrm{fT}}\boldsymbol{\Pi}^{-1}\Delta\boldsymbol{\tau}_{\mathrm{d}}^{\mathrm{f}}+\frac{1}{\lambda}\Delta m_{\mathrm{f}}^{2}+\Delta\boldsymbol{\varphi}_{\mathrm{f}}^{\mathrm{T}}\boldsymbol{\Lambda}^{-1}\Delta\boldsymbol{\varphi}_{\mathrm{f}})\\&=\frac{1}{2}(\boldsymbol{s}^{\mathrm{T}}\boldsymbol{J}_{\mathrm{f}}\boldsymbol{s}+m_{\mathrm{f}}\boldsymbol{s}'^{\mathrm{T}}\boldsymbol{s}')+\\&\quad\frac{1}{2}(\Delta\boldsymbol{f}_{\mathrm{d}}^{\mathrm{fT}}\Xi^{-1}\Delta\boldsymbol{f}_{\mathrm{d}}^{\mathrm{f}}+\Delta\boldsymbol{\tau}_{\mathrm{d}}^{\mathrm{fT}}\boldsymbol{\Pi}^{-1}\Delta\boldsymbol{\tau}_{\mathrm{d}}^{\mathrm{f}}+\frac{1}{\lambda}\Delta m_{\mathrm{f}}^{2}+\Delta\boldsymbol{\varphi}_{\mathrm{f}}^{T}\boldsymbol{\Lambda}^{-1}\Delta\boldsymbol{\varphi}_{\mathrm{f}})\end{aligned}\tag{4-32}$$

计算 V_1 的导数，有

$$\begin{aligned}\dot{V}_1&=[\hat{\boldsymbol{s}}\,|\,\hat{\boldsymbol{M}}_{\mathrm{f}}\dot{\hat{\boldsymbol{s}}}]+\Delta\boldsymbol{f}_{d}^{\mathrm{fT}}\boldsymbol{\Xi}^{-1}\Delta\dot{\boldsymbol{f}}_{\mathrm{d}}^{\mathrm{f}}+\Delta\boldsymbol{\tau}_{\mathrm{d}}^{\mathrm{fT}}\boldsymbol{\Pi}^{-1}\Delta\dot{\boldsymbol{\tau}}_{\mathrm{d}}^{\mathrm{f}}+\\&\quad\frac{1}{\lambda}\Delta m_{\mathrm{f}}\Delta\dot{m}_{\mathrm{f}}+\Delta\boldsymbol{\varphi}_{\mathrm{f}}^{\mathrm{T}}\boldsymbol{\Lambda}^{-1}\Delta\dot{\boldsymbol{\varphi}}_{\mathrm{f}}\\&=\{\hat{\boldsymbol{s}}\,|\,\hat{\boldsymbol{M}}_{\mathrm{f}}[\dot{\hat{\boldsymbol{e}}}_{\omega}+\alpha\,\mathrm{diag}(\hat{c}_i\odot|\hat{e}_{\Gamma i}|^{\alpha-1})\odot\dot{\hat{\boldsymbol{e}}}_{\Gamma})]\}+\Delta\boldsymbol{f}_{\mathrm{d}}^{\mathrm{fT}}\boldsymbol{\Xi}^{-1}\Delta\dot{\boldsymbol{f}}_{\mathrm{d}}^{\mathrm{f}}+\\&\quad\Delta\boldsymbol{\tau}_{\mathrm{d}}^{f\mathrm{T}}\boldsymbol{\Pi}^{-1}\Delta\dot{\boldsymbol{\tau}}_{\mathrm{d}}^{\mathrm{f}}+\frac{1}{\lambda}\Delta m_{\mathrm{f}}\Delta\dot{m}_{\mathrm{f}}+\Delta\boldsymbol{\varphi}_{\mathrm{f}}^{\mathrm{T}}\boldsymbol{\Lambda}^{-1}\Delta\dot{\boldsymbol{\varphi}}_{\mathrm{f}}\\&=\left\{\hat{\boldsymbol{s}}\left|\begin{array}{l}-(\hat{\boldsymbol{\omega}}_{\mathrm{f}}^{\mathrm{f}}\times\hat{\boldsymbol{M}}_{\mathrm{f}}\hat{\boldsymbol{\omega}}_{\mathrm{f}}^{\mathrm{f}})+\hat{\boldsymbol{M}}_{\mathrm{f}}(\hat{\boldsymbol{\omega}}_{\mathrm{fl}}^{\mathrm{f}}\times[\hat{\boldsymbol{q}}_{\mathrm{fl}}^{*}\circ\hat{\boldsymbol{\omega}}_{\mathrm{l}}^{\mathrm{l}}\circ\hat{\boldsymbol{q}}_{\mathrm{fl}})-\hat{\boldsymbol{q}}_{\mathrm{fl}}^{*}\circ\dot{\hat{\boldsymbol{\omega}}}_{\mathrm{l}}^{\mathrm{l}}\circ\hat{\boldsymbol{q}}_{\mathrm{fl}}]\\+(\hat{\boldsymbol{F}}_{\mathrm{u}}^{\mathrm{f}}+\hat{\boldsymbol{F}}_{\mathrm{d}}^{\mathrm{f}}+\hat{\boldsymbol{F}}_{\mathrm{g}}^{\mathrm{f}})-\hat{\boldsymbol{M}}_{\mathrm{f}}\dot{\hat{\boldsymbol{\omega}}}_{\mathrm{fl,\,d}}^{\mathrm{f}}+\\\quad\alpha\hat{\boldsymbol{M}}_{\mathrm{f}}\mathrm{diag}(\hat{c}_i\odot|\hat{e}_{\Gamma i}|^{\alpha-1})\odot\hat{\boldsymbol{\Omega}}(\hat{\boldsymbol{e}}_{\Gamma},\ \hat{\boldsymbol{e}}_{\omega})\end{array}\right.\right\}+\\&\quad\Delta\boldsymbol{f}_{\mathrm{d}}^{\mathrm{fT}}\boldsymbol{\Xi}^{-1}\Delta\dot{\boldsymbol{f}}_{\mathrm{d}}^{\mathrm{f}}+\Delta\boldsymbol{\tau}_{\mathrm{d}}^{\mathrm{fT}}\boldsymbol{\Pi}^{-1}\Delta\dot{\boldsymbol{\tau}}_{\mathrm{d}}^{\mathrm{f}}+\frac{1}{\lambda}\Delta m_{\mathrm{f}}\Delta\dot{m}_{\mathrm{f}}+\\&\quad\Delta\boldsymbol{\varphi}_{\mathrm{f}}^{\mathrm{T}}\Lambda^{-1}\Delta\dot{\boldsymbol{\varphi}}_{\mathrm{f}}\\&=\{\hat{\boldsymbol{s}}\,|\,\Delta\hat{\boldsymbol{\psi}}-(\varepsilon+\frac{\mathrm{d}}{\mathrm{d}\varepsilon})[\hat{\rho}\odot\mathrm{sgn}(\hat{\boldsymbol{s}})]\}+\Delta\boldsymbol{f}_{\mathrm{d}}^{\mathrm{fT}}\boldsymbol{\Xi}^{-1}\Delta\dot{\boldsymbol{f}}_{\mathrm{d}}^{\mathrm{f}}+\\&\quad\Delta\boldsymbol{\tau}_{\mathrm{d}}^{\mathrm{fT}}\boldsymbol{\Pi}^{-1}\Delta\dot{\boldsymbol{\tau}}_{\mathrm{d}}^{\mathrm{f}}+\frac{1}{\lambda}\Delta m_{\mathrm{f}}\Delta\dot{m}_{\mathrm{f}}+\Delta\boldsymbol{\varphi}_{\mathrm{f}}^{\mathrm{T}}\boldsymbol{\Lambda}^{-1}\Delta\dot{\boldsymbol{\varphi}}_{\mathrm{f}}\end{aligned}\tag{4-33}$$

将自适应律式（4-29）代入式（4-33）得

$$\begin{aligned}\dot{V}_1&=-\sum_{i=1}^{3}(\rho\,|s_i|+\rho'\,|s'_i|)\\&\leqslant 0\end{aligned}\tag{4-34}$$

由于 $\dot{V}_1$ 是半负定的，易推出 $V_1(t)\leqslant V_1(0)$ 成立，表明 $V_1(t)$ 是有界函数。因此，变量 $\boldsymbol{s}$、$\boldsymbol{s}'$、$\Delta\boldsymbol{f}_{\mathrm{d}}^{\mathrm{f}}$、$\Delta\boldsymbol{\tau}_{\mathrm{d}}^{\mathrm{f}}$、$\Delta m_{\mathrm{f}}$ 和 $\Delta\boldsymbol{\varphi}_{\mathrm{f}}$ 都是一致有界的。$\dot{V}_1$ 还可以写成

$$
\begin{aligned}
\dot{V}_1 &= -\sum_{i=1}^{3}(\rho \mid s_i \mid + \rho' \mid s'_i \mid) \\
&\leqslant -\rho \| \boldsymbol{s} \| - \rho' \| \boldsymbol{s}' \| \\
&\leqslant -\gamma_1 (\| \boldsymbol{s} \| + \| \boldsymbol{s}' \|) \\
&\leqslant -\underline{\gamma}_1 \underline{V}_1^{\frac{1}{2}}
\end{aligned} \tag{4-35}
$$

其中

$$\underline{V}_1 = \frac{1}{2}[\hat{\boldsymbol{s}} \mid \hat{\boldsymbol{M}}_{\mathrm{f}} \hat{\boldsymbol{s}}] = \frac{1}{2}(\boldsymbol{s}^{\mathrm{T}} \boldsymbol{J}_{\mathrm{f}} \boldsymbol{s} + m_{\mathrm{f}} \boldsymbol{s}'^{\mathrm{T}} \boldsymbol{s}')$$

$$\gamma_1 = \min(\rho, \rho')$$

$$\underline{\gamma}_1 = \gamma_1 \min[\sqrt{2/m_{\mathrm{f}}}, \sqrt{2/\sigma_{\max}(\boldsymbol{J}_{\mathrm{f}})}]$$

且 $\sigma_{\max}(\boldsymbol{J}_{\mathrm{f}})$ 为 $\boldsymbol{J}_{\mathrm{f}}$ 的最大特征值。进一步的，由引理 2-3 可知

$$
\begin{aligned}
\dot{V}_1 &\leqslant -\underline{\gamma}_1 \underline{V}_1^{\frac{1}{2}} - \underline{\gamma}_1 V_1'^{\frac{1}{2}} + \underline{\gamma}_1 (\nu_1 + \nu'_1)^{\frac{1}{2}} \\
&\leqslant -\underline{\gamma}_1 V_1^{\frac{1}{2}} + \underline{\gamma}_1 \nu_1^{\frac{1}{2}} + \underline{\gamma}_1 \nu_1'^{\frac{1}{2}} \\
&\leqslant -p\, \underline{\gamma}_1 V_1^{\frac{1}{2}} - (1-p) \underline{\gamma}_1 V_1^{\frac{1}{2}} + \underline{\gamma}_1 \nu_1^{\frac{1}{2}} + \underline{\gamma}_1 \nu_1'^{\frac{1}{2}}
\end{aligned} \tag{4-36}
$$

其中

$$\nu_1 = \frac{1}{2}(\Delta \boldsymbol{\tau}_{\mathrm{d}}^{\mathrm{fT}} \boldsymbol{\Pi}^{-1} \Delta \boldsymbol{\tau}_{\mathrm{d}}^{\mathrm{f}} + \Delta \boldsymbol{\varphi}_{\mathrm{f}}^{\mathrm{T}} \boldsymbol{\Lambda}^{-1} \Delta \boldsymbol{\varphi}_{\mathrm{f}})$$

$$\nu'_1 = \frac{1}{2}(\Delta \boldsymbol{f}_{\mathrm{d}}^{\mathrm{fT}} \boldsymbol{\Xi}^{-1} \Delta \boldsymbol{f}_{\mathrm{d}}^{\mathrm{f}} + \frac{1}{\lambda} \Delta m_{\mathrm{f}}^2), \quad 0 < p < 1$$

式（4-36）表明，当 $V_1 > \dfrac{\nu_1 + \nu'_1}{(1-p)^2}$ 时，有 $\dot{V}_1 \leqslant -p\,\underline{\gamma}_1 V_1^{\frac{1}{2}}$，则根据定理 2-5，变量 $\boldsymbol{s}$ 和 $\boldsymbol{s}'$ 将在有限时间内到达零点。事实上，$\boldsymbol{s}$ 和 $\boldsymbol{s}'$ 将在有限时间内分别收敛到如下邻域内

$$
\begin{aligned}
&\{B: \| \boldsymbol{s} \| \leqslant \kappa\} \\
&\{B': \| \boldsymbol{s}' \| \leqslant \kappa'\}
\end{aligned} \tag{4-37}
$$

其中

$$\kappa = \frac{4p - 2p^2}{\sigma_{\max}(\boldsymbol{J}_{\mathrm{f}})(1-p)^2} \nu_1$$

$$\kappa' = \frac{4p - 2p^2}{m_{\mathrm{f}}(1-p)^2} \nu'_1$$

由于 $\Delta \boldsymbol{f}_{\mathrm{d}}^{\mathrm{f}}$、$\Delta \boldsymbol{\tau}_{\mathrm{d}}^{\mathrm{f}}$、$\Delta m_{\mathrm{f}}$ 和 $\Delta \boldsymbol{\varphi}_{\mathrm{f}}$ 是有界的，因此，κ 和 κ' 为有界的正数，即可以通过选择合适的参数使得区间 B 和 B' 足够小。

（2）第二步

当变量 $\boldsymbol{s}$ 和 $\boldsymbol{s}'$ 在有限时间内到达边界层 B 和 B' 后，有

$$
\begin{aligned}
&e_{\omega i} + c_i \operatorname{sgn}(e_{\Gamma i}) | e_{\Gamma i} |^{\alpha} = \phi_i \\
&e_{vi} + c'_i \operatorname{sgn}(e_{pi}) | e_{pi} |^{\alpha} = \phi'_i
\end{aligned} \tag{4-38}
$$

式中　ϕ_i，ϕ'_i——分别满足 $|\phi_i| \leqslant \kappa$ 和 $|\phi'_i| \leqslant \kappa'$。

式（4-38）还可写为

$$
\begin{aligned}
& e_{\omega i}+\left[c_i-\frac{\phi_i}{\operatorname{sgn}(e_{\Gamma i})\ |e_{\Gamma i}|^{\alpha}}\right]\operatorname{sgn}(e_{\Gamma i})\ |e_{\Gamma i}|^{\alpha}=0 \\
& e_{vi}+\left[c'_i-\frac{\phi'_i}{\operatorname{sgn}(e_{pi})\ |e_{pi}|^{\alpha}}\right]\operatorname{sgn}(e_{pi})\ |e_{pi}|^{\alpha}=0
\end{aligned} \tag{4-39}
$$

可以看出，当 $c_i-\frac{\phi_i}{\operatorname{sgn}(e_{\Gamma i})|e_{\Gamma i}|^{\alpha}}>0$ 和 $c'_i-\frac{\phi'_i}{\operatorname{sgn}(e_{pi})|e_{pi}|^{\alpha}}>0$，式（4-39）仍保持终端滑模面的形式，因此，系统状态变量 $e_{\Gamma i}$ 和 e_{pi} 将在有限时间内分别收敛到如下区间

$$
\begin{aligned}
& |e_{\Gamma i}|\leqslant(\kappa/c_i)^{1/\alpha} \\
& |e_{pi}|\leqslant(\kappa'/c'_i)^{1/\alpha}
\end{aligned} \tag{4-40}
$$

进一步，由式（4-38）可知，$e_{\omega i}$ 和 e_{vi} 将在有限时间内分别收敛到

$$
\begin{aligned}
& e_{\omega i}\leqslant c_i\ |e_{\xi i}|^{\alpha}+|\phi_i|\leqslant 2\kappa \\
& e_{vi}\leqslant c'_i\ |e_{pi}|^{\alpha}+|\phi'_i|\leqslant 2\kappa'
\end{aligned} \tag{4-41}
$$

证毕。

注 4-4：考虑如 4.2.1 节注 4-1 所述的双平衡点问题，采用类似的解决办法。即，用 $\hat{\boldsymbol{e}}_{\mu\Gamma}=\ln(\mu\,\hat{\boldsymbol{e}}_q)$ 代替 $\hat{\boldsymbol{e}}_{\Gamma}$，可得如下改进的控制器

$$
\tilde{\hat{\boldsymbol{F}}}_{\mathrm{u}}^{\mathrm{f}}=-\tilde{\hat{\boldsymbol{\psi}}}-\left(\varepsilon+\frac{\mathrm{d}}{\mathrm{d}\varepsilon}\right)\tilde{\hat{\boldsymbol{\rho}}}\otimes\operatorname{sgn}(\tilde{\hat{\boldsymbol{s}}}) \tag{4-42}
$$

其中

$$
\tilde{\hat{\boldsymbol{s}}}=[\tilde{\hat{s}}_1,\ \tilde{\hat{s}}_2,\ \tilde{\hat{s}}_3]^{\mathrm{T}}
$$

且

$$
\tilde{\hat{s}}_i=\hat{e}_{\boldsymbol{\omega} i}+\hat{c}_i\odot\operatorname{sig}(\hat{e}_{\mu\Gamma i})^{\alpha}
$$

$$
\operatorname{sig}(\hat{e}_{\mu\Gamma i})^{\alpha}=\operatorname{sgn}(e_{\mu\Gamma i})\ |e_{\mu\Gamma i}|^{\alpha}+\varepsilon\operatorname{sgn}(e_{pi})\ |e_{pi}|^{\alpha}
$$

$$
\tilde{\hat{\boldsymbol{\rho}}}=\operatorname{diag}(\tilde{\hat{\rho}}_1,\ \tilde{\hat{\rho}}_2,\ \tilde{\hat{\rho}}_3)
$$

且

$$
\tilde{\hat{\rho}}_i=\tilde{\rho}_i+\varepsilon\,\tilde{\rho}'_i\ \text{满足}\ \tilde{\rho}_i>0\ \text{和}\ \tilde{\rho}'_i>0
$$

$\overset{\frown}{\hat{\boldsymbol{\psi}}}$ 定义为

$$
\overset{\frown}{\hat{\boldsymbol{\psi}}}=\hat{\boldsymbol{f}}_{\mathrm{d}}^{\mathrm{f}}+\varepsilon\,\hat{\boldsymbol{\tau}}_{\mathrm{d}}^{\mathrm{f}}+\tilde{\boldsymbol{Y}}'\hat{m}_{\mathrm{f}}+\varepsilon\tilde{\boldsymbol{Y}}\hat{\boldsymbol{\varphi}}_{\mathrm{f}} \tag{4-43}
$$

其中，$\boldsymbol{Y}$ 和 $\boldsymbol{Y}'$ 定义为

$$
\begin{aligned}
& \tilde{\boldsymbol{Y}}=\boldsymbol{L}(\tilde{\boldsymbol{\beta}}_1)+\boldsymbol{L}(\tilde{\boldsymbol{\beta}}_2)-\boldsymbol{\omega}_{\mathrm{f}}^{\mathrm{f}}\times\boldsymbol{L}(\boldsymbol{\omega}_{\mathrm{f}}^{\mathrm{f}})+\frac{3\mu_{\oplus}}{r_{\mathrm{f}}^{5}}\boldsymbol{r}_{\mathrm{f}}^{\mathrm{f}}\times\boldsymbol{L}(\boldsymbol{r}_{\mathrm{f}}^{\mathrm{f}})-\boldsymbol{L}(\boldsymbol{\omega}_{\mathrm{fl,d}}^{\mathrm{f}}) \\
& \tilde{\boldsymbol{Y}}'=\tilde{\boldsymbol{\beta}}_1'+\tilde{\boldsymbol{\beta}}_2'-\boldsymbol{\omega}_{\mathrm{f}}^{\mathrm{f}}\times\boldsymbol{v}_{\mathrm{f}}^{\mathrm{f}}-\frac{\mu_{\oplus}}{r_{\mathrm{f}}^{3}}\boldsymbol{r}_{\mathrm{f}}^{\mathrm{f}}-\boldsymbol{v}_{\mathrm{fl,d}}^{\mathrm{f}}
\end{aligned} \tag{4-44}
$$

这里

$$\begin{aligned}\tilde{\hat{\boldsymbol{\beta}}}_1&=\tilde{\boldsymbol{\beta}}_1+\varepsilon\tilde{\boldsymbol{\beta}}_1'=\alpha\,\mathrm{diag}(\hat{c}_i\odot|\hat{e}_{\mu\Gamma i}|^{\alpha-1})\odot\hat{\boldsymbol{\Omega}}(\hat{\boldsymbol{e}}_{\mu\Gamma},\hat{\boldsymbol{e}}_\omega)\\\tilde{\hat{\boldsymbol{\beta}}}_2&=\tilde{\boldsymbol{\beta}}_2+\varepsilon\tilde{\boldsymbol{\beta}}_2'=\hat{\boldsymbol{\omega}}_{\mathrm{fl}}^{\mathrm{f}}\times(\hat{\boldsymbol{q}}_{\mathrm{fl}}^{*}\circ\hat{\boldsymbol{\omega}}_1^{\mathrm{l}}\circ\hat{\boldsymbol{q}}_{\mathrm{fl}})-\hat{\boldsymbol{q}}_{\mathrm{fl}}^{*}\circ\dot{\hat{\boldsymbol{\omega}}}_1^{\mathrm{l}}\circ\hat{\boldsymbol{q}}_{\mathrm{fl}}\end{aligned}\tag{4-45}$$

对不确定参数$\hat{\boldsymbol{f}}_{\mathrm{d}}^{\mathrm{f}}$，$\hat{\boldsymbol{\tau}}_{\mathrm{d}}^{\mathrm{f}}$，$\hat{m}_{\mathrm{f}}$和$\hat{\boldsymbol{\varphi}}_{\mathrm{f}}$的估计采用式（4－29）所示的自适应律。通过类似定理4－2的证明可知，$\hat{\boldsymbol{e}}_{\mu\Gamma}$将在有限时间内收敛到零点附近的有界邻域内，即，$\mu\hat{\boldsymbol{e}}_q$在有限时间内收敛到（1，0，0，0）＋ε（0，0，0，0）附近的邻域。因此，应用控制器式（4－42）可使系统按照需要根据初始状态的不同收敛到$\hat{\boldsymbol{e}}_{q+}$或$\hat{\boldsymbol{e}}_{q-}$附近的邻域。

注4－5：在自适应终端滑模控制器中，理论上控制增益$\hat{\rho}$仅需满足$\rho>0$和$\rho'>0$，而在一般终端滑模控制器中，为了保证闭环系统的稳定性，要求控制增益大于广义干扰的上界。由于在实际系统中，并不能轻易获取广义干扰的上界，因此自适应终端滑模控制器具有更广的应用范围，并且选取适当大小的增益可以合理地减小控制系统的能量消耗[19-20]。

4.3　快速滑模控制器

4.3.1　航天器类拉格朗日相对运动模型

将对偶四元数写成标部和矢部的形式，即

$$\hat{\boldsymbol{q}}_{\mathrm{fl}}=(\hat{\eta}_{\mathrm{fl}},\hat{\boldsymbol{\xi}}_{\mathrm{fl}})$$

则如式（3－17）所示的相对运动学可写为

$$\begin{aligned}\dot{\hat{\eta}}_{\mathrm{fl}}&=-\frac{1}{2}\hat{\boldsymbol{\xi}}_{\mathrm{fl}}^{\mathrm{T}}\hat{\boldsymbol{\omega}}_{\mathrm{fl}}^{\mathrm{f}}\\\dot{\hat{\boldsymbol{\xi}}}_{\mathrm{fl}}&=\frac{1}{2}(\hat{\eta}_{\mathrm{fl}}\boldsymbol{E}+\hat{\boldsymbol{\xi}}_{\mathrm{fl}}^{\times})\hat{\boldsymbol{\omega}}_{\mathrm{fl}}^{\mathrm{f}}\end{aligned}\tag{4-46}$$

再结合相对动力学方程式（3－19），可得

$$\ddot{\hat{\boldsymbol{\xi}}}_{\mathrm{fl}}+\hat{\boldsymbol{\Pi}}+\hat{\boldsymbol{Q}}^{-1}(\hat{\boldsymbol{M}}_{\mathrm{f}}^{-1}\hat{\boldsymbol{\Omega}})=\hat{\boldsymbol{Q}}^{-1}(\hat{\boldsymbol{M}}_{\mathrm{f}}^{-1}\hat{\boldsymbol{F}}_{\mathrm{f}}^{\mathrm{f}})\tag{4-47}$$

其中

$$\begin{aligned}\hat{\boldsymbol{q}}&=2\,(\hat{\eta}_{\mathrm{fl}}\boldsymbol{E}+\hat{\boldsymbol{\xi}}_{\mathrm{fl}}^{\times})^{-1}=2[(\eta_{\mathrm{fl}}\boldsymbol{E}+\boldsymbol{\xi}_{\mathrm{fl}}^{\times})^{-1}-\varepsilon\,(\eta_{\mathrm{fl}}\boldsymbol{E}+\boldsymbol{\xi}_{\mathrm{fl}}^{\times})^{-1}\\&\quad(\eta'_{\mathrm{fl}}\boldsymbol{E}+\boldsymbol{\xi}_{\mathrm{fl}}'^{\times})(\eta_{\mathrm{fl}}\boldsymbol{E}+\boldsymbol{\xi}_{\mathrm{fl}}^{\times})^{-1}]\\\hat{\boldsymbol{\Omega}}&=\hat{\boldsymbol{M}}_{\mathrm{f}}\,\dot{\hat{\boldsymbol{\omega}}}_{\mathrm{l}}^{\mathrm{f}}+\hat{\boldsymbol{\omega}}_{\mathrm{l}}^{\mathrm{f}}\times\hat{\boldsymbol{M}}_{\mathrm{f}}\,\hat{\boldsymbol{\omega}}_{\mathrm{l}}^{\mathrm{f}}\\\hat{\boldsymbol{\Pi}}&=\hat{\boldsymbol{Q}}^{-1}\left\{\hat{\boldsymbol{M}}_{\mathrm{f}}^{-1}\begin{bmatrix}\hat{\boldsymbol{M}}_{\mathrm{f}}([\hat{\boldsymbol{\omega}}_{\mathrm{l}}^{\mathrm{f}}]^{\times}\hat{\boldsymbol{Q}}\,\dot{\hat{\boldsymbol{\xi}}}_{\mathrm{fl}})-[\hat{\boldsymbol{M}}_{\mathrm{f}}\hat{\boldsymbol{Q}}\,\dot{\hat{\boldsymbol{\xi}}}_{\mathrm{fl}}]^{\times}\hat{\boldsymbol{Q}}\,\dot{\hat{\boldsymbol{\xi}}}_{\mathrm{fl}}-\cdots\\\cdots[\hat{\boldsymbol{M}}_{\mathrm{f}}\,\hat{\boldsymbol{\omega}}_{\mathrm{l}}^{\mathrm{f}}]^{\times}\hat{\boldsymbol{Q}}\,\dot{\hat{\boldsymbol{\xi}}}_{\mathrm{fl}}-[\hat{\boldsymbol{M}}_{\mathrm{f}}\hat{\boldsymbol{Q}}\,\dot{\hat{\boldsymbol{\xi}}}_{\mathrm{fl}}]^{\times}\hat{\boldsymbol{\omega}}_{\mathrm{l}}^{\mathrm{f}}\end{bmatrix}\right\}-\dot{\hat{\boldsymbol{Q}}}^{-1}\hat{\boldsymbol{Q}}\,\dot{\hat{\boldsymbol{\xi}}}_{\mathrm{fl}}\end{aligned}\tag{4-48}$$

这里

$$\hat{\boldsymbol{\omega}}_1^{\mathrm{f}}=\hat{\boldsymbol{q}}_{\mathrm{fl}}^{*}\circ\hat{\boldsymbol{\omega}}_1^{\mathrm{l}}\circ\hat{\boldsymbol{q}}_{\mathrm{fl}}$$
$$\dot{\hat{\boldsymbol{\omega}}}_1^{\mathrm{f}}=\hat{\boldsymbol{q}}_{\mathrm{fl}}^{*}\circ\dot{\hat{\boldsymbol{\omega}}}_1^{\mathrm{l}}\circ\hat{\boldsymbol{q}}_{\mathrm{fl}} \tag{4-49}$$

注意到对偶惯量矩阵 $\hat{\boldsymbol{M}}$ 并不像常规对偶矩阵那样满足结合律，但对于某一对偶矢量 $\hat{\boldsymbol{v}}$，对偶惯量矩阵 $\hat{\boldsymbol{M}}$ 有如下性质

$$\hat{\boldsymbol{M}}_{\mathrm{f}}(\hat{\boldsymbol{M}}_{\mathrm{f}}^{-1}\hat{\boldsymbol{v}})=\hat{\boldsymbol{v}} \tag{4-50}$$

又由于 $\hat{\boldsymbol{Q}}$ 为常规的对偶矩阵，则存在$\hat{\boldsymbol{Q}}^{-1}$，满足式（2－18），因此有

$$\hat{\boldsymbol{M}}_{\mathrm{f}}\{\hat{\boldsymbol{Q}}[\hat{\boldsymbol{Q}}^{-1}(\hat{\boldsymbol{M}}_{\mathrm{f}}^{-1}\hat{\boldsymbol{v}})]\}=\hat{\boldsymbol{v}} \tag{4-51}$$

因此，对式（4－47）两边先左乘 $\hat{\boldsymbol{Q}}$ 再左乘$\hat{\boldsymbol{M}}_{\mathrm{f}}$，可得

$$\hat{\boldsymbol{M}}_{\mathrm{f}}(\hat{\boldsymbol{Q}}\,\ddot{\hat{\boldsymbol{\xi}}}_{\mathrm{fl}})+\hat{\boldsymbol{\Xi}}+\hat{\boldsymbol{\Omega}}=\hat{\boldsymbol{F}}_{\mathrm{f}}^{\mathrm{f}} \tag{4-52}$$

其中

$$\begin{aligned}\hat{\boldsymbol{\Xi}}=&-\hat{\boldsymbol{M}}_{\mathrm{f}}[\hat{\boldsymbol{Q}}(\dot{\hat{\boldsymbol{Q}}}^{-1}\hat{\boldsymbol{Q}}\,\dot{\hat{\boldsymbol{\xi}}}_{\mathrm{fl}})]+\hat{\boldsymbol{M}}_{\mathrm{f}}([\hat{\boldsymbol{\omega}}_1^{\mathrm{f}}]^{\times}\hat{\boldsymbol{Q}}\,\dot{\hat{\boldsymbol{\xi}}}_{\mathrm{fl}})-\\&[\hat{\boldsymbol{M}}_{\mathrm{f}}\hat{\boldsymbol{Q}}\,\dot{\hat{\boldsymbol{\xi}}}_{\mathrm{fl}}]^{\times}\hat{\boldsymbol{Q}}\,\dot{\hat{\boldsymbol{\xi}}}_{\mathrm{fl}}-[\hat{\boldsymbol{M}}_{\mathrm{f}}\,\hat{\boldsymbol{\omega}}_1^{\mathrm{f}}]^{\times}\hat{\boldsymbol{Q}}\,\dot{\hat{\boldsymbol{\xi}}}_{\mathrm{fl}}-[\hat{\boldsymbol{M}}_{\mathrm{f}}\hat{\boldsymbol{Q}}\,\dot{\hat{\boldsymbol{\xi}}}_{\mathrm{fl}}]^{\times}\hat{\boldsymbol{\omega}}_1^{\mathrm{f}}\end{aligned} \tag{4-53}$$

式（4－52）即是基于对偶数表示的航天器六自由度相对运动模型，由于其形式上与拉格朗日系统模型相似，因此可称其为“航天器类拉格朗日相对运动方程”。该方程描述了航天器的相对姿态运动和轨道运动，且由于方程仅以对偶四元数的矢量部分（6 个分量）描述六自由度相对运动，没有冗余，不需要额外的约束条件，因此该方程可以直接用于某些控制器的设计，并为控制器设计提供方便[21-22]。

当考虑外界干扰和模型不确定性时，记对偶惯量矩阵的标称部分为$\hat{\boldsymbol{M}}_{\mathrm{f0}}$，不确定部分为 $\Delta\hat{\boldsymbol{M}}_{\mathrm{f}}$，外界干扰力和力矩为$\hat{\boldsymbol{F}}_{\mathrm{d}}^{\mathrm{f}}=\boldsymbol{f}_{\mathrm{d}}^{\mathrm{f}}+\varepsilon\,\boldsymbol{\tau}_{\mathrm{d}}^{\mathrm{f}}$，式（4－52）可改写为

$$\hat{\boldsymbol{M}}_{\mathrm{f0}}(\hat{\boldsymbol{Q}}\,\ddot{\hat{\boldsymbol{\xi}}}_{\mathrm{fl}})+\hat{\boldsymbol{\Xi}}_0+\hat{\boldsymbol{\Omega}}_0=\hat{\boldsymbol{F}}_{\mathrm{u}}^{\mathrm{f}}+\hat{\boldsymbol{F}}_{\mathrm{g0}}^{\mathrm{f}}+\Delta\hat{\boldsymbol{\psi}} \tag{4-54}$$

其中

$$\begin{aligned}\hat{\boldsymbol{\Xi}}_0=&-\hat{\boldsymbol{M}}_{\mathrm{f0}}[\hat{\boldsymbol{Q}}(\dot{\hat{\boldsymbol{Q}}}^{-1}\hat{\boldsymbol{Q}}\,\dot{\hat{\boldsymbol{\xi}}}_{\mathrm{fl}})]+\hat{\boldsymbol{M}}_{\mathrm{f0}}([\hat{\boldsymbol{\omega}}_1^{\mathrm{f}}]^{\times}\hat{\boldsymbol{Q}}\,\dot{\hat{\boldsymbol{\xi}}}_{\mathrm{fl}})-\\&[\hat{\boldsymbol{M}}_{\mathrm{f0}}\hat{\boldsymbol{Q}}\,\dot{\hat{\boldsymbol{\xi}}}_{\mathrm{fl}}]^{\times}\hat{\boldsymbol{Q}}\,\dot{\hat{\boldsymbol{\xi}}}_{\mathrm{fl}}-[\hat{\boldsymbol{M}}_{\mathrm{f0}}\hat{\boldsymbol{\omega}}_1^{\mathrm{f}}]^{\times}\hat{\boldsymbol{Q}}\,\dot{\hat{\boldsymbol{\xi}}}_{\mathrm{fl}}-[\hat{\boldsymbol{M}}_{\mathrm{f0}}\hat{\boldsymbol{Q}}\,\dot{\hat{\boldsymbol{\xi}}}_{\mathrm{fl}}]^{\times}\hat{\boldsymbol{\omega}}_1^{\mathrm{f}}\\\hat{\boldsymbol{\Omega}}_0=&\hat{\boldsymbol{M}}_{\mathrm{f0}}\dot{\hat{\boldsymbol{\omega}}}_1^{\mathrm{f}}+\hat{\boldsymbol{\omega}}_1^{\mathrm{f}}\times\hat{\boldsymbol{M}}_{\mathrm{f0}}\hat{\boldsymbol{\omega}}_1^{\mathrm{f}}\\\hat{\boldsymbol{F}}_{\mathrm{g0}}^{\mathrm{f}}=&-\frac{\mu_{\oplus}m_{\mathrm{f0}}}{\|\boldsymbol{r}_{\mathrm{f}}^{\mathrm{f}}\|^3}\boldsymbol{r}_{\mathrm{f}}^{\mathrm{f}}+\varepsilon\,\frac{3\mu_{\oplus}}{\|\boldsymbol{r}_{\mathrm{f}}^{\mathrm{f}}\|^5}\boldsymbol{r}_{\mathrm{f}}^{\mathrm{f}}\times\boldsymbol{J}_{\mathrm{f0}}\cdot\boldsymbol{r}_{\mathrm{f}}^{\mathrm{f}}\end{aligned} \tag{4-55}$$

$$\Delta\hat{\boldsymbol{\psi}}=-\Delta\hat{\boldsymbol{M}}_{\mathrm{f}}(\hat{\boldsymbol{Q}}\,\ddot{\hat{\boldsymbol{\xi}}}_{\mathrm{fl}})-\Delta\hat{\boldsymbol{\Xi}}-\Delta\hat{\boldsymbol{\Omega}}+\Delta\hat{\boldsymbol{F}}_{\mathrm{g}}^{\mathrm{f}}+\hat{\boldsymbol{F}}_{\mathrm{d}}^{\mathrm{f}} \tag{4-56}$$

式中 $\Delta\hat{\boldsymbol{\psi}}$ 为由系统模型不确定性和外界干扰引起的广义干扰。

$$
\begin{aligned}
\Delta\hat{\boldsymbol{\Xi}} &= -\Delta\hat{\boldsymbol{M}}_{\mathrm{f}}(\hat{\boldsymbol{Q}}(\dot{\hat{\boldsymbol{Q}}}^{-1}\hat{\boldsymbol{Q}}\dot{\hat{\boldsymbol{\xi}}}_{\mathrm{fl}}))+\Delta\hat{\boldsymbol{M}}_{\mathrm{f}}([\hat{\boldsymbol{\omega}}_{1}^{\mathrm{f}}]^{\times}\hat{\boldsymbol{Q}}\dot{\hat{\boldsymbol{\xi}}}_{\mathrm{fl}})- \\
&\quad [\Delta\hat{\boldsymbol{M}}_{\mathrm{f}}\hat{\boldsymbol{Q}}\dot{\hat{\boldsymbol{\xi}}}_{\mathrm{fl}}]^{\times}\hat{\boldsymbol{Q}}\dot{\hat{\boldsymbol{\xi}}}_{\mathrm{fl}}-[\Delta\hat{\boldsymbol{M}}_{\mathrm{f}}\hat{\boldsymbol{\omega}}_{1}^{\mathrm{f}}]^{\times}\hat{\boldsymbol{Q}}\dot{\hat{\boldsymbol{\xi}}}_{\mathrm{fl}}-[\Delta\hat{\boldsymbol{M}}_{\mathrm{f}}\hat{\boldsymbol{Q}}\dot{\hat{\boldsymbol{\xi}}}_{\mathrm{fl}}]^{\times}\hat{\boldsymbol{\omega}}_{1}^{\mathrm{f}} \\
\Delta\hat{\boldsymbol{\Omega}} &= \Delta\hat{\boldsymbol{M}}_{\mathrm{f}}\dot{\hat{\boldsymbol{\omega}}}_{1}^{\mathrm{f}}+\hat{\boldsymbol{\omega}}_{1}^{\mathrm{f}}\times\Delta\hat{\boldsymbol{M}}_{\mathrm{f}}\hat{\boldsymbol{\omega}}_{1}^{\mathrm{f}} \\
\Delta\hat{\boldsymbol{F}}_{\mathrm{g}}^{\mathrm{f}} &= -\frac{\mu_{\oplus}\Delta m_{\mathrm{f}}}{\|\boldsymbol{r}_{\mathrm{f}}^{\mathrm{f}}\|^{3}}\boldsymbol{r}_{\mathrm{f}}^{\mathrm{f}}+\varepsilon\frac{3\mu_{\oplus}}{\|\boldsymbol{r}_{\mathrm{f}}^{\mathrm{f}}\|^{5}}\boldsymbol{r}_{\mathrm{f}}^{\mathrm{f}}\times\Delta\boldsymbol{J}_{\mathrm{f}}\cdot\boldsymbol{r}_{\mathrm{f}}^{\mathrm{f}}
\end{aligned}
\tag{4-57}
$$

4.3.2 快速滑模控制算法

基于4.3.1节的航天器类拉格朗日相对运动模型，对追踪航天器的轨道姿态有限时间控制目标为：设计控制器使得追踪航天器相对于目标航天器的运动状态 $[\hat{\boldsymbol{q}}_{\mathrm{fl}}(t),\hat{\boldsymbol{\omega}}_{\mathrm{fl}}(t)]$能够在有限时间内收敛到期望相对运动状态$[\hat{\boldsymbol{q}}_{\mathrm{fl,d}}(t),\hat{\boldsymbol{\omega}}_{\mathrm{fl,d}}(t)]$。定义相对运动的跟踪误差为$\hat{\boldsymbol{e}}_{q}=(\hat{\boldsymbol{e}}_{\eta},\hat{\boldsymbol{e}}_{\xi})=\hat{\boldsymbol{q}}_{\mathrm{fl,d}}^{*}\circ\hat{\boldsymbol{q}}_{\mathrm{fl}}$，相对速度旋量的跟踪误差为$\hat{\boldsymbol{e}}_{\omega}=\hat{\boldsymbol{\omega}}_{\mathrm{fl}}^{\mathrm{f}}-\hat{\boldsymbol{\omega}}_{\mathrm{fl,d}}^{\mathrm{f}}$，则控制器的控制目标为使由式(4-54)所描述的闭环系统稳定，且在有限时间内到达($\hat{\boldsymbol{e}}_{\xi}=\hat{\boldsymbol{0}},\hat{\boldsymbol{e}}_{\omega}=\hat{\boldsymbol{0}}$)。

为完成上述控制目标，提出如下快速滑模面

$$
\hat{s}_{i}=s_{i}+\varepsilon s'_{i}=\dot{\hat{e}}_{\xi i}+\hat{b}_{i}\odot\hat{e}_{\xi i}+\hat{c}_{i}\odot\mathrm{sig}\,(\hat{e}_{\xi i})^{\alpha},i=1,2,3 \tag{4-58}
$$

其中

$$
\mathrm{sig}\,(\hat{e}_{\xi i})^{\alpha}=\mathrm{sgn}\,(e_{\xi i})\,|e_{\xi i}|^{\alpha}+\varepsilon\,\mathrm{sgn}\,(e'_{\xi i})\,|e'_{\xi i}|^{\alpha}
$$

$$
\hat{b}_{i}=b_{i}+\varepsilon b'_{i}
$$

$$
\hat{c}_{i}=c_{i}+\varepsilon c'_{i}
$$

式中　α——常数且满足$0.5<\alpha<1$；

b_i——对偶常数，满足$b_i>0$和$b'_i>0$；

$\hat{c}_i$——对偶常数，且满足$c_i>0$和$c'_i>0$。

基于式（4-58）所示的滑模面，设计如下快速滑模（FSM）控制器

$$
\hat{\boldsymbol{F}}_{\mathrm{u}}^{\mathrm{f}}=-\hat{\boldsymbol{\psi}}_{0}-\hat{\boldsymbol{M}}_{\mathrm{f0}}\{\hat{\boldsymbol{Q}}[\hat{\boldsymbol{\rho}}\odot\mathrm{sgn}(\hat{\boldsymbol{s}})]\} \tag{4-59}
$$

其中

$$
\hat{\boldsymbol{s}}=[\hat{s}_{1},\ \hat{s}_{2},\ \hat{s}_{3}]^{\mathrm{T}}
$$

$$
\hat{\boldsymbol{\rho}}=\mathrm{diag}\,(\hat{\rho}_{1},\ \hat{\rho}_{2},\ \hat{\rho}_{3})
$$

且

$$
\hat{\rho}_{i}=\rho_{i}+\varepsilon\rho'_{i}，\ 满足\ \rho_{i}\geqslant|\delta_{i}|\ 和\ \rho'_{i}\geqslant|\delta'_{i}|
$$

$$
\boldsymbol{\delta}=\boldsymbol{\delta}+\varepsilon\boldsymbol{\delta}'=\hat{\boldsymbol{Q}}^{-1}\,(\hat{\boldsymbol{M}}_{\mathrm{f0}}^{-1}\Delta\hat{\boldsymbol{\psi}})
$$

式中　$\hat{\boldsymbol{s}}$——滑模变量。

这里$\hat{\boldsymbol{\psi}}_{0}$定义为

$$\begin{aligned}\hat{\boldsymbol{\psi}}_0=&\hat{\boldsymbol{M}}_{f0}\{\dot{\hat{\boldsymbol{Q}}}\dot{\hat{\boldsymbol{\xi}}}_{fl}-\dot{\hat{\boldsymbol{\omega}}}_{fl,d}+\hat{\boldsymbol{Q}}_e[\dot{\hat{\boldsymbol{Q}}}_e^{-1}\hat{\boldsymbol{Q}}_e\dot{\hat{\boldsymbol{e}}}_\xi+\\&\hat{\boldsymbol{b}}\odot\dot{\hat{\boldsymbol{e}}}_\xi+\alpha\,\mathrm{diag}(\hat{c}_i\odot|\hat{e}_{\xi i}|^{\alpha-1})\odot\dot{\hat{\boldsymbol{e}}}_\xi]\}-\\&\hat{\boldsymbol{\Xi}}_0-\hat{\boldsymbol{\Omega}}_0+\hat{\boldsymbol{F}}_{g0}^{f}\end{aligned}\tag{4-60}$$

其中

$$\hat{\boldsymbol{Q}}_e=2\,(\hat{e}_\eta\boldsymbol{E}+\hat{\boldsymbol{e}}_\xi^{\times})^{-1}$$

$$\hat{\boldsymbol{b}}=\mathrm{diag}\ (\hat{b}_1,\ \hat{b}_2,\ \hat{b}_3)$$

定理 4-3：考虑如式（4-54）所描述的系统，采用控制器式（4-59）可以使得系统状态 $[\hat{\boldsymbol{q}}_{fl}(t),\hat{\boldsymbol{\omega}}_{fl}(t)]$从初始位置在有限时间内收敛到期望状态$[\hat{\boldsymbol{q}}_{fl,d}(t),\hat{\boldsymbol{\omega}}_{fl,d}(t)]$，且跟踪误差$[\hat{\boldsymbol{e}}_\xi(t),\hat{\boldsymbol{e}}_\omega(t)]$将在有限时间内收敛到$(\hat{\boldsymbol{0}},\hat{\boldsymbol{0}})$，即有$\lim\limits_{t\to T}\hat{\boldsymbol{e}}_\xi(t)=\hat{\boldsymbol{0}}$，$\lim\limits_{t\to T}\hat{\boldsymbol{e}}_\omega(t)=\hat{\boldsymbol{0}}$。

证明：证明过程可分为两个步骤，第一步，系统状态在有限时间内达到 $\hat{s}_i=0+\varepsilon 0$；第二步，在 $\hat{s}_i=0+\varepsilon 0$ 的情况下，$[\hat{\boldsymbol{e}}_\xi(t),\hat{\boldsymbol{e}}_\omega(t)]$在有限时间内收敛至$(\hat{\boldsymbol{0}},\hat{\boldsymbol{0}})$[23]。

（1）第一步

定义如下形式的 Lyapunov 函数

$$\begin{aligned}V_1&=\frac{1}{2}\langle\hat{\boldsymbol{s}},\hat{\boldsymbol{s}}\rangle\\&=\frac{1}{2}\sum_{i=1}^{3}(|\ s_i\ |^2+|\ s'_i\ |^2)\end{aligned}\tag{4-61}$$

计算其一阶导数得

$$\begin{aligned}\dot{V}_1=&\langle\hat{\boldsymbol{s}},\dot{\hat{\boldsymbol{s}}}\rangle\\=&\langle\hat{\boldsymbol{s}},\ddot{\hat{\boldsymbol{e}}}_\xi+\hat{\boldsymbol{b}}\odot\dot{\hat{\boldsymbol{e}}}_\xi+\alpha\,\mathrm{diag}(\hat{c}_i\odot|\hat{e}_{\xi i}|^{\alpha-1})\odot\dot{\hat{\boldsymbol{e}}}_\xi\rangle\\=&\langle\hat{\boldsymbol{s}},\hat{\boldsymbol{Q}}_e^{-1}\dot{\hat{\boldsymbol{e}}}_\omega+\dot{\hat{\boldsymbol{Q}}}_e^{-1}\hat{\boldsymbol{e}}_\omega+\hat{\boldsymbol{b}}\odot\dot{\hat{\boldsymbol{e}}}_\xi+\alpha\,\mathrm{diag}(\hat{c}_i\odot|\hat{e}_{\xi i}|^{\alpha-1})\odot\dot{\hat{\boldsymbol{e}}}_\xi\rangle\\=&\langle\hat{\boldsymbol{s}},\hat{\boldsymbol{Q}}_e^{-1}(\dot{\hat{\boldsymbol{\omega}}}_{fl}-\dot{\hat{\boldsymbol{\omega}}}_{fl,d})+\dot{\hat{\boldsymbol{Q}}}_e^{-1}\hat{\boldsymbol{Q}}_e\dot{\hat{\boldsymbol{e}}}_\xi+\hat{\boldsymbol{b}}\odot\dot{\hat{\boldsymbol{e}}}_\xi+\alpha\,\mathrm{diag}(\hat{c}_i\odot|\hat{e}_{\xi i}|^{\alpha-1})\odot\dot{\hat{\boldsymbol{e}}}_\xi\rangle\\=&\langle\hat{\boldsymbol{s}},\hat{\boldsymbol{Q}}_e^{-1}(\hat{\boldsymbol{Q}}\ddot{\hat{\boldsymbol{\xi}}}_{fl}+\dot{\hat{\boldsymbol{Q}}}\dot{\hat{\boldsymbol{\xi}}}_{fl}-\dot{\hat{\boldsymbol{\omega}}}_{fl,d})+\dot{\hat{\boldsymbol{Q}}}_e^{-1}\hat{\boldsymbol{Q}}_e\dot{\hat{\boldsymbol{e}}}_\xi+\hat{\boldsymbol{b}}\odot\dot{\hat{\boldsymbol{e}}}_\xi+\alpha\,\mathrm{diag}(\hat{c}_i\odot|\hat{e}_{\xi i}|^{\alpha-1})\odot\dot{\hat{\boldsymbol{e}}}_\xi\rangle\\=&\left\langle\hat{\boldsymbol{s}},\hat{\boldsymbol{Q}}_e^{-1}\left\{\hat{\boldsymbol{M}}_{f0}^{-1}\left[\hat{\boldsymbol{M}}_{f0}\left(\begin{aligned}&\hat{\boldsymbol{Q}}\ddot{\hat{\boldsymbol{\xi}}}_{fl}+\dot{\hat{\boldsymbol{Q}}}\dot{\hat{\boldsymbol{\xi}}}_{fl}-\dot{\hat{\boldsymbol{\omega}}}_{fl,d}\cdots\\&\cdots+\hat{\boldsymbol{Q}}_e(\dot{\hat{\boldsymbol{Q}}}_e^{-1}\hat{\boldsymbol{Q}}_e\dot{\hat{\boldsymbol{e}}}_\xi+\hat{\boldsymbol{b}}\odot\dot{\hat{\boldsymbol{e}}}_\xi+\\&\alpha\,\mathrm{diag}(\hat{c}_i\odot|\hat{e}_{\xi i}|^{\alpha-1})\odot\dot{\hat{\boldsymbol{e}}}_\xi)\end{aligned}\right)\right]\right\}\right\rangle\\=&\langle\hat{\boldsymbol{s}},\hat{\boldsymbol{Q}}_e^{-1}[\hat{\boldsymbol{M}}_{f0}^{-1}(\hat{\boldsymbol{\psi}}_0+\hat{\boldsymbol{F}}_u^f+\Delta\hat{\boldsymbol{\psi}})]\rangle\end{aligned}\tag{4-62}$$

将控制器式（4－59）代入，并由引理 2－3 可得

$$\begin{aligned}\dot{V}_1 &\leqslant -\sum_{i=1}^{3}(\rho_i \mid s_i \mid + \rho'_i \mid s'_i \mid) + \\ &\quad \sum_{i=1}^{3}(\mid \delta_i \mid\mid s_i \mid + \mid \delta'_i \mid\mid s'_i \mid) \\ &\leqslant -\gamma_1 V_1^{\frac{1}{2}}\end{aligned} \tag{4-63}$$

其中

$$\gamma_1=\sqrt{2}\min\left[\min(\rho_i-\mid\delta_i\mid),\ \min(\rho'_i-\mid\delta'_i\mid)\right]$$

式中 i——正实数（$i=1,2,3$）。

因此由定理 2－5 可知，系统状态在有限时间内达到 $\hat{s}_i \equiv 0+\varepsilon 0$。

（2）第二步

当系统状态到达 $\hat{s}_i \equiv 0+\varepsilon 0$ 时，闭环系统变为

$$\dot{\hat{e}}_{\xi i} = -\hat{b}_i \odot \hat{e}_{\xi i} - \hat{c}_i \odot \hat{e}_{\xi i}^{\alpha} \tag{4-64}$$

进一步定义如下 Lyapunov 函数

$$V_2 = \frac{1}{2}\langle \hat{\boldsymbol{e}}_{\xi}, \hat{\boldsymbol{e}}_{\xi} \rangle \tag{4-65}$$

计算其一阶导数并由引理 2－3 可得

$$\begin{aligned}\dot{V}_2 &= \langle \hat{\boldsymbol{e}}_{\xi}, \dot{\hat{\boldsymbol{e}}}_{\xi} \rangle \\ &\leqslant -\sum_{i=1}^{3}(b_i \mid e_{\xi i} \mid^2 + b'_i \mid e'_{\xi i} \mid^2) - \\ &\quad \sum_{i=1}^{3}(c_i \mid e_{\xi i} \mid^{1+\alpha} + c'_i \mid e'_{\xi i} \mid^{1+\alpha}) \\ &\leqslant -\sum_{i=1}^{3}(c_i \mid e_{\xi i} \mid^{1+\alpha} + c'_i \mid e'_{\xi i} \mid^{1+\alpha}) \\ &\leqslant -\gamma_2 V_2^{\frac{1+\alpha}{2}}\end{aligned} \tag{4-66}$$

其中

$$\gamma_2 = 2^{\frac{1+\alpha}{2}}\min\left[\min(c_i),\ \min(c'_i)\right]$$

式中 i——正实数（$i=1,2,3$）。

再由定理 2－5 可知，系统状态的跟踪误差 $[\hat{\boldsymbol{e}}_{\xi}(t), \hat{\boldsymbol{e}}_{\omega}(t)]$将在有限时间内收敛至$(\hat{\boldsymbol{0}}, \hat{\boldsymbol{0}})$。

注 4－6：注意到控制器式(4－59)中含有非线性项 $\hat{c}_i \odot \hat{e}_{\xi i}^{\alpha}$，即有

$$
\begin{aligned}
\frac{\mathrm{d}}{\mathrm{d}t}(\hat{c}_i \odot \hat{e}_{\xi i}^{\alpha}) &= \alpha\,\mathrm{diag}(\hat{c}_i \odot |\hat{e}_{\xi i}|^{\alpha-1}) \odot \dot{\hat{\boldsymbol{e}}}_{\xi} \\
&= \alpha\,\mathrm{diag}(\hat{c}_i \odot |\hat{e}_{\xi i}|^{\alpha-1}) \odot (-\hat{b}_i \odot \hat{e}_{\xi i} - \hat{c}_i \odot \hat{e}_{\xi i}^{\alpha}) \\
&= -\alpha\,\mathrm{diag}(\hat{c}_i \odot b_i \odot |\hat{e}_{\xi i}|^{\alpha-1} \odot \hat{e}_{\xi i}) - \\
&\quad \alpha\,\mathrm{diag}(\hat{c}_i \odot \hat{c}_i \odot |\hat{e}_{\xi i}|^{\alpha-1} \odot \hat{e}_{\xi i}^{\alpha})
\end{aligned}
\tag{4-67}
$$

由式（4-67）可知，为避免当 $\hat{e}_{\xi i}\to 0$ 时控制器出现奇异，需满足 $0.5<\alpha<1$。

注 4-7：类似于注 4-1 所述的双平衡点问题，对于$\hat{\boldsymbol{e}}_{\xi}\equiv\hat{\boldsymbol{0}}$，同样有两个平衡点$\hat{\boldsymbol{e}}_{q+}$和$\hat{\boldsymbol{e}}_{q-}$与之对应。为了解决该双平衡点的问题，引入式（4-19）定义的参数 μ，并以 $\mu\hat{\boldsymbol{e}}_{\xi}$ 代替$\hat{\boldsymbol{e}}_{\xi}$，可得如下改进的 FSM 控制器

$$
\tilde{\hat{\boldsymbol{F}}}_{\mathrm{u}}^{\mathrm{f}} = -\hat{\boldsymbol{\psi}}_0 - \hat{\boldsymbol{M}}_{\mathrm{f0}}\{\hat{\boldsymbol{Q}}[\hat{\boldsymbol{\rho}} \odot \mathrm{sig}(\tilde{\hat{\boldsymbol{s}}})]\}
\tag{4-68}
$$

其中

$$
\tilde{\hat{\boldsymbol{s}}} = [\tilde{\hat{s}}_1,\ \tilde{\hat{s}}_2,\ \tilde{\hat{s}}_3]^{\mathrm{T}}
$$

且

$$
\tilde{\hat{s}}_i = \mu\,\dot{\hat{e}}_{\xi i} + \hat{b}_i \odot (\hat{\mu e}_{\xi i}) + \hat{c}_i \odot (\hat{\mu e}_{\xi i})^{\alpha}
$$

不难证明，改进的 FSM 控制器式（4-68）可以使 $\mu\,\hat{\boldsymbol{e}}_q$ 在有限时间内收敛到 $(1,\ 0,\ 0,\ 0)^{\mathrm{T}}+\varepsilon\,(0,\ 0,\ 0,\ 0)^{\mathrm{T}}$。这样，系统状态的跟踪误差将会根据初始条件的不同收敛到$\hat{\boldsymbol{e}}_{q+}$或$\hat{\boldsymbol{e}}_{q-}$。

4.3.3　不同滑模面的收敛时间分析

本小节将比较分析线性滑模面、终端滑模面和快速滑模面的收敛速度。不失一般性，本书考虑上述三种滑模面的标量形式，即

$$
\begin{aligned}
&\mathrm{FSM}: s_{\mathrm{fsm}} = \dot{x} + bx + c\,\mathrm{sgn}(x)\,|x|^{\alpha} \\
&\mathrm{LSM}: s_{\mathrm{lsm}} = \dot{x} + bx \\
&\mathrm{TSM}: s_{\mathrm{tsm}} = \dot{x} + c\,\mathrm{sgn}(x)\,|x|^{\alpha}
\end{aligned}
\tag{4-69}
$$

式中　$x\in\mathbf{R}$。

在第 3.5 节中已证明 LSM 方法仅能保证系统状态的渐近收敛性，而在第 4.2 和 4.3.2 节中已证明 TSM 和 FSM 方法可以使系统状态在有限时间内收敛。退一步讲，这三种方法都可以使系统状态 x 在有限时间内收敛到原点附近的一个邻域内。记原点附近的邻域为 $Z=\{x:\ |x|\leqslant\sigma\}$，则利用 FSM、LSM 和 TSM 方法，使系统状态收敛到邻域 Z 所用的时间分别为

$$\text{FSM}: T_{\text{fsm}}=\frac{1}{b(1-\alpha)}\ln\left(\frac{b\,|x(0)|^{1-\alpha}+c}{b\sigma^{1-\alpha}+c}\right)$$

$$\text{LSM}: T_{\text{lsm}}=\frac{1}{b}\ln\left(\frac{|x(0)|}{\sigma}\right) \tag{4-70}$$

$$\text{TSM}: T_{\text{tsm}}=\frac{1}{c(1-\alpha)}\left(|x(0)|^{1-\alpha}-\sigma^{1-\alpha}\right)$$

定理 4-4：如果系统的初始状态在邻域 Z 的外部，即 $|x(0)|>\sigma$，则快速滑模控制的收敛时间小于线性滑模控制和终端滑模控制，即 $T_{\text{fsm}}<T_{\text{lsm}}$ 和 $T_{\text{fsm}}<T_{\text{tsm}}$。

证明：证明过程分两步：第一步，$T_{\text{fsm}}<T_{\text{lsm}}$ 成立；第二步，$T_{\text{fsm}}<T_{\text{tsm}}$ 成立。

(1) 第一步

注意到 $|x(0)|>\sigma$ 且 $\alpha<1$，因此有 $|x(0)|^{1-\alpha}>\sigma^{1-\alpha}$，则易推出如下不等式成立

$$1<\frac{b\,|x(0)|^{1-\alpha}+c}{b\sigma^{1-\alpha}+c}<\left(\frac{|x(0)|}{\sigma}\right)^{1-\alpha} \tag{4-71}$$

因此有

$$\begin{aligned} T_{\text{fsm}}&=\frac{1}{b(1-\alpha)}\ln\left(\frac{b\,|x(0)|^{1-\alpha}+c}{b\sigma^{1-\alpha}+c}\right) \\ &<\frac{1}{b(1-\alpha)}\ln\left(\frac{|x(0)|}{\sigma}\right)^{1-\alpha} \\ &=\frac{1}{b}\ln\left(\frac{|x(0)|}{\sigma}\right)=T_{\text{lsm}} \end{aligned} \tag{4-72}$$

(2) 第二步

将 T_{tsm} 对 $|x(0)|$ 求导可得

$$\frac{\mathrm{d}T_{\text{tsm}}}{\mathrm{d}|x(0)|}=\frac{1}{c}|x(0)|^{-\alpha} \tag{4-73}$$

计算 T_{fsm} 对 $|x(0)|$ 的导数可得

$$\frac{\mathrm{d}T_{\text{fsm}}}{\mathrm{d}|x(0)|}=\frac{|x(0)|^{-\alpha}}{b\,|x(0)|^{1-\alpha}+c} \tag{4-74}$$

由于

$$\frac{|x(0)|^{-\alpha}}{b\,|x(0)|^{1-\alpha}+c}<\frac{1}{c}|x(0)|^{-\alpha}$$

因此有

$$\frac{\mathrm{d}T_{\text{fsm}}}{\mathrm{d}|x(0)|}<\frac{\mathrm{d}T_{\text{tsm}}}{\mathrm{d}|x(0)|} \tag{4-75}$$

当 $|x(0)|=\sigma$ 时，有 $T_{\text{fsm}}=T_{\text{tsm}}=0$。

因此对任意的 $|x(0)|>\sigma$，有 $T_{\text{fsm}}<T_{\text{tsm}}$。

证毕。

注 4-8：由 s_{fsm} 的方程可以看出，当系统状态远离原点时，滑模面的线性部分 $-bx$ 提供较快的收敛速度，而当系统状态在原点附近时，相比于线性部分，其终端部分

$-c\,\mathrm{sgn}(x)|x|^{\alpha}$ 提供更快的收敛速度。因此，结合 TSM 和 LSM 控制的优点，FSM 控制器无论在距离原点较远时还是较近时都能提供较快的收敛速度。

4.4　数学仿真及结果分析

本节以航天器交会对接的最后逼近段为背景，对本章所提出的控制器进行数学仿真验证。

假设目标航天器运行在近地点轨道高度为 300 km，离心率为 $e_1=0.2$ 的椭圆轨道上，且目标航天器是对地定向的，即目标航天器的本体坐标系与其轨道坐标系完全重合。初始时刻目标航天器的真近点角为 $\nu(0)=120°$。对于追踪航天器，空间交会对接最后逼近段的控制目标为：使其姿态与目标航天器始终保持一致，其轨道与目标航天器保持特定的距离。因此，期望的相对姿态和相对位置分别为

$$\boldsymbol{q}_{\mathrm{fl,d}}(t)=[1,0,0,0]^{\mathrm{T}} \text{ 或 } \boldsymbol{q}_{\mathrm{fl,d}}(t)=[-1,0,0,0]^{\mathrm{T}}$$

$$\boldsymbol{p}_{\mathrm{fl,d}}(t)=[5,0,0]^{\mathrm{T}}\,\mathrm{m}$$

仿真中，假设追踪航天器所受的干扰力和力矩为

$$\boldsymbol{f}_{\mathrm{d}}^{\mathrm{f}}=[0.05\sin(0.5t)\quad 0.07\sin(0.5t)\quad -0.01\sin(0.5t)]^{\mathrm{T}}\,\mathrm{N}$$

$$\boldsymbol{\tau}_{\mathrm{d}}^{\mathrm{f}}=[-0.04\sin(0.5t)\quad 0.03\sin(0.5t)\quad 0.05\sin(0.5t)]^{\mathrm{T}}\,\mathrm{N\cdot m}$$

追踪航天器实际的质量和转动惯量分别为

$$m_{\mathrm{f}}=97\ \mathrm{kg};\ \boldsymbol{J}_{\mathrm{f}}=\begin{bmatrix}19.2 & 0 & 0\\ 0 & 17 & 0\\ 0 & 0 & 20\end{bmatrix}\mathrm{kg\cdot m^2}$$

标称的质量和转动惯量分别为

$$m_{\mathrm{f0}}=100\ \mathrm{kg};\ \boldsymbol{J}_{\mathrm{f0}}=\begin{bmatrix}22 & 0 & 0\\ 0 & 20 & 0\\ 0 & 0 & 23\end{bmatrix}\mathrm{kg\cdot m^2}$$

将控制力限制在 $|f_i|\leqslant 1$ N 的范围内，控制力矩限制在 $|\tau_i|\leqslant 1$ N · m 的范围内。给出如下两种情况的仿真初值。

情况一

$$\boldsymbol{q}_{\mathrm{fl}}(0)=[0.377\,2,\ -0.432\,9,\ 0.664\,5,\ 0.478\,3]^{\mathrm{T}}$$

$$\boldsymbol{p}_{\mathrm{fl}}^{\mathrm{f}}(0)=[0,\ -10,\ 0]^{\mathrm{T}}\,\mathrm{m}$$

$$\hat{\boldsymbol{\omega}}_{\mathrm{fl}}^{\mathrm{f}}(0)=\hat{\boldsymbol{0}}$$

情况二

$$\boldsymbol{q}_{\mathrm{fl}}(0)=[-0.800\,1,\ -0.151\,7,\ 0.386\,6,\ 0.432\,9]^{\mathrm{T}}$$

$$\boldsymbol{p}_{\mathrm{fl}}^{\mathrm{f}}(0)=[-50,\ -10,\ 10]^{\mathrm{T}}\,\mathrm{m}$$

$$\hat{\boldsymbol{\omega}}_{\mathrm{fl}}^{\mathrm{f}}(0)=\hat{\boldsymbol{0}}$$

针对情况一，选取 TSM 控制器式（4－2）的参数为

$$\alpha=0.67,\ \hat{c}_i=0.1+\varepsilon 0.05,\ \hat{\rho}_i=5+\varepsilon 5$$

ATSM 控制器式（4－24）的参数为

$$\alpha=0.67,\hat{c}_i=0.1+\varepsilon 0.05,\hat{\rho}_i=5+\varepsilon 5$$

$$\boldsymbol{\Xi}=0.1\boldsymbol{I}_3,\boldsymbol{\Pi}=15\boldsymbol{I}_3,\boldsymbol{\Lambda}=10\boldsymbol{I}_3,\lambda=1$$

FSM 控制器式（4－59）的参数为

$$\alpha=0.67,\ \hat{b}_i=0.1+\varepsilon 0.02,\ \hat{c}_i=0.1+\varepsilon 0.05,\ \hat{\rho}_i=5+\varepsilon 5$$

针对情况二，仅以改进的 TSM 控制器式（4－20）为例，其参数选为

$$\alpha=0.67,\ \hat{c}_i=0.1+\varepsilon 0.05,\ \hat{\rho}_i=5+\varepsilon 10$$

选取情况一的初始条件，采用 TSM 控制器的仿真结果如图4－1～图 4－7 所示。图 4－1和图 4－2 给出了相对姿态角跟踪误差和相对角速度跟踪误差的时间历程曲线，可以看出，大约 50 s 后，姿态角误差收敛至0.01°以内，角速度误差收敛到 0.005（°)/s 以内。如图 4－3 和图 4－4 所示，相对位置跟踪误差和相对速度跟踪误差在大约 150 s 内收敛，且收敛精度分别为 0.002 m 和 0.001 m/s。图 4－5 和图 4－6 给出了控制力矩和控制力曲线，可见由于利用饱和函数替代了符号函数，系统的震颤情况得以改善。图 4－7 显示了相对运动对偶四元数的时间历程曲线，可见其实数部分收敛于 $\boldsymbol{q}_{\mathrm{fl}}=[1,\ 0,\ 0,\ 0]^{\mathrm{T}}$，对偶部分收敛于 $\boldsymbol{q}'_{\mathrm{fl}}=[0,\ 2.5,\ 0,\ 0]^{\mathrm{T}}$，即追踪航天器相对于目标航天器的姿态收敛于 $\boldsymbol{q}_{\mathrm{fl}}=[1,\ 0,\ 0,\ 0]^{\mathrm{T}}$，相对位置收敛于 $\boldsymbol{p}_{\mathrm{fl}}=[5,\ 0,\ 0]^{\mathrm{T}}\mathrm{m}$，满足航天器交会对接任务所提出的期望姿态和期望轨道。由上述仿真结果可知，尽管存在干扰力矩与转动惯量不确定性，但采用 TSM 控制器仍能使得系统状态在较短时间内稳定到平衡位置，实现航天器交会对接最后逼近段的控制目标。

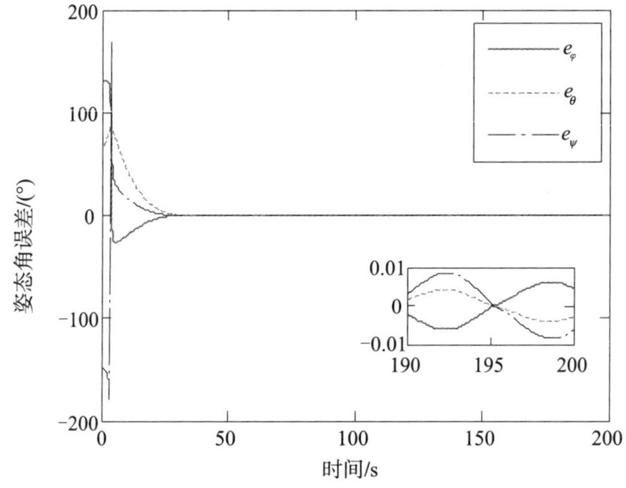

图 4－1　相对姿态角跟踪误差

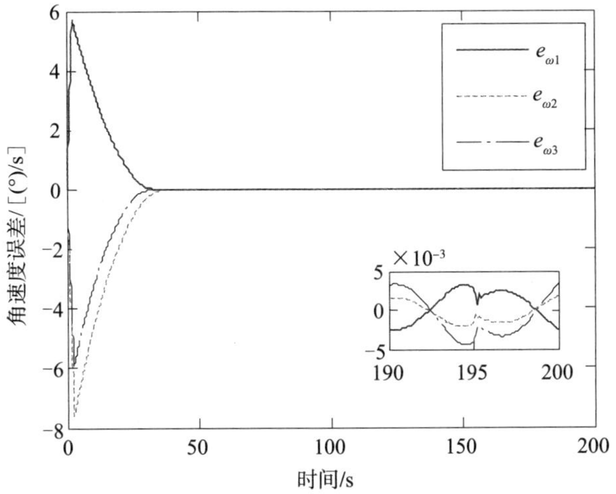

图 4-2　相对角速度跟踪误差

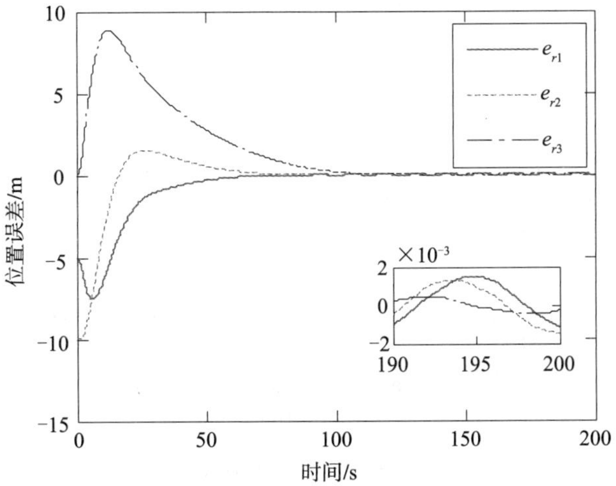

图 4-3　相对位置跟踪误差

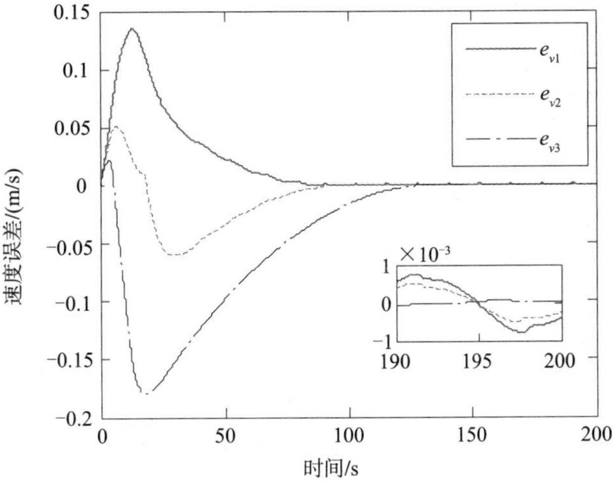

图 4-4　相对速度跟踪误差

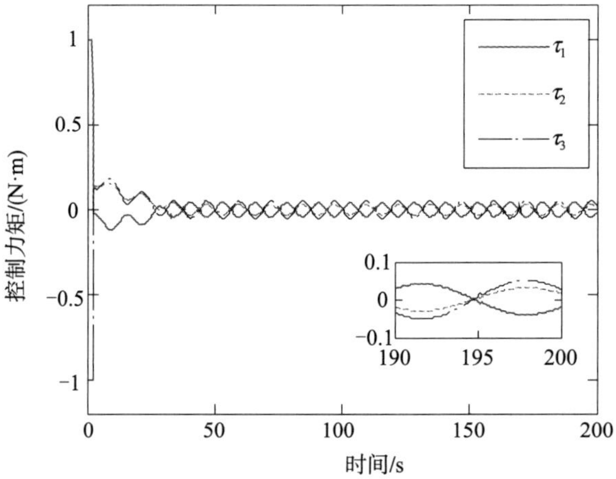

图 4－5　控制力矩曲线

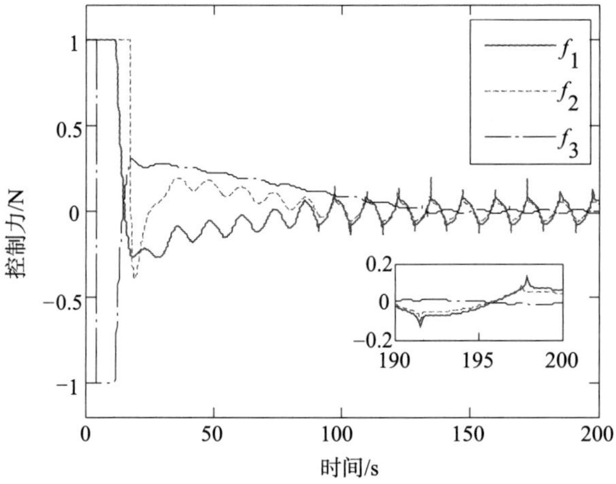

图 4－6　控制力曲线

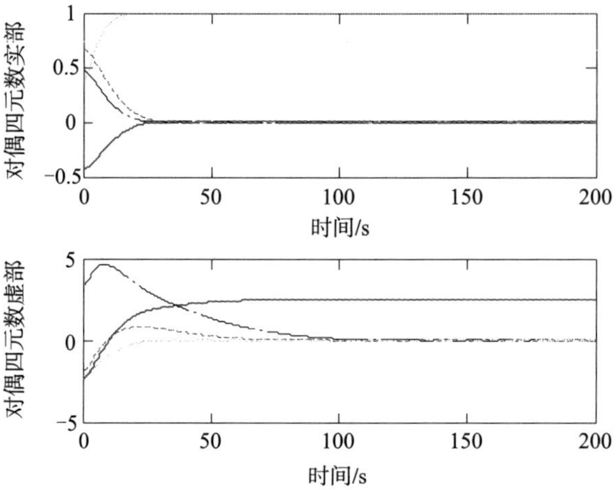

图 4－7　相对运动的对偶四元数曲线

针对情况一的仿真条件，采用 ATSM 控制器的仿真结果如图4－8～4－14 所示。可以看出，相对姿态角和相对角速度跟踪误差在 100 s 之前分别收敛到0.02 °和 0.01 (°)/s 以内，相对位置和相对速度跟踪误差在 150 s 之前收敛到 0.01 m 和 0.001 m/s 以内，相对运动的对偶四元数也在较短时间内收敛到期望状态。因此，在未知广义干扰上界的情况下，采用自适应有限时间控制器式（4－24）仍能有效地完成姿态与位置跟踪。

同样针对情况一的仿真条件，采用 FSM 控制器的仿真结果见图4－15～图 4－21。可见，相对姿态角和相对角速度跟踪误差在 50 s 之前分别收敛到0.02 °和 0.01 (°)/s 以内，相对位置和相对速度在 100 s 之前收敛到 0.005 m 和 0.001 m/s 以内，相对运动的对偶四元数在100 s以内即收敛到期望状态。上述仿真结果表明，采用 FSM 控制器可以实现相对姿态和相对轨道的高精度跟踪，且相对于 TSM 控制器，FSM 控制器的收敛时间更短，进一步证明了定理 4－4 中的结论。

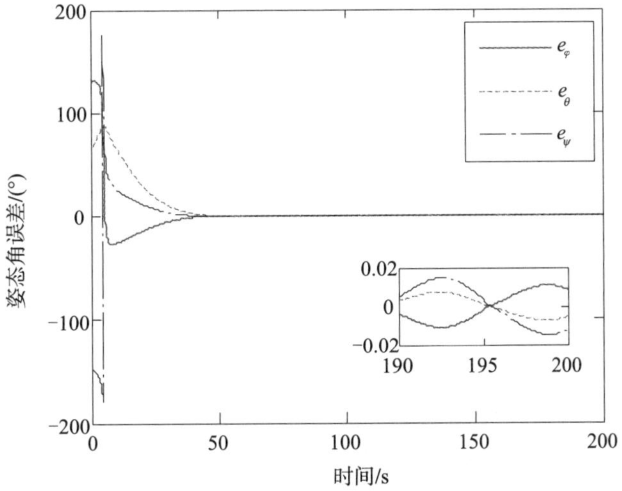

图 4－8　相对姿态角跟踪误差

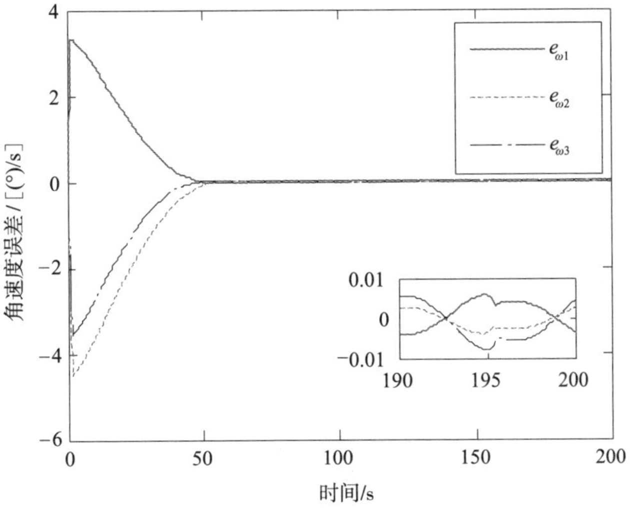

图 4－9　相对角速度跟踪误差

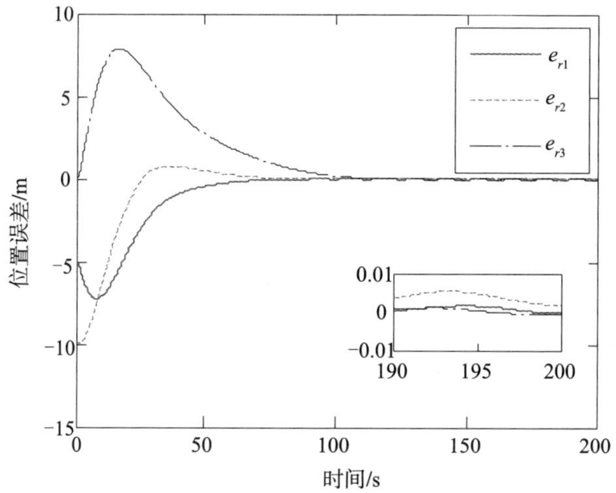

图 4-10　相对位置跟踪误差

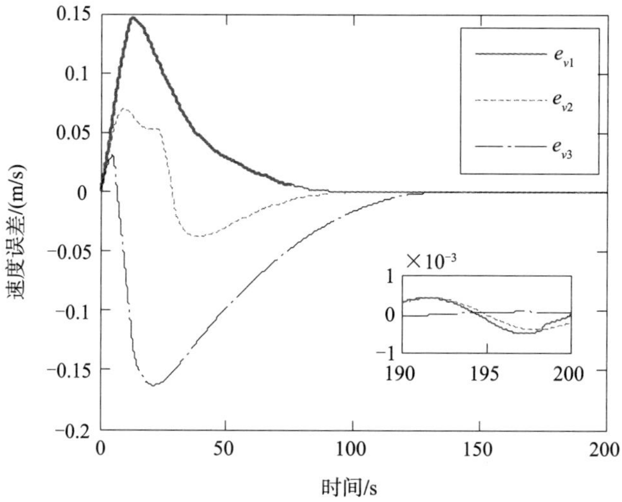

图 4-11　相对速度跟踪误差

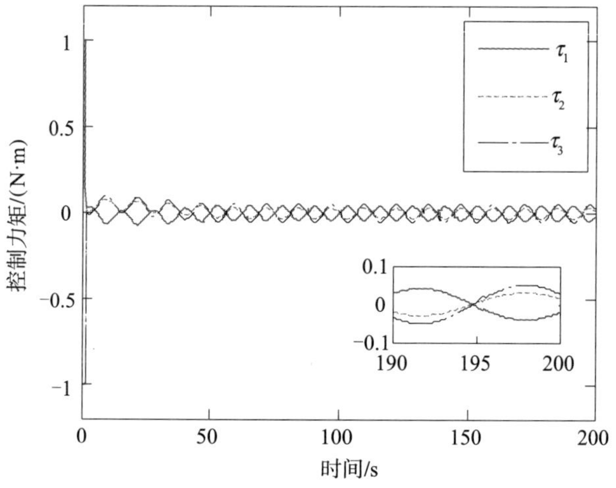

图 4-12　控制力矩曲线

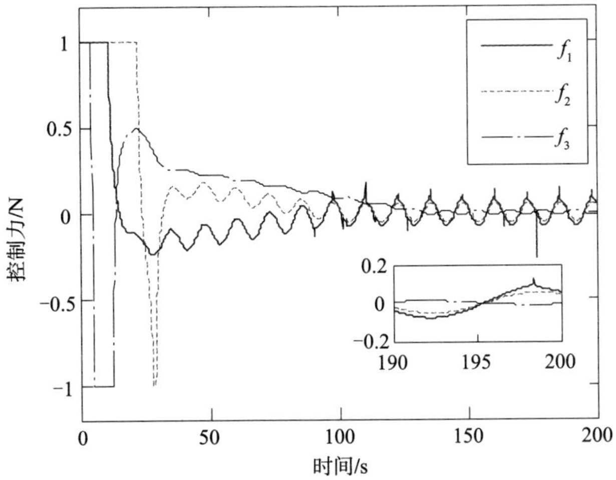

图 4 - 13　控制力曲线

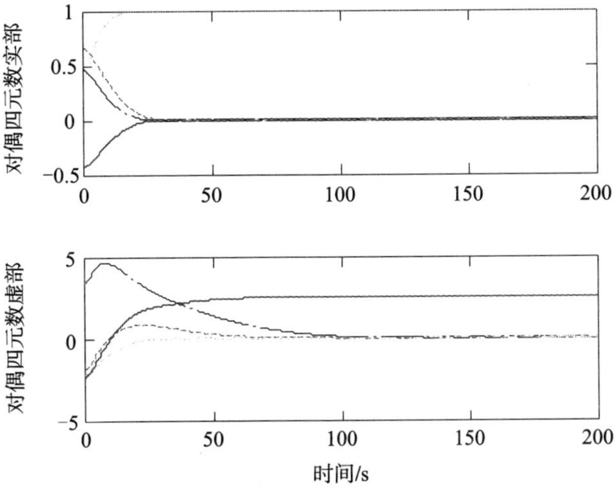

图 4 - 14　相对运动的对偶四元数曲线

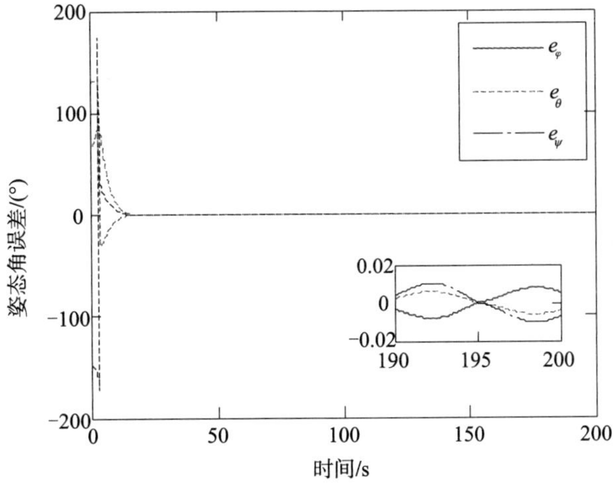

图 4 - 15　相对姿态角跟踪误差

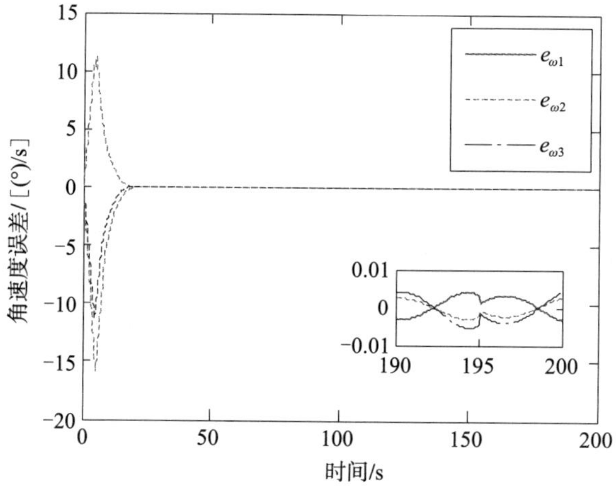

图 4-16　相对角速度跟踪误差

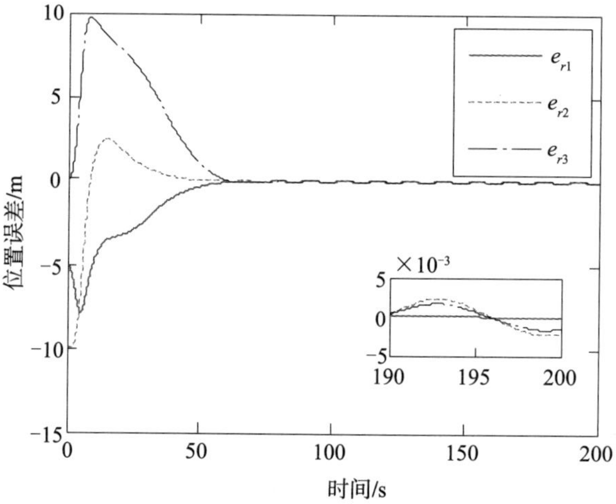

图 4-17　相对位置跟踪误差

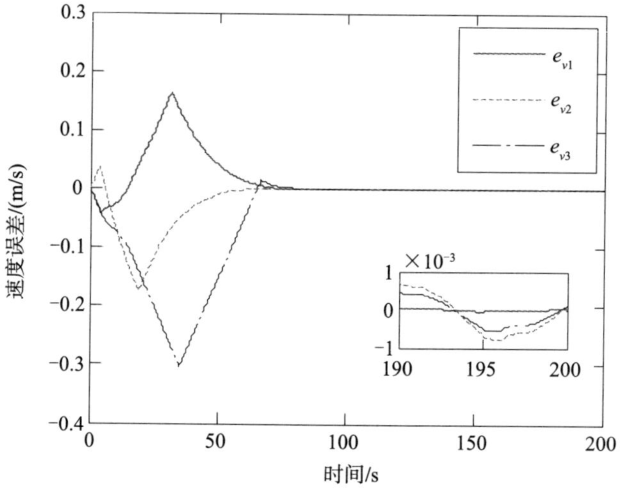

图 4-18　相对速度跟踪误差

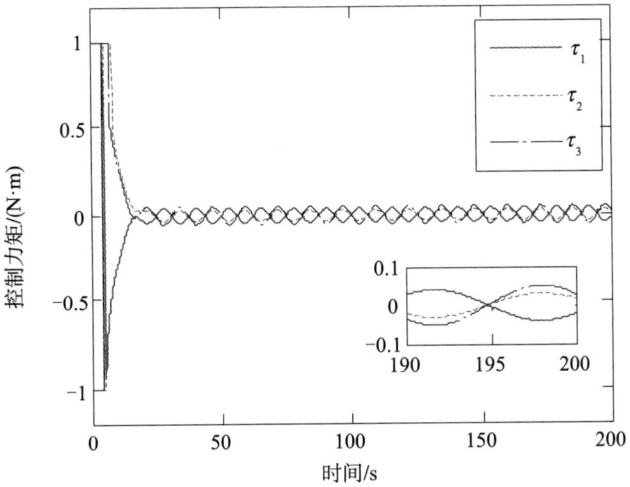

图 4-19　控制力矩曲线

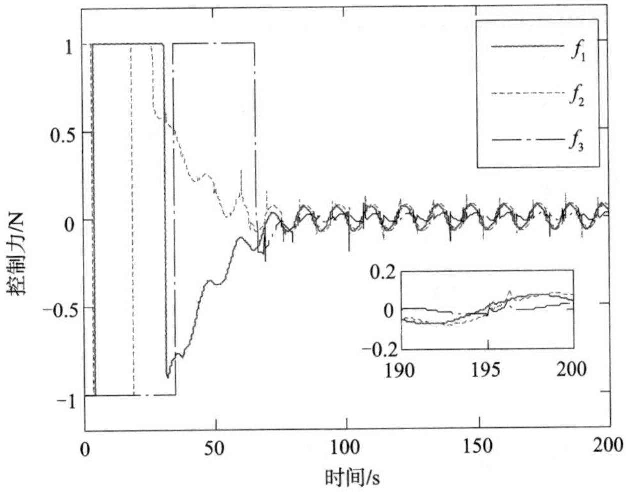

图 4-20　控制力曲线

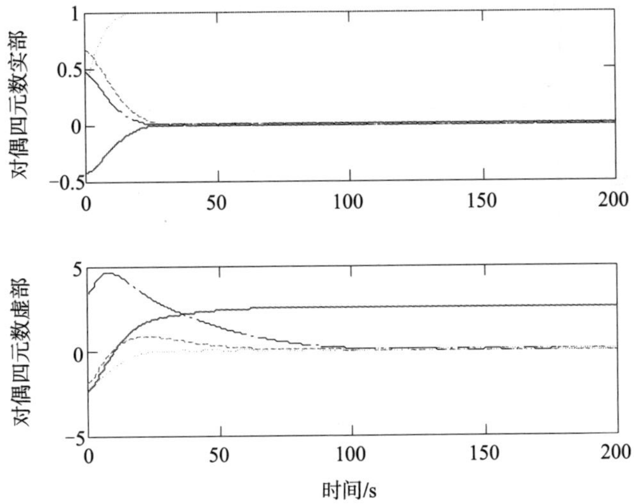

图 4-21　相对运动的对偶四元数曲线

针对情况二的初始条件，采用改进 TSM 控制器的仿真结果见图4－22～图 4－28。由仿真结果可知，改进的控制器式（4－20）可以使航天器相对轨道与姿态跟踪误差在较短时间内稳定。特别地，图 4－28 显示了相对运动对偶四元数的时间历程曲线，可见其实数部分收敛于 $\boldsymbol{q}_{\mathrm{fl}}=[-1,0,0,0]^{\mathrm{T}}$，对偶部分收敛于 $\boldsymbol{q}'_{\mathrm{fl}}=[0,-2.5,0,0]^{\mathrm{T}}$，即追踪航天器相对于目标航天器的姿态收敛于 $\boldsymbol{q}_{\mathrm{fl}}=[-1,0,0,0]^{\mathrm{T}}$，相对位置收敛于 $\boldsymbol{p}_{\mathrm{fl}}=[5,0,0]^{\mathrm{T}}\mathrm{m}$，满足航天器交会对接任务所提出的期望姿态和期望轨道。并且，由于初始条件中四元数的标部为负，控制器式(4－20)能够根据需要，使得对偶四元数的实数部分收敛于 $\boldsymbol{q}_{\mathrm{fl}}=[-1,0,0,0]^{\mathrm{T}}$，解决了双平衡点的问题，使得系统经历“更短的”轨迹到达平衡位置。

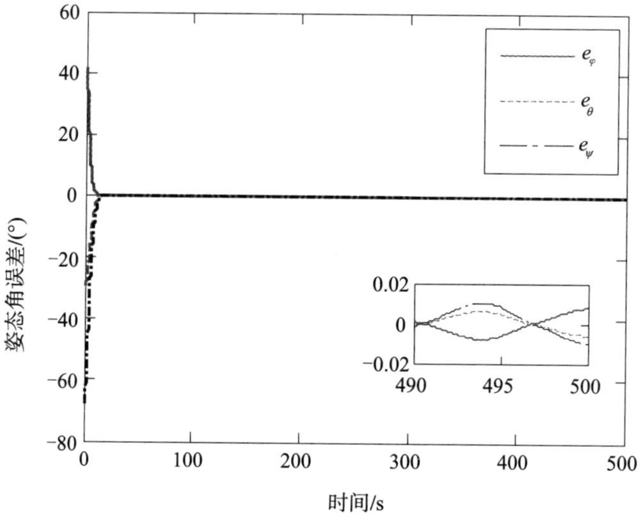

图 4－22　相对姿态角跟踪误差

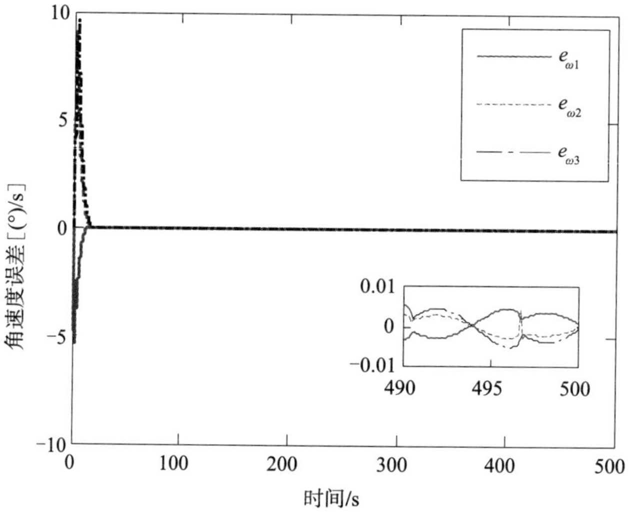

图 4－23　相对角速度跟踪误差

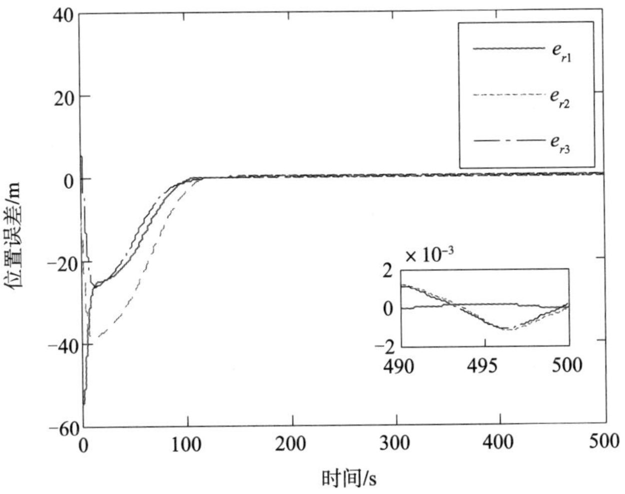

图 4 - 24　相对位置跟踪误差

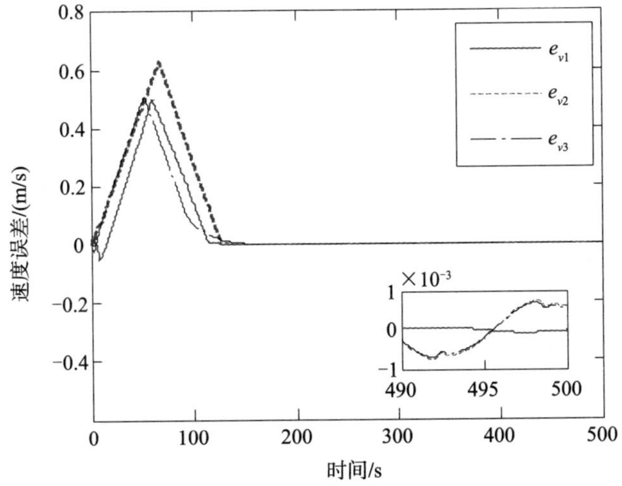

图 4 - 25　相对速度跟踪误差

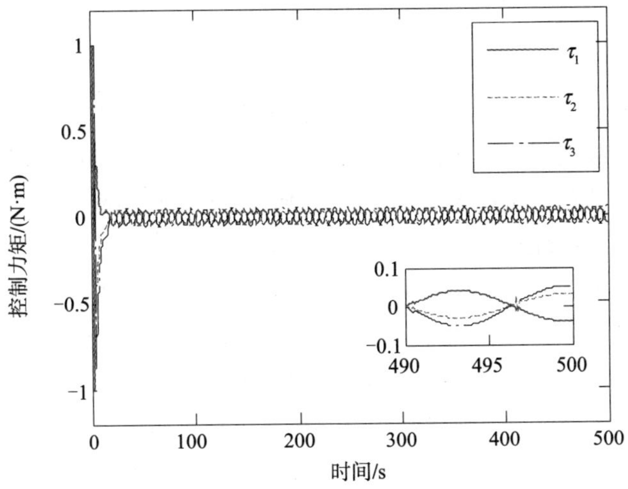

图 4 - 26　控制力矩曲线

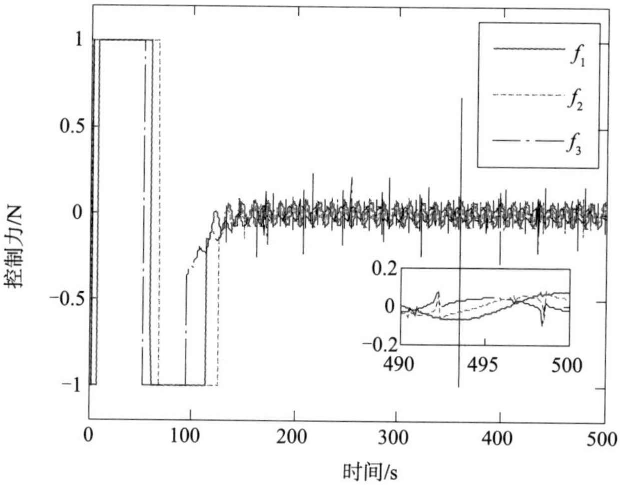

图 4-27　控制力曲线

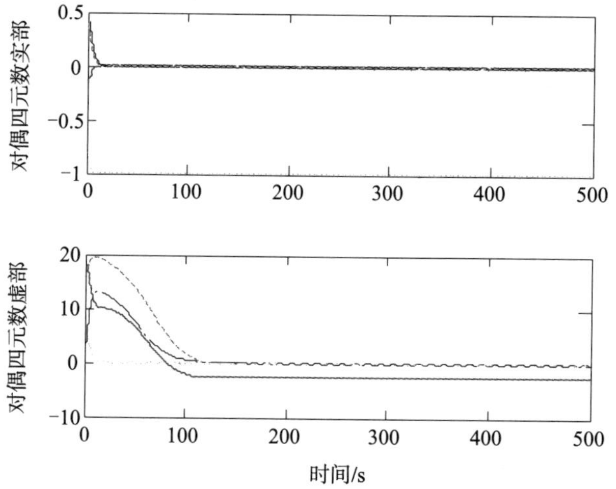

图 4-28　相对运动的对偶四元数曲线

4.5　小结

本章针对航天器相对运动的姿轨一体化控制问题，以对偶四元数的对数作为控制变量，设计了终端滑模控制器，该控制器不仅可以实现对期望状态的有限时间跟踪，还具有对外界干扰以及航天器模型不确定部分的鲁棒性。由于空间环境的复杂性而不能准确地描绘出模型的相关信息，因此提出了一种自适应有限时间控制器，该控制算法不需要广义干扰的上界。基于航天器相对运动学和动力学模型，推导了航天器相对运动的类拉格朗日方程。为了进一步提高控制器的快速性，基于类拉格朗日方程设计了快速有限时间控制器，并比较分析了线性滑模面、终端滑模面和快速滑模面的收敛速度。最后，结合航天器交会对接的应用背景，对上述控制算法进行了数学仿真验证。仿真结果表明，采用本章所提出的有限时间控制算法，可以实现航天器相对轨道与相对姿态的高精度快速跟踪。

参 考 文 献

[1] JOSHI S M, KELKAR A G, WEN J T Y. Robust Attitude Stabilization of Spacecraft Using Nonlinear Quaternion Feedback [J]. IEEE Transactions on Automatic Control, 1995, 40(10): 1800-1803.

[2] DWYER T A W, RAMIREZ H S. Variable-Structure Control of Spacecraft Attitude Maneuvers [J].Journal of Guidance Control and Dynamics, 1988, 11(3): 262-270.

[3] VADALI S R. Variable Structure Control of Spacecraft Large Angle Maneuvers [J]. Journal of Guidance Control and Dynamics, 1986, 9(2): 235-239.

[4] CONG B L, LIU X D, CHEN Z, REN X R. Time-varying Sliding Mode Control for Spacecraft Attitude Maneuver with Angular Velocity Constraint [C].2011 Chinese Control and Decision Conference, Mianyang, 2011: 670-674.

[5] 宋斌，李传江，马广富．航天器姿态机动的鲁棒自适应控制器设计[J].宇航学报，2008，29(1)：121-125.

[6] SHOW L L, JUANG J, JAN C Y W, LIN C T. Quaternion Feedback Attitude Control Design: a Nonlinear H_∞ Approach [J].Asian Journal of Control, 2003, 5(3): 406-411.

[7] WEN J T Y, DDLGADO K K. The Attitude Control Problem [J].IEEE Transactions on Automatic Control, 1991, 36(10): 1148-1162.

[8] JIN E D, SUN Z W. A New Simple PD-Like Robust Attitude Tracking Controller for Rigid Spacecraft [C]. IMACS Multiconference on "Computional Engineering in Systems Applications", Beijing, China, 2006.

[9] AKELLA M R. Rigid Body Attitude Tracking without Angular Velocity Feedback [J]. Systems & Control Letters, 2001, 42: 321-326.

[10] TAYEBI A. Unit Quaternion-Based Output Feedback for the Attitude Tracking Problem [J].IEEE Transactions on Automatic Control, 2008, 53(6): 1516-1520.

[11] LO S C, CHEN S P. Smooth Sliding-mode Control for Spacecraft Attitude Tracking Maneuvers [J].Journal of Guidance Control and Dynamics, 1995, 18(6): 1345-1349.

[12] 张治国，李俊峰，宝音贺西．卫星编队飞行指向跟踪姿态控制[J].清华大学学报(自然科学版)，2006，46(11)：1914-1917.

[13] NELSON E, SPARKS A, KANG W. Coordinated Nonlinear Tracking Control for Satellite Formations [C].AIAA Guidance Navigation and Control Conference and Exhibit, Monterey, 2001.

[14] 张玉锟．卫星编队飞行的动力学与控制研究[D].长沙：国防科技大学，2002.

[15] 苏罗鹏，李俊峰，高云峰．卫星编队飞行相对姿态控制[J].清华大学学报(自然科学版)，2003，43(5)：683-689.

[16] 李化义，张迎春，强文义，李葆华．编队 InSAR 相对姿态控制[J].宇航学报，2007，28(2)：338-343.

[17] WELSH S J, SUBBARAO K. Adaptive Synchronization and Control of Free Flying Robots for Capture of Dynamic Free - Floating Spacecrafts [C]. AIAA/AAS Astrodynamics Specialist Conference, 2004: 1193 - 1214.

[18] XU Y J, TATSCH A, COY N G F. Chattering Free Sliding Model Control for a 6 DOF Formation Flying Mission [C]. AIAA Guidance, Navigation, and Control Conference, San Francisco, CA, 2005.

[19] BONDHUS A K, PETTERSEN K Y, GRAVDAHL J T. Leader/Follower Synchronization of Satellite Attitude without Angular Velocity Measurements [C]. Proceedings of the IEEE Conference on Decision and Control, Seville, Spain, 2005: 7270 - 7277.

[20] WONG H, PAN H Z, KAPILA V. Output Feedback Control for Spacecraft Formation Flying with Coupled Translation and Attitude Dynamics [C]. Proceedings of the American Control Conference, Portland, USA, 2005: 2419 - 2426.

[21] JIN E, SUN Z. Robust Controllers Design with Finite Time Convergence for Rigid Spacecraft Attitude Tracking Control [J]. Aerospace Science and Technology, 2008, 12: 324 - 330.

[22] WU S, RADICE G, GAO Y, SUN Z. Quaternion - Based Finite Time Control for Spacecraft Attitude Tracking [J]. ACTA Astronautica, 2011, 69: 48 - 58.

[23] LIU H, LI J. Terminal Sliding Mode Control for Spacecraft Formation Flying [J]. IEEE Transactions on Aerospace and Electronic Systems, 2009, 45(3): 835 - 846.

[24] 张世杰. 基于单目视觉的航天器相对导航理论与算法研究[D]. 哈尔滨：哈尔滨工业大学，2005.

第 5 章　基于偏差对偶四元数的滑模变结构控制

5.1 引言

由于式（3－59）表征的系统是强耦合非线性的，而两个航天器的交会对接任务，卫星在低轨道飞行，整个过程时间较短，空间环境力和力矩对航天器的干扰较大，因此需要一种具有快速响应以及对参数变化和扰动不灵敏的控制方法，以提高空间交会对接停靠阶段的稳定度和控制精度，而滑模变结构控制具有上述优点[1-3]。以下基于相对动力学模型，设计滑模变结构控制律。

5.2 基于偏差对偶四元数的相对姿轨一体化控制

5.2.1 控制律设计

变结构控制的两个主要问题是设计合适的切换函数 $\hat{s}$ 和变结构控制律，这两个问题是相对独立的。切换函数应能使它所确定的滑动模态稳定且具有良好的动态品质。采用函数切换控制的设计方法，设计切换函数为

$$\hat{S}=\hat{\boldsymbol{\omega}}_e+\boldsymbol{k}\cdot \mathrm{vec}(\hat{\boldsymbol{e}}) \tag{5-1}$$

其中

$$\boldsymbol{k}=\mathrm{diag}\ \{k_1 \quad k_2 \quad \cdots \quad k_6\},\ k_i>0,\ i=1,\ \cdots,\ 6$$

$$\hat{\boldsymbol{S}}=[s_1 \quad s_2 \quad \cdots \quad s_6]^{\mathrm{T}}$$

式中　vec（$\hat{\boldsymbol{e}}$）——偏差对偶四元数的矢量部分；

$\boldsymbol{k}$——对角正定常数矩阵。

滑动模态存在是应用滑模变结构控制的前提，即满足滑动模态到达条件

$$\hat{S}\cdot\frac{\mathrm{d}}{\mathrm{d}t}\hat{S}<0 \tag{5-2}$$

设计控制律为等效控制加切换控制，即

$$\hat{u}=\hat{u}_{\mathrm{eq}}+\hat{u}_{\mathrm{vss}}$$

其中切换控制 $\hat{u}_{\mathrm{vss}}$ 实现对不确定性和外加干扰的鲁棒控制，等效控制 $\hat{u}_{\mathrm{eq}}$ 要满足 $\frac{\mathrm{d}}{\mathrm{d}t}\hat{S}=0$。求切换函数 $\hat{S}$ 的导数

$$\begin{aligned}\frac{\mathrm{d}}{\mathrm{d}t}\hat{S} &= \frac{\mathrm{d}}{\mathrm{d}t}\hat{\boldsymbol{\omega}}_{\mathrm{e}}+\boldsymbol{k}\cdot\frac{\mathrm{d}}{\mathrm{d}t}\mathrm{vec}(\hat{\boldsymbol{e}}) \\ &= \frac{\mathrm{d}}{\mathrm{d}t}\hat{\boldsymbol{\omega}}_{\mathrm{e}}+\boldsymbol{k}\cdot\frac{\mathrm{d}}{\mathrm{d}t}[\mathrm{vec}(\boldsymbol{e}_1)+\varepsilon\,\mathrm{vec}(\boldsymbol{e}_2)] \\ &= \frac{\mathrm{d}}{\mathrm{d}t}\hat{\boldsymbol{\omega}}_{\mathrm{e}}+\boldsymbol{k}\cdot\frac{\mathrm{d}}{\mathrm{d}t}[\mathrm{vec}(\boldsymbol{e}_1)+\varepsilon\,\mathrm{vec}(\boldsymbol{e}_1\circ\boldsymbol{v}_{\mathrm{e}}+\boldsymbol{e}_2\circ\boldsymbol{\omega}_{\mathrm{e}})]\end{aligned} \tag{5-3}$$

将对偶四元数动力学方程和式（3-59）第二式代入式（5-3）得

$$\begin{aligned}\frac{\mathrm{d}}{\mathrm{d}t}\hat{S} &= \frac{\mathrm{d}}{\mathrm{d}t}\hat{\boldsymbol{\omega}}_{\mathrm{e}}+\boldsymbol{k}\cdot\frac{\mathrm{d}}{\mathrm{d}t}\mathrm{vec}(\hat{\boldsymbol{e}}) \\ &= -\hat{\boldsymbol{M}}^{-1}(\hat{\boldsymbol{\omega}}_{\mathrm{e}}+Ad_{\hat{e}^*}\hat{\boldsymbol{\omega}}_{\mathrm{T}})\times\hat{\boldsymbol{M}}(\hat{\boldsymbol{\omega}}_{\mathrm{e}}+Ad_{\hat{e}^*}\hat{\boldsymbol{\omega}}_{T})-Ad_{\hat{e}^*}\hat{\boldsymbol{\omega}}_{\mathrm{T}}\times\hat{\boldsymbol{\omega}}_{\mathrm{e}}+\hat{\boldsymbol{M}}^{-1}\hat{\boldsymbol{f}}+\hat{\boldsymbol{u}}+ \\ &\quad \frac{1}{2}\boldsymbol{k}\cdot[\mathrm{vec}^{\times}(\boldsymbol{e}_1)+\mathrm{scal}(\boldsymbol{e}_1)\boldsymbol{I}]\boldsymbol{\omega}_{\mathrm{e}}+\frac{1}{2}\boldsymbol{k}\cdot\varepsilon\{[\mathrm{vec}^{\times}(\boldsymbol{e}_1)+\mathrm{scal}(\boldsymbol{e}_1)\boldsymbol{I}]\boldsymbol{v}_{\mathrm{e}}+ \\ &\quad [\mathrm{vec}^{\times}(\boldsymbol{e}_2)+\mathrm{scal}(\boldsymbol{e}_2)\boldsymbol{I}]\boldsymbol{\omega}_{\mathrm{e}}\}\end{aligned} \tag{5-4}$$

式中 $\mathrm{vec}^{\times}(\cdot)$——由四元数矢量部分各量构成的反对称矩阵，形式如式（2-38）；

$\mathrm{scal}(\cdot)$——四元数的数量部分。

令$\frac{\mathrm{d}}{\mathrm{d}t}\hat{S}=0$且不考虑干扰项得到等效控制律为

$$\begin{aligned}\hat{u}_{\mathrm{eq}} &= \hat{\boldsymbol{M}}^{-1}(\hat{\boldsymbol{\omega}}_{\mathrm{e}}+Ad_{\hat{e}^*}\hat{\boldsymbol{\omega}}_{\mathrm{T}})\times\hat{\boldsymbol{M}}(\hat{\boldsymbol{\omega}}_{\mathrm{e}}+Ad_{\hat{e}^*}\hat{\boldsymbol{\omega}}_{\mathrm{T}})+Ad_{\hat{e}^*}\hat{\boldsymbol{\omega}}_{\mathrm{T}}\times\hat{\boldsymbol{\omega}}_{\mathrm{e}}- \\ &\quad \frac{1}{2}\boldsymbol{k}\cdot[\mathrm{vec}^{\times}(\boldsymbol{e}_1)+\mathrm{scal}(\boldsymbol{e}_1)\boldsymbol{I}]\boldsymbol{\omega}_{\mathrm{e}}-\frac{1}{2}\boldsymbol{k}\cdot\varepsilon\{[\mathrm{vec}^{\times}(\boldsymbol{e}_1)+\mathrm{scal}(\boldsymbol{e}_1)\boldsymbol{I}]\boldsymbol{v}_{\mathrm{e}}+ \\ &\quad [\mathrm{vec}^{\times}(\boldsymbol{e}_2)+\mathrm{scal}(\boldsymbol{e}_2)\boldsymbol{I}]\boldsymbol{\omega}_{\mathrm{e}}\}\end{aligned} \tag{5-5}$$

切换控制取

$$\hat{u}_{\mathrm{vss}}=\boldsymbol{\alpha}\,\mathrm{sgn}\,(\hat{S})\ +\boldsymbol{\beta}\hat{S}$$

式中 $\mathrm{sgn}\,(\hat{S})$——符号函数；

$\boldsymbol{\alpha}$、$\boldsymbol{\beta}$——负定对角阵。

此处，切换控制$\hat{u}_{\mathrm{vss}}$包含$\boldsymbol{\beta}\hat{S}$项，能够减少变结构控制产生的震颤现象。于是得到下面的可选择的控制律

$$\begin{aligned}\hat{u} &= \hat{\boldsymbol{M}}^{-1}(\hat{\boldsymbol{\omega}}_{\mathrm{e}}+Ad_{\hat{e}^*}\hat{\boldsymbol{\omega}}_{\mathrm{T}})\times\hat{\boldsymbol{M}}(\hat{\boldsymbol{\omega}}_{\mathrm{e}}+Ad_{\hat{e}^*}\hat{\boldsymbol{\omega}}_{\mathrm{T}})+\mathrm{Ad}_{\hat{e}^*}\hat{\boldsymbol{\omega}}_{\mathrm{T}}\times\hat{\boldsymbol{\omega}}_{\mathrm{e}}+ \\ &\quad \boldsymbol{\alpha}\,\mathrm{sgn}(\hat{S})+\boldsymbol{\beta}\,\hat{S}-\frac{1}{2}\boldsymbol{k}\cdot[\mathrm{vec}^{\times}(\boldsymbol{e}_1)+\mathrm{scal}(\boldsymbol{e}_1)\boldsymbol{I}]\boldsymbol{\omega}_{\mathrm{e}}- \\ &\quad \frac{1}{2}\boldsymbol{k}\cdot\varepsilon\{[\mathrm{vec}^{\times}(\boldsymbol{e}_1)+\mathrm{scal}(\boldsymbol{e}_1)\boldsymbol{I}]\boldsymbol{v}_{\mathrm{e}}+[\mathrm{vec}^{\times}(\boldsymbol{e}_2)+\mathrm{scal}(\boldsymbol{e}_2)\boldsymbol{I}]\boldsymbol{\omega}_{\mathrm{e}}\}\end{aligned} \tag{5-6}$$

将式（5-2）表示成 Lyapunov 函数型的到达条件，选取 Lyapunov 函数为

$$V_1=\frac{1}{2}\hat{\boldsymbol{s}}^{\mathrm{T}}\hat{\boldsymbol{M}}\hat{\boldsymbol{s}} \tag{5-7}$$

求其相对时间导数并将式（5－4）代入，其中有

$$\frac{\mathrm{d}}{\mathrm{d}t}V_1=\frac{1}{2}\hat{\boldsymbol{s}}^{\mathrm{T}}\hat{\boldsymbol{M}}\frac{\mathrm{d}}{\mathrm{d}t}\hat{\boldsymbol{s}}=\frac{1}{2}\hat{\boldsymbol{s}}^{\mathrm{T}}[-(\hat{\boldsymbol{\omega}}_{\mathrm{e}}+Ad_{\hat{e}*}\hat{\boldsymbol{\omega}}_{\mathrm{T}})\times\hat{\boldsymbol{M}}(\hat{\boldsymbol{\omega}}_{\mathrm{e}}+Ad_{\hat{e}*}\hat{\boldsymbol{\omega}}_{\mathrm{T}})-$$

$$\hat{\boldsymbol{M}}Ad_{\hat{e}*}\hat{\boldsymbol{\omega}}_{\mathrm{T}}\times\hat{\boldsymbol{\omega}}_{\mathrm{e}}+\hat{\boldsymbol{f}}+\hat{\boldsymbol{M}}\hat{\boldsymbol{u}}+\frac{1}{2}\hat{\boldsymbol{M}}\boldsymbol{k}\cdot[\mathrm{vec}^{\times}(\boldsymbol{e}_1)+\mathrm{scal}(\boldsymbol{e}_1)\boldsymbol{I}]\boldsymbol{\omega}_{\mathrm{e}}+ \tag{5-8}$$

$$\frac{1}{2}\hat{\boldsymbol{M}}\boldsymbol{k}\cdot\varepsilon\{[\mathrm{vec}^{\times}(\boldsymbol{e}_1)+\mathrm{scal}(\boldsymbol{e}_1)\boldsymbol{I}]\boldsymbol{v}_{\mathrm{e}}+[\mathrm{vec}^{\times}(\boldsymbol{e}_2)+\mathrm{scal}(\boldsymbol{e}_2)\boldsymbol{I}]\boldsymbol{\omega}_{\mathrm{e}}\}]$$

不考虑干扰时，式（5－7）变为

$$\frac{\mathrm{d}}{\mathrm{d}t}V_1=\frac{1}{2}\hat{\boldsymbol{s}}^{\mathrm{T}}\hat{\boldsymbol{M}}\frac{\mathrm{d}}{\mathrm{d}t}\hat{\boldsymbol{s}}=\frac{1}{2}\hat{\boldsymbol{s}}^{\mathrm{T}}[-(\hat{\boldsymbol{\omega}}_{\mathrm{e}}+Ad_{\hat{e}*}\hat{\boldsymbol{\omega}}_{\mathrm{T}})\times\hat{\boldsymbol{M}}(\hat{\boldsymbol{\omega}}_{\mathrm{e}}+Ad_{\hat{e}*}\hat{\boldsymbol{\omega}}_{\mathrm{T}})-$$

$$\hat{\boldsymbol{M}}Ad_{\hat{e}*}\hat{\boldsymbol{\omega}}_{\mathrm{T}}\times\hat{\boldsymbol{\omega}}_{\mathrm{e}}+\hat{\boldsymbol{M}}\hat{\boldsymbol{u}}+\frac{1}{2}\hat{\boldsymbol{M}}\boldsymbol{k}\cdot[\mathrm{vec}^{\times}(\boldsymbol{e}_1)+\mathrm{scal}(\boldsymbol{e}_1)\boldsymbol{I}]\boldsymbol{\omega}_{\mathrm{e}}+ \tag{5-9}$$

$$\frac{1}{2}\hat{\boldsymbol{M}}\boldsymbol{k}\cdot\varepsilon\{[\mathrm{vec}^{\times}(\boldsymbol{e}_1)+\mathrm{scal}(\boldsymbol{e}_1)\boldsymbol{I}]\boldsymbol{v}_{\mathrm{e}}+[\mathrm{vec}^{\times}(\boldsymbol{e}_2)+\mathrm{scal}(\boldsymbol{e}_2)\boldsymbol{I}]\boldsymbol{\omega}_{\mathrm{e}}\}]$$

将式（5－6）代入式（5－9）得到

$$\frac{\mathrm{d}}{\mathrm{d}t}V_1=\frac{1}{2}\hat{\boldsymbol{s}}^{\mathrm{T}}\hat{\boldsymbol{M}}[\boldsymbol{\alpha}\,\mathrm{sgn}(\hat{S})+\boldsymbol{\beta}\hat{S}]<0 \tag{5-10}$$

可见，满足可到达条件，滑动模态存在。

即 $\hat{S}=0$ 存在。

在满足 $\hat{S}=0$ 情况下，将式分解成实数和对偶两部分有

$$\begin{cases}\boldsymbol{\omega}_{\mathrm{e}}=-\boldsymbol{k}\cdot\mathrm{vec}(\boldsymbol{e}_1)\\ \boldsymbol{v}_{\mathrm{e}}=-\boldsymbol{k}\cdot\mathrm{vec}(\boldsymbol{e}_2)\end{cases} \tag{5-11}$$

选取 Lyapunov 函数为

$$V_2=\frac{1}{2}\boldsymbol{k}\cdot\mathrm{vec}^{\mathrm{T}}(\boldsymbol{e}_1)\mathrm{vec}(\boldsymbol{e}_1) \tag{5-12}$$

求导有

$$\begin{aligned}\frac{\mathrm{d}}{\mathrm{d}t}V_2&=\boldsymbol{k}\cdot\mathrm{vec}^{\mathrm{T}}(\boldsymbol{e}_1)\frac{\mathrm{d}}{\mathrm{d}t}[\mathrm{vec}(\boldsymbol{e}_1)]=\boldsymbol{k}\cdot\mathrm{vec}^{\mathrm{T}}(\boldsymbol{e}_1)[\frac{1}{2}\Lambda(\boldsymbol{e}_1)\boldsymbol{\omega}_{\mathrm{e}}]\\&=-\frac{1}{2}\boldsymbol{k}\,\mathrm{vec}^{\mathrm{T}}(\boldsymbol{e}_1)\Lambda(\boldsymbol{e}_1)[-\boldsymbol{k}\cdot\mathrm{vec}(\boldsymbol{e}_1)]\\&=-\frac{1}{2}\boldsymbol{k}^2\cdot\mathrm{scal}(\boldsymbol{e}_1)\,\|\mathrm{vec}(\boldsymbol{e}_1)\|^2\leqslant 0\end{aligned} \tag{5-13}$$

其中

$$\Lambda(\boldsymbol{e}_1)=[\mathrm{vec}^{\times}(\boldsymbol{e}_1)+\mathrm{scal}(\boldsymbol{e}_1)\boldsymbol{I}]$$

并用到

$$\boldsymbol{X}^{\mathrm{T}}\Lambda(\boldsymbol{e}_1)\boldsymbol{X}=\mathrm{scal}(\boldsymbol{e}_1)\,\|\boldsymbol{X}\|^2,\ X\in IR^3$$

式中　$\|\cdot\|$——范数。

故 V_2 半正定，$\frac{\mathrm{d}}{\mathrm{d}t}V_2$ 半负定，且都仅当 vec（$\boldsymbol{e}_1$）为零时等号成立。因此 $\hat{S}$ 的实部收敛于零，得到$\boldsymbol{\omega}_e$ 也收敛于零。

由 $\hat{\boldsymbol{e}}$ 的定义可知，在姿态四元数$\boldsymbol{e}_1$ 收敛的条件下容易得到 vec（$\boldsymbol{e}_2$）$=\frac{1}{2}\boldsymbol{p}$，将其代入式（5-11）中，并运用$\hat{\boldsymbol{\omega}}_e$ 的定义有

$$\dot{\boldsymbol{p}}+\boldsymbol{\omega}_e\times\boldsymbol{p}+\boldsymbol{k}\cdot\frac{1}{2}\boldsymbol{p}=0 \tag{5-14}$$

由于$\boldsymbol{\omega}_e$ 收敛到零，解式（5-14），容易得到当 $t\to\infty$时，$\boldsymbol{p}$ 是收敛到零的。进而得到 vec（$\boldsymbol{e}_2$）、$\boldsymbol{v}_e$ 收敛到零。

因此，采用控制器式（5-6）可以保证闭环系统稳定，且相对姿态、相对姿态角速度、相对位置和相对速度皆收敛于 $\hat{0}$。

在仿真过程中，为了减小由于 sgn 函数不连续引起的震颤，将其用 sat 函数代替。其中 sat 函数定义为

$$\text{sat}=\begin{cases}\text{sgn}(\zeta) & |\zeta|>\nabla\\ \zeta & |\zeta|\leqslant\nabla\end{cases} \tag{5-15}$$

式中 ∇——1 个小的正常数。

假设干扰对偶力为

$$\hat{\boldsymbol{f}}=\begin{bmatrix}2[1+\sin(0.1t)]\\ 1+\cos(0.1t)\\ 2[1+\sin(0.1t)]\end{bmatrix}\times10^{-4}\ \text{N}+\varepsilon\begin{bmatrix}2[1+\sin(0.001t+\pi/2)]\\ 1+\cos(0.001t-\pi/2)\\ 2[1+\sin(0.001t+\pi))\end{bmatrix}\times10^{-4}\ \text{N}\cdot\text{m}$$

仿真条件和初值与第 4 章相同，仿真时间为 80 s，控制参数见表 5-1。

表 5-1 变结构控制的控制参数

变结构控制的增益	值
$\boldsymbol{k}$	diag {0.35，0.35，0.35，0.35，0.35，0.35}
$\boldsymbol{\alpha}$	diag{−0.000 08,−0.000 08,−0.000 08,−0.000 08,−0.000 08,−0.000 08}
$\boldsymbol{\beta}$	diag {−0.95，−0.95，−0.95，−0.95，−0.95，−0.95}
仿真时间 t/s	80

5.2.2 仿真结果与分析

由图 5-1 和图 5-2 可以看出，追踪航天器相对于目标航天器的偏差对偶四元数的实数和对偶部分皆收敛到零；由图 5-3 和图 5-4 可以看出，与之对应的相对欧拉角和相对位置变化光滑平稳，在 $t=20$ s 时收敛到零；由图 5-5 和图5-6可以看出，相对姿态角速度及相对速度变化平滑，在 $t=20$ s 时也收敛于零。可见，该耦合控制系统已达到空间交会对接最后逼近段稳定度的要求。

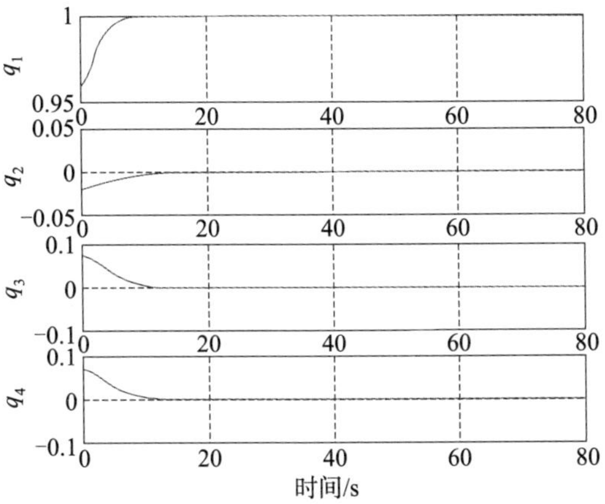

图 5-1　相对姿态四元数随时间变化曲线

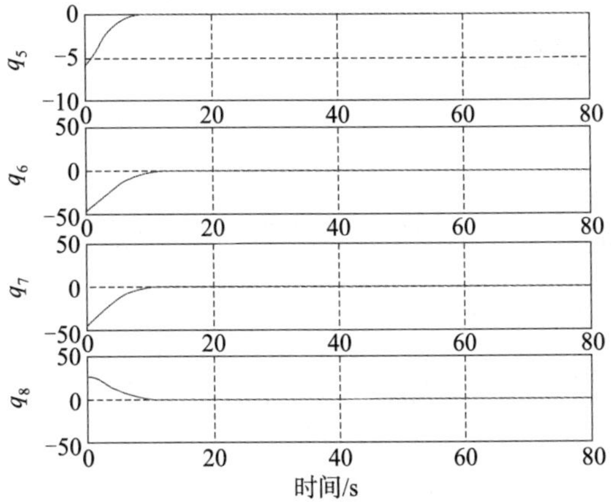

图 5-2　偏差对偶四元数对偶部分随时间变化曲线

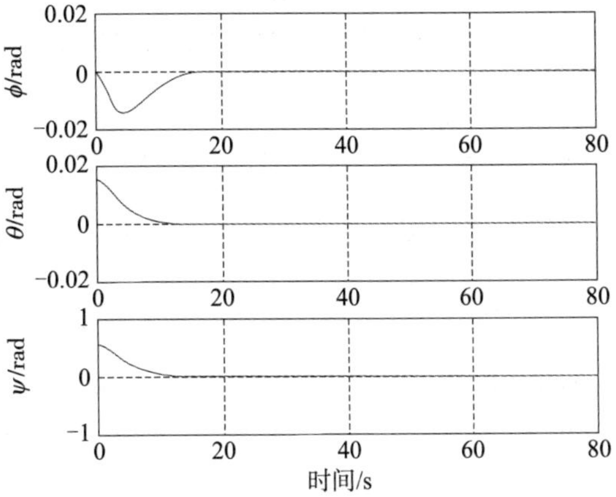

图 5-3　相对欧拉角随时间变化曲线

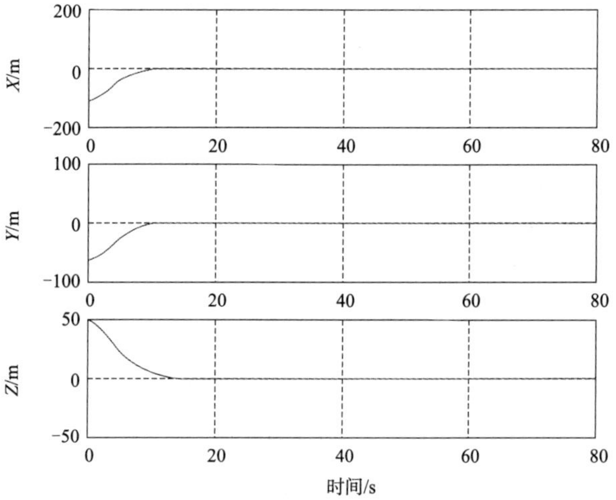

图 5-4　相对位置随时间变化曲线

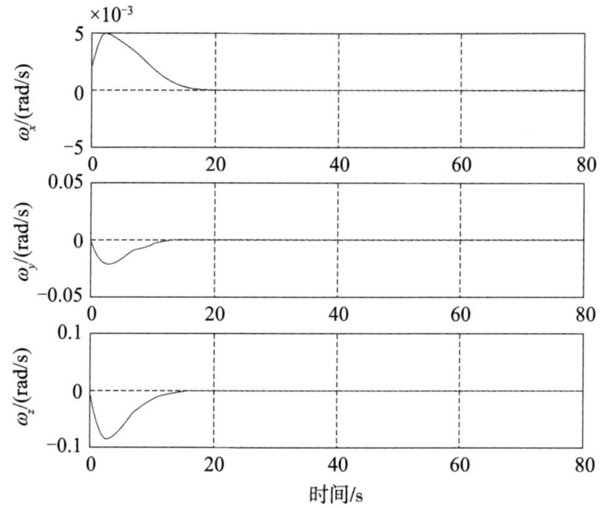

图 5-5　相对姿态角速度随时间变化曲线

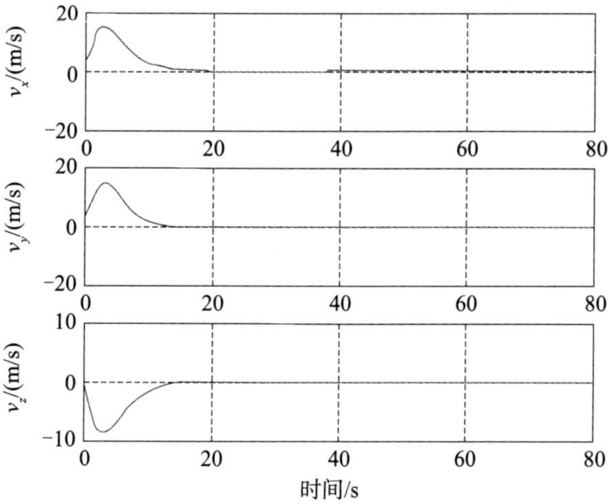

图 5-6　相对速度随时间变化曲线

由图 5－7 和图 5－8 可以看出控制力矩和控制力均逐渐减小，在 20 s 左右收敛到零。

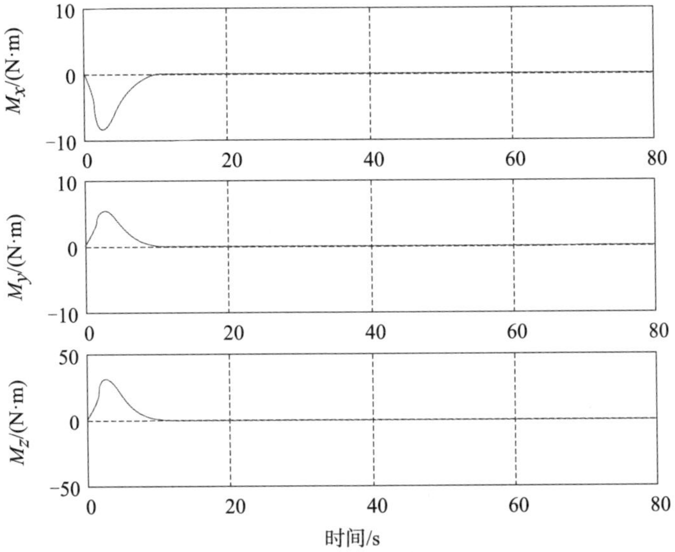

图 5－7 控制力矩随时间变化曲线

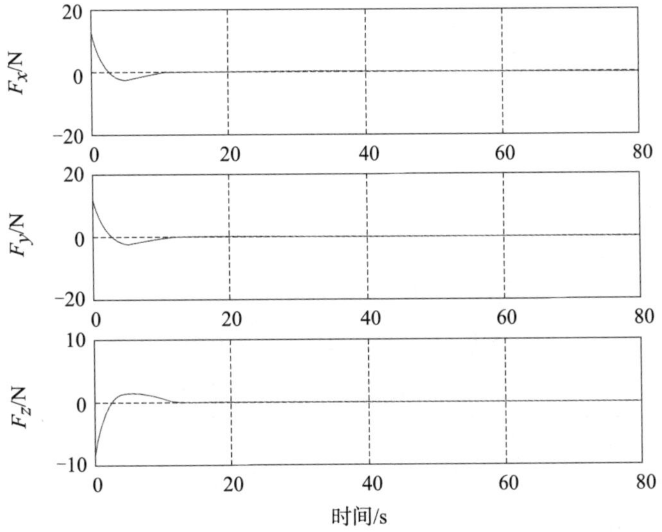

图 5－8 控制力随时间变化曲线

图 5－9 和图 5－10 是两个航天器相对位置从初始位置收敛到零过程的三维和 XY 平面曲线，从中可以看出其为近似的直线，其变化过程平稳，达到空间交会对接最后逼近阶段相对位置期望的变化过程。

由表 5－2 看到：当仿真时间 $t=50$ s 时，相对姿态角偏差最大小于 1.85×10^{-6} rad，相对距离最大小于 1.49×10^{-6} m，相对速度最大小于 0.49×10^{-6} m/s，相对姿态角速度误差最大也小于 -0.5×10^{-8} rad/s，可见，该耦合控制系统已达到空间交会对接最后逼近阶段的控制精度的要求，而且精度较高。

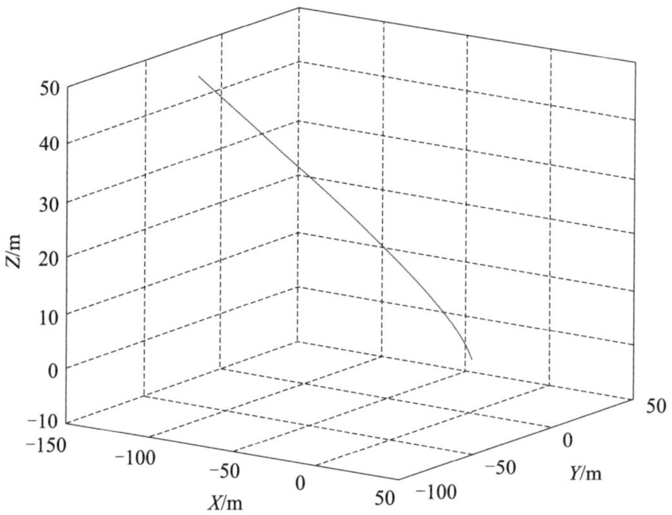

图 5－9　相对位置变化过程三维曲线

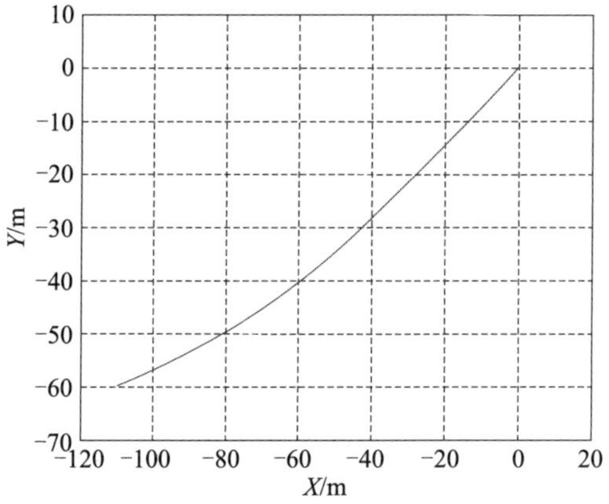

图 5－10　相对位置变化过程 XY 平面曲线

表 5－2 变结构控制的控制结果

被控参数及符号	控制结果	被控参数及符号	控制结果
偏航角 φ/rad	1.85×10^{-6}	位置四元数 q'	—
俯仰角 θ/rad	5.45×10^{-7}	速度分量 v_x/（m/s）	0.49×10^{-6}
滚动角 ψ/rad	0.36×10^{-8}	速度分量 v_y/（m/s）	0.39×10^{-6}
姿态四元数/q	—	速度分量 v_z/（m/s）	0.72×10^{-8}
位置分量 x/m	-0.245×10^{-6}	角速度分量 ω_x/（rad/s）	0.07×10^{-8}
位置分量 y/m	0.158×10^{-6}	角速度分量 ω_y/（rad/s）	-0.17×10^{-8}
位置分量 z/m	1.49×10^{-6}	角速度分量 ω_z/（rad/s）	-0.5×10^{-8}
仿真时间 t/s	50	仿真时间 t/s	50

仿真过程中还得出了以下结论，增大 $\boldsymbol{k}$ 和 $\boldsymbol{\alpha}$ 能加快收敛速度，但同时会引起较大的振动，需要折中考虑。

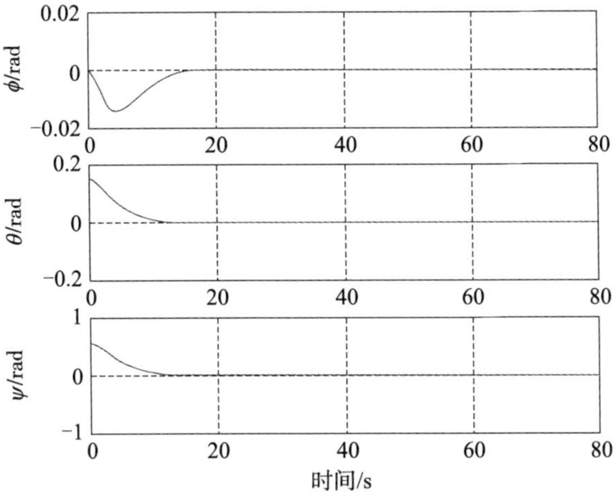

图 5 - 11　欧拉角曲线随时间变化曲线

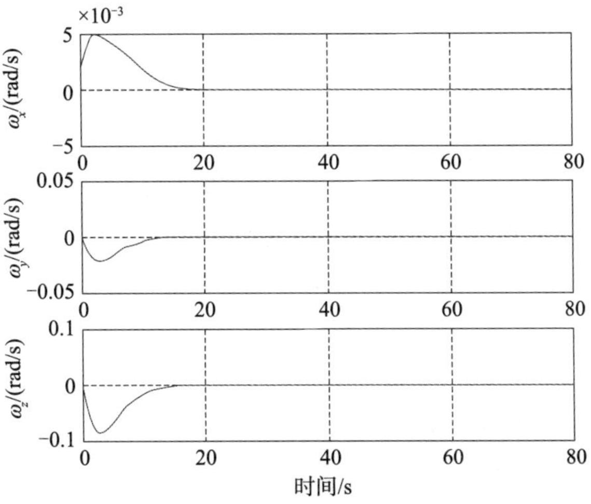

图 5 - 12　相对姿态角速度曲线随时间变化曲线

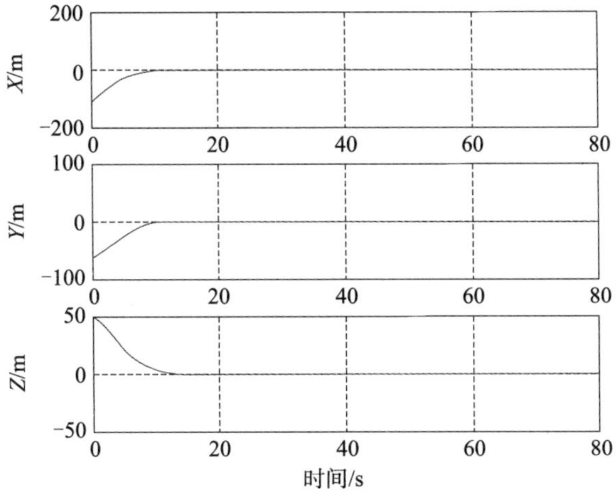

图 5 - 13　相对位置曲线随时间变化曲线

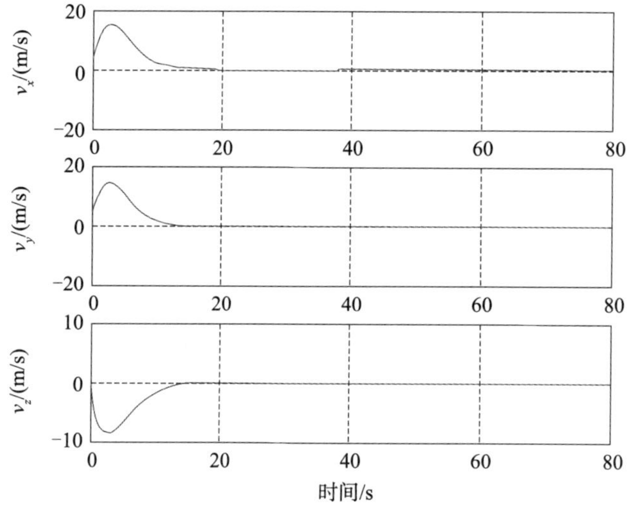

图 5－14　相对速度曲线随时间变化曲线

当存在模型误差即 $\hat{J}=\hat{J}_0+\Delta\hat{J}$ 时，此处取 $\Delta\hat{J}=\hat{J}_0$，对偶形式的空间干扰增大 10 倍。列出部分仿真结果如图 5－11～图 5－14 所示。

对比图 5－3～图 5－6 和图 5－11～图 5－14 仿真结果可知，考虑外在干扰和模型不确定性的情况变结构控制相对广义 PD 控制仿真结果变化很小，于是可知，本章设计的变结构控制律对模型参数的不确定性和外部干扰对偶力增大时具有较好的鲁棒性。且 $\boldsymbol{\alpha}$ 越大，抗干扰性越好，收敛速度越快。

5.3　两种控制算法的比较

在仿真初值相同的情况下（见第 4 章），以偏差欧拉角、相对位置为例，对广义 PD 控制和滑模变结构控制两种控制算法的控制性能进行比较分析，如图 5－15～图 5－18 所示。

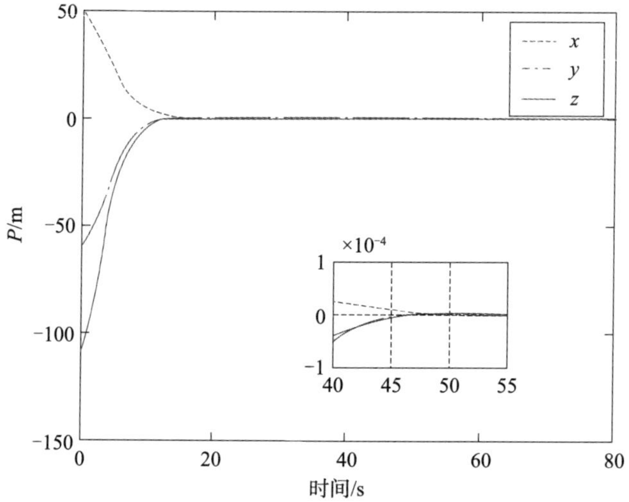

图 5－15　基于变结构控制的相对位置曲线

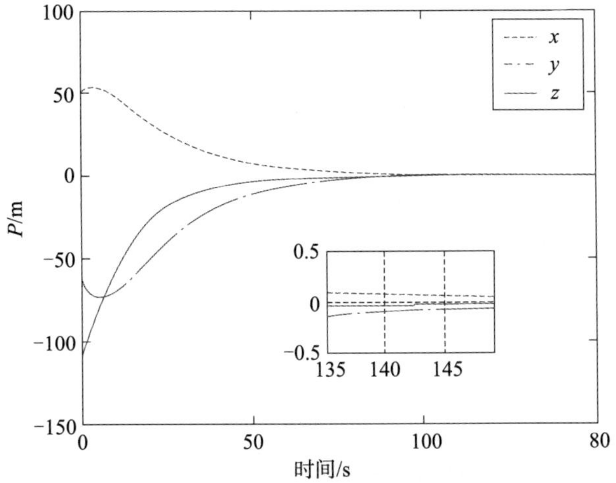

图 5 - 16　基于广义 PD 控制的相对位置曲线

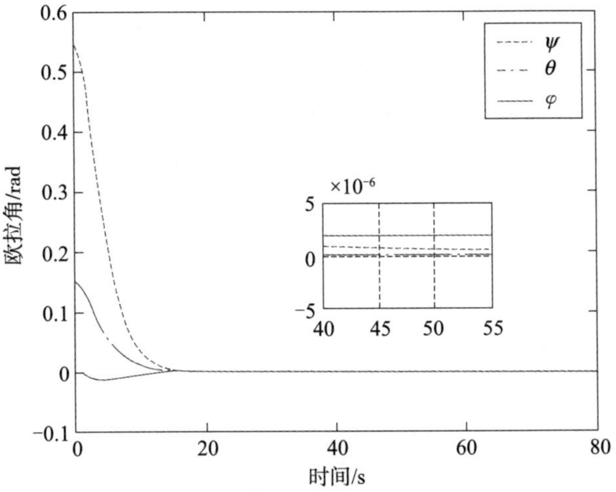

图 5 - 17　基于变结构控制的偏差欧拉角曲线

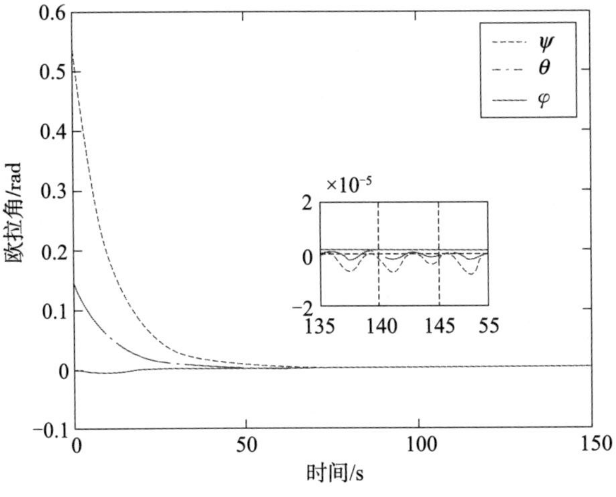

图 5 - 18　基于广义 PD 控制的偏差欧拉角曲线

由上面的两组仿真结果可以看出，在仿真初值相同的情况下，基于对偶四元数的滑模变结构控制较广义 PD 控制收敛得更快，前者在 20 s 前即可收敛，后者则需要 70～80 s，而且控制精度提高 10 倍。此外，变结构控制律对模型参数的不确定性和外部干扰具有较好的鲁棒性。

通过以上分析可知，对本书推导的基于偏差对偶四元数的两航天器空间交会对接的相对动力学模型进行位姿一体化控制，本章设计的滑模变结构控制算法不但能达到控制要求，而且较基于对数反馈的广义 PD 控制算法有很大的优越性。

5.4　小结

本章结合被控系统的特点，进行了新控制算法的研究。首先针对被控系统强耦合非线性，交会对接任务整个过程时间较短，空间环境力和力矩对航天器的干扰较大等问题，设计了一种具有快速响应及对参数变化和扰动不灵敏的滑模变结构控制算法，并给出仿真结果，结果证明新的控制算法能够提高空间交会对接最后逼近段的稳定度和控制精度。最后对比了本章和第 4 章两种控制算法在本书研究中的优点和不足，得到滑模变结构控制较广义 PD 控制具有响应快，控制精度高，对干扰和模型不确定性鲁棒性好的优点。

参考文献

［1］ HUANG X Q，LIN W，YANY B. Global Rinite - time Stabilization of a class of Uncertain Nonlinear System ［J］. Automtica，2005，41（5）：881 - 888.

［2］ HONG Y G，HUANY J，XU Y S. On an Output Feedback Finite - time Stabilization Problem ［J］. IEEE Transuctions on Antomafic control，2001，46（2）：305 - 309.

［3］ GRUYITOH L T，KOKOSY A. Robot Control for Robust Stability with Finite Reachablity Time inthe Whole ［J］. Joural of Robotic System，1999，16（5）：263 - 283.

第6章　航天器姿轨一体化其他控制方法

6.1　引言

近年来，航天技术迅猛发展，航天任务趋于复杂，如两航天器交会对接、卫星编队飞行、高精密对地观测等新型应用任务等，对航天器姿态和轨道动力学建模与控制提出了更高、更多的要求。近年，基于对偶四元数动力学方程控制器的设计被广大研究人员重视，相继提出了一些新的控制器，如有限时间控制、自适应控制等。本章将设计两个新控制器，并给出相应的控制器的稳定性证明和仿真分析。

6.2　姿轨耦合有限时间控制

传统的建模方法是将轨道和姿态运动分别描述、独立控制。但在面对控制要求较高的航天任务时，这种分而治之的方法忽略了航天器姿态和轨道的耦合性，无法达到满意的控制效果。针对这些问题，吴云华[1-2]等建立了相对轨道与姿态非线性耦合动力学模型，考虑各种约束条件，并采用高斯伪谱法求解编队耦合控制问题；彭冬亮[3]等针对空间交会对接任务，考虑轨道和姿态的耦合控制，建立了航天器轨—姿耦合动力学模型。上述研究中，虽然考虑了轨道和姿态的耦合影响，但轨道和姿态参数仍采用分别描述的方式，通过转换矩阵将二者耦合，使运算变得复杂。对此，有学者采用对偶四元数这个数学工具来分析航天器六自由度的相对运动。BRODSK[4]等基于对偶数建立了刚体一般性运动的动力学模型；Wang Xiangke[5,13]研究了与单位对偶四元数相关的几何结构和李群特性，并将其应用于运动学的控制；王剑颖[6]建立了基于对偶四元数的航天器相对运动模型，并且设计了不同类型的控制器。吴锦杰等[15]研究了不同约束条件下航天器相对运动姿轨一体化控制问题。

基于对偶四元数建立的两航天器相对运动姿轨耦合动力学模型为航天器姿轨一体化控制提供了便利，但由于航天器姿态和轨道耦合控制系统的非线性、强耦合等特点以及环境干扰和模型的无法精确性描述，具有良好鲁棒性与抗干扰性的非线性控制律得到了广泛的重视。有限时间控制是一种鲁棒性强、响应快和控制精度高的非线性控制方法，对模型误差和外部扰动具有较好的鲁棒性，近年来在航天器姿态控制等领域得到了广泛的研究和应用。

6.2.1 外部干扰和模型不确定性

（1）外部干扰

航天器处在复杂的空间环境中，会受到各种各样的外界干扰，卫星轨道的外部干扰主要有地球非球形引力、大气阻力、太阳光压、日月引力的相互作用等因素。对航天器的姿态运动产生干扰的环境力矩有气动力矩、地磁力矩、太阳光压力矩等。

令 $\overline{f}_{\mathrm{d}}$，$\overline{\tau}_{\mathrm{d}}$ 分别为干扰力和干扰力矩在惯量主轴 3 个方向上的最大值，且 $\overline{f}_{\mathrm{d}}$，$\overline{\tau}_{\mathrm{d}}$ 已知。

对于干扰力，以 $\eta=\dfrac{f}{\overline{f}_{\mathrm{d}}}$ 为指标。外部干扰力有地球非球形引力、太阳光压、三体引力和气动力等。

在500 km 的轨道上，地球非球形引力比值最大，是引起卫星摄动的主要原因。其他 3 种摄动力均要比非球形引力小很多，而 3 种摄动力中，大气阻力第一位，三体引力次之，太阳光压最小

$$\eta'=\frac{\tau}{\overline{\tau}_{\mathrm{d}}}$$

干扰力矩有太阳光压力矩、磁力矩和气动力矩等。

对于比较规则的表面体，太阳光压力矩

$$\boldsymbol{\tau}_{\mathrm{s}}=\boldsymbol{\rho}_{\mathrm{s}}\times\boldsymbol{f}_{\mathrm{s}}$$

式中　$\boldsymbol{\rho}_{\mathrm{s}}$——太阳光压力矩力臂。

对于低轨卫星，太阳光压力矩的影响较小。

磁力矩为

$$\boldsymbol{\tau}_{\mathrm{m}}=\boldsymbol{M}_{\mathrm{m}}\times\boldsymbol{B}$$

式中　$\boldsymbol{M}_{\mathrm{m}}$——卫星磁矩；

　　$\boldsymbol{B}$——卫星所在处磁场的磁感应强度。

气动力矩为

$$\boldsymbol{\tau}_{\mathrm{a}}=\boldsymbol{\rho}_{\mathrm{a}}\times\boldsymbol{f}_{\mathrm{a}}$$

式中　$\boldsymbol{\rho}_{\mathrm{a}}$——压力中心相对于卫星质心的距离。

干扰多以周期函数的形式作用于卫星本体。而这些干扰都是无法精确描述的，但它们都是有界的，满足以下条件

$$\forall t\geqslant 0,\ 0<\eta<1,\ 0<\eta'<1$$

即

$$\|\boldsymbol{f}_{\mathrm{d}i}(t)\|\leqslant\overline{f}_{\mathrm{d}},\ \|\boldsymbol{\tau}_{\mathrm{d}i}(t)\|\leqslant\overline{\tau}_{\mathrm{d}},\ i=1,2,3$$

（2）模型不确定性

由于航天器工作环境复杂，外界条件的变化，航天器上燃料的消耗，温度的变化，有效载荷的转动等，导致不能得到航天器的质量和转动惯量的精确值。考虑航天器质

量与惯量不确定性时，对偶惯量矩阵 $\hat{\boldsymbol{M}}$ 用标称对偶惯量 $\hat{\boldsymbol{M}}_0$ 和不确定部分 $\Delta\hat{\boldsymbol{M}}$ 来表示，即

$$\Delta\hat{\boldsymbol{M}}=\begin{bmatrix}0 & \Delta mE\\ \Delta J_{ij}\delta_{ij} & 0\end{bmatrix}$$

$$\hat{\boldsymbol{M}}=\hat{\boldsymbol{M}}_0+\Delta\hat{\boldsymbol{M}}$$

式中　$\Delta J_{ij}\delta_{ij}$——转动惯量的变化率；

δ_{ij}——转动惯量相对于标称值的变化率，$|\delta_{ij}|\leqslant 1$。

航天器的对偶惯量是变化的，但它仍是正定有界的。本文考虑 $\hat{\boldsymbol{M}}$ 为常量，假设

$$\hat{\boldsymbol{M}}_{ij\min}\leqslant\hat{\boldsymbol{M}}_{ij}\leqslant\hat{\boldsymbol{M}}_{ij\max},\ i,\ j=1,\ 2,\ 3,\ 4,\ 5,\ 6$$

式中　$\hat{\boldsymbol{M}}_{ij\min}$和$\hat{\boldsymbol{M}}_{ij\max}$——分别为对应的卫星对偶惯量矩阵元素 $\hat{\boldsymbol{M}}_{ij}$ 的最小值和最大值。

当考虑所受外界干扰和模型不确定性之后，两航天器相对动力学方程式可改写为

$$\begin{aligned}\dot{\hat{\boldsymbol{\omega}}}_{ba}^{b}=&-\hat{\boldsymbol{M}}_0^{-1}[(\hat{\boldsymbol{\omega}}_{ba}^{b}+\hat{\boldsymbol{q}}_{ba}^{*}\circ\dot{\hat{\boldsymbol{\omega}}}_{a}^{a}\circ\hat{\boldsymbol{q}}_{ba})\times\hat{\boldsymbol{M}}_0(\hat{\boldsymbol{\omega}}_{ba}^{b}+\hat{\boldsymbol{q}}_{ba}^{*}\circ\dot{\hat{\boldsymbol{\omega}}}_{a}^{a}\circ\hat{\boldsymbol{q}}_{ba})]+\\&\hat{\boldsymbol{M}}_0^{-1}(\hat{\boldsymbol{F}}_{\mathrm{u}}+\hat{\boldsymbol{F}}_{\mathrm{g}}+\hat{\boldsymbol{F}}_{\mathrm{d}})-\hat{\boldsymbol{q}}_{ba}^{*}\circ\dot{\hat{\boldsymbol{\omega}}}_{a}^{a}\circ\hat{\boldsymbol{q}}_{ba}+\hat{\boldsymbol{\omega}}_{ba}^{b}(\hat{\boldsymbol{q}}_{ba}^{*}\circ\hat{\boldsymbol{\omega}}_{a}^{a}\circ\hat{\boldsymbol{q}}_{ba})\end{aligned}\tag{6-1}$$

6.2.2　有限时间控制器

采用滑模变结构控制器，当系统状态到达该滑模面上时，只能渐近稳定到平衡点。由于有限时间控制器中带有分数幂项，使其与非有限时间闭环控制相比，在存在外部干扰和模型不确定性问题时，收敛速度更快，鲁棒性更强。

建立如下形式的快速终端滑模面

$$\hat{\boldsymbol{s}}=\hat{\boldsymbol{\omega}}_{\mathrm{e}}+\hat{a}\odot|\hat{\boldsymbol{q}}_{v\mathrm{e}}|^{\alpha}\mathrm{sign}(\hat{\boldsymbol{q}}_{v\mathrm{e}})+\hat{b}\odot\hat{\boldsymbol{q}}_{v\mathrm{e}}\tag{6-2}$$

其中

$$\hat{a}=a+\varepsilon a'$$

$$\hat{b}=b+\varepsilon b'$$

式中　$\hat{a}$——对偶常数且满足 $a>0$，$a'>0$；

$\hat{b}$——对偶常数且满足 $b>0$，$b'>0$。

为避免奇异，a 满足 $0.5<a<1$。

基于此控制面，控制率中标称部分如下

$$\begin{aligned}F_{\mathrm{u}}(t)=&(\hat{\boldsymbol{\omega}}_{\mathrm{e}}+\hat{\boldsymbol{q}}_{\mathrm{e}}^{*}\circ\hat{\boldsymbol{\omega}}_{\mathrm{d}}\circ\hat{\boldsymbol{q}}_{\mathrm{e}})\times\hat{\boldsymbol{M}}_0(\hat{\boldsymbol{\omega}}_{\mathrm{e}}+\hat{\boldsymbol{q}}_{\mathrm{e}}^{*}\circ\hat{\boldsymbol{\omega}}_{\mathrm{d}}\circ\hat{\mathbf{q}}_{\mathrm{e}})-\hat{\boldsymbol{M}}_0\hat{\boldsymbol{\omega}}_{\mathrm{e}}\times(\hat{\boldsymbol{q}}_{\mathrm{e}}^{*}\circ\hat{\boldsymbol{\omega}}_{\mathrm{d}}\circ\hat{\boldsymbol{q}}_{\mathrm{e}})-\\&\frac{\hat{\boldsymbol{M}}_0}{2}(\hat{a}\hat{\boldsymbol{\alpha}}|\hat{\boldsymbol{q}}_{v\mathrm{e}}|^{\alpha-1}+\hat{b})(\hat{\boldsymbol{q}}_{s}E+\hat{\boldsymbol{q}}_{v\mathrm{e}}^{\times})\hat{\boldsymbol{\omega}}_{\mathrm{e}}-\hat{\boldsymbol{F}}_{\mathrm{g}}-\hat{\boldsymbol{\rho}}\odot\mathrm{sign}(\hat{\boldsymbol{s}})-\hat{\boldsymbol{T}}\odot\hat{\boldsymbol{s}}\end{aligned}\tag{6-3}$$

由对偶惯量不确定性和外部扰动力矩带来的不确定部分为

$$\hat{F}_{\Delta u}(t)=\frac{\Delta\hat{\boldsymbol{M}}}{2}(\hat{a}\hat{\boldsymbol{\alpha}}\,|\hat{\boldsymbol{q}}_{ve}|^{\alpha-1}+\hat{b})(\hat{\boldsymbol{q}}_s E+\hat{\boldsymbol{q}}_{ve}^{\times})\hat{\boldsymbol{\omega}}_e-(\hat{\boldsymbol{\omega}}_e+\hat{\boldsymbol{q}}_e^*\circ\hat{\boldsymbol{\omega}}_d\circ\hat{\boldsymbol{q}}_e)\times$$
$$\Delta\hat{\boldsymbol{M}}(\hat{\boldsymbol{\omega}}_e+\hat{\boldsymbol{q}}_e^*\circ\hat{\boldsymbol{\omega}}_d\circ\hat{\boldsymbol{q}}_e)+\Delta\hat{\boldsymbol{M}}\hat{\boldsymbol{\omega}}_e\times(\hat{\boldsymbol{q}}_e^*\circ\hat{\boldsymbol{\omega}}_d\circ\hat{\boldsymbol{q}}_e)+\Delta\hat{\boldsymbol{F}}_g+\hat{\boldsymbol{F}}_d \tag{6-4}$$

其中

$$\Delta\hat{\boldsymbol{F}}_g=-\frac{\mu}{\|\boldsymbol{r}_C\|^3}\Delta m\boldsymbol{r}_C+\varepsilon\frac{\mu}{\|\boldsymbol{r}_C\|^5}\boldsymbol{r}_C\times\Delta\boldsymbol{J}\cdot\boldsymbol{r}_C$$

式中　$\Delta\hat{\boldsymbol{F}}_g$——与 $\Delta\hat{\boldsymbol{M}}$ 相关的对偶重力。

证明：证明过程可分为两步：1）第一步，系统在有限时间达到 $\hat{\boldsymbol{s}}=0+\varepsilon 0$；2）第二步，在 $\hat{\boldsymbol{s}}=0+\varepsilon 0$ 的情况下，$\lim_{t\to T}\hat{\boldsymbol{q}}_{ve}(t)=\hat{\boldsymbol{0}}$ 且 $\lim_{t\to T}\hat{\boldsymbol{\omega}}_e(t)=\hat{\boldsymbol{0}}$。

（1）第一步

选取 Lyapunov 函数为

$$V_1=\frac{1}{2}\hat{\boldsymbol{s}}^{\mathrm{T}}\hat{\boldsymbol{M}}\hat{\boldsymbol{s}} \tag{6-5}$$

式（6-5）满足

$$\frac{1}{2}\lambda_{\min}(\hat{\boldsymbol{M}})\|\hat{\boldsymbol{s}}\|^2\leqslant V_1\leqslant\frac{1}{2}\lambda_{\max}(\hat{\boldsymbol{M}})\|\hat{\boldsymbol{s}}\|^2$$

式中　$\lambda_{\max}(\cdot)$，$\lambda_{\min}(\cdot)$——分别代表了对偶惯量矩阵的最大和最小特征值；

　　$\|\cdot\|$——欧几里德范数。

求导得

$$\begin{aligned}\dot{V}_1&=\hat{\boldsymbol{s}}^{\mathrm{T}}\hat{\boldsymbol{M}}\dot{\hat{\boldsymbol{s}}}\\&=\hat{\boldsymbol{s}}^{\mathrm{T}}[-(\hat{\boldsymbol{\omega}}_e+\hat{\boldsymbol{q}}_e^*\circ\hat{\boldsymbol{\omega}}_d\circ\hat{\boldsymbol{q}}_e)\times\hat{\boldsymbol{M}}(\hat{\boldsymbol{\omega}}_e+\hat{\boldsymbol{q}}_e^*\circ\hat{\boldsymbol{\omega}}_d\circ\hat{\boldsymbol{q}}_e)+\hat{\boldsymbol{M}}\hat{\boldsymbol{\omega}}_e\times(\hat{\boldsymbol{q}}_e^*\circ\hat{\boldsymbol{\omega}}_d\circ\hat{\boldsymbol{q}}_e)+\hat{\boldsymbol{F}}_u+\hat{\boldsymbol{F}}_{g0}+\\&\quad\hat{\boldsymbol{F}}_d+\frac{\hat{\boldsymbol{M}}}{2}(\hat{a}\hat{\boldsymbol{\alpha}}\,|\hat{\boldsymbol{q}}_{ve}|^{\alpha-1}+\hat{b})(\hat{\boldsymbol{q}}_s E+\hat{\boldsymbol{q}}_{ve}^{\times})\hat{\boldsymbol{\omega}}_e]\end{aligned} \tag{6-6}$$

将控制器式（6-3）代入，可得

$$\begin{aligned}\dot{V}_1&=\hat{\boldsymbol{s}}^{\mathrm{T}}(\hat{\boldsymbol{F}}_{\Delta u}-\hat{\boldsymbol{\rho}}\odot\mathrm{sign}(\hat{\boldsymbol{s}})-\hat{\boldsymbol{T}}\odot\hat{\boldsymbol{s}})\\&\leqslant-\sum_{i=1}^{3}(\rho_i|s_i|+\rho'_i|s'_i|)+\sum_{i=1}^{3}(|\overline{f}_{\Delta ui}||s_i|+|\overline{T}_{\Delta ui}||s'_i|)-\hat{\boldsymbol{s}}^{\mathrm{T}}(\hat{\boldsymbol{T}}\odot\hat{\boldsymbol{s}})\\&\leqslant-\sum_{i=1}^{3}[(\rho_i-\overline{f}_{\Delta ui})+\varepsilon(\rho'_i-\overline{T}_{\Delta ui})]-\hat{\boldsymbol{s}}^{\mathrm{T}}(\hat{\boldsymbol{T}}\odot\hat{\boldsymbol{s}})\\&\leqslant-\overline{\lambda}\|\hat{\boldsymbol{s}}\|-\overline{T}\|\hat{\boldsymbol{s}}\|^2\\&\leqslant-\overline{\lambda}\sqrt{\frac{2}{\lambda_{\max}(\hat{\boldsymbol{M}})}}V_1^{\frac{1}{2}}-2\frac{\overline{T}}{\lambda_{\max}(\hat{\boldsymbol{M}})}V_1\end{aligned}$$

其中

$$\bar{\lambda} = \min[\min(\rho_i - \bar{f}_{\Delta ui}),\ \min(\rho'_i - \bar{T}_{\Delta ui})]$$

$$\bar{T} = \min(\hat{\boldsymbol{T}}_i)$$

$$i = 1,\ 2,\ 3$$

因此系统状态在有限时间内达到 $\hat{\boldsymbol{s}} = 0 + \varepsilon 0$。

(2) 第二步

在系统状态到达 $\hat{\boldsymbol{s}} = 0 + \varepsilon 0$ 时，系统变为

$$\hat{\boldsymbol{\omega}}_{\mathrm{e}} = -\hat{a} \odot \mathrm{sign}(\hat{\boldsymbol{q}}_{ve}) \left| \hat{\boldsymbol{q}}_{ve} \right|^{\alpha} - \hat{b} \odot \hat{\boldsymbol{q}}_{ve}$$

选另一 Lyapunov 函数

$$V_2 = \hat{\boldsymbol{q}}_{ve}^{\mathrm{T}} \hat{\boldsymbol{q}}_{ve}$$

计算一阶导数，可得

$$\begin{aligned} \dot{V}_2 &= 2\hat{\boldsymbol{q}}_{ve}^{\mathrm{T}} \dot{\hat{\boldsymbol{q}}}_{ve} = \hat{\boldsymbol{q}}_{ve}^{\mathrm{T}} (\hat{\boldsymbol{q}}_{\mathrm{s}} E + \hat{\boldsymbol{q}}_{ve}^{\times}) \hat{\boldsymbol{\omega}}_{\mathrm{e}} \\ &= -\hat{\boldsymbol{q}}_{ve}^{\mathrm{T}} \hat{a} \odot \left| \hat{\boldsymbol{q}}_{ve} \right|^{\alpha} \mathrm{sign}(\hat{\boldsymbol{q}}_{ve}) - \hat{\boldsymbol{q}}_{ve}^{\mathrm{T}} \hat{b} \odot \hat{\boldsymbol{q}}_{ve} \\ &\leqslant -\sum_{i=1}^{3} (a_i \left| \boldsymbol{q}_{ve} \right|^{1+\alpha} + a'_i \left| \boldsymbol{q}'_{ve} \right|^{1+\alpha}) - \sum_{i=1}^{3} (b_i \left| \boldsymbol{q}_{ve} \right|^2 + b'_i \left| \boldsymbol{q}'_{ve} \right|^2) \\ &\leqslant -\bar{a} V_2^{\frac{1+\alpha}{2}} - \bar{b} V_2 \end{aligned}$$

即

$$\dot{V}_2 + \bar{a} V_2^{\frac{1+\alpha}{2}} + \bar{b} V_2 \leqslant 0$$

其中

$$\bar{a} = 2^{\frac{1+\alpha}{2}} \min[\min(a_i),\ \min(a'_i)]$$

$$\bar{b} = 2\min[\min(b_i),\ \min(b'_i)]$$

$$i = 1,\ 2,\ 3$$

该滑模面的选取可以保证系统的状态变量 $[\hat{\boldsymbol{q}}_{ve}(t),\ \hat{\boldsymbol{\omega}}_{\mathrm{e}}(t)]$ 在到达滑模面后在有限时间收敛到平衡点 $(\hat{\boldsymbol{0}},\ \hat{\boldsymbol{0}})$。

6.3 姿轨耦合自适应控制

近年来，众多学者对于航天器姿轨一体化控制进行了大量的研究。Kristiansen 推导了两航天器六自由度的相对运动总模型，设计了 3 种不同的控制器对编队飞行进行控制，并比较它们的性能[7-8]；卢伟针对在轨服务航天器近距离自主逼近与捕获目标航天器的问题建立了相对位置和姿态一体化耦合动力学模型，同时考虑控制指令和控制输入耦合，设计了姿轨一体化控制器[9]；张海博等基于一致性理论，针对航天器存在未建模动态以及外部环境干扰等问题，提出了一种基于切比雪夫神经网络的自适应增益控制器[10,14]。上述文献考虑了航天器的姿轨耦合特性，但在动力学建模中，轨道和姿态参数分别表示，使得控制

器的设计变得复杂，计算量增大。对此，有学者采用对偶四元数这个数学工具来分析航天器六自由度的相对运动。王剑颖建立了基于对偶四元数的航天器相对运动耦合动力学模型，并且在考虑外界干扰的情况下，设计了与模型无关的类 PD 控制器[11]，针对主从式卫星六自由度跟踪控制问题，设计了快速滑模控制器，实现了航天器相对运动的有限时间控制等[12]；吴锦杰在对偶四元数的框架内研究了主从式编队卫星跟踪控制的优化问题，针对模型不确定性和外界干扰提出了优化的积分滑模控制器；针对欠驱动航天器，利用高斯伪谱法和非线性规划得到相对轨道运动能量最省的轨迹，进而设计了广义滑模控制器实现对该轨迹的跟踪。

基于滑模控制理论提出的姿轨一体化跟踪控制方法，虽然能够实现对系统不确定参数与外干扰的鲁棒控制，但是由于控制器中使用了符号函数，使得控制器是不连续的，从而带来了抖振问题。尽管有些研究结果采用饱和函数代替符号函数来削弱抖振，但这种做法无疑降低了系统的控制精度。

自适应控制即在系统工作过程中，系统本身能不断地检测系统参数或运行指标，根据参数的变化或运行指标的变化，改变控制参数或改变控制作用，使系统运行于最优或接近于最优工作状态。自适应控制也是一种反馈控制，但它不是一般的系统状态反馈或系统输出反馈，而是一种比较复杂的反馈控制。

对于 $\forall \boldsymbol{x} \in \mathbf{R}^n$

$$\|\boldsymbol{x}\|_1 = \sum_{i=1}^{n} |x_i| = \sum_{i=1}^{n} x_i \operatorname{sgn}(x_i) \tag{6-7}$$

Lyapunov 定理：针对非线性系统，如果存在定义在 $\boldsymbol{U}_0 \subset \boldsymbol{U}$ 内的标量函数 $V(\boldsymbol{x})$，它具有一阶连续导数，且 $V(\boldsymbol{x})$ 在 $\boldsymbol{U}_0$ 内正定，$\dot{V}(\boldsymbol{x})$ 在 $\boldsymbol{U}_0$ 内半负定，那么平衡点 $\boldsymbol{x}=\boldsymbol{0}$ 是 Lyapunov 稳定的，称 $V(\boldsymbol{x})$ 为 Lyapunov 函数；如果 $\dot{V}(\boldsymbol{x})$ 在 $\boldsymbol{U}_0$ 内负定，那么平衡点 $\boldsymbol{x}=\boldsymbol{0}$ 是局部渐近稳定的；如果 $\boldsymbol{U}_0=\boldsymbol{U}=\boldsymbol{R}$，$V(\boldsymbol{x})$ 正定且是径向无界的，$\dot{V}(\boldsymbol{x})$ 负定，那么平衡点 $\boldsymbol{x}=\boldsymbol{0}$ 是全局渐近稳定的。

LaSalle 不变集定理：考虑某非线性自治系统，其中 $\boldsymbol{f}$ 连续，设 $V(\boldsymbol{x})$ 是具有一阶连续偏导数的标量函数，并且对于任何 $l>0$，由 $V(\boldsymbol{x})<l$ 定义的 $\boldsymbol{U}_l$ 为一个有界区域，对于 $\boldsymbol{x} \in \boldsymbol{U}_l$，有 $\dot{V}(\boldsymbol{x}) \leqslant 0$。记 $\boldsymbol{M}$ 为 $\boldsymbol{U}_l$ 内所有使 $\dot{V}(\boldsymbol{x})=0$ 的点的集合，$\boldsymbol{M}_0$ 是 $\boldsymbol{M}$ 中的最大不变集，那么当 $t\to\infty$ 时，从 $\boldsymbol{U}_l$ 出发的每一个解均趋于 $\boldsymbol{M}_0$。

Barbalat 引理：如果可微函数 $f(x)$ 在 $t\to\infty$ 时存在有限的极限，且 $\dot{f}(x)$ 一致连续，那么 $\lim\limits_{t\to\infty}\dot{f}(x)=0$。

假设卫星姿轨耦合动力学方程中控制输入存在饱和约束且外部干扰有界，即

$$\hat{F}_{\mathrm{u}} \in \Omega_{\mathrm{u}} = \begin{Bmatrix} F_{\mathrm{u}}(t) = f_{\mathrm{u}i}(t) + \varepsilon\tau_{\mathrm{u}i}(t) : |f_{\mathrm{u}i}(t)| \leqslant f_{\mathrm{m}}, |\tau_{\mathrm{u}i}(t)| \leqslant \tau_{\mathrm{m}} \\ i=1,2,3, t \geqslant 0 \end{Bmatrix} \tag{6-8}$$

式中　f_{m}，τ_{m}——分别为最大的控制力和控制力矩。

考虑卫星轨道的外部干扰主要有地球非球形引力、大气阻力、太阳光压、日月引力的

相互作用等因素，卫星受到的外部干扰力矩主要是太阳光压力矩、气动力矩、地磁力矩。外部干扰有界

$$\hat{F}_{\mathrm{d}} \in \Omega_{\mathrm{d}} = \begin{Bmatrix} F_{\mathrm{d}}(t) = f_{\mathrm{d}i}(t) + \varepsilon\tau_{\mathrm{d}i}(t): |f_{\mathrm{d}i}(t)| \leqslant \bar{f}_{\mathrm{d}}, |\tau_{\mathrm{d}i}(t)| \leqslant \bar{\tau}_{\mathrm{d}} \\ i = 1,2,3, t \geqslant 0 \end{Bmatrix} \tag{6-9}$$

式中 $\bar{f}_d$，$\bar{\tau}_d$——分别为扰动力和扰动力矩的最大值。

控制力和控制力矩的饱和值大于干扰力和干扰力矩的上界，即满足

$$f_{\mathrm{m}} > \bar{f}_{\mathrm{d}},\ \tau_{\mathrm{m}} > \bar{\tau}_{\mathrm{d}} \tag{6-10}$$

当卫星受到外部干扰 $\hat{F}_{\mathrm{d}} \in \Omega_{\mathrm{d}}$ 且模型具有不确定性时，设计控制律 $\hat{F}_{\mathrm{u}} \in \Omega_{\mathrm{u}}$ 应使动力学方程描述的闭环系统满足：当 $t \to \infty$ 时，$\hat{\boldsymbol{q}}_{bi}(t) \to \hat{\boldsymbol{q}}_{ai}(t)$ 且 $\hat{\boldsymbol{\omega}}_{bi}(t) \to \hat{\boldsymbol{\omega}}_{ai}(t)$ 或 $\lim_{t\to\infty}\hat{\boldsymbol{q}}_{ba}(t) = \pm\hat{\boldsymbol{I}}$ 且 $\lim_{t\to\infty}\hat{\boldsymbol{\omega}}_{ba}(t) = \hat{\boldsymbol{0}}$。其中 $\hat{\boldsymbol{I}} = [1\quad 0\quad 0\quad 0]^{\mathrm{T}} + \varepsilon\,[0\quad 0\quad 0\quad 0]^{\mathrm{T}}$

$$\hat{\boldsymbol{F}}_{\mathrm{u}} = \boldsymbol{f}_{\mathrm{u}} + \varepsilon\boldsymbol{\tau}_{\mathrm{u}} = -\frac{f_{\mathrm{m}}\boldsymbol{s}'}{|\boldsymbol{s}'| + k'\delta'} - \varepsilon\,\frac{\tau_{\mathrm{m}}\boldsymbol{s}}{|\boldsymbol{s}| + k\delta} \tag{6-11}$$

其中

$$\hat{\boldsymbol{s}} = \hat{\boldsymbol{\omega}}_{\mathrm{e}} + \hat{\boldsymbol{k}} \odot 2\ln\hat{\boldsymbol{q}}_{\mathrm{e}}$$

式中 $\hat{\boldsymbol{k}}$——自适应调整的正定常数对角矩阵。

$$\hat{\lambda} \odot \hat{\boldsymbol{v}} = \lambda\boldsymbol{v} + \varepsilon\lambda'\boldsymbol{v}'$$

证明：把控制器的证明分为两个部分：实数部分的证明和对偶部分的证明。实部对应相对运动的旋转，对偶部分对应相对运动的平移。

(1) 实数部分

控制器的实数部分为

$$\boldsymbol{\tau}_{\mathrm{u}} = -\frac{\tau_{\mathrm{m}}\boldsymbol{s}}{|\boldsymbol{s}| + k\delta} \tag{6-12}$$

由于 $0 < |\boldsymbol{s}| < |\boldsymbol{s}| + k\delta$，可得

$$\left| -\frac{\tau_{\mathrm{m}}\boldsymbol{s}}{|\boldsymbol{s}| + k\delta} \right| < \tau_{\mathrm{m}}$$

该部分参数自适应调节律为

$$\dot{k} = \gamma\left\{T_{\mathrm{m}}\left[\sum_{i=1}^{3}\left(\frac{\omega_{\mathrm{e}i}q_{\mathrm{e}i}}{|s_i| + k\delta} - \frac{|\omega_{\mathrm{e}i}|(1+\delta)}{|\omega_{\mathrm{e}i}| + k(1+\delta)}\right)\right] - \boldsymbol{q}_{\mathrm{e}}^{\mathrm{T}}\tanh(k\boldsymbol{q}_{\mathrm{e}})\right\} \tag{6-13}$$

考虑如下 Lyapunov 方程

$$V_1 = \frac{1}{2}\boldsymbol{\omega}_{\mathrm{e}}^{\mathrm{T}}\boldsymbol{J}\boldsymbol{\omega}_{\mathrm{e}} + \frac{1}{2\gamma}k^2 \tag{6-14}$$

对 V_1 求导，并将控制器代入

$$\dot{V}_1=\boldsymbol{\omega}_{ba}^{b\,\mathrm{T}}\boldsymbol{J}\dot{\boldsymbol{\omega}}_{ba}^{b\,\mathrm{T}}+\frac{k\dot{k}}{\gamma}=\frac{k\dot{k}}{\gamma}+\boldsymbol{\omega}_{ba}^{b\,\mathrm{T}}\begin{bmatrix}-(\boldsymbol{\omega}_{ba}^{b}+\boldsymbol{C}_{bd}\boldsymbol{\omega}_{\mathrm{d}})\times\boldsymbol{J}(\boldsymbol{\omega}_{ba}^{b}+\boldsymbol{C}_{bd}\boldsymbol{\omega}_{\mathrm{d}})\\-\boldsymbol{J}\boldsymbol{C}_{bd}\dot{\boldsymbol{\omega}}_{\mathrm{d}}+\boldsymbol{J}\boldsymbol{\omega}_{ba}^{b}\times\boldsymbol{C}_{bd}\boldsymbol{\omega}_{\mathrm{d}}+\boldsymbol{\tau}_{\mathrm{u}}+\boldsymbol{\tau}_{\mathrm{d}}\end{bmatrix}$$

$$=\boldsymbol{\omega}_{ba}^{b\,\mathrm{T}}[\boldsymbol{\tau}_{\mathrm{d}}-(\boldsymbol{C}_{bd}\boldsymbol{\omega}_{\mathrm{d}})^{\times}\boldsymbol{J}\boldsymbol{C}_{bd}\boldsymbol{\omega}_{\mathrm{d}}-\boldsymbol{J}\boldsymbol{C}_{bd}\dot{\boldsymbol{\omega}}_{\mathrm{d}}]-T_{\mathrm{m}}\frac{\boldsymbol{\omega}_{ba}^{b\,2}+k\boldsymbol{\omega}_{ba}^{b\,\mathrm{T}}\boldsymbol{q}_{ba}}{|s|+k\delta}+\frac{k\dot{k}}{\gamma} \tag{6-15}$$

令 $g=(\boldsymbol{C}_{bd}\boldsymbol{\omega}_{\mathrm{d}})^{\times}\boldsymbol{J}\boldsymbol{C}_{bd}\boldsymbol{\omega}_{\mathrm{d}}-\boldsymbol{J}\boldsymbol{C}_{bd}\dot{\boldsymbol{\omega}}_{\mathrm{d}}$

因为

$$\frac{\boldsymbol{\omega}_{ba,i}^{b\;2}}{|s_i|+k\delta}=\frac{\boldsymbol{\omega}_{ba,i}^{b\;2}}{|\boldsymbol{\omega}_{ba,i}^{b}+k\boldsymbol{q}_{ba,i}|+k\delta}\geqslant\frac{\boldsymbol{\omega}_{ba,i}^{b\;2}}{|\boldsymbol{\omega}_{ba}^{b}|+k(1+\delta)}=|\boldsymbol{\omega}_{ba,i}^{b}|\left[1-\frac{k(1+\delta)}{|\boldsymbol{\omega}_{ba,i}^{b}|+k(1+\delta)}\right] \tag{6-16}$$

所以

$$\dot{V}\leqslant T_{\mathrm{m}}\sum_{i=1}^{3}\left[\frac{|\boldsymbol{\omega}_{ba,\,i}^{b}|k(1+\delta)}{|\boldsymbol{\omega}_{ba,\,i}^{b}|+k(1+\delta)}-\frac{k\boldsymbol{\omega}_{ba,\,i}^{b}\boldsymbol{q}_{ba,\,i}}{s_i+k\delta}\right]+\frac{k\dot{k}}{\gamma}-|\boldsymbol{\omega}_{ba}^{b}|(T_{\mathrm{m}}-|g|-T_{\mathrm{d}}) \tag{6-17}$$

考虑到双曲正切函数的性质，$k(t)$ 的自适应律可选为（6－13），此时得

$$\dot{V}\leqslant-|\boldsymbol{\omega}_{\mathrm{e}}|(T_{\mathrm{m}}-|g|-T_{\mathrm{d}})-k\boldsymbol{q}_{\mathrm{e}}^{\mathrm{T}}\tanh(k\boldsymbol{q}_{\mathrm{e}})$$

且对于 $\forall\xi\in\mathrm{R}$，双曲正切函数 $\tanh(\xi)$ 满足

$$\xi\tanh(\xi)=|\xi|\tanh(|\xi|)\geqslant 0$$

当且仅当 $\xi=0$ 时，$\xi\tanh(\xi)=0$。所以在假设 $\dot{V}\leqslant 0$ 下成立，说明 $\boldsymbol{\omega}_{\mathrm{e}}$ 和 k 有界，因此 V 有界。

令

$$c=T_{\mathrm{m}}-|g|-T_{\mathrm{d}}$$

将式两端同时积分，得

$$V_1(\infty)\leqslant V_1(0)-c\int_0^{\infty}|\boldsymbol{\omega}_{ba}^{b}|\mathrm{d}\tau-\int_0^{\infty}k(\tau)\boldsymbol{q}_{ba}^{\mathrm{T}}(\tau)\tanh[k(\tau)\boldsymbol{q}_{ba}(\tau)]\mathrm{d}\tau \tag{6-18}$$

左边项是有界的。因此 $k\boldsymbol{q}_{ba}(t)$ 和 $\boldsymbol{\omega}_{ba}^{b}(t)$ 是有界的，从而 $\dot{k}(t)$ 有界。

所以

$$k\boldsymbol{q}_{ba}(t),\ \boldsymbol{\omega}_{ba}^{b}(t)\in L_2$$

由 Barbalat 引理可知，$\lim\limits_{t\to\infty}k\boldsymbol{q}_{ba}(t)=\boldsymbol{0}$ 且 $\lim\limits_{t\to\infty}\boldsymbol{\omega}_{ba}^{b}(t)=\boldsymbol{0}$ 是全局成立的。

证明 $\boldsymbol{q}_{ba}$ 有界。

对于自适应律，对于任何 $k(0)=k_0>0$ 和 $\bar{k}>0$，其中 $\bar{k}<k_0$，如果存在一个 $\gamma>0$ 满足

$$\gamma[c_0(\gamma)c_1(\gamma)+c_2(\gamma)]\leqslant(k_0^2-\bar{k}^2)/2 \tag{6-19}$$

其中

$$c_0(\gamma)=\tau_{\mathrm{m}}\frac{(1+\delta)}{\delta}+c_k^2(\gamma)$$

对于所有 $t\geqslant 0$ 有

$$k(t)>\bar{k}$$

证明：由于 $\boldsymbol{\omega}_{ba}^{b}$ 和 $k(t)\boldsymbol{q}_{ba}(t)$ 是有界的，渐近收敛到零，且 $k(t)$ 是有界的。所以存在常数 $\bar{\boldsymbol{\omega}}_{ba}^{b}$ 和 $\bar{q}_{ba}$ 使得 $\|\boldsymbol{\omega}_{ba}^{b}(t)\|_1\leqslant\bar{\omega}_{ba}^{b}$ 和 $\|\boldsymbol{q}_{ba}\|\leqslant\bar{q}_{ba}$ 总成立

$$\begin{aligned}\dot{k}&\geqslant\gamma\left\{\tau_{\mathrm{m}}\left[\sum_{i=1}^{3}\left(-\frac{|\omega_{ei}q_{ei}|}{|s_i|+k\delta}-\frac{|\omega_{ei}|(1+\delta)}{|\omega_{ei}|+k(1+\delta)}\right)\right]-\boldsymbol{q}_{\mathrm{e}}^{\mathrm{T}}\tanh(k\boldsymbol{q}_{\mathrm{e}})\right\}\\&\geqslant\gamma\left\{\tau_{\mathrm{m}}\left[\sum_{i=1}^{3}\left(-\frac{|\omega_{ei}|}{|s_i|+k\delta}-\frac{|\omega_{ei}|(1+\delta)}{|\omega_{ei}|+k(1+\delta)}\right)\right]+3\|\boldsymbol{q}_v\|_1\right\}\end{aligned}\qquad(6-20)$$

由于

$$\begin{aligned}\frac{|\omega_{ei}|}{|s_i|+k\delta}+\frac{|\omega_{ei}|(1+\delta)}{|\omega_{ei}|+k(1+\delta)}&\leqslant\frac{|\omega_{ei}|}{|s_i|+k\delta}+\frac{|\omega_{ei}|(1+\delta)}{|s_i|+k\delta}\\&=\frac{|\omega_{ei}|(2+\delta)}{|s_i|+k\delta}\\&=\frac{|s_i-k\boldsymbol{q}_v|(2+\delta)}{|s_i|+k\delta}\\&\leqslant\frac{|s_i+k|(2+\delta)}{|s_i|+k\delta}\\&=\left(\frac{|s_i|}{|s_i|+k\delta}+\frac{k}{|s_i|+k\delta}\right)(2+\delta)\\&\leqslant\left(1+\frac{1}{\delta}\right)(2+\delta)\end{aligned}\qquad(6-21)$$

所以

$$\begin{aligned}&\dot{k}\geqslant-3\gamma\left[\tau_{\mathrm{m}}\left(1+\frac{1}{\delta}\right)(2+\delta)+\bar{q}_{\mathrm{e}}\right]=-3\gamma\varepsilon\\&\varepsilon=\tau_{\mathrm{m}}\left(1+\frac{1}{\delta}\right)(2+\delta)+\bar{q}_{\mathrm{e}}\end{aligned}\qquad(6-22)$$

所以 $k(t)\geqslant k_0-\gamma\varepsilon t$，可见如果 γ 取得足够小，在有限时间内可以保证在该时间间隔内始终大于一个期望的值。

下面给出一个加强的条件，找出一个 $k(t)$ 始终大于 k 的条件

$$\begin{aligned}\dot{k}&\geqslant-\gamma\left\{\tau_{\mathrm{m}}\sum_{i=1}^{3}\left[\frac{|\omega_{ei}|}{k\delta}+\frac{|\omega_{ei}|(1+\delta)}{k(1+\delta)}\right]+\boldsymbol{q}_{\mathrm{e}}^{\mathrm{T}}\tanh(k\boldsymbol{q}_{\mathrm{e}})\right\}\\&=-\frac{\gamma}{k}\left\{\tau_{\mathrm{m}}\sum_{i=1}^{3}\left[\frac{|\omega_{ei}|}{\delta}+|\omega_{ei}|(1+\delta)\right]+k\boldsymbol{q}_{\mathrm{e}}^{\mathrm{T}}\tanh(k\boldsymbol{q}_{\mathrm{e}})\right\}\\&\geqslant-\frac{\gamma}{k}\left\{\tau_{\mathrm{m}}\sum_{i=1}^{3}\left[\left(\frac{1}{\delta}+1\right)+\delta\right]|\omega_{ei}|+k\boldsymbol{q}_{\mathrm{e}}^{\mathrm{T}}\tanh(k\boldsymbol{q}_{\mathrm{e}})\right\}\end{aligned}\qquad(6-23)$$

从而，有

$$k\dot{k}\geqslant-\gamma\{c_0(\gamma)\|\boldsymbol{\omega}_{\mathrm{e}}\|_1+k\boldsymbol{q}_{\mathrm{e}}^{\mathrm{T}}\tanh(k\boldsymbol{q}_{\mathrm{e}})\}\qquad(6-24)$$

对式（6－24）积分，得

$$k^2(\infty) \geqslant k_0^2(0) - 2\gamma\left\{c_0\int_0^\infty |\boldsymbol{\omega}_{ba}^b| \mathrm{d}\tau - \int_0^\infty k(\tau)\boldsymbol{q}_v^{\mathrm{T}}(\tau)\tanh[k(\tau)\boldsymbol{q}_v(\tau)]\mathrm{d}\tau\right\} \tag{6-25}$$

如果能够找到一个满足要求的 γ，可得 $k(t)$ 的下界为 k。

如果能够找到一个足够小的 $\gamma > 0$ 满足条件，那么始终有$k(t) > \bar{k}$ 成立。在这种情况下因为始终有$\lim\limits_{t\to\infty} k\boldsymbol{q}_e(t) = \boldsymbol{0}$ 和 $k(t) > \bar{k}$ 成立，所以有$\lim\limits_{t\to\infty}\boldsymbol{q}_e(t) = \boldsymbol{0}$。

可以看出控制律满足控制输入饱和的条件，不依赖于卫星的转动惯量，对 $\boldsymbol{J}$ 的不确定性具有鲁棒性，并且能够抑制有界干扰，对干扰同样具有鲁棒性。

(2) 对偶部分

由于实数部分是稳定的，即 $\lim\limits_{t\to\infty}\boldsymbol{q}_{ba}(t) = \boldsymbol{0}$ 且$\lim\limits_{t\to\infty}\boldsymbol{\omega}_{ba}^b(t) = \boldsymbol{0}$，因此控制器的对偶部分可以写为

$$\boldsymbol{f}_u = -\frac{f_m \boldsymbol{s}'}{|\boldsymbol{s}'| + k'\delta'} \tag{6-26}$$

其中

$$\boldsymbol{s}' = \dot{\boldsymbol{r}}_{ba}^b + \boldsymbol{\omega}_{ba}^b \times \boldsymbol{r}_{ba}^b + k'\boldsymbol{q}'_{ba}$$

当 $\boldsymbol{q}_{ba} = \boldsymbol{0}$ 且 $\boldsymbol{\omega}_{ba}^b = \boldsymbol{0}$ 时，有

$$\boldsymbol{q}'_{ba} = \boldsymbol{r}_{ba}^b,\quad \boldsymbol{s}' = \dot{\boldsymbol{r}}_{ba}^b + k'\boldsymbol{r}_{ba}^b$$

由于 $0 < |\boldsymbol{s}'| < |\boldsymbol{s}'| + k'\delta$，可得

$$\left| -\frac{f_m \boldsymbol{s}'}{|\boldsymbol{s}'| + k'\delta} \right| < f_m$$

该部分参数自适应调节律为

$$\dot{k}' = \gamma\left[f_m \sum_{i=1}^{3} \frac{|p_{ei}|(1+\delta)}{|p_{ei}| + k'(1+\delta)} - \boldsymbol{p}_e^{\mathrm{T}}\tanh(k\boldsymbol{p}_e)\right] \tag{6-27}$$

考虑如下 Lyapunov 方程

$$V_2 = \frac{1}{2}m\dot{\boldsymbol{p}}_e^{\mathrm{T}}\dot{\boldsymbol{p}}_e + \frac{k'^2}{2\gamma'} \tag{6-28}$$

求导，并将动力学方程代入得

$$\dot{V}_2 = m\dot{\boldsymbol{p}}_e^{\mathrm{T}}\ddot{\boldsymbol{p}}_e^{\mathrm{T}} + \frac{k'\dot{k}'}{\gamma'} = m\dot{\boldsymbol{r}}_{ba}^{b\,\mathrm{T}}\left\{\begin{aligned}&-2\boldsymbol{q}_{ba}^*\circ\boldsymbol{\omega}_a^a\circ\boldsymbol{q}_{ba}\times\dot{\boldsymbol{r}}_{ba}^b - (\boldsymbol{q}_{ba}^*\circ\boldsymbol{\omega}_a^a\circ\boldsymbol{q}_{ba})\times\\&[(\boldsymbol{q}_{ba}^*\circ\boldsymbol{\omega}_a^a\circ\boldsymbol{q}_{ba})\times\boldsymbol{r}_{ba}^b] - (\boldsymbol{q}_{ba}^*\circ\dot{\boldsymbol{\omega}}_a^a\circ\boldsymbol{q}_{ba})\times\boldsymbol{r}_{ba}^b + \\&\frac{\boldsymbol{\mu}}{\|\boldsymbol{r}_a\|^3}\boldsymbol{q}_{ba}^*\circ\boldsymbol{r}_a\circ\boldsymbol{q}_{ba} - \frac{\mu}{\|\boldsymbol{r}_b\|^3}\boldsymbol{r}_b - \\&2\boldsymbol{\omega}_{ba}^b\times\dot{\boldsymbol{r}}_{ba}^b - \boldsymbol{\omega}_{ba}^b\times(\boldsymbol{\omega}_{ba}^b\times\boldsymbol{r}_{ba}^b) - \\&2\boldsymbol{q}_{ba}^*\circ\boldsymbol{\omega}_a^a\circ\boldsymbol{q}_{ba}\times(\boldsymbol{\omega}_{ba}^b\times\boldsymbol{r}_{ba}^b) - \dot{\boldsymbol{\omega}}_{ba}^b\times\boldsymbol{r}_{ba}^b + \frac{\boldsymbol{f}_u}{m} + \frac{\boldsymbol{f}_d}{m}\end{aligned}\right\} + \frac{k'\dot{k}'}{\gamma'}$$

$$= -m\dot{\boldsymbol{r}}_{ba}^{b\,\mathrm{T}}(\boldsymbol{q}_{ba}^*\circ\boldsymbol{\omega}_a^a\circ\boldsymbol{q}_{ba})\times[(\boldsymbol{q}_{ba}^*\circ\boldsymbol{\omega}_a^a\circ\boldsymbol{q}_{ba})\times\boldsymbol{r}_{ba}^b] + \dot{\boldsymbol{r}}_{ba}^{b\,\mathrm{T}}(\boldsymbol{f}_u + \boldsymbol{f}_d) + \frac{k'\dot{k}'}{\gamma'} \tag{6-29}$$

带入控制器，得

$$\dot{V}_2 = -m\dot{\boldsymbol{r}}_{ba}^{b\ \mathrm{T}}(\boldsymbol{q}_{ba}^{*}\circ\boldsymbol{\omega}_a^a\circ\boldsymbol{q}_{ba})\times[(\boldsymbol{q}_{ba}^{*}\circ\boldsymbol{\omega}_a^a\circ\boldsymbol{q}_{ba})\times\boldsymbol{r}_{ba}^b]+\dot{\boldsymbol{r}}_{ba}^{b\ \mathrm{T}}(\boldsymbol{f}_{\mathrm{u}}+\boldsymbol{f}_{\mathrm{d}})+$$
$$\frac{k'\dot{k}'}{\gamma'}=-f_{\mathrm{m}}\frac{(\dot{\boldsymbol{r}}_{ba}^b)^2+k\dot{\boldsymbol{r}}_{ba}^b}{|\boldsymbol{s}'|+k'\delta'} \tag{6-30}$$

因为

$$\begin{aligned}\frac{(\dot{r}_{ba,i}^b)^2}{|s_i'|+k'\delta'}&=\frac{(\dot{r}_{ba,i}^b)^2}{|\dot{r}_{ba,i}^b+k'r_{ba}^b|+k'\delta'}\geqslant\frac{(\dot{r}_{ba,i}^b)^2}{|\dot{r}_{ba,i}^b|+k'(|r_{ba,i}^b|+\delta')}\\&=|\dot{r}_{ba,i}^b|\left[1-\frac{k'(|r_{ba,i}^b|+\delta')}{|\dot{r}_{ba,i}^b|+k'(|r_{ba,i}^b|+\delta')}\right]\end{aligned} \tag{6-31}$$

所以

$$\dot{V}_2\leqslant-|\dot{\boldsymbol{r}}_{ba}^b|(f_{\mathrm{m}}-f_{\mathrm{d}})+f_{\mathrm{m}}\sum_{i=1}^{3}|\dot{r}_{ba,i}^b|\left[\frac{k'(|r_{ba,i}^b|+\delta')}{|\dot{r}_{ba,i}^b|+k'(|r_{ba,i}^b|+\delta')}\right]+\frac{k'\dot{k}'}{\gamma'} \tag{6-32}$$

考虑到双曲正切函数的性质，$k'(t)$ 的自适应律可选为

$$\begin{aligned}\dot{k}'&\geqslant\gamma'\left\{\begin{matrix}f_{\mathrm{m}}\left[\sum_{i=1}^{3}\left(-\frac{|\dot{\boldsymbol{r}}_{ba}^b\boldsymbol{r}_{ba}^b|}{|s'_i|+k'\delta'}-\frac{|\dot{\boldsymbol{r}}_{ba}^b|(1+\delta')}{|\dot{\boldsymbol{r}}_{ba}^b|+k'(1+\delta')}\right)\right]-\\\boldsymbol{r}_{ba}^{b\ \mathrm{T}}\tanh(k'\boldsymbol{r}_{ba}^b)\end{matrix}\right\}\\&\geqslant\gamma'\left\{\begin{matrix}f_{\mathrm{m}}\left[\sum_{i=1}^{3}\left(-\frac{|\dot{\boldsymbol{r}}_{ba}^b|}{|s_i'|+k'\delta'}-\frac{|\dot{\boldsymbol{r}}_{ba}^b|(1+\delta')}{|\dot{\boldsymbol{r}}_{ba}^b|+k'(1+\delta')}\right)\right]+\\3\ \|\boldsymbol{r}_{ba}^b\|_1\end{matrix}\right\}\end{aligned} \tag{6-33}$$

此时得

$$\dot{V}_2\leqslant-|\boldsymbol{r}_{ba}^b|(f_{\mathrm{m}}-f_{\mathrm{d}})-k\boldsymbol{r}_{ba}^{b\ \mathrm{T}}\tanh(k\boldsymbol{r}_{ba}^b) \tag{6-34}$$

在假设下 $\dot{V}_2\leqslant0$ 成立，说明 $\dot{\boldsymbol{r}}_{\mathrm{e}}$ 和 k'有界，因此 V_2有界。

令

$$c'=f_{\mathrm{m}}-f_{\mathrm{d}}$$

将式（6-34）两边同时积分，可得如下不等式

$$V_2(\infty)\leqslant V_2(0)-c\int_0^{\infty}|\boldsymbol{r}_{ba}^b|\mathrm{d}\tau-\int_0^{\infty}k'(\tau)\boldsymbol{r}_{ba}^{b\ \mathrm{T}}(\tau)\tanh[k'(\tau)\boldsymbol{r}_{ba}^b(\tau)]\mathrm{d}\tau \tag{6-35}$$

可见 $V_2(t)$也是有界的，即 $\boldsymbol{r}_{ba}^b(t)$和 $\dot{\boldsymbol{r}}_{ba}^b(t)$有界。因此，$\boldsymbol{r}_{ba}^b(t)$，$\dot{\boldsymbol{r}}_{ba}^b(t)\in L_2$。由 Barbalat 引理可知，$\lim\limits_{t\to\infty}\boldsymbol{r}_{ba}^b(t)=\boldsymbol{0}$ 且$\lim\limits_{t\to\infty}\dot{\boldsymbol{r}}_{ba}^b(t)=\boldsymbol{0}$ 是全局收敛的。

对于任何 $k'(0)=k'_0>0$ 和 $\bar{k}'>0$，其中 $\bar{k}'<k'_0$，如果存在一个 $\gamma'>0$ 满足

$$\gamma'[c'_0(\gamma')c'_1(\gamma')+c'_2(\gamma')]\leqslant(k'^2_0-\bar{k}'^2)/2 \tag{6-36}$$

其中

$$c'_0(\gamma')=f_{\mathrm{m}}\frac{(1+\delta')}{\delta'}+c'^2_k(\gamma)$$

对于所有 $t\geqslant0$，有 $k'(t)>\bar{k}'$。

证明：由于 $\boldsymbol{r}_{ba}^b(t)$ 和 $k'(t)q'_v(t)$ 是有界的，渐近收敛到 0，且 $k'(t)$ 是有界的。所以

存在常数 $\bar{\boldsymbol{r}}_{ba}^{b}$ 和 $\bar{q}'_v$ 使得 $\|\boldsymbol{r}_{ba}^{b}(t)\|_1 \leqslant \bar{\boldsymbol{r}}_{ba}^{b}$ 和 $\|\boldsymbol{q}'_v\|_1 \leqslant \bar{\boldsymbol{q}}'_v$ 总成立

$$
\begin{aligned}
\dot{k}' &\geqslant \gamma'\left[f_{\mathrm{m}}\sum_{i=1}^{3}\left[-\frac{|\dot{\boldsymbol{p}}_{ba}^{b}|\delta'}{|\dot{\boldsymbol{p}}_{ba}^{b}|+k(|\boldsymbol{p}_{ba}^{b}|+\delta')}\right]-\boldsymbol{p}_{ba}^{b\,\mathrm{T}}\tanh(k\boldsymbol{p}_{ba}^{b})\right] \\
&\geqslant \gamma'\left[f_{\mathrm{m}}\sum_{i=1}^{3}\left(-\frac{|\dot{\boldsymbol{p}}_{ba}^{b}|\delta'}{k(|\boldsymbol{p}_{ba}^{b}|+\delta')}\right)+3\|\boldsymbol{p}_{ba}^{b}\|_1\right]
\end{aligned} \tag{6-37}
$$

从而，有

$$
k'\dot{k}' \geqslant -\gamma'\left[c'_0(\gamma')\|\dot{\boldsymbol{p}}_{ba}^{b}\|_1 + k\boldsymbol{p}_{ba}^{b\,\mathrm{T}}\tanh(k\boldsymbol{p}_{ba}^{b})\right] \tag{6-38}
$$

对式（6－38）积分，得

$$
\begin{aligned}
&k'^2(\infty) \geqslant k'^2_0(0) - \\
&\quad 2\gamma'\left(c'_0\int_0^{\infty}|\dot{\boldsymbol{p}}_{ba}^{b}|\mathrm{d}\tau - \int_0^{\infty}k'(\tau)\boldsymbol{p}_{ba}^{b\,\mathrm{T}}(\tau)\tanh[k'(\tau)\boldsymbol{p}_{ba}^{b}(\tau)]\mathrm{d}\tau\right)
\end{aligned} \tag{6-39}
$$

如果能够找到一个满足式（6－39）的 γ'。从式（6－39）可得 $k'(t)$ 的下界为 $\bar{k}'$。

如果能够找到一个足够小的 $\gamma'>0$ 满足式（6－39）所示的条件，那么始终有 $k'(t)>\bar{k}'$ 成立。在这种情况下因为始终有 $\lim\limits_{t\to\infty}k'\boldsymbol{r}_{ba}^{b}(t)=\boldsymbol{0}$ 和 $k'(t)>\bar{k}'$ 成立，所以有 $\lim\limits_{t\to\infty}\boldsymbol{r}_{ba}^{b}(t)=\boldsymbol{0}$。从而定理得到证明，能够抑制有界干扰，对干扰同样具有鲁棒性。

6.4　仿真分析

为验证控制方法的有效性，假设目标航天器运行在高 500 km 的圆轨道上，且由于目标航天器对地定向，它的本体坐标系和轨道坐标系重合。两航天器之间的相对速度、相对角速度、相对角度、相对位置均可测量，且不考虑观测噪声影响。

目标航天器在本体坐标系下的姿态和位置分别为

$$
\boldsymbol{r}_{ai}^{a}(0)=[6\ 878\ 455\quad 0\quad 0]^{\mathrm{T}}\ \mathrm{m}
$$

$$
\boldsymbol{\omega}_{ai}^{a}(0)=[0\quad 0\quad 0.001\ 106\ 7]^{\mathrm{T}}\ \mathrm{rad/s}
$$

$$
\boldsymbol{v}_{ai}^{a}(0)=[0\quad 7\ 612\quad 0]^{\mathrm{T}}\ \mathrm{m/s}
$$

假设追踪航天器实际的质量和转动惯量为

$$
m=100\ \mathrm{kg}
$$

$$
\boldsymbol{J}=\begin{bmatrix}230 & 0 & 0\\ 0 & 190 & 0\\ 0 & 0 & 210\end{bmatrix}\mathrm{kg}\cdot\mathrm{m}^2
$$

假设追踪航天器所受的干扰力和力矩为

$$
\boldsymbol{f}_d=\begin{bmatrix}3\sin\left(\dfrac{\pi}{20}t\right)\\ -2\sin\left(\dfrac{\pi}{20}t\right)\\ \sin\left(\dfrac{\pi}{20}t\right)\end{bmatrix}\cdot 10^{-3}\ \mathrm{N}
$$

$$\boldsymbol{\tau}_d = \begin{bmatrix} 3\sin\left(\dfrac{\pi}{20}t\right) \\ 4\sin\left(\dfrac{\pi}{20}t\right) \\ -2\sin\left(\dfrac{\pi}{20}t\right) \end{bmatrix} \cdot 10^{-4}\ \mathrm{N\cdot m}$$

控制参数

$$\hat{K}_p = 15 + \varepsilon 10$$

$$\hat{K}_d = 200 + \varepsilon 180$$

$$\hat{\delta} = 0.01 + \varepsilon 10$$

$$\hat{\gamma} = 0.01 + \varepsilon 0.000\,01$$

$$\hat{\lambda} = 1 + \varepsilon 20$$

自适应律参数

$$k(0) = 0.6$$

$$k'(0) = 0.8$$

数学仿真结果如图 6－1～图 6－9 所示。分别为相对姿态四元数、相对姿态角速度、对偶四元数对偶部分、相对速度、相对位置、控制力、控制力矩，自适应调节律实部和自适应调节律对偶部随时间变化的曲线。

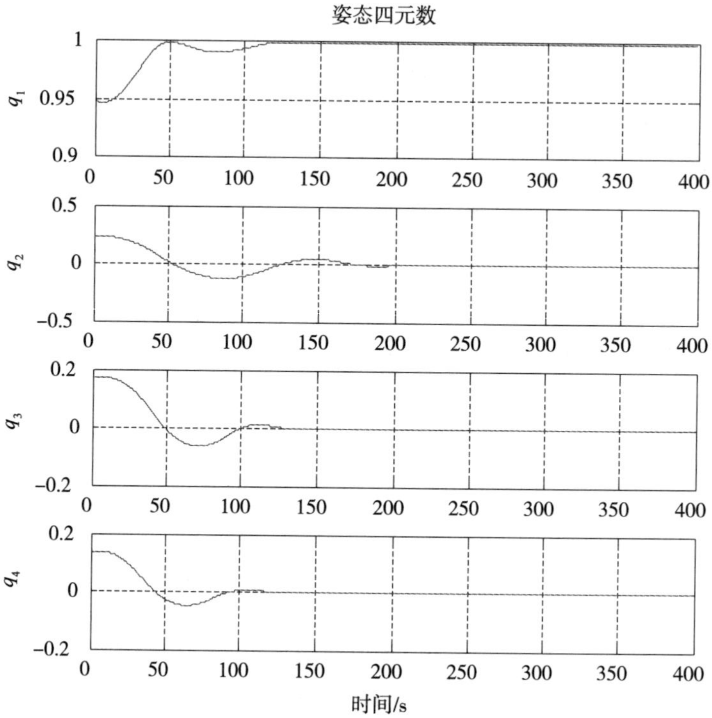

图 6－1　姿态四元数

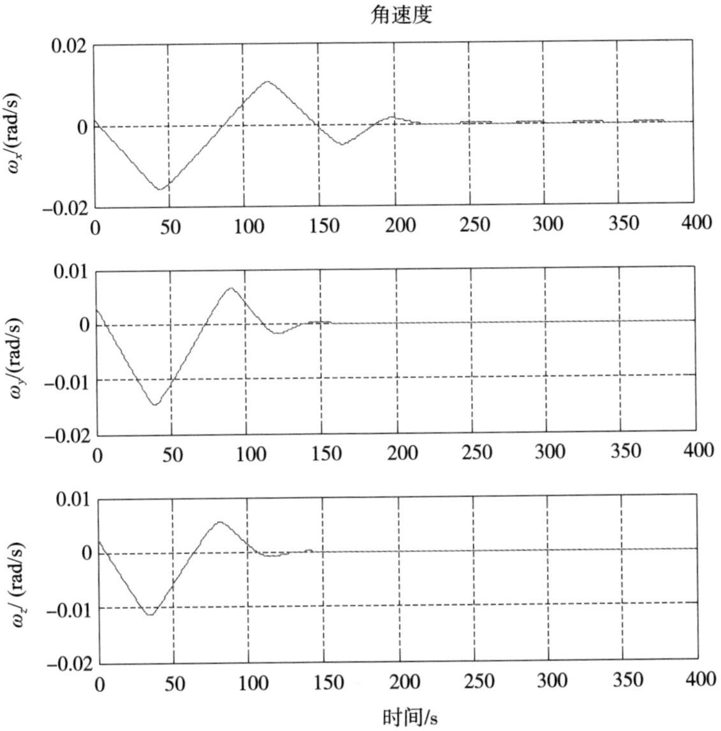

图 6-2　相对角速度

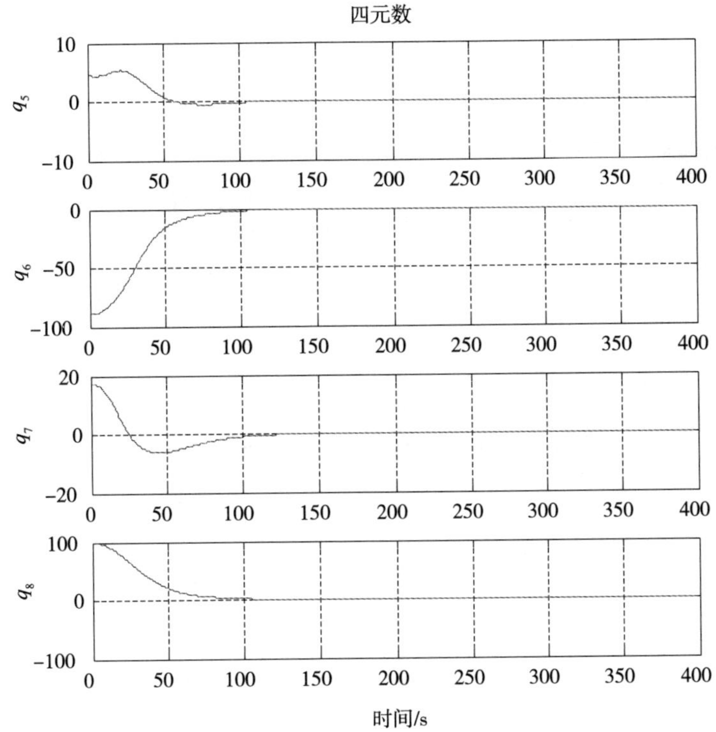

图 6-3　对偶部分

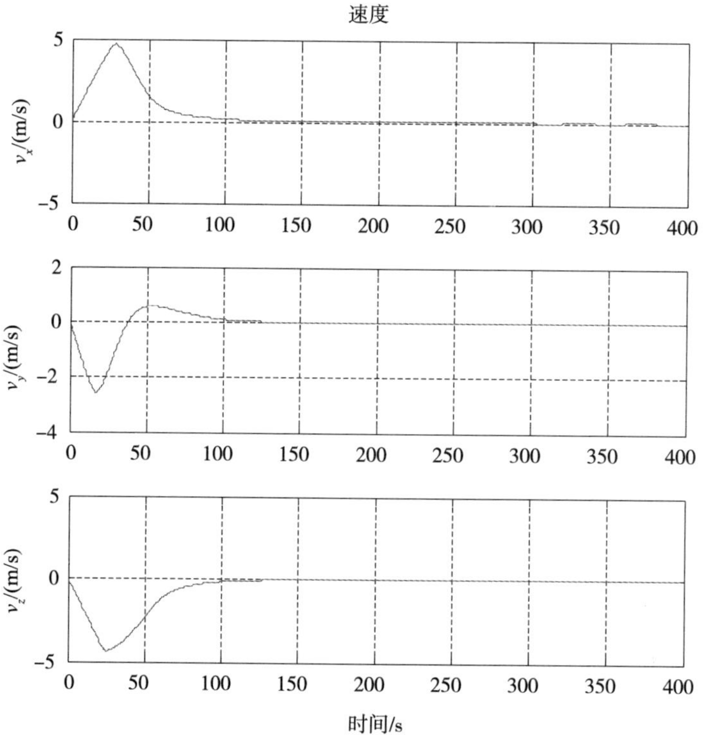

图 6-4　相对速度

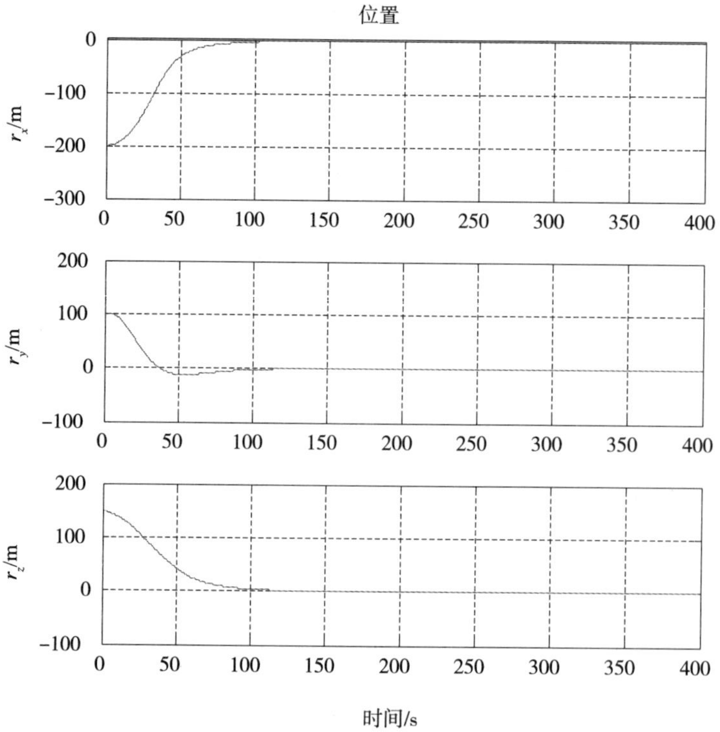

图 6-5　相对位置

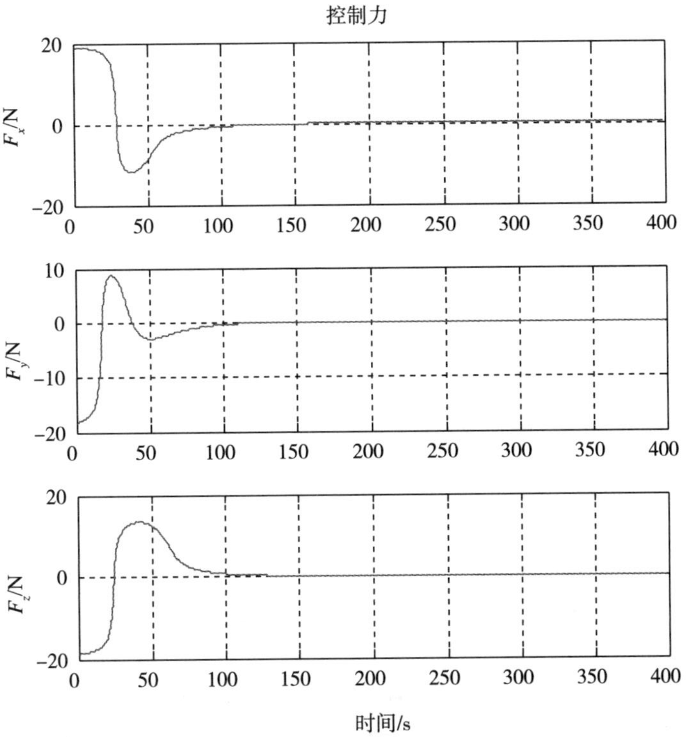

图 6－6 控制力

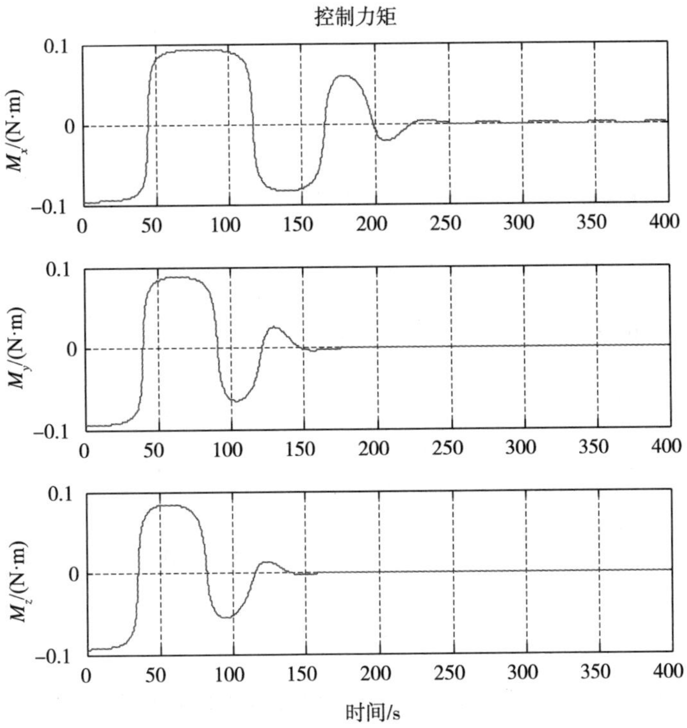

图 6－7 控制力矩

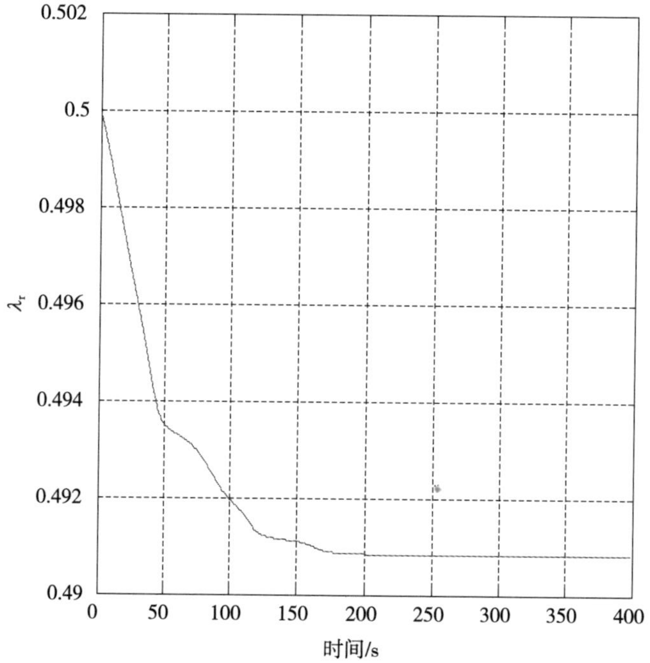

图 6-8　自适应调节律实部变化

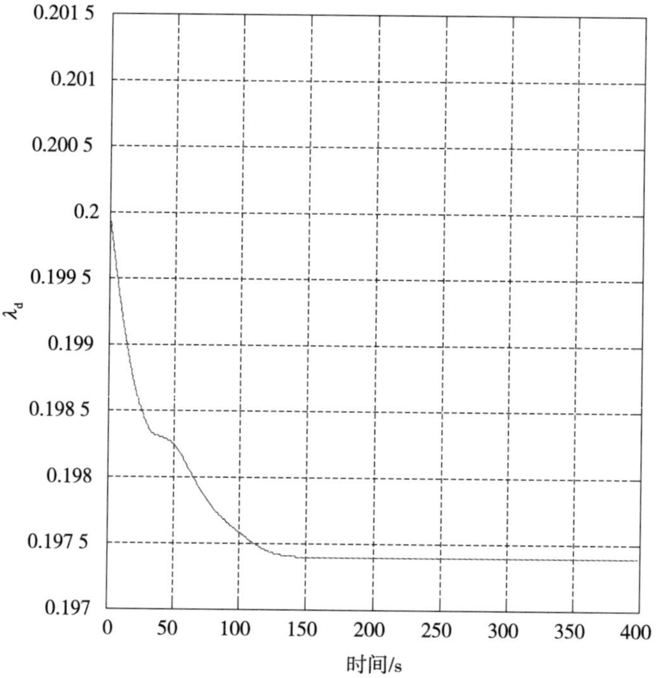

图 6-9　自适应调节律对偶部变化

从图 6-1 和图 6-2 可以看出，在存在模型参数不确定性和外部干扰影响的情况下，相对姿态四元数在 180 s 内收敛到零，相对姿态角速度在 220 s 内收敛到零，而由图 6-3～图 6-5 可知对偶四元数对偶部分和相对速度、相对位置则在 130 s 内收敛到零。

从图 6－6 和图 6－7 可以看出控制力矩和控制力均满足约束条件，对偶力在［－20，20］N 的范围内，在 100 s 左右收敛到零，力矩始终在［－0.1，0.1］N · m 的范围内，在 250 s 左右收敛到零。从图6－8和图 6－9 可以看出自适应调节律趋向于一个不等于零的常值。

6.5　小结

本章对基于对偶四元数的航天器动力学建模和控制器设计进行了简单回顾，给出了两个控制器的设计，即有限时间控制和自适应控制，并进行了控制器稳定性的证明和其他性能的仿真验证。

参考文献

[1] XIA Q, RAOAND M, YING Y. Adaptive Fading Kalman Filter with an Application [J]. Automatica, 1994, 30(12): 1333 - 1338.

[2] KIM K H, LEE J G, PARK C G. Adaptive Two—Stage Kalman Filter in the Presence of Unknown Random Bias[J]. International Journal of Adaptive Control and Signal Processing, 2006, 20(7): 305 - 319.

[3] 王新国,许化龙，李爱华．一种应用于星光观测导弹姿态确定的强跟踪滤波算法[J]. 宇航学报，2008，29 (3)：876 - 877.

[4] CLIFFORD W K. Preliminary Sketch of Bi—Quaternions[M]. Proc. London Ma-thematics Society, 1873, 4: 381 - 395.

[5] STUDY E. Von den Bewegungen and Umlegungen[J]. Mathematische Annalen, 1891, 39(4): 441 - 556.

[6] KOTELNIKOV A P. Screw Calculus and Some Applications to Geometry and Mechanics [D]. Anmals of Imperial University of Kazan, 1895.

[7] KIM M J, KIM M S, SHIN S Y. A Compact Differential Formula for the First Derivative of a Unit Quaternion Curve[J]. Journal of Visualization and Computer Animation, 1996, 7 (1): 43 - 57.

[8] 洪奕光,程代展．非线性系统的分析与控制[M]. 北京：科学出版社，2005：225 - 228.

[9] HUANG X Q, LIN W, YANG B. Global Finite — time Stabilization of a Class of Uncertain Nonlinear Systems[J]. Automatica, 2005, 41(5): 881 - 888.

[10] HONG Y G, HUANG J, XU Y S. On an Output Feedback Finite—time Stabilization Problem[J]. IEEE Transactions on Automatic Control, 2001, 46(2): 305 - 309.

[11] GRUYITCH L T, KOKOSY A. Robot Control for Robust Stability with Finite Reachability Time in the Whole[J]. Journal of Robotic Systems, 1999, 16(5): 263 - 283.

[12] 丁世宏,李世华．有限时间控制问题综述[J]. 控制与决策，2011，26 (2)：161 - 169.

[13] BHAT S P, BERNSTEIN D S. Geometric Homogeneity with Applications to Finite-time Stablity[J]. Mathematics of Control, Signals and Systems, 2005, 17(2): 101 - 127.

[14] 杨柳,陈艳萍．求解非线性方程组的一种新的全局收敛的 Levenberg-Marquardt 算法[J]. 计算数学，2008，30 (4)：388 - 396.

[15] 吴锦杰．航天器相对运动姿轨一体化动力学建模与控制技术研究 [D]. 长沙．国防科学技术大学，2013.

第 7 章　基于特征测量的航天器相对导航理论基础

7.1　引言

航天器相对位置与相对姿态的在轨测量与确定是航天器编队飞行和交会对接等任务中的关键技术。近年来，由于基于视觉测量的相对导航方法成本低、易实现等优点，因此在解决近距离高精度的相对位姿确定问题中发挥着越来越重要的作用，该方法主要是利用固定于目标上的几何特征在不同坐标系下的测量数据进行匹配和计算，进而确定坐标系之间的转化关系[1-5]。

在传统的航天器相对视觉导航中，通常采用在目标航天器上配置点光源的方法来获取目标上的几何特征信息，这种方法使得特征点的提取和匹配过程变得简单，但同时也容易受到特征光源损坏而导致信息量缺失的影响。针对上述问题，一种可行的解决办法是尽可能多地利用航天器外形结构上的几何特征，如角点、棱边或圆形边缘等，这样既可以避免特征光源的配置，又保证了足够的数据量[6-8]。然而，若要同时利用点、线和圆这些阶数不同的几何特征，则需考虑如何在统一的代数框架内描述不同的几何特征，并在该代数框架内建立基于不同特征的视觉测量模型。

本章将在对偶代数的框架内统一描述特征点、特征线和特征圆，其中特征圆的对偶数描述需要基于一种动态定义的形式来实现。假设几何特征的提取与匹配过程已完成，则可以基于单目视觉原理分别建立基于特征点、特征线和特征圆的测量方程。考虑到实际应用中，需要确定的是两个航天器上与质心不重合的点的相对位置，因此本章采用第 3 章所推导的非质心点的相对运动方程作为视觉导航系统的状态方程，分别利用 Levenberg - Marquardt（L - M）算法、Extended Kalman Filter（EKF）算法和 Unscented Kalman Filter（UKF）算法对航天器的相对位姿进行解算，最终实现航天器相对轨道与相对姿态的一体化估计。

7.2　坐标系定义

由于在实际的空间任务中，需要的导航信息通常并不是航天器质心的相对位置，而是某些非质心点的相对运动状态[9-10]。因此，本章将对追踪航天器上任意点 P_f 相对于目标航天器上任意点 P_l 的位置以及两航天器之间的相对姿态进行估计，即估计坐标系 $P_f-x_f y_f z_f$ 相对于 $P_l-x_l y_l z_l$ 的运动关系。其中，坐标系 $P_f-x_f y_f z_f$ 和 $P_l-x_l y_l z_l$ 的定义见第 3.4.3 节。除此之外，相对导航问题还需定义如下坐标系。

相机坐标系 $O_c-x_cy_cz_c$：原点 O_c 位于相机镜头中心，x_c 轴与相片的横方向平行，y_c 轴与相片的纵方向平行，z_c 轴沿主光轴方向，三轴符合右手定则。设相机的焦距为 λ，安装在追踪航天器上，且不失一般性，假设相机坐标系与坐标系 $P_f-x_fy_fz_f$ 重合。

像平面坐标系 $O_n-x_ny_n$：原点 O_n 位于相机光轴与图像平面的交点，x_n、y_n 轴分别与 x_c、y_c 轴平行。

7.3 基于多种几何特征的视觉测量模型

7.3.1 基于特征点的视觉测量模型

如图 7-1 所示，假设在目标航天器上存在某一特征点 D，利用对偶数形式，其在 $P_l-x_ly_lz_l$坐标系中的表示为

$$\hat{\boldsymbol{D}}^{lP}=1+\varepsilon\boldsymbol{d}^{lP} \tag{7-1}$$

其中

$$\boldsymbol{d}^{lP}=[d_x^{lP}\quad d_y^{lP}\quad d_z^{lP}]^{\mathrm{T}}$$

式中实数部分为标量 1，对偶部分 $\boldsymbol{d}^{lP}$为点 D 在 $P_l-x_ly_lz_l$ 下的分量。

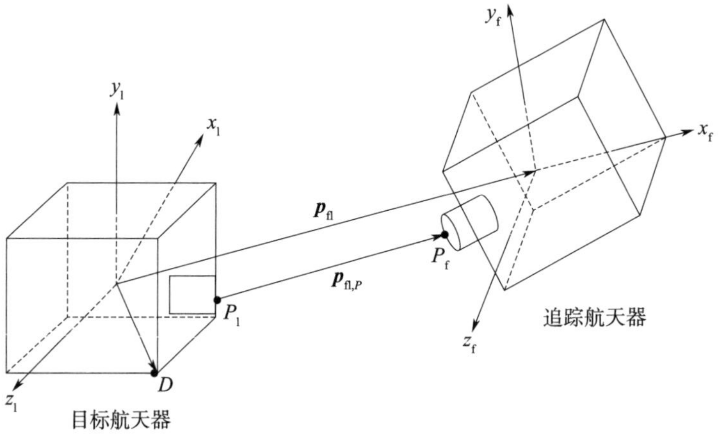

图 7-1 特征点测量关系图

以对偶四元数 $\hat{\boldsymbol{q}}_{fl,P}$表示坐标系 $P_f-x_fy_fz_f$ 相对于 $P_l-x_ly_lz_l$ 的关系，则特征点 D 在坐标系 $P_f-x_fy_fz_f$ 下的表示为

$$\hat{\boldsymbol{D}}^{fP}=\hat{\boldsymbol{q}}_{fl,P\varepsilon}^{*}\hat{\boldsymbol{D}}^{lP}\hat{\boldsymbol{q}}_{fl,P} \tag{7-2}$$

其中

$$\hat{\boldsymbol{q}}_{fl,P\varepsilon}^{*}=\boldsymbol{q}_{fl,P}^{*}-\varepsilon\boldsymbol{q}'^{*}_{fl,P}$$

$$\hat{\boldsymbol{D}}^{fP}=1+\varepsilon\boldsymbol{d}^{fP}$$

且

$$\boldsymbol{d}^{\mathrm{f}P}=[d_x^{\mathrm{f}P}\quad d_y^{\mathrm{f}P}\quad d_z^{\mathrm{f}P}]^{\mathrm{T}}$$

式中　$\hat{\boldsymbol{q}}_{\mathrm{fl},P\varepsilon}^{*}$——对偶四元数 $\hat{\boldsymbol{q}}_{\mathrm{fl},P}$ 的另一种共轭定义；

$\hat{\boldsymbol{D}}^{\mathrm{f}P}$，$\boldsymbol{d}^{\mathrm{f}P}$——点 D 在坐标系 $P_{\mathrm{f}}-x_{\mathrm{f}}y_{\mathrm{f}}z_{\mathrm{f}}$ 下的表示。

本书选用针孔相机模型作为理想的成像模型。假设视觉相机的镜头固定在追踪航天器的 P_{f} 点上，其光轴沿 z 轴方向向外，焦距为 λ。透视投影的成像原理可以表述为：目标上的点经过投影中心（相机的光心）在相机的像平面上成像，投影点在像平面的位置会随着目标上的点与相机的相对位姿变化而变化。基于上述透视投影的成像原理，特征点 D 在像平面上的像点坐标 $[x_{\mathrm{id}},\ y_{\mathrm{id}}]^{\mathrm{T}}$ 为

$$x_{\mathrm{id}}=\lambda\frac{d_x^{\mathrm{f}P}}{d_z^{\mathrm{f}P}}$$

$$y_{\mathrm{id}}=\lambda\frac{d_y^{\mathrm{f}P}}{d_z^{\mathrm{f}P}}\tag{7-3}$$

注 7-1：假设已知特征点在目标航天器上的位置为 $\hat{\boldsymbol{D}}^{\mathrm{l}P}$，视觉相机的输出为特征点在像平面上的像点坐标 $[x_{\mathrm{id}},\ y_{\mathrm{id}}]^{\mathrm{T}}$，基于式(7-2)和式（7-3），即可建立由 $\hat{\boldsymbol{D}}^{\mathrm{l}P}$ 到 $[x_{\mathrm{id}},\ y_{\mathrm{id}}]^{\mathrm{T}}$ 的非线性方程，其中仅有相对运动的对偶四元数 $\hat{\boldsymbol{q}}_{\mathrm{fl},P}$ 是待求的未知参数。由于每个特征点可以提供两个约束方程，且航天器的相对运动是六自由度的，因此至少需要三个特征点才能够确定航天器之间的相对运动[11-14]。

7.3.2　基于特征线的视觉测量模型

假设可观测到目标航天器上的某一特征直线 L，利用对偶矢量，其在坐标系 $P_{\mathrm{l}}-x_{\mathrm{l}}y_{\mathrm{l}}z_{\mathrm{l}}$ 下的表示为

$$\hat{\boldsymbol{L}}^{\mathrm{l}P}=\boldsymbol{l}^{\mathrm{l}P}+\varepsilon\boldsymbol{m}^{\mathrm{l}P}\tag{7-4}$$

式中　$\boldsymbol{l}^{\mathrm{l}P}$——直线 L 的单位方向矢量；

$\boldsymbol{m}^{\mathrm{l}P}$——直线 L 上点 P_{l} 的矩。

以 $\hat{\boldsymbol{q}}_{\mathrm{fl},P}$ 表示坐标系 $P_{\mathrm{f}}-x_{\mathrm{f}}y_{\mathrm{f}}z_{\mathrm{f}}$ 相对于 $P_{\mathrm{l}}-x_{\mathrm{l}}y_{\mathrm{l}}z_{\mathrm{l}}$ 的位置关系，则直线 L 在坐标系 $P_{\mathrm{f}}-x_{\mathrm{f}}y_{\mathrm{f}}z_{\mathrm{f}}$的表示可由下式得到

$$\hat{\boldsymbol{L}}^{\mathrm{f}P}=\boldsymbol{l}^{\mathrm{f}P}+\varepsilon\boldsymbol{m}^{\mathrm{f}P}=\hat{\boldsymbol{q}}_{\mathrm{fl},\,P}^{*}\circ\hat{\boldsymbol{L}}^{\mathrm{l}P}\circ\hat{\boldsymbol{q}}_{\mathrm{fl},\,P}\tag{7-5}$$

如图 7-2 所示，转换后的直线 L 投影在相机的像平面上，形成投影直线 $\hat{\boldsymbol{l}}_i$。由投影几何关系可知，该投影直线 $\boldsymbol{l}_i$ 位于由三维直线 L 和投影中心所构成的平面内，该平面可由如下方程描述

$$m_x x+m_y y+m_z z=0\tag{7-6}$$

式中　m_x，m_y，m_z——$\boldsymbol{m}^{\mathrm{f}P}$ 的坐标分量。

将式（7-6）所示的平面与像平面 $z=-\lambda$ 交叉，可以得到投影直线 $\boldsymbol{l}_i$ 的方程为

$$m_x x_i+m_y y_i=m_z\lambda\tag{7-7}$$

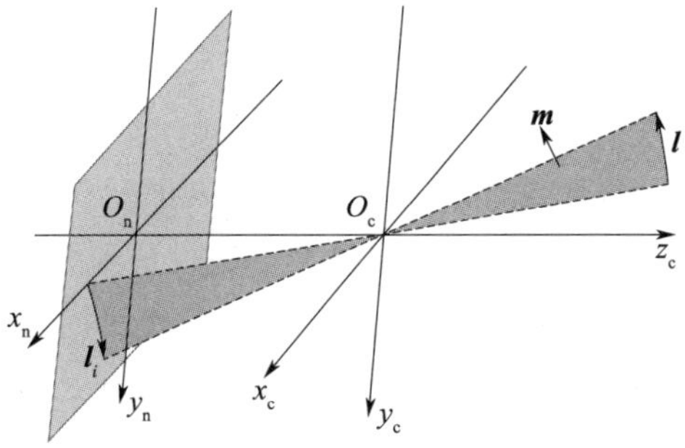

图 7-2 三维空间直线在像平面的投影

式中 x_i，y_i——像平面的横纵坐标。

由式（7-7）可得投影直线的方向矢量为

$$\boldsymbol{l}_i=[l_{ix}\quad l_{iy}\quad l_{iz}]^{\mathrm{T}}=\left[\frac{-m_y}{\sqrt{m_x^2+m_y^2}}\quad\frac{m_x}{\sqrt{m_x^2+m_y^2}}\quad 0\right]^{\mathrm{T}} \tag{7-8}$$

且投影直线到投影中心的距离为

$$d_{pc}=\sqrt{\left(\frac{m_z\lambda}{\sqrt{m_x^2+m_y^2}}\right)^2+\lambda^2}=\frac{\lambda\|\boldsymbol{m}\|}{\sqrt{m_x^2+m_y^2}} \tag{7-9}$$

由于投影直线 $\boldsymbol{l}_i$ 的矩 $\boldsymbol{m}_i$ 和 $\boldsymbol{m}$ 定义了同一个平面，因此有

$$\boldsymbol{m}_i=[m_{ix}\quad m_{iy}\quad m_{iz}]^{\mathrm{T}}=d_{pc}\frac{\boldsymbol{m}}{\|\boldsymbol{m}\|}=\frac{\lambda}{\sqrt{m_x^2+m_y^2}}\boldsymbol{m} \tag{7-10}$$

因此，投影直线 $\boldsymbol{l}_i$ 的对偶矢量表示为

$$\hat{\boldsymbol{l}}_i=\boldsymbol{l}_i+\varepsilon\boldsymbol{m}_i \tag{7-11}$$

由于像平面内不经过像平面坐标系原点的投影直线都可以由原点到该投影直线的垂足唯一确定，因此引入投影直线的垂足点作为测量量。如图 7-3 所示，利用投影直线的对偶矢量表示，可以通过下式计算其垂足点的坐标

$$\begin{aligned}x_{il}&=l_{iy}m_{iz}\\y_{il}&=-l_{ix}m_{iz}\end{aligned} \tag{7-12}$$

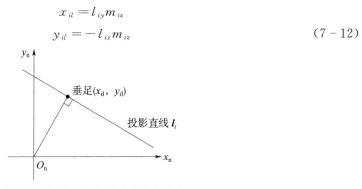

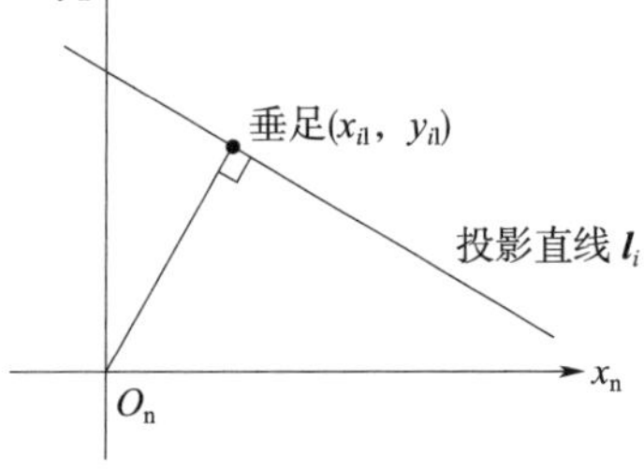

图 7-3 像平面内直线的垂足点定义

再由式（7-8）和式（7-10）可知，$[x_{il},\ y_{il}]^{\mathrm{T}}$ 还可由转换后的特征直线计算得出，即

$$x_{il}=\lambda\frac{m_x m_z}{m_x^2+m_y^2}$$

$$y_{il}=\lambda\frac{m_y m_z}{m_x^2+m_y^2} \tag{7-13}$$

注 7－2：假设已知特征线在目标航天器上的位置为 $\hat{\boldsymbol{L}}^{1P}$，视觉相机的输出为投影直线的垂足点在像平面上的坐标$[x_{il}, y_{il}]^{\mathrm{T}}$，基于式（7－5）和式（7－13），即可建立由 $\hat{\boldsymbol{L}}^{1P}$ 到$[x_{il}, y_{il}]^{\mathrm{T}}$ 的非线性方程，其中仅有相对运动的对偶四元数 $\hat{\boldsymbol{q}}_{\mathrm{f1},P}$ 是待求的未知参数。由于每条特征直线可以提供两个约束方程，且航天器的相对运动是六自由度的，因此，至少需要三条特征直线才能够实现对航天器相对位姿的估计。

7.3.3　基于特征圆的视觉测量模型

除了特征点和特征线，特征圆也是航天器上常见的几何构型，如天线等。然而在对偶代数下，由于圆的几何阶数更高，使其并不能像特征点和特征线一样被直接描述[15-16]。为了解决该问题，本节利用圆的旋转特性，给出特征圆的动态定义，实现在对偶代数下对特征圆的描述，并基于该定义，建立三维特征圆与其在像平面内的二维图像之间的联系。

如图 7－4 所示，空间中的圆可由某起始点 S_0 绕通过圆心的转轴 $\hat{\boldsymbol{L}}_{\mathrm{t}}$ 做旋转运动得到。根据螺旋运动的定义，上述绕转轴的旋转运动可以看成螺距为零的螺旋运动，又考虑到对偶四元数可用来描述螺旋运动，因此，给定转轴 $\hat{\boldsymbol{L}}_{\mathrm{t}}$ 的参数，绕转轴旋转的运动可由如下对偶四元数描述

$$\hat{\boldsymbol{q}}_{\Phi}=\left[\cos\frac{\hat{\Phi}}{2}, \hat{\boldsymbol{L}}_{\mathrm{t}}\sin\frac{\hat{\Phi}}{2}\right] \tag{7-14}$$

其中

$$\hat{\Phi}=\Phi+\varepsilon 0$$

$$\hat{\boldsymbol{L}}_{\mathrm{t}}=\boldsymbol{l}_{\mathrm{t}}+\varepsilon\boldsymbol{m}_{\mathrm{t}}$$

式中　Φ——绕转轴旋转的角度；

$\hat{\boldsymbol{L}}_{\mathrm{t}}$——转轴的对偶矢量表示；

$\boldsymbol{l}_{\mathrm{t}}$——转轴的单位方向矢量；

$\boldsymbol{m}_{\mathrm{t}}$——转轴相对于起始点 S_0 的矩。

利用式（7－14）所示的对偶四元数，若已知起始点 S_0 在坐标系 $P_1-x_1y_1z_1$ 下的表示，则圆上任意一点 S_{Φ} 在坐标系 $P_1-x_1y_1z_1$ 下的表示可由下式得到

$$\hat{\boldsymbol{S}}_{\Phi}^{1P}=\hat{\boldsymbol{q}}_{\Phi}\hat{\boldsymbol{S}}_0^{1P}\hat{\boldsymbol{q}}_{\Phi,\varepsilon}^{*} \tag{7-15}$$

其中

$$\hat{\boldsymbol{S}}_0^{1P}=1+\varepsilon\boldsymbol{s}_0^{1P}$$

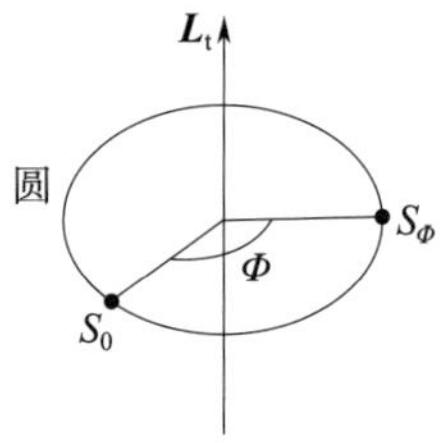

图 7-4 圆的动态定义

$$\hat{\boldsymbol{S}}_{\Phi}^{1P}=1+\varepsilon \boldsymbol{s}_{\Phi}^{1P}$$

式中 $\hat{\boldsymbol{S}}_0^{1P}$，$\hat{\boldsymbol{S}}_{\Phi}^{1P}$——分别为起始点 S_0 和终到点 S_Φ 在坐标系 $P_1-x_1y_1z_1$ 下的对偶数表示形式。

再由对偶四元数 $\hat{\boldsymbol{q}}_{\mathrm{f1},P}$ 可得终到点 S_Φ 在坐标系 $P_\mathrm{f}-x_\mathrm{f}y_\mathrm{f}z_\mathrm{f}$ 下的表示为

$$\hat{\boldsymbol{S}}_{\Phi}^{\mathrm{f}P}=1+\varepsilon \boldsymbol{s}_{\Phi}^{\mathrm{f}P}=\hat{\boldsymbol{q}}_{\mathrm{f1},P\varepsilon}^{*}\hat{\boldsymbol{S}}_{\Phi}^{1P}\hat{\boldsymbol{q}}_{\mathrm{f1},P} \tag{7-16}$$

类比式（7-3），终到点 S_Φ 在像平面的投影坐标为

$$\begin{aligned} x_{is}&=\lambda\frac{s_{\Phi x}^{\mathrm{f}P}}{s_{\Phi z}^{\mathrm{f}P}}\\ y_{is}&=\lambda\frac{s_{\Phi y}^{\mathrm{f}P}}{s_{\Phi z}^{\mathrm{f}P}}\end{aligned} \tag{7-17}$$

式中 $s_{\Phi x}^{\mathrm{f}p}$、$s_{\Phi y}^{\mathrm{f}p}$，$s_{\Phi z}^{\mathrm{f}p}$——矢量 $\boldsymbol{s}_{\Phi}^{\mathrm{f}P}$ 的分量。

注 7-3：若已知特征圆在目标航天器上的位置，任意选取圆上的一点作为起始点 S_0，将特征圆投影在像平面上得到其投影图像，任取投影图像上的一点作为终到点 S_Φ，并将 S_Φ 在像平面的投影坐标$(x_{is},\ y_{is})^\mathrm{T}$ 作为测量量，那么，式（7-15）～式（7-17）描述了圆上任意起始点与终到点在像平面上的投影点之间的联系，即建立了基于特征圆的测量方程。需要指出的是，在基于特征点和特征线的测量方程中，$\hat{\boldsymbol{q}}_{\mathrm{f1},P}$ 是唯一需要估计的未知量，而在特征圆的测量方程中，除了相对运动的对偶四元数表示 $\hat{\boldsymbol{q}}_{\mathrm{f1},P}$ 未知，特征圆的参数 Φ 也是待确定的未知量。因此，基于特征圆的计算量将由于增加了未知参数 Φ 而增加。由于特征圆可由其上的三点唯一确定，且每个点可提供两个约束方程，因此每个特征圆将提供六个约束方程，但是每个点又会相应地引入一个未知参数 Φ，最终，每个特征圆可提供三个约束方程。考虑到两个刚体航天器的相对运动是六自由度的，因此至少需要两个特征圆来确定航天器之间的相对运动。

7.4 基于特征测量的相对位姿估计算法

问题描述：已知目标参考系下各种几何特征（特征点、特征线和特征圆）的位置，以及相机坐标系下测量量的位置，通过 7.3 节所述的测量模型来确定相机坐标系相对于目标参考坐标系的姿态和位置参数。

求解思想：参考 Wahba 问题，假设可以观测到目标航天器上的 n 个几何特征，则基

于几何特征的相对导航代价函数可以写成

$$J = \frac{1}{2}\sum_{i=1}^{n} [\boldsymbol{z}_i - \boldsymbol{h}_i(\hat{\boldsymbol{q}})]^{\mathrm{T}}\boldsymbol{W}[\boldsymbol{z}_i - \boldsymbol{h}_i(\hat{\boldsymbol{q}})] \tag{7-18}$$

在最小方差的标准下

$$\boldsymbol{W} = \boldsymbol{R}^{-1}$$

式中　$\boldsymbol{z}_i$——观测矢量；

$\boldsymbol{h}_i(\hat{\boldsymbol{q}})$——利用非线性观测方程得到的预测观测量；

$\boldsymbol{W}$——加权矩阵；

$\boldsymbol{R}$——测量噪声矩阵。

基于特征测量的相对视觉导航问题可以转化为寻优问题，即借助于非线性估计理论来处理多个测量量，最终确定相机坐标系相对于目标参考系的六自由度相对运动状态。当存在足够多的几何特征时，便可得到相机坐标系相对于目标参考系的位置与姿态。

7.4.1　L—M 迭代算法

龙贝格—马尔塔（L-M，Levenberg-Marquardt）算法是目前求解非线性估计问题应用较为广泛的一类迭代方法。该算法是由 Levenberg 在 1944 年提出，并由 Marquardt 在 1963 年重新发现[17]。

针对本书的相对导航问题，选取状态变量为 $\boldsymbol{x} = [\hat{\boldsymbol{q}}_{\mathrm{f1},P}^{\mathrm{T}}, \boldsymbol{\Phi}^{\mathrm{T}}]^{\mathrm{T}}$，其中，$\hat{\boldsymbol{q}}_{\mathrm{f1},P}$ 为坐标系 $P_{\mathrm{f}}-x_{\mathrm{f}}y_{\mathrm{f}}z_{\mathrm{f}}$ 相对于 $P_1-x_1y_1z_1$ 的对偶四元数，$\boldsymbol{\Phi} = [\Phi_1 \cdots \Phi_{3n}]^{\mathrm{T}}$ 为与 n 个可观测的特征圆相关的未知参数，若没有可观测的特征圆，则不存在参数 $\boldsymbol{\Phi}$。假设状态变量的第 k 步估计值为 $\hat{\boldsymbol{x}}_k$，则第 $k+1$ 步迭代的估计值可以通过小量修正得到，即

$$\hat{\boldsymbol{x}}_{k+1} = \hat{\boldsymbol{x}}_k + \Delta\boldsymbol{x}_k \tag{7-19}$$

式中　$\Delta\boldsymbol{x}_k$——第 k 步迭代时的修正量。

假设可以观测到目标航天器上的特征点、特征线或特征圆，那么由第 5.3 节的讨论可以得到非线性测量方程 $\boldsymbol{h}(\boldsymbol{x})$。若 $\boldsymbol{h}(\boldsymbol{x})$ 在 $\boldsymbol{x}_k$ 处可微，则通过一阶泰勒展开对 $\boldsymbol{h}(\boldsymbol{x})$ 线性化有

$$\boldsymbol{h}(\hat{\boldsymbol{x}}_{k+1}) = \boldsymbol{h}(\hat{\boldsymbol{x}}_k) + \boldsymbol{H}_k\Delta\boldsymbol{x}_k \tag{7-20}$$

其中

$$\boldsymbol{H}_k = \left.\frac{\partial \boldsymbol{h}}{\partial \boldsymbol{x}}\right|_{\boldsymbol{x}=\boldsymbol{x}_k}$$

式中　$\boldsymbol{H}_k$——测量模型对当前状态估计的 Jacobian 矩阵，其求取参见本节注 7-4。

定义第 k 步迭代的测量残差为

$$\Delta\boldsymbol{z}_k = \boldsymbol{z} - \boldsymbol{h}(\hat{\boldsymbol{x}}_k) \tag{7-21}$$

再由式（7-20）可得状态更新后第 $k+1$ 步迭代的测量残差为

$$\Delta\boldsymbol{z}_{k+1} = \boldsymbol{z} - \boldsymbol{h}(\hat{\boldsymbol{x}}_{k+1}) = \boldsymbol{z} - \boldsymbol{h}(\hat{\boldsymbol{x}}_k) - \boldsymbol{H}_k\Delta\boldsymbol{x}_k = \Delta\boldsymbol{z}_k - \boldsymbol{H}_k\Delta\boldsymbol{x}_k \tag{7-22}$$

因此，第 $k+1$ 步的代价函数可写为

$$J_{k+1}=\frac{1}{2}\Delta\boldsymbol{z}_{k+1}^{\mathrm{T}}\boldsymbol{R}^{-1}\Delta\boldsymbol{z}_{k+1}=\frac{1}{2}(\Delta\boldsymbol{z}_k-\boldsymbol{H}_k\Delta\boldsymbol{x}_k)^{\mathrm{T}}\boldsymbol{R}^{-1}(\Delta\boldsymbol{z}_k-\boldsymbol{H}_k\Delta\boldsymbol{x}_k) \tag{7-23}$$

与二次型最小问题类似，代价函数 J_{k+1} 的最小值可通过高斯最小二乘原理求解，且状态变量的修正量可构造为

$$\Delta\boldsymbol{x}_k=\boldsymbol{P}_k\boldsymbol{H}_k^{\mathrm{T}}\boldsymbol{R}^{-1}\Delta\boldsymbol{z}_k \tag{7-24}$$

式中　$\boldsymbol{P}_k$——估计误差的方差矩阵。

$$\boldsymbol{P}_k=(\boldsymbol{H}_k^{\mathrm{T}}\boldsymbol{R}^{-1}\boldsymbol{H}_k)^{-1} \tag{7-25}$$

上述算法是以高斯－牛顿迭代为基础的高斯最小二乘微分修正算法，然而当迭代初值偏离真实值较大的时候，算法收敛较慢。为了克服这一缺陷，引入比例系数 η，可以得到L－M算法的迭代修正量为

$$\Delta\boldsymbol{x}_k=(\boldsymbol{H}_k^{\mathrm{T}}\boldsymbol{R}^{-1}\boldsymbol{H}_k+\eta\boldsymbol{I})^{-1}\boldsymbol{H}_k^{\mathrm{T}}\boldsymbol{R}^{-1}\Delta\boldsymbol{z}_k \tag{7-26}$$

式中　$\eta>0$——比例系数。

选取迭代终止条件为

$$\delta J=\frac{|J_{k+1}-J_k|}{J_{k+1}}\leqslant\frac{\varepsilon}{\|\boldsymbol{R}^{-1}\|} \tag{7-27}$$

式中　ε——给定的小量。

当满足该终止条件时，或迭代次数达到最大值时，迭代终止。

由式（7－26）可以看出，当比例系数 $\eta=0$ 时，L－M算法变为高斯最小二乘微分修正算法。当 η 取值很大时，L－M算法则为最速下降法的一种近似。为了得到最佳的状态估计，结合高斯最小二乘微分修正算法和最速下降法的优势，下面将基于非线性优化问题中信赖域方法的基本思想，以逐步试探的方式给出比例系数 η 的值。

将比例系数 η 设置为如下可变参数

$$\eta_k=\alpha_k[\theta\|\Delta\boldsymbol{z}_k\|+(1-\theta)\|\boldsymbol{H}_k^{\mathrm{T}}\Delta\boldsymbol{z}_k\|] \tag{7-28}$$

其中

$$0<\theta<1$$

式中　α_k——可变参数，可由信赖域的方法来修正。

定义第 k 步迭代中代价函数的实际下降量为

$$\mathrm{Ared}_k=\|\Delta\boldsymbol{z}_k\|^2-\|\Delta\boldsymbol{z}(\boldsymbol{x}_k+\Delta\boldsymbol{x}_k)\|^2 \tag{7-29}$$

预计下降量为

$$\mathrm{Pred}_k=\|\Delta\boldsymbol{z}_k\|^2-\|\Delta\boldsymbol{z}_k-\boldsymbol{H}_k\Delta\boldsymbol{x}_k\|^2 \tag{7-30}$$

令实际下降量与预计下降量的比值为

$$r_k=\frac{\mathrm{Ared}_k}{\mathrm{Pred}_k} \tag{7-31}$$

r_k 可以用来决定是否接受修正量 $\Delta\boldsymbol{x}_k$ 以及调整比例系数中 α_k 的大小。若 r_k 的值较大，则表明代价函数 $J(\boldsymbol{x})$ 下降较多，因此接受修正量 $\Delta\boldsymbol{x}_k$，并期望下一步迭代中修正量 $\Delta\boldsymbol{x}_{k+1}$ 更大，故减小 α_k；反之若 r_k 较小，则应考虑舍弃修正量 $\Delta\boldsymbol{x}_k$ 并增大 α_k。这样，可

以利用 r_k 对整个迭代算法的过程进行控制，算法的具体步骤如下。

算法 7-1（改进的 L—M 算法）：

1）选取迭代初值 $\boldsymbol{x}_1 \in \mathbf{R}^n$，给定 $\varepsilon \geqslant 0$，$0 < m < \alpha_1$，$0 \leqslant p_0 \leqslant p_1 \leqslant p_2 < 1$，$k := 1$；

2）如果 $\delta J = \dfrac{|J_k - J_{k-1}|}{J_k} \leqslant \dfrac{\varepsilon}{\|\boldsymbol{R}^{-1}\|}$，则停止迭代；否则，按式（7-28）求取比例系数 η_k，并计算

$$\Delta \boldsymbol{x}_k = (\boldsymbol{H}_k^{\mathrm{T}} \boldsymbol{R}^{-1} \boldsymbol{H}_k + \eta_k \boldsymbol{I})^{-1} \boldsymbol{H}_k^{\mathrm{T}} \boldsymbol{R}^{-1} \Delta \boldsymbol{z}_k \tag{7-32}$$

3）计算 $r_k = \dfrac{\mathrm{Ared}_k}{\mathrm{Pred}_k}$，令

$$\boldsymbol{x}_{k+1} = \begin{cases} \boldsymbol{x}_k + \Delta \boldsymbol{x}_k, & \text{如果 } r_k > p_0 \\ \boldsymbol{x}_k & \text{其他} \end{cases} \tag{7-33}$$

4）计算

$$\alpha_k = \begin{cases} n\alpha_k, & \text{如果 } r_k < p_1 \\ \alpha_k, & \text{如果 } r_k \in [p_1,\ p_2] \\ \max(\alpha_k / n,\ m), & \text{其他} \end{cases} \tag{7-34}$$

$k := k+1$；转步骤 2)；

5）结束。

在算法 7-1 中，m 为确定的常数，它是参数 α_k 的下界，目的是当迭代变量靠近最优解时防止 $\Delta \boldsymbol{x}_k$ 过大而造成迭代困难；n 为正整数用来调节 α_k 的大小从而调节迭代步长；$p_1 = 1/n$，$p_2 = (n-1)/n = 1 - p_1$。需要说明的是，该算法是全局收敛的迭代算法，其证明过程参见参考文献［15］。

注 7-4：假设可观测到 g 个特征点、m 个特征线和 n 个特征圆，则观测量为

$$\boldsymbol{z} = \begin{bmatrix} x_{id1} & y_{id1} \cdots x_{idg} & y_{idg} & x_{il1} & y_{il1} \cdots x_{ilm} \\ y_{ilm} & x_{is1} & y_{is1} \cdots x_{isn} & y_{isn} & \end{bmatrix}^{\mathrm{T}} \tag{7-35}$$

测量矩阵 $\boldsymbol{H}_k$ 的具体表示形式为

$$\boldsymbol{H}_k = \begin{bmatrix} \dfrac{\partial x_{id1}}{\partial \boldsymbol{x}^{\mathrm{T}}} & \dfrac{\partial y_{id1}}{\partial \boldsymbol{x}^{\mathrm{T}}} \cdots \dfrac{\partial x_{idg}}{\partial \boldsymbol{x}^{\mathrm{T}}} & \dfrac{\partial y_{idg}}{\partial \boldsymbol{x}^{\mathrm{T}}} & \dfrac{\partial x_{il1}}{\partial \boldsymbol{x}^{\mathrm{T}}} & \dfrac{\partial y_{il1}}{\partial \boldsymbol{x}^{\mathrm{T}}} \cdots \dfrac{\partial x_{ilm}}{\partial \boldsymbol{x}^{\mathrm{T}}} \\ \dfrac{\partial y_{ilm}}{\partial \boldsymbol{x}^{\mathrm{T}}} & \dfrac{\partial x_{is1}}{\partial \boldsymbol{x}^{\mathrm{T}}} & \dfrac{\partial y_{is1}}{\partial \boldsymbol{x}^{\mathrm{T}}} \cdots \dfrac{\partial x_{isn}}{\partial \boldsymbol{x}^{\mathrm{T}}} & \dfrac{\partial y_{isn}}{\partial \boldsymbol{x}^{\mathrm{T}}} & \end{bmatrix}^{\mathrm{T}} \Bigg|_{x = x_k} \tag{7-36}$$

式中，$\dfrac{\partial x_{id}}{\partial \boldsymbol{x}^{\mathrm{T}}}$、$\dfrac{\partial y_{id}}{\partial \boldsymbol{x}^{\mathrm{T}}}$、$\dfrac{\partial x_{il}}{\partial \boldsymbol{x}^{\mathrm{T}}}$、$\dfrac{\partial y_{il}}{\partial \boldsymbol{x}^{\mathrm{T}}}$、$\dfrac{\partial x_{is}}{\partial \boldsymbol{x}^{\mathrm{T}}}$和$\dfrac{\partial y_{is}}{\partial \boldsymbol{x}^{\mathrm{T}}}$的求导结果如下。

对于特征点的测量量 x_{id}和 y_{id}，其对系统状态变量的导数为

$$\frac{\partial x_{id}}{\partial \boldsymbol{x}^{\mathrm{T}}} = \frac{\partial x_{id}}{\partial \boldsymbol{d}^{\mathrm{fPT}}} \frac{\partial \boldsymbol{d}^{\mathrm{fP}}}{\partial \boldsymbol{x}^{\mathrm{T}}} \text{ 和 } \frac{\partial y_{id}}{\partial \boldsymbol{x}^{\mathrm{T}}} = \frac{\partial y_{id}}{\partial \boldsymbol{d}^{\mathrm{fPT}}} \frac{\partial \boldsymbol{d}^{\mathrm{fP}}}{\partial \boldsymbol{x}^{\mathrm{T}}} \tag{7-37}$$

其中

$$\frac{\partial x_{id}}{\partial \boldsymbol{d}^{\mathrm{fPT}}} = \begin{bmatrix} \dfrac{\lambda}{d_z^{\mathrm{fP}}} & 0 & -\dfrac{\lambda d_x^{\mathrm{fP}}}{d_z^{\mathrm{fP2}}} \end{bmatrix} \tag{7-38}$$

$$\frac{\partial y_{i\mathrm{d}}}{\partial \boldsymbol{d}^{\mathrm{fPT}}}=\begin{bmatrix}0 & \dfrac{\lambda}{d_z^{\mathrm{fP}}} & -\dfrac{\lambda d_y^{\mathrm{fP}}}{d_z^{\mathrm{fP2}}}\end{bmatrix} \tag{7-39}$$

$$\frac{\partial \boldsymbol{d}^{\mathrm{fP}}}{\partial \boldsymbol{x}^{\mathrm{T}}}=\begin{bmatrix}\dfrac{\partial \boldsymbol{d}^{\mathrm{fP}}}{\partial \boldsymbol{q}_{\mathrm{fl},P}^{\mathrm{T}}} & \dfrac{\partial \boldsymbol{d}^{\mathrm{fP}}}{\partial \boldsymbol{q}'^{\mathrm{T}}_{\mathrm{fl},P}} & \dfrac{\partial \boldsymbol{d}^{\mathrm{fP}}}{\partial \boldsymbol{\Phi}^{\mathrm{T}}}\end{bmatrix}^{\mathrm{T}} \tag{7-40}$$

式（7-40）中

$$\frac{\partial \boldsymbol{d}^{\mathrm{fP}}}{\partial \boldsymbol{q}_{\mathrm{fl},P}^{\mathrm{T}}}=[\boldsymbol{q}_{\mathrm{fl},P}^{-}][\boldsymbol{d}^{\mathrm{lP}-}]\boldsymbol{E}_4+[\boldsymbol{q}_{\mathrm{fl},P}^{+}]^{\mathrm{T}}[\boldsymbol{d}^{\mathrm{lP}+}]+[\boldsymbol{q}'^{-}_{\mathrm{fl},P}]\boldsymbol{E}_4-[\boldsymbol{q}'^{+}_{\mathrm{fl},P}]^{\mathrm{T}} \tag{7-41}$$

$$\frac{\partial \boldsymbol{d}^{\mathrm{fP}}}{\partial \boldsymbol{q}'^{\mathrm{T}}_{\mathrm{fl},P}}=[\boldsymbol{q}_{\mathrm{fl},P}^{+}]^{\mathrm{T}}-[\boldsymbol{q}_{\mathrm{fl},P}^{-}]\boldsymbol{E}_4 \tag{7-42}$$

$$\frac{\partial \boldsymbol{d}^{\mathrm{fP}}}{\partial \boldsymbol{\Phi}^{\mathrm{T}}}=\boldsymbol{0}_{3\times 3n} \tag{7-43}$$

对于特征线的测量量 $x_{i\mathrm{l}}$ 和 $y_{i\mathrm{l}}$，其对系统状态变量的导数为

$$\frac{\partial x_{i\mathrm{l}}}{\partial \boldsymbol{x}^{\mathrm{T}}}=\frac{\partial x_{i\mathrm{l}}}{\partial \boldsymbol{m}^{\mathrm{fPT}}}\frac{\partial \boldsymbol{m}^{\mathrm{fP}}}{\partial \boldsymbol{x}^{\mathrm{T}}}\text{和}\frac{\partial y_{i\mathrm{l}}}{\partial \boldsymbol{x}^{\mathrm{T}}}=\frac{\partial y_{i\mathrm{l}}}{\partial \boldsymbol{m}^{\mathrm{fPT}}}\frac{\partial \boldsymbol{m}^{\mathrm{fP}}}{\partial \boldsymbol{x}^{\mathrm{T}}} \tag{7-44}$$

其中

$$\frac{\partial x_{i\mathrm{l}}}{\partial \boldsymbol{m}^{\mathrm{fPT}}}=\begin{bmatrix}\dfrac{\lambda m_z}{(m_x^2+m_y^2)}-2\dfrac{\lambda m_x^2 m_z}{(m_x^2+m_y^2)^2}-2\dfrac{\lambda m_x m_y m_z}{(m_x^2+m_y^2)^2} & \dfrac{\lambda m_x}{(m_x^2+m_y^2)}\end{bmatrix}^{\mathrm{T}} \tag{7-45}$$

$$\frac{\partial y_{i\mathrm{l}}}{\partial \boldsymbol{m}^{\mathrm{fPT}}}=\begin{bmatrix}-2\dfrac{\lambda m_x m_y m_z}{(m_x^2+m_y^2)^2} & \dfrac{\lambda m_z}{(m_x^2+m_y^2)}-2\dfrac{\lambda m_y^2 m_z}{(m_x^2+m_y^2)^2} & \dfrac{\lambda m_y}{(m_x^2+m_y^2)}\end{bmatrix}^{\mathrm{T}} \tag{7-46}$$

$$\frac{\partial \boldsymbol{m}^{\mathrm{fP}}}{\partial \boldsymbol{x}^{\mathrm{T}}}=\begin{bmatrix}\dfrac{\partial \boldsymbol{m}^{\mathrm{fP}}}{\partial \boldsymbol{q}_{\mathrm{fl},P}^{\mathrm{T}}} & \dfrac{\partial \boldsymbol{m}^{\mathrm{fP}}}{\partial \boldsymbol{q}'^{\mathrm{T}}_{\mathrm{fl},P}} & \dfrac{\partial \boldsymbol{m}^{\mathrm{fP}}}{\partial \boldsymbol{\Phi}^{\mathrm{T}}}\end{bmatrix}^{\mathrm{T}} \tag{7-47}$$

式（7-47）中

$$\begin{aligned}\frac{\partial \boldsymbol{m}^{\mathrm{fP}}}{\partial \boldsymbol{q}_{\mathrm{fl},P}^{\mathrm{T}}}=&[\boldsymbol{q}'^{-}_{\mathrm{fl},P}][\boldsymbol{l}^{\mathrm{lP}-}]\boldsymbol{E}_4+[\boldsymbol{q}_{\mathrm{fl},P}^{-}][\boldsymbol{m}^{\mathrm{lP}-}]\boldsymbol{E}_4+\\&[\boldsymbol{q}_{\mathrm{fl},P}^{+}]^{\mathrm{T}}[\boldsymbol{m}^{\mathrm{lP}+}]+[\boldsymbol{q}'_{\mathrm{fl},P}]^{\mathrm{T}}[\boldsymbol{l}^{\mathrm{lP}+}]\end{aligned} \tag{7-48}$$

$$\frac{\partial \boldsymbol{m}^{\mathrm{fP}}}{\partial \boldsymbol{q}'^{\mathrm{T}}_{\mathrm{fl},P}}=[\boldsymbol{q}_{\mathrm{fl},P}^{+}]^{\mathrm{T}}[\boldsymbol{l}^{\mathrm{lP}+}]+[\boldsymbol{q}_{\mathrm{fl},P}^{-}][\boldsymbol{l}^{\mathrm{lP}-}]\boldsymbol{E}_4 \tag{7-49}$$

$$\frac{\partial \boldsymbol{m}^{\mathrm{fP}}}{\partial \boldsymbol{\Phi}^{\mathrm{T}}}=\boldsymbol{0}_{3\times 3n} \tag{7-50}$$

对于特征圆的测量量 x_{is} 和 y_{is}，其对系统状态变量的导数为

$$\frac{\partial x_{is}}{\partial \boldsymbol{x}^{\mathrm{T}}}=\frac{\partial x_{is}}{\partial \boldsymbol{s}_{\Phi}^{\mathrm{fPT}}}\frac{\partial \boldsymbol{s}_{\Phi}^{\mathrm{fP}}}{\partial \boldsymbol{x}^{\mathrm{T}}}\text{和}\frac{\partial y_{is}}{\partial \boldsymbol{x}^{\mathrm{T}}}=\frac{\partial y_{is}}{\partial \boldsymbol{s}_{\Phi}^{\mathrm{fPT}}}\frac{\partial \boldsymbol{s}_{\Phi}^{\mathrm{fP}}}{\partial \boldsymbol{x}^{\mathrm{T}}} \tag{7-51}$$

其中

$$\frac{\partial x_{is}}{\partial \boldsymbol{s}_{\Phi}^{\mathrm{fPT}}}=\begin{bmatrix}\dfrac{\lambda}{s_{\Phi z}^{\mathrm{fP}}} & 0 & -\dfrac{\lambda s_{\Phi x}^{\mathrm{fP}}}{s_{\Phi z}^{\mathrm{fP2}}}\end{bmatrix} \tag{7-52}$$

$$\frac{\partial y_{is}}{\partial \boldsymbol{s}_{\Phi}^{\mathrm{fPT}}}=\begin{bmatrix}0 & \dfrac{\lambda}{s_{\Phi z}^{\mathrm{fP}}} & -\dfrac{\lambda s_{\Phi y}^{\mathrm{fP}}}{s_{\Phi z}^{\mathrm{fP2}}}\end{bmatrix} \tag{7-53}$$

$$\frac{\partial \boldsymbol{s}_{\Phi}^{\mathrm{fP}}}{\partial \boldsymbol{x}^{\mathrm{T}}}=\begin{bmatrix}\dfrac{\partial \boldsymbol{s}_{\Phi}^{\mathrm{fP}}}{\partial \boldsymbol{q}_{\mathrm{fl},P}^{\mathrm{T}}} & \dfrac{\partial \boldsymbol{s}_{\Phi}^{\mathrm{fP}}}{\partial \boldsymbol{q}'^{\mathrm{T}}_{\mathrm{fl},P}} & \dfrac{\partial \boldsymbol{s}_{\Phi}^{\mathrm{fP}}}{\partial \boldsymbol{\Phi}^{\mathrm{T}}}\end{bmatrix}^{\mathrm{T}} \tag{7-54}$$

式（7－54）中

$$\frac{\partial \boldsymbol{s}_{\Phi}^{fP}}{\partial \boldsymbol{q}_{fl,P}^{T}}=[\boldsymbol{q}_{fl,P}^{-}][\boldsymbol{s}_{\Phi}^{lP-}]\boldsymbol{E}_4+[\boldsymbol{q}_{fl,P}^{+}]^{T}[\boldsymbol{s}_{\Phi}^{lP+}]+[\boldsymbol{q}'^{-}_{fl,P}]\boldsymbol{E}_4-[\boldsymbol{q}'^{+}_{fl,P}]^{T} \tag{7-55}$$

$$\frac{\partial \boldsymbol{s}_{\Phi}^{fP}}{\partial \boldsymbol{q}'^{T}_{fl,P}}=[\boldsymbol{q}_{fl,P}^{+}]^{T}-[\boldsymbol{q}_{fl,P}^{-}]\boldsymbol{E}_4 \tag{7-56}$$

$$\frac{\partial \boldsymbol{s}_{\Phi}^{fP}}{\partial \boldsymbol{\Phi}^{T}}=\frac{\partial \boldsymbol{s}_{\Phi}^{fP}}{\partial \hat{\boldsymbol{q}}_{\Phi}^{T}}\frac{\partial \hat{\boldsymbol{q}}_{\Phi}}{\partial \boldsymbol{\Phi}^{T}} \tag{7-57}$$

式（7－57）中

$$\frac{\partial \boldsymbol{s}_{\Phi}^{fP}}{\partial \boldsymbol{q}_{\Phi}^{T}}=[\boldsymbol{q}_{fl,P}^{+}]^{T}[\boldsymbol{q}_{fl,P}^{-}]([\boldsymbol{q}_{\Phi}^{-}]^{T}[\boldsymbol{s}_{0}^{lP-}]+[\boldsymbol{q}_{\Phi}^{+}][\boldsymbol{s}_{0}^{lP+}]\boldsymbol{E}_4+[\boldsymbol{q}'^{+}_{\Phi}]\boldsymbol{E}_4-[\boldsymbol{q}'^{-}_{\Phi}]^{T}) \tag{7-58}$$

$$\frac{\partial \boldsymbol{s}_{\Phi}^{fP}}{\partial \boldsymbol{q}'^{T}_{\Phi}}=[\boldsymbol{q}_{fl,P}^{+}]^{T}[\boldsymbol{q}_{fl,P}^{-}]([\boldsymbol{q}_{\Phi}^{-}]^{T}-[\boldsymbol{q}_{\Phi}^{+}]\boldsymbol{E}_4) \tag{7-59}$$

$$\frac{\partial \hat{\boldsymbol{q}}_{\Phi}}{\partial \boldsymbol{\Phi}^{T}}=\begin{bmatrix}0 & \dfrac{\partial \boldsymbol{q}_{\Phi}}{\partial \Phi_j} & 0\end{bmatrix} \tag{7-60}$$

式中　Φ_j——与终到点 S_{Φ} 相对应的转角。

且

$$\frac{\partial \boldsymbol{q}_{\Phi}}{\partial \Phi_j}=\frac{1}{2}\begin{bmatrix}-\sin\left(\dfrac{\Phi_j}{2}\right) & \boldsymbol{l}_t^{T}\cos\left(\dfrac{\Phi_j}{2}\right)\end{bmatrix}^{T} \tag{7-61}$$

$$\frac{\partial \boldsymbol{q}'_{\Phi}}{\partial \Phi_j}=\begin{bmatrix}0 & \dfrac{1}{2}\boldsymbol{m}_t^{T}\cos\left(\dfrac{\Phi_j}{2}\right)\end{bmatrix}^{T} \tag{7-62}$$

7.4.2 EKF 算法

第 5.4.1 节给出了基于特征测量的相对导航 L－M 算法，利用该算法可以得到几何意义下追踪航天器相对于目标航天器的最佳位姿估计。为了得到更好的位置姿态信息并实现对速度和角速度的估计，若已知系统的动力学模型和建模、测量噪声的统计特性，则可以通过引入系统动力学模型，进行卡尔曼滤波估计。扩展卡尔曼滤波（EKF，Extended Kalman Filter）算法是非线性滤波中应用最广泛的方法，本小节将基于航天器相对运动的动力学模型以及几何特征的视觉测量模型，应用 EKF 滤波公式，实现对航天器相对位姿以及速度和角速度的估计。

为了估计追踪航天器相对于目标航天器的姿态运动以及点 P_f 相对于 P_l 的位置变化，取系统的状态变量为

$$\boldsymbol{x}=[\hat{\boldsymbol{q}}_{fl,P}^{T},\ \hat{\boldsymbol{\omega}}_{fl,P}^{fP\,T},\ \boldsymbol{\Phi}^{T}]^{T} \tag{7-63}$$

其中

$$\boldsymbol{\Phi}=[\Phi_1\cdots\Phi_{3n}]^{T}$$

式中　$\hat{\boldsymbol{q}}_{fl,P}$——相对运动的对偶四元数；

$\hat{\boldsymbol{\omega}}_{fl,P}^{fP}$——相对速度旋量；

$\boldsymbol{\Phi}$——与 n 个可观测的特征圆相关的未知参数。

则由第 3.4.3 节可知，系统过程模型可写为

$$\dot{\boldsymbol{x}}(t)=\boldsymbol{f}[\boldsymbol{x}(t),\ t]+\boldsymbol{w}(t) \tag{7-64}$$

式中 $\boldsymbol{f}[\boldsymbol{x}(t),\ t]$——非线性连续方程。

具体形式为

$$\boldsymbol{f}[\boldsymbol{x}(t),\ t]=[\dot{\hat{\boldsymbol{q}}}_{\mathrm{fl},\ P}\quad \dot{\hat{\boldsymbol{\omega}}}_{\mathrm{fl},\ P}^{\mathrm{f}P}\quad \dot{\boldsymbol{\Phi}}]^{\mathrm{T}}=\begin{bmatrix}\dfrac{1}{2}\hat{\boldsymbol{q}}_{\mathrm{fl},\ P}\circ\hat{\boldsymbol{\omega}}_{\mathrm{fl},\ P}^{\mathrm{f}P}\\ \hat{\boldsymbol{P}}_{\mathrm{f}}[-\hat{\boldsymbol{M}}_{\mathrm{f}}^{-1}(\hat{\boldsymbol{\omega}}_{\mathrm{f}}^{\mathrm{f}}\times\hat{\boldsymbol{M}}_{\mathrm{f}}\hat{\boldsymbol{\omega}}_{\mathrm{f}}^{\mathrm{f}})+\hat{\boldsymbol{M}}_{\mathrm{f}}^{-1}\hat{\boldsymbol{F}}_{\mathrm{f}}^{\mathrm{f}}]-\\ \quad\hat{\boldsymbol{q}}_{\mathrm{fl},\ P}^{*}\circ(\hat{\boldsymbol{p}}_{1}\dot{\hat{\boldsymbol{\omega}}}_{1}^{1})\circ\hat{\boldsymbol{q}}_{\mathrm{fl},\ P}+\hat{\boldsymbol{\omega}}_{\mathrm{fl},\ P}^{\mathrm{f}P}\times[\hat{\boldsymbol{q}}_{\mathrm{fl},\ P}^{*}\circ(\hat{\boldsymbol{p}}_{1}\hat{\boldsymbol{\omega}}_{1}^{1})\circ\hat{\boldsymbol{q}}_{\mathrm{fl},\ P}]\\ \boldsymbol{0}_{3n\times 1}\end{bmatrix} \tag{7-65}$$

假设可观测到 g 个特征点、m 个特征线和 n 个特征圆，取观测量为

$$\boldsymbol{z}=[x_{id1}\quad y_{id1}\cdots x_{idg}\quad y_{idg}\quad x_{il1}\quad y_{il1}\cdots x_{ilm}\quad y_{ilm}\quad x_{is1}\quad y_{is1}\cdots x_{isn}\quad y_{isn}]^{\mathrm{T}} \tag{7-66}$$

考虑测量噪声，则系统的测量方程为

$$\boldsymbol{z}(t)=\boldsymbol{h}[\boldsymbol{x}(t),\ t]+\boldsymbol{v}(t) \tag{7-67}$$

式中 $\boldsymbol{h}[\boldsymbol{x}(t),\ t]$——测量方程，其具体形式可由第 7.3 节得到。

将式（7-64）和式（7-67）线性化并离散化，有

$$\begin{aligned}\boldsymbol{x}_{k}&=\boldsymbol{F}_{k-1}\boldsymbol{x}_{k-1}+\boldsymbol{W}_{k-1}\\ \boldsymbol{z}_{k}&=\boldsymbol{H}_{k}\boldsymbol{x}_{k}+\boldsymbol{V}_{k}\end{aligned} \tag{7-68}$$

其中

$$\boldsymbol{F}_{k-1}=\boldsymbol{I}+\left.\frac{\partial\boldsymbol{f}}{\partial\boldsymbol{x}^{\mathrm{T}}}\right|_{\boldsymbol{x}=\boldsymbol{x}_{k-1}}\boldsymbol{T}_{s}$$

式中 $\boldsymbol{F}_{k-1}$——一步转移矩阵；

T_{s}——采样时间；

$\left.\dfrac{\partial\boldsymbol{f}}{\partial\boldsymbol{x}^{\mathrm{T}}}\right|_{\boldsymbol{x}=\boldsymbol{x}_{k-1}}$ 的求导结果参见本节注 7-5。

$$\boldsymbol{H}_{k}=\left.\frac{\partial\boldsymbol{h}}{\partial\boldsymbol{x}^{\mathrm{T}}}\right|_{\boldsymbol{x}=\boldsymbol{x}_{k}}$$

式中 $\boldsymbol{H}_{k}$——测量矩阵，其具体形式可参考注 7-4；

$\boldsymbol{W}_{k}$，$\boldsymbol{V}_{k}$——分别为可看作高斯白噪声的过程噪声和测量噪声。

算法 7-2（EKF 算法）：

（1）时间更新

$$\hat{\boldsymbol{x}}_{k\mid k-1}=\boldsymbol{f}(\hat{\boldsymbol{x}}_{k-1}) \tag{7-69}$$

$$\boldsymbol{P}_{k\mid k-1}=\boldsymbol{F}_{k-1}\boldsymbol{P}_{k-1}\boldsymbol{F}_{k-1}^{\mathrm{T}}+\boldsymbol{Q}_{k-1} \tag{7-70}$$

（2）测量更新

$$\boldsymbol{K}_{k}=\boldsymbol{P}_{k\mid k-1}\boldsymbol{H}_{k\mid k-1}^{\mathrm{T}}(\boldsymbol{H}_{k\mid k-1}\boldsymbol{P}_{k\mid k-1}\boldsymbol{H}_{k\mid k-1}^{\mathrm{T}}+\boldsymbol{R}_{k})-1 \tag{7-71}$$

$$\boldsymbol{\gamma}_{k}=\boldsymbol{z}_{k}-\boldsymbol{h}(\hat{\boldsymbol{x}}_{k\mid k-1}) \tag{7-72}$$

$$\hat{\boldsymbol{x}}_k = \hat{\boldsymbol{x}}_{k|k-1} + \boldsymbol{K}_k \boldsymbol{\gamma}_k \tag{7-73}$$

$$\boldsymbol{P}_k = (\boldsymbol{I} - \boldsymbol{K}_k \boldsymbol{H}_{k|k-1}) \boldsymbol{P}_{k|k-1} \tag{7-74}$$

其中

$$\boldsymbol{H}_{k|k-1} = \left.\frac{\partial \boldsymbol{h}}{\partial \boldsymbol{x}^{\mathrm{T}}}\right|_{\boldsymbol{x}=\boldsymbol{x}_{k|k-1}}$$

式中　$\boldsymbol{Q}_k$，$\boldsymbol{R}_k$——与 $\boldsymbol{W}_k$，$\boldsymbol{V}_k$ 对应，分别为过程噪声方差矩阵和测量噪声方差矩阵。

当给定系统的初始状态 $\boldsymbol{x}_0$ 和初始误差协方差矩阵 $\boldsymbol{P}_0$ 时，可以根据每一采样时刻的测量量，按照式（7－69）～式（7－74）的递推过程对系统的状态进行扩展卡尔曼滤波估计，最终得到系统状态的估计值。

注 7－5：式（7－68）中，一步转移矩阵中 $\left.\dfrac{\partial \boldsymbol{f}}{\partial \boldsymbol{x}^{\mathrm{T}}}\right|_{\boldsymbol{x}=\boldsymbol{x}_{k-1}}$ 的具体表达式为

$$\frac{\partial \boldsymbol{f}}{\partial \boldsymbol{x}^{\mathrm{T}}} = \begin{bmatrix} \dfrac{\partial \dot{\hat{\boldsymbol{q}}}_{\mathrm{fl},P}}{\partial \hat{\boldsymbol{q}}_{\mathrm{fl},P}^{\mathrm{T}}} & \dfrac{\partial \dot{\hat{\boldsymbol{q}}}_{\mathrm{fl},P}}{\partial \hat{\boldsymbol{\omega}}_{\mathrm{fl},P}^{\mathrm{f}P\mathrm{T}}} & \boldsymbol{0}_{8\times 3n} \\ \dfrac{\partial \dot{\hat{\boldsymbol{\omega}}}_{\mathrm{fl},P}^{\mathrm{f}P}}{\partial \hat{\boldsymbol{q}}_{\mathrm{fl},P}^{\mathrm{T}}} & \dfrac{\partial \dot{\hat{\boldsymbol{\omega}}}_{\mathrm{fl},P}^{\mathrm{f}P}}{\partial \hat{\boldsymbol{\omega}}_{\mathrm{fl},P}^{\mathrm{f}P\mathrm{T}}} & \boldsymbol{0}_{6\times 3n} \\ \boldsymbol{0}_{3n\times 8} & \boldsymbol{0}_{3n\times 6} & \boldsymbol{0}_{3n\times 3n} \end{bmatrix} \tag{7-75}$$

式（7－75）中，$\dfrac{\partial \dot{\hat{\boldsymbol{q}}}_{\mathrm{fl},P}}{\partial \hat{\boldsymbol{q}}_{\mathrm{fl},P}^{\mathrm{T}}}$、$\dfrac{\partial \dot{\hat{\boldsymbol{q}}}_{\mathrm{fl},P}}{\partial \hat{\boldsymbol{\omega}}_{\mathrm{fl},P}^{\mathrm{f}P\mathrm{T}}}$、$\dfrac{\partial \dot{\hat{\boldsymbol{\omega}}}_{\mathrm{fl},P}^{\mathrm{f}P}}{\partial \hat{\boldsymbol{q}}_{\mathrm{fl},P}^{\mathrm{T}}}$ 和 $\dfrac{\partial \dot{\hat{\boldsymbol{\omega}}}_{\mathrm{fl},P}^{\mathrm{f}P}}{\partial \hat{\boldsymbol{\omega}}_{\mathrm{fl},P}^{\mathrm{f}P\mathrm{T}}}$ 的求导结果如下

$$\frac{\partial \dot{\hat{\boldsymbol{q}}}_{\mathrm{fl},P}}{\partial \hat{\boldsymbol{q}}_{\mathrm{fl},P}^{\mathrm{T}}} = \frac{1}{2}[\hat{\boldsymbol{\omega}}_{\mathrm{fl},P}^{\mathrm{f}P-}] \tag{7-76}$$

$$\frac{\partial \dot{\hat{\boldsymbol{q}}}_{\mathrm{fl},P}}{\partial \hat{\boldsymbol{\omega}}_{\mathrm{fl},P}^{\mathrm{fT}}} = \frac{1}{2}[\hat{\boldsymbol{q}}_{\mathrm{fl},P}^{+}] \tag{7-77}$$

$$\begin{aligned}\frac{\partial \dot{\hat{\boldsymbol{\omega}}}_{\mathrm{fl},P}^{\mathrm{f}}}{\partial \hat{\boldsymbol{q}}_{\mathrm{fl},P}^{\mathrm{T}}} = & -\{[\hat{\boldsymbol{q}}_{\mathrm{fl},P}^{+}]^{\mathrm{T}}[(\hat{\boldsymbol{p}}_1 \dot{\hat{\boldsymbol{\omega}}}_1^{1})^{+}] + [\hat{\boldsymbol{q}}_{\mathrm{fl},P}^{-}][(\hat{\boldsymbol{p}}_1 \dot{\hat{\boldsymbol{\omega}}}_1^{1})^{-}]\boldsymbol{E}_8\} + [\hat{\boldsymbol{\omega}}_{\mathrm{fl},P}^{\mathrm{f}P\times}]\{[\hat{\boldsymbol{q}}_{\mathrm{fl},P}^{+}]^{\mathrm{T}}[(\hat{\boldsymbol{p}}_1 \hat{\boldsymbol{\omega}}_1^{1})^{+}] + \\ & [\hat{\boldsymbol{q}}_{\mathrm{fl},P}^{-}][(\hat{\boldsymbol{p}}_1 \hat{\boldsymbol{\omega}}_1^{1})^{-}]\boldsymbol{E}_8\} + \hat{\boldsymbol{p}}_{\mathrm{f}}\left[\hat{\boldsymbol{M}}_{\mathrm{f}}^{-1}\left(\{[(\hat{\boldsymbol{M}}_{\mathrm{f}}\hat{\boldsymbol{\omega}}_{\mathrm{f}}^{\mathrm{f}})^{\times}] - [\hat{\boldsymbol{\omega}}_{\mathrm{f}}^{\mathrm{f}\times}]\hat{\boldsymbol{M}}_{\mathrm{f}}\}\frac{\partial \hat{\boldsymbol{\omega}}_{\mathrm{f}}^{\mathrm{f}}}{\partial \hat{\boldsymbol{q}}_{\mathrm{fl},P}^{\mathrm{T}}} + \frac{\partial \hat{\boldsymbol{F}}_{\mathrm{f}}^{\mathrm{f}}}{\partial \hat{\boldsymbol{q}}_{\mathrm{fl},P}^{\mathrm{T}}}\right)\right]\end{aligned} \tag{7-78}$$

$$\frac{\partial \dot{\hat{\boldsymbol{\omega}}}_{\mathrm{fl},P}^{\mathrm{f}P}}{\partial \hat{\boldsymbol{\omega}}_{\mathrm{fl},P}^{\mathrm{f}P\mathrm{T}}} = \hat{\boldsymbol{p}}_{\mathrm{f}}(\hat{\boldsymbol{M}}_{\mathrm{f}}^{-1}\{[(\hat{\boldsymbol{M}}_{\mathrm{f}}\hat{\boldsymbol{\omega}}_{\mathrm{f}}^{\mathrm{f}})^{\times}] - [\hat{\boldsymbol{\omega}}_{\mathrm{f}}^{\mathrm{f}\times}]\hat{\boldsymbol{M}}_{\mathrm{f}}\}) - [(\hat{\boldsymbol{q}}_{\mathrm{fl},P}^{*} \circ \hat{\boldsymbol{p}}_1 \hat{\omega}_1^{1} \circ \hat{\boldsymbol{q}}_{\mathrm{fl},P})^{\times}] + \hat{\boldsymbol{p}}_{\mathrm{f}}\left(\hat{\boldsymbol{M}}_{\mathrm{f}}^{-1}\frac{\partial \hat{\boldsymbol{F}}_{\mathrm{f}}^{\mathrm{f}}}{\partial \hat{\boldsymbol{\omega}}_{\mathrm{fl},P}^{\mathrm{f}P\mathrm{T}}}\right) \tag{7-79}$$

其中

$$\frac{\partial \hat{\boldsymbol{\omega}}_{\mathrm{f}}^{\mathrm{f}}}{\partial \hat{\boldsymbol{q}}_{\mathrm{fl},P}^{\mathrm{T}}} = \hat{\boldsymbol{p}}_{\mathrm{f}}^{*}([\hat{\boldsymbol{q}}_{\mathrm{fl},P}^{+}]^{\mathrm{T}}[(\hat{\boldsymbol{p}}_1 \hat{\boldsymbol{\omega}}_1^{1})^{+}] + [\hat{\boldsymbol{q}}_{\mathrm{fl},P}^{-}][(\hat{\boldsymbol{p}}_1 \hat{\boldsymbol{\omega}}_1^{1})^{-}]\boldsymbol{E}_8) \tag{7-80}$$

假设追踪航天器仅受到地球万有引力的作用，即

$$\boldsymbol{f}_{\mathrm{f}}^{\mathrm{f}}=\frac{-\mu_{\oplus} m_{\mathrm{f}}}{\|\boldsymbol{r}_{\mathrm{f}}^{\mathrm{f}}\|^{3}}\boldsymbol{r}_{\mathrm{f}}^{\mathrm{f}}$$

则可以得到

$$\frac{\partial\hat{\boldsymbol{F}}_{\mathrm{f}}^{\mathrm{f}}}{\partial\hat{\boldsymbol{q}}_{\mathrm{fl},P}^{\mathrm{T}}}=\frac{\partial\hat{\boldsymbol{F}}_{\mathrm{f}}^{\mathrm{f}}}{\partial\boldsymbol{r}_{\mathrm{f}}^{\mathrm{f}\mathrm{T}}}\frac{\partial\boldsymbol{r}_{\mathrm{f}}^{\mathrm{f}}}{\partial\hat{\boldsymbol{q}}_{\mathrm{fl},P}^{\mathrm{T}}}=\begin{bmatrix}\dfrac{3\mu_{\oplus} m_{\mathrm{f}}}{\|\boldsymbol{r}_{\mathrm{f}}^{\mathrm{f}}\|^{5}}\boldsymbol{r}_{\mathrm{f}}^{\mathrm{f}}\boldsymbol{r}_{\mathrm{f}}^{\mathrm{f}\mathrm{T}}-\dfrac{\mu_{\oplus} m_{f}}{\|\boldsymbol{r}_{\mathrm{f}}^{\mathrm{f}}\|^{3}}\boldsymbol{I}_{3}\\ 0_{3\times 3}\end{bmatrix}\frac{\partial\boldsymbol{r}_{\mathrm{f}}^{\mathrm{f}}}{\partial\hat{\boldsymbol{q}}_{\mathrm{fl},P}^{\mathrm{T}}} \tag{7-81}$$

$$\frac{\partial\hat{\boldsymbol{F}}_{\mathrm{f}}^{\mathrm{f}}}{\partial\hat{\boldsymbol{\omega}}_{\mathrm{fl},P}^{\mathrm{f}P\mathrm{T}}}=\boldsymbol{0}_{6\times 6} \tag{7-82}$$

又根据

$$\boldsymbol{r}_{\mathrm{f}}^{\mathrm{f}}=\boldsymbol{p}_{\mathrm{fl},P}^{\mathrm{f}P}+\boldsymbol{q}_{\mathrm{fl},P}^{*}\circ(\boldsymbol{r}_{1}^{1}-\boldsymbol{P}_{1})\circ\boldsymbol{q}_{\mathrm{fl},P}+\boldsymbol{P}_{\mathrm{f}}$$

有

$$\frac{\partial\boldsymbol{r}_{\mathrm{f}}^{\mathrm{f}}}{\partial\boldsymbol{q}_{\mathrm{fl},P}^{\mathrm{T}}}=2[\boldsymbol{q}'^{-}_{\mathrm{fl},P}]\boldsymbol{E}_{4}+[\boldsymbol{q}_{\mathrm{fl},P}^{+}]^{\mathrm{T}}[(\boldsymbol{r}_{1}^{1}-\boldsymbol{p}_{1}^{1})^{+}]+[\boldsymbol{q}_{\mathrm{fl},P}^{-}][(\boldsymbol{r}_{1}^{1}-\boldsymbol{p}_{1}^{1})^{-}]\boldsymbol{E}_{4} \tag{7-83}$$

$$\frac{\partial\boldsymbol{r}_{\mathrm{f}}^{\mathrm{f}}}{\partial\boldsymbol{q}'^{\mathrm{T}}_{\mathrm{fl},P}}=2\,[\boldsymbol{q}_{\mathrm{fl},P}^{+}]^{\mathrm{T}} \tag{7-84}$$

上述表达式中，对于对偶四元数 $\hat{\boldsymbol{q}}$ 有

$$[\hat{\boldsymbol{q}}^{+}]=\begin{bmatrix}[\boldsymbol{q}^{+}] & \boldsymbol{0}_{4\times 4}\\ [\boldsymbol{q}'^{+}] & [\boldsymbol{q}^{+}]\end{bmatrix},\ [\hat{\boldsymbol{q}}^{-}]=\begin{bmatrix}[\boldsymbol{q}^{-}] & \boldsymbol{0}_{4\times 4}\\ [\boldsymbol{q}'^{-}] & [\boldsymbol{q}^{-}]\end{bmatrix} \tag{7-85}$$

其中，对于四元数 $\boldsymbol{q}$ 有

$$[\boldsymbol{q}^{+}]=\begin{bmatrix}q_0 & -q_1 & -q_2 & -q_3\\ q_1 & q_0 & -q_3 & q_2\\ q_2 & q_3 & q_0 & -q_1\\ q_3 & -q_2 & q_1 & q_0\end{bmatrix},\ [\boldsymbol{q}^{-}]=\begin{bmatrix}q_0 & -q_1 & -q_2 & -q_3\\ q_1 & q_0 & q_3 & -q_2\\ q_2 & -q_3 & q_0 & q_1\\ q_3 & q_2 & -q_1 & q_0\end{bmatrix} \tag{7-86}$$

对于对偶矢量 $\hat{\boldsymbol{\Lambda}}=\boldsymbol{\Lambda}+\varepsilon\boldsymbol{\Lambda}'$，有

$$[\hat{\boldsymbol{\Lambda}}^{\times}]=\begin{bmatrix}[\boldsymbol{\Lambda}^{\times}] & \boldsymbol{0}_{3\times 3}\\ [\boldsymbol{\Lambda}'^{\times}] & [\boldsymbol{\Lambda}^{\times}]\end{bmatrix} \tag{7-87}$$

其中

$$\boldsymbol{E}_{4}=\begin{bmatrix}1 & \boldsymbol{0}_{1\times 3}\\ \boldsymbol{0}_{3\times 1} & -\boldsymbol{I}_{3}\end{bmatrix}$$

$$\boldsymbol{E}_{8}=\begin{bmatrix}\boldsymbol{E}_{4} & \boldsymbol{0}_{4\times 4}\\ \boldsymbol{0}_{4\times 4} & \boldsymbol{E}_{4}\end{bmatrix}$$

式中 $\boldsymbol{E}_4$——1 个 4×4 的矩阵；

$\boldsymbol{E}_8$——1 个 8×8 的矩阵。

7.4.3 UKF 算法

由系统的动力学模型和测量模型可以看出，本书所考虑的系统具有很强的非线性，因此在 EKF 算法中，对状态方程和测量方程进行线性化，以及对系统状态转移矩阵和观测

矩阵的求取，都花费了大量时间和计算量，且这种对强非线性系统进行线性化的方法可能会导致滤波性能降低甚至发散。因此，本节将引入无迹卡尔曼滤波（UKF，Unscented Kalman Filter）算法来实现对航天器相对位置和相对姿态的估计，该算法取消了对系统模型的近似线性假设条件，且无须计算状态方程和测量方程的 Jacobian 矩阵，其具体过程如下。

选取如下状态变量

$$\boldsymbol{x}=[\boldsymbol{\Theta}^{\mathrm{T}},\ \boldsymbol{p}_{\mathrm{f1}}^{\mathrm{f\,T}},\ \boldsymbol{\omega}_{\mathrm{f1}}^{\mathrm{f\,T}},\ \boldsymbol{v}_{\mathrm{f1}}^{\mathrm{f\,T}},\ \boldsymbol{\Phi}^{\mathrm{T}}]^{\mathrm{T}} \tag{7-88}$$

其中

$$\boldsymbol{\Theta}^{\mathrm{T}}=[\varphi,\ \theta,\ \psi]$$

式中　$\boldsymbol{\Theta}^{\mathrm{T}}$——追踪航天器相对于目标航天器的姿态欧拉角；

$\boldsymbol{p}_{\mathrm{f1},P}^{\mathrm{f}}$——非质心点 P_{f} 相对于 P_1 的位移；

$\boldsymbol{\omega}_{\mathrm{f1}}^{\mathrm{f}}$，$\boldsymbol{v}_{\mathrm{f1}}^{\mathrm{f}}$——分别为追踪航天器相对于目标航天器的角速度以及速度；

$\boldsymbol{\Phi}$——与特征圆相关的未知参数。

通过参数变换，容易得到对应的对偶四元数 $\hat{\boldsymbol{q}}_{\mathrm{f1},P}$ 和速度旋量 $\hat{\boldsymbol{\omega}}_{\mathrm{f1},P}^{\mathrm{f}P}$，再借助 7.4.2 节中的系统的过程模型和测量模型，可以推出以 $\boldsymbol{x}$ 为状态变量的过程模型和测量模型，并记为

$$\begin{aligned}\dot{\boldsymbol{x}}(t)&=\boldsymbol{f}[\boldsymbol{x}(t),\ t]+\boldsymbol{w}(t)\\ \boldsymbol{z}(t)&=\boldsymbol{h}[\boldsymbol{x}(t),\ t]+\boldsymbol{v}(t)\end{aligned} \tag{7-89}$$

算法 7-3（UKF 算法）：

（1）计算 Sigma 点

对于给定的均值 $\hat{\boldsymbol{x}}_{k-1}$ 和方差 $\boldsymbol{P}_{\boldsymbol{x},k-1}$，可以构造如下围绕在均值附近的离散点

$$\boldsymbol{\chi}_{k-1}^{i}=\begin{cases}\hat{\boldsymbol{x}}_{k-1} & i=0\\ \hat{\boldsymbol{x}}_{k-1}+(\sqrt{(L+\lambda)\boldsymbol{P}_{\boldsymbol{x},k-1}})_{i} & i=1,\cdots,L\\ \hat{\boldsymbol{x}}_{k-1}-(\sqrt{(L+\lambda)\boldsymbol{P}_{\boldsymbol{x},k-1}})_{i-L} & i=L+1,\cdots,2L\end{cases} \tag{7-90}$$

其中，对于本节的相对导航问题

$$L=12+3n$$

$$\lambda=\alpha^{2}(L+\kappa)-L$$

式中　L——状态变量 $\boldsymbol{x}$ 的维数；

$(\sqrt{(L+\lambda)\ \boldsymbol{P}_{\boldsymbol{x},k-1}})_{i}$——该平方根矩阵的第 i 列；

λ——控制 Sigma 点分布的参数；

α——一般取小于 1 的正数；

κ——比例参数，对于多变量情况，一般设为 $\kappa=3-L$。

（2）时间更新

通过状态方程，传播计算各个 Sigma 点

$$\boldsymbol{\chi}_{k}^{i}=\boldsymbol{\chi}_{k-1}^{i}+\int_{t_k}^{t_{k+1}}f(\boldsymbol{\chi}_{k-1}^{i})\mathrm{d}t \tag{7-91}$$

以加权的 Sigma 点样本均值作为状态一步预测，即

$$\hat{\boldsymbol{x}}_{k|k-1}=\sum_{i=0}^{2l}w_i^{\mathrm{m}}\boldsymbol{\chi}_k^i \tag{7-92}$$

计算传递后的各 Sigma 点与均值的偏差

$$\nabla\boldsymbol{\chi}_k^i=\boldsymbol{\chi}_k^i-\hat{\boldsymbol{x}}_{k|k-1} \tag{7-93}$$

计算一步预测误差方差矩阵

$$\boldsymbol{P}_{x,k|k-1}=\sum_{i=0}^{2l}w_i^{\mathrm{c}}\nabla\boldsymbol{\chi}_k^i\nabla\boldsymbol{\chi}_k^{i\mathrm{T}}+\boldsymbol{Q}_k \tag{7-94}$$

式中　w_i^{m}，w_i^{c}——分别为计算均值和方差的权系数。

且有

$$w_0^{\mathrm{m}}=\frac{\lambda}{L+\lambda},\quad w_0^{\mathrm{c}}=\frac{\lambda}{L+\lambda}+(1-\alpha^2+\beta)$$

$$w_i^{\mathrm{m}}=w_i^{\mathrm{c}}=\frac{1}{2(L+\lambda)},\quad i=1,2,\cdots,2L$$

式中　β——与状态分布情况相关参数，本书中取 $\beta=2$。

（3）测量更新

$$\boldsymbol{z}_k^i=\boldsymbol{h}(\boldsymbol{\chi}_k^i) \tag{7-95}$$

$$\hat{\boldsymbol{z}}_k=\sum_{i=0}^{2l}w_i^{m}\boldsymbol{z}_k^i \tag{7-96}$$

$$\boldsymbol{P}_{z,k}=\sum_{i=0}^{2l}w_i^{\mathrm{c}}(\boldsymbol{z}_k^i-\hat{\boldsymbol{z}}_k)(\boldsymbol{z}_k^i-\hat{\boldsymbol{z}}_k)^{\mathrm{T}} \tag{7-97}$$

$$\boldsymbol{P}_{xz,k}=\sum_{i=0}^{2l}w_i^{\mathrm{c}}\nabla\boldsymbol{\chi}_k^i(\boldsymbol{z}_k^i-\hat{\boldsymbol{z}}_k)^{\mathrm{T}} \tag{7-98}$$

$$\boldsymbol{K}_k=\boldsymbol{P}_{xz,k}(\boldsymbol{P}_{z,k}+\boldsymbol{R}_k)^{-1} \tag{7-99}$$

计算误差方差矩阵

$$\boldsymbol{P}_{x,k}=\boldsymbol{P}_{x,k|k-1}-\boldsymbol{K}_k(\boldsymbol{P}_{z,k}+\boldsymbol{R}_k)\boldsymbol{K}_k^{\mathrm{T}} \tag{7-100}$$

进行状态修正

$$\hat{\boldsymbol{x}}_k=\hat{\boldsymbol{x}}_{k|k-1}+\boldsymbol{K}_k(\boldsymbol{z}_k-\hat{\boldsymbol{z}}_k) \tag{7-101}$$

给定系统的初始状态 $\boldsymbol{x}_0$ 和初始误差协方差矩阵 $\boldsymbol{P}_0$，利用 Unscented 变换以及系统的状态方程和测量方程，再按照式（7-90）～式（7-101）的递推过程对系统的状态进行无迹卡尔曼滤波估计，便可以得到系统状态的估计值。

7.5　数学仿真及结果分析

为了验证本书所提出的相对导航方法的可行性与有效性，本节分别以特征点、特征线和特征圆为观测量，利用 L－M 算法、EKF 算法和 UKF 算法，对空间中两个自由飞行的

航天器的相对位置和姿态进行估计，并对不同算法的仿真结果进行比较分析。

仿真中，假设目标航天器运行在半长轴为 $a_1=17\ 000$ km，偏心率为 $e_1=0.02$ 的椭圆轨道上，初始时刻的真近点角为 $\nu_1(0)=30°$，且目标航天器本体坐标系与其轨道坐标系始终保持重合。追踪航天器的质量和转动惯量分别为 $m_f=500$ kg 和 $\boldsymbol{J}_f=\mathrm{diag}$（22，20，26）kg · m^2。

存在于目标航天器和追踪航天器上的非质心点的位置分别为

$$\boldsymbol{P}_1=[1,\ 1,\ 1]^T \mathrm{m}$$

$$\boldsymbol{P}_f=[-2,\ 0,\ -1]^T \mathrm{m}$$

初始时刻，追踪航天器相对于目标航天器的姿态四元数、位置、角速度和速度设置如下

$$\boldsymbol{q}^{f1,P}(0)=[0.998\ 2,\ 0.033\ 6,\ 0.036\ 6,\ 0.033\ 6]^T$$

$$\boldsymbol{r}_{f1,P}^{fP}(0)=[-32.1,\ 40,\ 51.2]^T \mathrm{m}$$

$$\boldsymbol{\omega}_{f1,P}^{fP}(0)=[0,\ 0,\ 0]^T \mathrm{rad/s}$$

$$\boldsymbol{v}_{f1,P}^{fP}(0)=[0,\ 0,\ 0]^T \mathrm{m/s}$$

算法的估计初值选取为

$$\hat{\boldsymbol{q}}^{f1,P}(0)=[1,\ 0,\ 0,\ 0]^T$$

$$\hat{\boldsymbol{r}}_{f1,P}^{fP}(0)=[-30,\ 45,\ 50]^T \mathrm{m}$$

$$\hat{\boldsymbol{\omega}}_{f1,P}^{fP}(0)=[0,\ 0,\ 0]^T \mathrm{rad/s}$$

$$\hat{\boldsymbol{v}}_{f1,P}^{fP}(0)=[0,\ 0,\ 0]^T \mathrm{m/s}$$

仿真中，假设光学视觉相机测量误差的标准差为 $\sigma_i=0.000\ 5$ m，焦距为 $\lambda=0.5$ m，采样周期为 $T_s=1$ s。

7.5.1　基于单一特征的相对视觉导航

情况一：假设可以观测到目标航天器上配置的 4 个特征点，其在坐标系 $P_1-x_1y_1z_1$ 下的位置分别为

$$\boldsymbol{D}_1=[1\quad 1\quad 0]^T \mathrm{m}$$

$$\boldsymbol{D}_2=[-1\quad 1\quad 0]^T \mathrm{m}$$

$$\boldsymbol{D}_3=[-1\quad -1\quad 0]^T \mathrm{m}$$

$$\boldsymbol{D}_4=[1\quad -1\quad 0]^T \mathrm{m}$$

基于上述特征点的测量信息，采用 L－M 算法对航天器的相对位置和相对姿态进行估计，算法中选取小量 $\varepsilon=0.1$，参数 $m=10^{-7}$，$n=4$，$\alpha_1=1$，$p_0=10^{-3}$，$\theta=0.5$，仿真结果如图 7－5 和图 7－6 所示。图 7－5 和图 7－6 分别给出了基于特征点测量的 L－M 算法输出的相对姿态角估计误差和相对位置估计误差，可以看出，相对姿态角误差小于 0.3°，相对位置误差小于 0.2 m。因此，采用 L－M 算法可以保证相对位置误差和相对姿态角误差收敛到一个很小的范围内，进而验证了基于特征点的视觉测量模型的正确性及有效性。

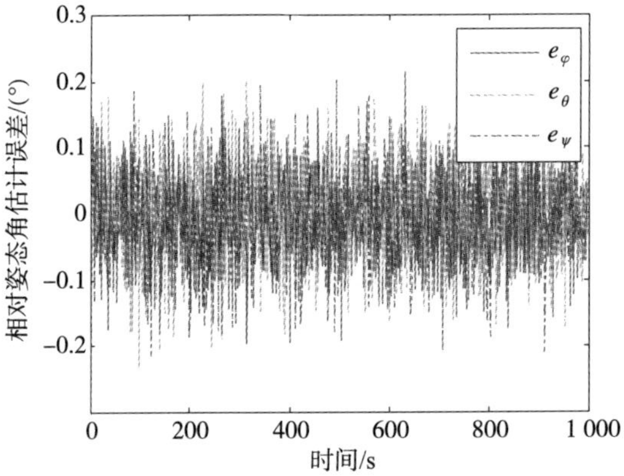

图 7-5　相对姿态角估计误差

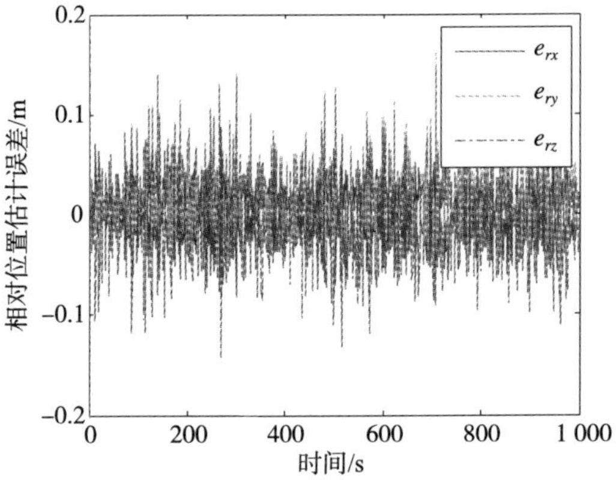

图 7-6　相对位置估计误差

选取同样的初始条件，分别采用 EKF 和 UKF 算法对航天器的相对位姿进行估计。在 EKF 算法中，取初始误差方差矩阵为

$$\boldsymbol{P}(0)=\begin{bmatrix}\sigma_{W_q}^2\boldsymbol{I}_4 & & & \\ & \sigma_{W_\rho}^2\boldsymbol{I}_4 & & \\ & & \sigma_{W_\omega}^2\boldsymbol{I}_3 & \\ & & & \sigma_{W_v}^2\boldsymbol{I}_3\end{bmatrix}$$

其中

$$\sigma_{W_q}^2=0.000\ 01^2,\ \sigma_{W_\rho}^2=1,$$
$$\sigma_{W_\omega}^2=0.000\ 01^2,\ \sigma_{W_v}^2=0.001$$

系统过程噪声方差矩阵为

$$\boldsymbol{Q}=\begin{bmatrix}\sigma_{Q_q}^2\boldsymbol{I}_4 & & & \\ & \sigma_{Q_\rho}^2\boldsymbol{I}_4 & & \\ & & \sigma_{Q_\omega}^2\boldsymbol{I}_3 & \\ & & & \sigma_{Q_v}^2\boldsymbol{I}_3\end{bmatrix}$$

其中

$$\sigma_{Q_q}^2 = 0.000\,5^2,\ \sigma_{Q_\rho}^2 = 0.01,$$
$$\sigma_{Q_\omega}^2 = 0.000\,01^2,\ \sigma_{Q_v}^2 = 0.01$$

在 UKF 导航算法的仿真中，初始误差方差矩阵为

$$\boldsymbol{P}(0) = \begin{bmatrix} \sigma_{W_\theta}^2 \boldsymbol{I}_3 & & & \\ & \sigma_{W_\rho}^2 \boldsymbol{I}_3 & & \\ & & \sigma_{W_\omega}^2 \boldsymbol{I}_3 & \\ & & & \sigma_{W_v}^2 \boldsymbol{I}_3 \end{bmatrix}$$

其中

$$\sigma_{W_\theta}^2 = 0.000\,01^2,\ \sigma_{W_\rho}^2 = 1,$$
$$\sigma_{W_\omega}^2 = 0.000\,01^2,\ \sigma_{W_v}^2 = 0.001$$

系统过程噪声方差矩阵为

$$\boldsymbol{Q} = \begin{bmatrix} \sigma_{Q_\theta}^2 \boldsymbol{I}_3 & & & \\ & \sigma_{Q_\rho}^2 \boldsymbol{I}_3 & & \\ & & \sigma_{Q_\omega}^2 \boldsymbol{I}_3 & \\ & & & \sigma_{Q_v}^2 \boldsymbol{I}_3 \end{bmatrix}$$

其中

$$\sigma_{Q_\theta}^2 = 0.000\,5^2,\ \sigma_{Q_\rho}^2 = 0.01,$$
$$\sigma_{Q_\omega}^2 = 0.000\,01^2,\ \sigma_{Q_v}^2 = 0.01$$

EKF 和 UKF 算法的仿真结果如图 7-7～图 7-10 所示。图 7-7 显示了追踪航天器相对于目标航天器的偏航角、俯仰角和滚转角的估计误差的时间历程曲线，图 7-9 给出了航天器上非质心点的相对位置矢量的估计误差随时间的变化过程，图 7-8 和图 7-10 分别为相对姿态角速度和相对速度的估计误差曲线，图中虚线表示的是 EKF 算法的估计结果，实线表示的是 UKF 算法的估计结果。可以看出，大约 100 s 后，无论是采用 EKF 算法还是 UKF 算法，都可以使航天器的相对位姿估计误差收敛，且相对姿态角误差和相对姿态角速度误差分别收敛到 0.1°和 0.01（°）/s 以内，相对位置误差和相对速度误差分别小于 0.1 m 和 0.01 m/s。因此，基于特征点的测量信息，采用 EKF 算法或 UKF 算法均可以实现对航天器相对位置和姿态的高精度估计，且与前面的 L－M 算法相比，EKF 和 UKF 算法的估计精度都提高了几倍以上，而与 EKF 算法相比，UKF 算法的精度略高。但需要说明的是，由于 UKF 算法中存在多 Sigma 点，使得 UKF 的在线运算量大于 EKF 算法，而 EKF 算法则由于对状态方程和测量方程的 Jacobian 矩阵的求取，在离线状态下花费了大量的计算量。

情况二：假设可以观测到目标航天器上配置的 4 个特征线，其在坐标系 $P_1-x_1y_1z_1$ 下的表示分别为

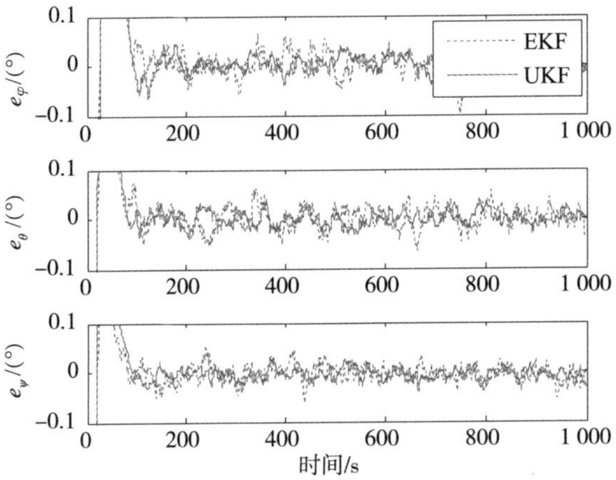

图 7－7　相对姿态角估计误差

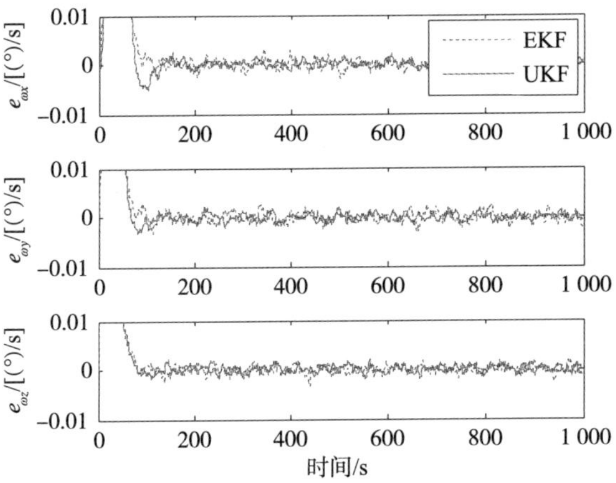

图 7－8　相对姿态角速度估计误差

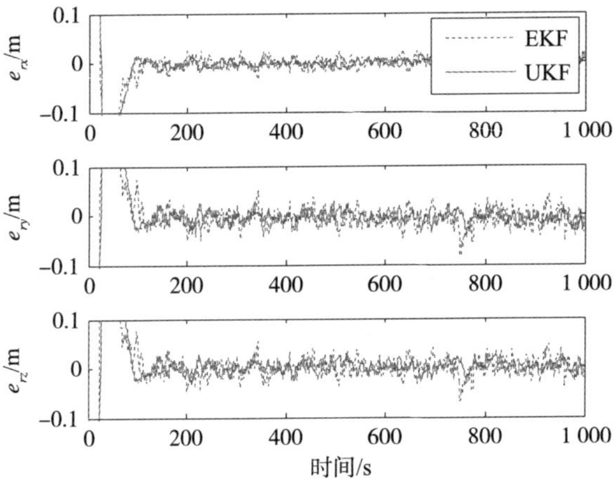

图 7－9　相对位置估计误差

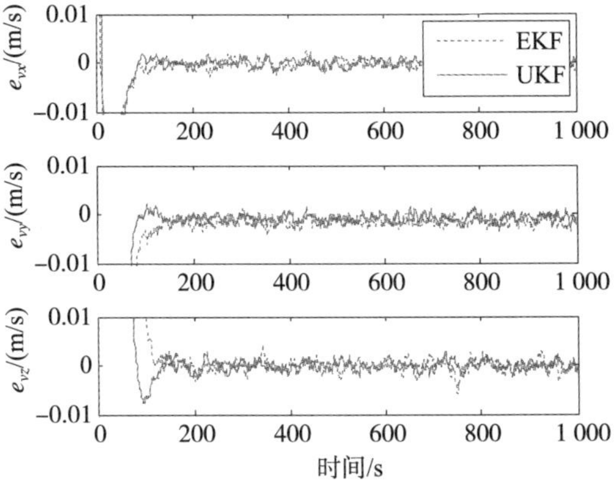

图 7-10　相对速度估计误差

$$\hat{\boldsymbol{L}}_1=[-1, 0, 0]^{\mathrm{T}}+\varepsilon[0, 0, 1]^{\mathrm{T}}$$

$$\hat{\boldsymbol{L}}_2=[0, -1, 0]^{\mathrm{T}}+\varepsilon[0, 0, 1]^{\mathrm{T}}$$

$$\hat{\boldsymbol{L}}_3=[1, 0, 0]^{\mathrm{T}}+\varepsilon[0, 0, 1]^{\mathrm{T}}$$

$$\hat{\boldsymbol{L}}_4=[0, 1, 0]^{\mathrm{T}}+\varepsilon[0, 0, 1]^{\mathrm{T}}$$

基于上述特征线的测量信息，采用 L—M 算法对航天器的相对位置和相对姿态进行估计，算法中选取与情况一相同的参数，仿真结果如图 7-11 和图 7-12 所示。图 7-11 和图 7-12 分别给出了基于特征线测量的 L—M 算法输出的相对姿态角估计误差和相对位置估计误差，可以看出，相对位置和相对姿态角误差收敛到一个很小的误差范围内，其中，相对姿态角误差小于 0.2°，相对位置误差小于0.2 m。仿真结果表明了以特征线测量的信息为观测量，采用 L—M 算法可以实现对航天器相对位姿的估计，进而验证了基于特征线的视觉测量模型的正确性及有效性。

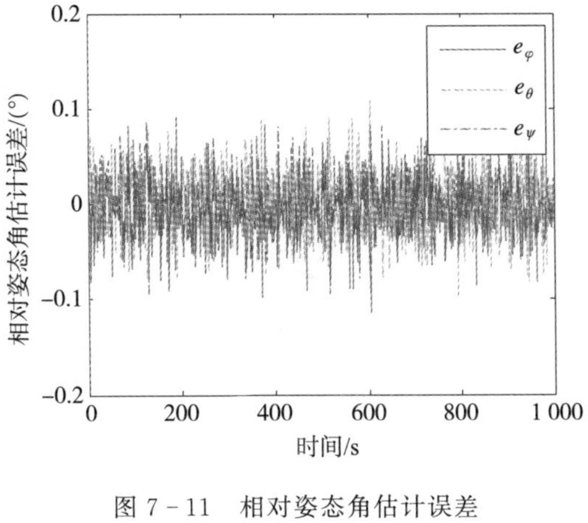

图 7-11　相对姿态角估计误差

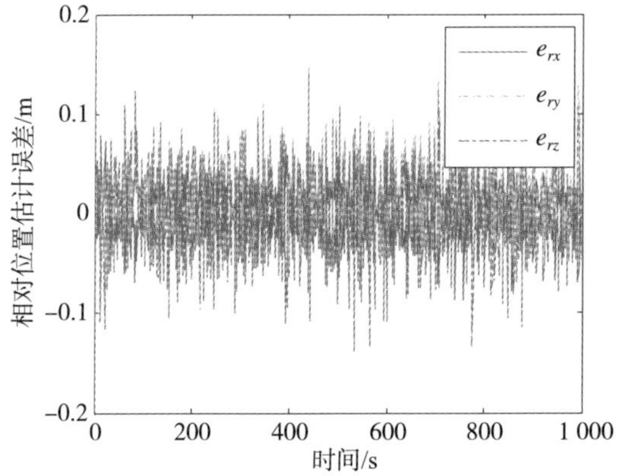

图 7-12 相对位置估计误差

以特征直线 $\hat{\boldsymbol{L}}_1$，$\hat{\boldsymbol{L}}_2$，$\hat{\boldsymbol{L}}_3$ 和 $\hat{\boldsymbol{L}}_4$ 的测量信息为观测量，采用 EKF 算法和 UKF 算法进行航天器的相对位姿估计，选取与情况一相同的参数，仿真结果如图 7-13～图 7-16 所示。由图 7-13 和图 7-14 可以看出，追踪航天器相对于目标航天器的姿态角和姿态角速度估计误差大约在 100 s 收敛，且姿态角的估计误差小于 0.1°，姿态角速度的估计误差小于 0.005 (°) /s。由图 7-15 和图 7-16 可以看出，航天器非质心点的相对位置以及相对速度的估计误差在 100 s 内收敛，且相对位置误差和相对速度误差分别收敛到 0.1 m 和 0.005 m/s以内。因此，基于特征线的测量信息，采用 EKF 算法和 UKF 算法均能实现对航天器相对位姿的高精度快速估计，且仿真结果显示了 EKF 和 UKF 算法相对于 L—M 算法在估计精度上的优越性，以及相比于 EKF 算法，UKF 算法的估计精度亦略有改善。

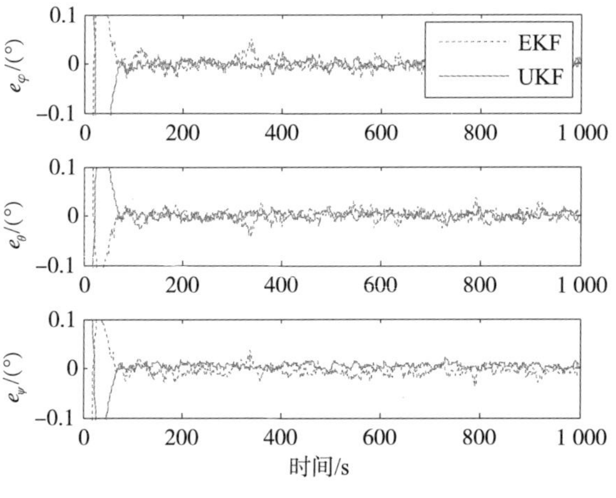

图 7-13 相对姿态角估计误差

情况三：假设可以观测到目标航天器上配置的 2 个特征圆，特征圆的转轴及起始点在坐标系 $P_1-x_1y_1z_1$ 下的表示如下

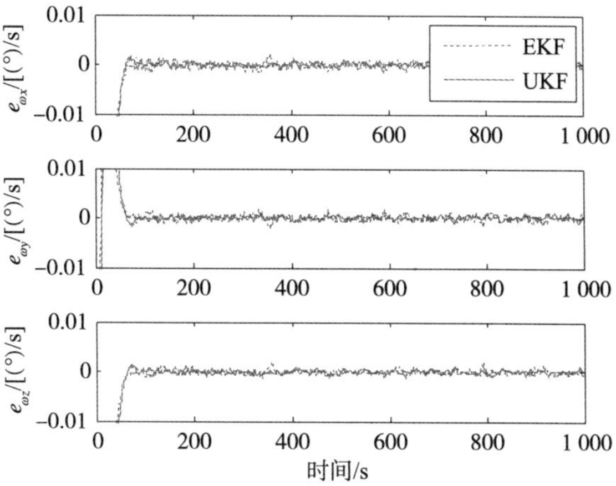

图 7－14　相对姿态角速度估计误差

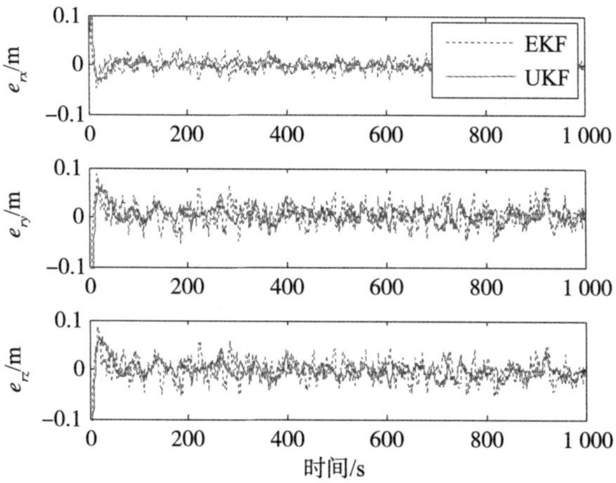

图 7－15　相对位置估计误差

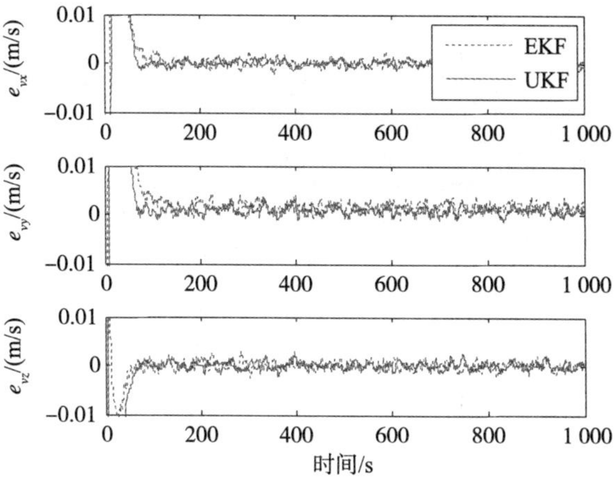

图 7－16　相对速度估计误差

$$\odot_1：轴\ \hat{\boldsymbol{L}}_{t1}=\left[0，\frac{\sqrt{2}}{2}，\frac{\sqrt{2}}{2}\right]^{\mathrm{T}}+\varepsilon\left[-3，1，-1\right]^{\mathrm{T}}$$

起始点 $\boldsymbol{S}_1=[1，3，-2]^{\mathrm{T}}$

$$\odot_2：轴\ \hat{\boldsymbol{L}}_{t2}=[1，0，0]^{\mathrm{T}}+\varepsilon[0，1，0]^{\mathrm{T}}$$

起始点 $\boldsymbol{S}_2=[2，1，-1]^{\mathrm{T}}$

式中　$\odot_1$，$\odot_2$——分别代表观测到的第 1 个圆和第 2 个圆。

在$\odot_1$ 上提取的三个点分别是由起始点 $\boldsymbol{S}_1$ 绕轴 $\hat{\boldsymbol{L}}_{t1}$ 转过如下角度得到

$$\Phi_1=0，\Phi_2=\frac{\pi}{2}，\Phi_3=\pi$$

在$\odot_2$ 上提取的三个点分别是由起始点 $\boldsymbol{S}_2$ 绕轴 $\hat{\boldsymbol{L}}_{t2}$ 转过如下角度得到

$$\Phi'_1=\frac{\pi}{6}，\Phi'_2=\frac{2\pi}{3}，\Phi'_3=2\pi$$

基于上述特征圆的测量信息，采用 L—M 算法对航天器的相对位置和相对姿态进行估计，算法中仍然选取与情况一相同的参数，其仿真结果如图 7-17～图 7-19 所示。由图 7-17 可以看出相对姿态角估计误差很快收敛，且收敛精度约为 0.3°。图 7-18 显示了相对位置的估计误差，可以看出，相对位置估计误差较快地收敛于 0.05 m 以内。图 7-19 显示了由特征圆引入的未知参数 Φ 的估计误差，可见参数 Φ 的估计过程也很快收敛，且估计误差小于 0.05°。仿真结果表明了以特征圆为观测量的 L—M 导航算法可以实现对航天器相对位姿的有效估计，从而验证了基于特征圆的视觉测量模型是正确可行的。

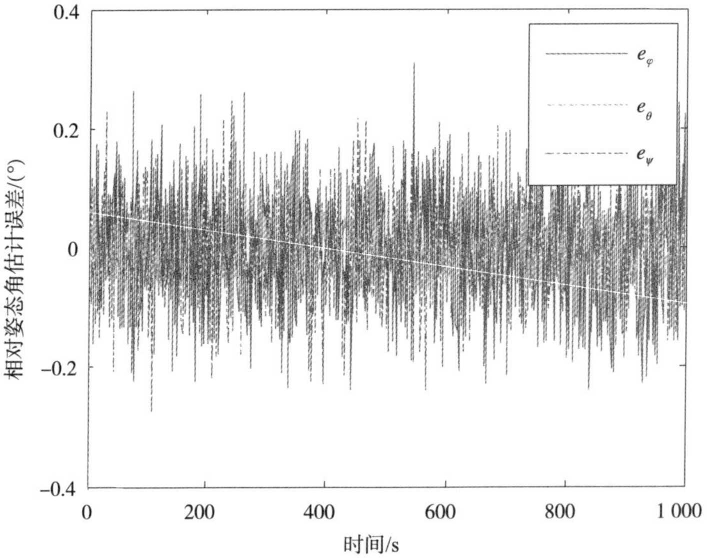

图 7-17　相对姿态角估计误差

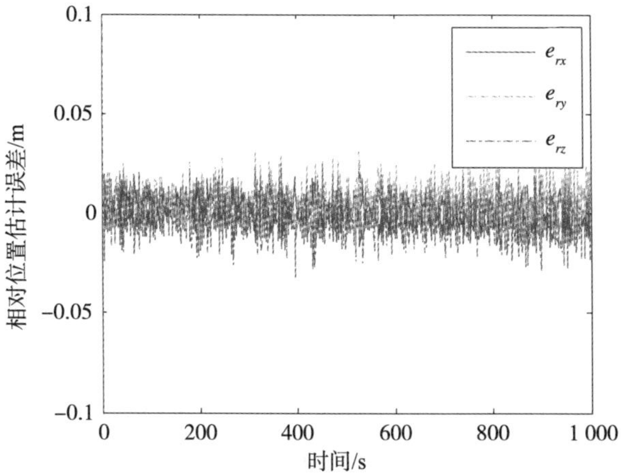

图 7－18　相对位置估计误差

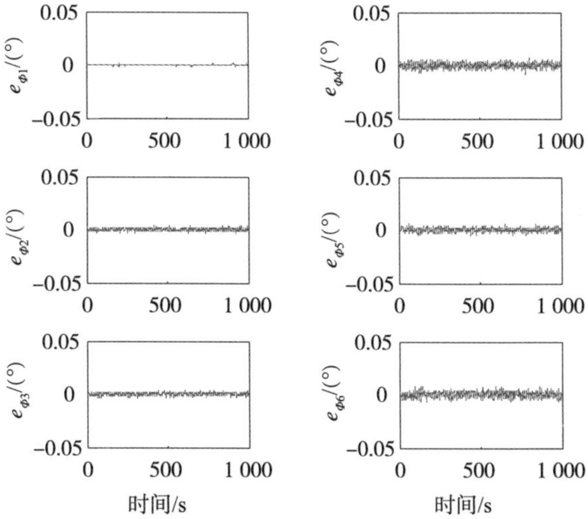

图 7－19　特征圆参数 Φ 的估计误差

基于特征圆$\odot_1$ 和$\odot_2$ 的观测信息，采用 EKF 和 UKF 算法对航天器的相对位置和相对姿态进行估计。由于在基于特征圆测量的 EKF 算法和 UKF 算法中新增加了未知的参数 Φ，因此设置初始误差方差矩阵中 $\sigma_{W_\Phi}^2=0.001^2$，过程噪声方差矩阵中 $\sigma_{Q\Phi}^2=0.001^2$。其他仿真参数与情况一中的设置相同。基于特征圆测量信息，采用 EKF 和 UKF 导航算法的仿真结果如图 7－20～图 7－24 所示。由图 7－20 和图 7－21 可以看出，约 150 s 后，航天器的相对姿态角和姿态角速度估计误差收敛，其中，相对姿态角误差小于 0.1°，相对姿态角速度误差小于 0.01（°）/s。从图 7－22 和图 7－23 中可以看出，相对位置误差和相对速度误差也于 150 s 左右分别收敛到 0.05 m 和 0.01 m/s 以内。图 7－24 给出了由特征圆引入的未知参数 Φ 的估计误差，该图显示了未知参数 Φ 的估计误差小于 0.01°。由此可知，利用特征圆测量信息，采用 EKF 算法或 UKF 算法均可以实现对航天器相对位姿的估计，且 EKF 和 UKF 算法的估计精度明显优于 L－M 算法，UKF 算法的精度相对于 EKF 算法也略有提高。

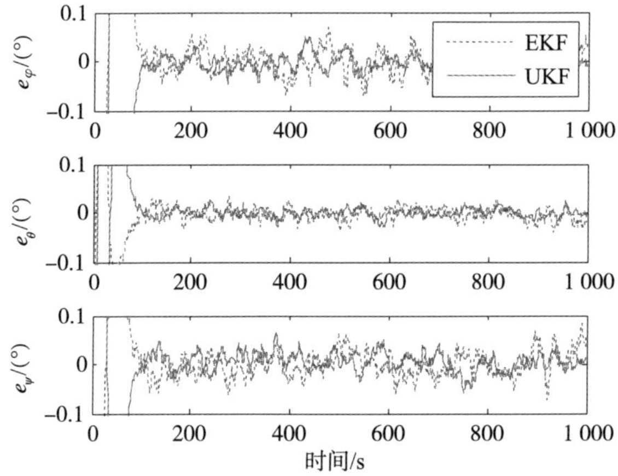

图 7－20　相对姿态角估计误差

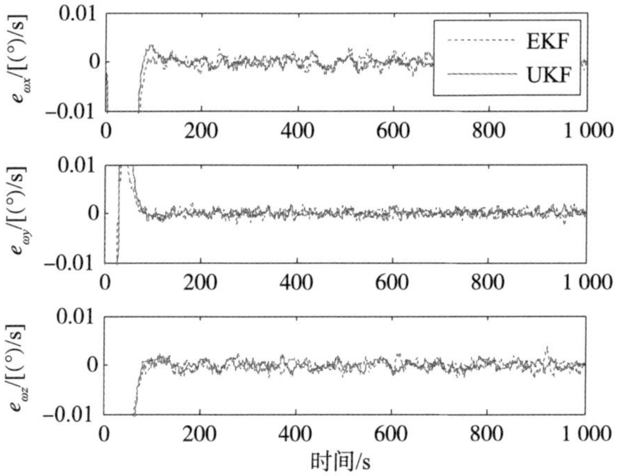

图 7－21　相对姿态角速度估计误差

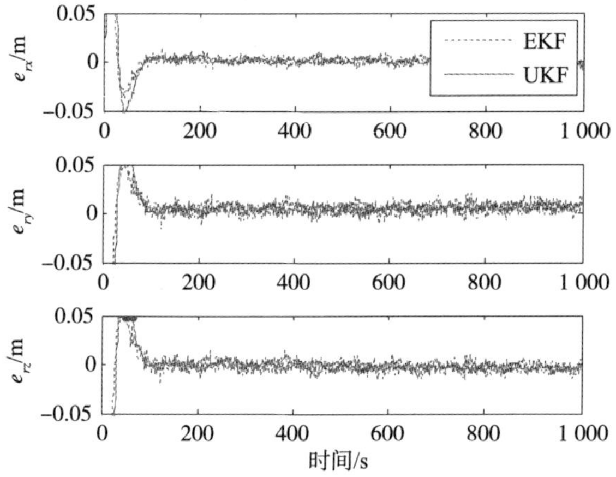

图 7－22　相对位置估计误差

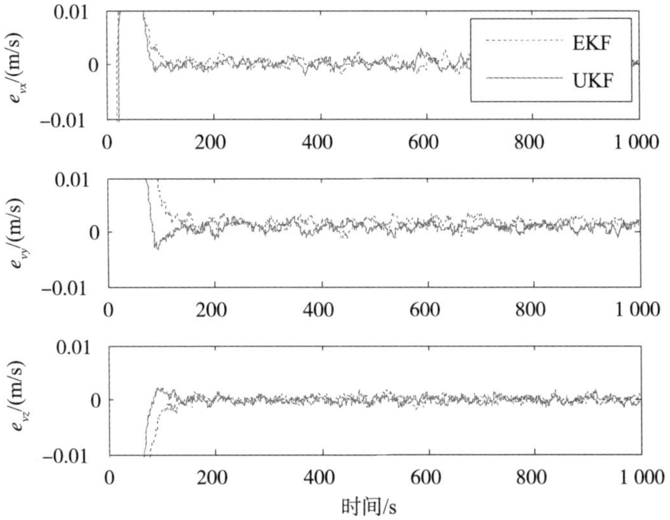

图 7 - 23　相对速度估计误差

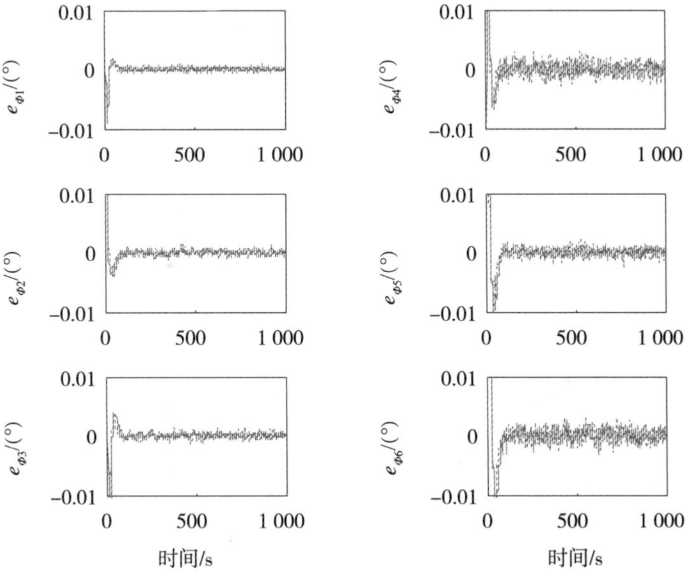

图 7 - 24　特征圆参数 Φ 的估计误差

7.5.2　基于多种特征的相对视觉导航

本节将对基于多种几何特征测量的视觉导航算法进行仿真。仿真中，假设可以观测到目标航天器上所配置的 4 个特征点（$\boldsymbol{D}_1$，$\boldsymbol{D}_2$，$\boldsymbol{D}_3$，$\boldsymbol{D}_4$），4 个特征线（$\hat{\boldsymbol{L}}_1$，$\hat{\boldsymbol{L}}_2$，$\hat{\boldsymbol{L}}_3$，$\hat{\boldsymbol{L}}_4$）和 2 个特征圆（$\odot_1$，$\odot_2$），且特征信息在目标航天器的位置与 7.5.1 节相同。基于上述三种特征信息，分别应用 EKF 算法和 UKF 算法对航天器的相对位置和相对姿态进行估计，其仿真结果如图 7 - 25～图 7 - 29 所示。

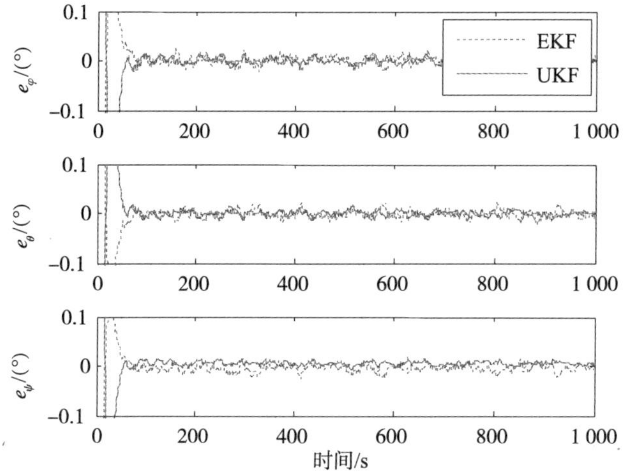

图 7-25　相对姿态角估计误差

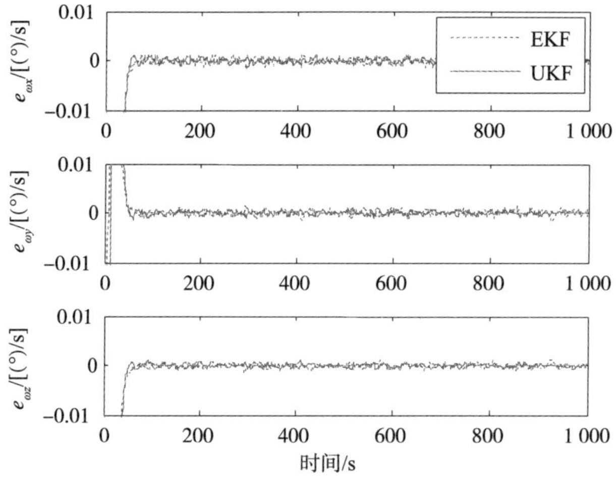

图 7-26　相对姿态角速度估计误差

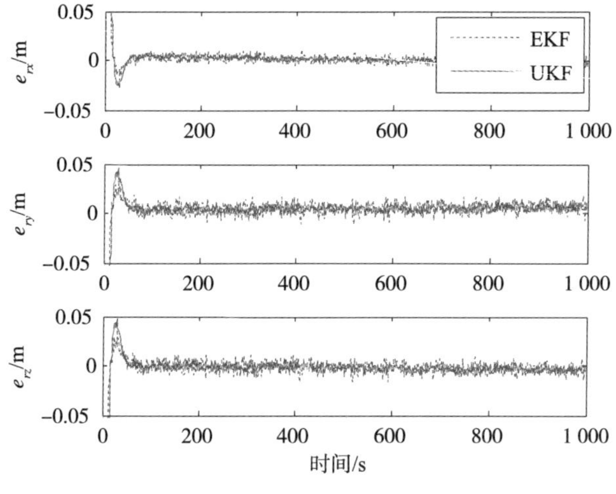

图 7-27　相对位置估计误差

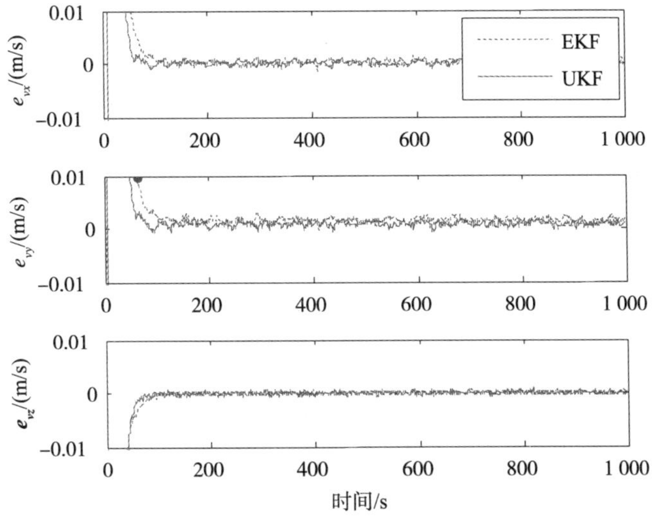

图 7 - 28　相对速度估计误差

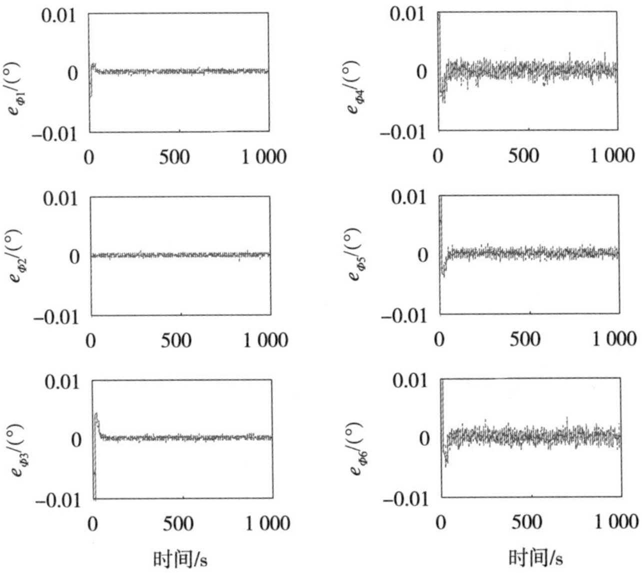

图 7 - 29　特征圆参数 Φ 的估计误差

由图 7 - 25～图 7 - 29 可以看出，无论是采用 EKF 算法还是 UKF 算法，都可以在多种几何特征测量的情况下，实现对航天器相对位置及相对姿态的高精度快速估计。其中，相对姿态角误差和相对角速度误差可以在 100 s 内分别达到 0.05°和 0.005 (°)/s 以内，相对位置和相对速度估计误差也在 100 s 内分别收敛到 0.05 m 和 0.005 m/s 以内，且由图 7 - 29 可以看出，由特征圆的动态定义所新增加的未知参数 Φ 也得到了有效的估计，且精度在 0.005 °/s 以内。由上述仿真结果可知，基于多种几何特征的测量信息，采用 EKF 算法或 UKF 算法均可以实现对航天器相对位姿的估计，且相比于 EKF 算法，UKF 算法的精度略有提高。

为了更直观地显示不同特征配置以及不同滤波算法的估计结果，给出表 7-1，表格中，位置的估计精度取为滤波稳定后位置估计误差矢量的模的最大值，姿态的估计精度取为滤波稳定后各个姿态角估计误差的最大值。对比 7.5.1 节中基于单一特征信息的仿真结果，并参照表 7-1，不难发现，利用多种几何特征比利用单一几何特征的估计精度高，这说明了增加测量信息可以达到提高相对位姿估计精度的目的，但是同时也增加了算法的计算量，因此，在实际应用中，应全方面地考虑精度和计算量的要求，选择合适数量的特征信息。

表 7-1 不同情况的估计结果

特征配置	EKF		UKF	
	姿态误差/deg	位置误差/m	姿态误差/deg	位置误差/m
4 个点	0.053 6	0.082 1	0.047 9	0.073 6
4 个线	0.034 5	0.084 4	0.023 0	0.060 1
2 个圆	0.065 7	0.026 5	0.049 1	0.020 6
4 个点、4 条线、2 个圆	0.025 8	0.025 2	0.016 4	0.016 2

7.5.3 不同特征配置对估计精度的影响

由于基于特征点、特征线和特征圆的视觉测量量均为相机像平面上的点，因此在研究特征配置对估计精度的影响时，考虑特征点的不同配置具有一定的代表性。本节主要考虑特征点数目不同以及特征点分散程度对估计精度的影响。

(1) 不同特征点数目对估计精度的影响

情况一：假设目标航天器上配置有 4 个特征点（$\boldsymbol{D}_1$，$\boldsymbol{D}_2$，$\boldsymbol{D}_3$，$\boldsymbol{D}_4$），其在坐标系 $P_1-x_1y_1z_1$ 下的表示与 7.5.1 节相同。

情况二：假设目标航天器上配置有 6 个特征点，其在坐标系 $P_1-x_1y_1z_1$ 下的表示为

$$\boldsymbol{D}_1=[1\quad 1\quad 0]^{\mathrm{T}}\mathrm{m};\quad \boldsymbol{D}_2=[-1\quad 1\quad 0]^{\mathrm{T}}\mathrm{m}$$

$$\boldsymbol{D}_3=[-1\quad -1\quad 1]^{\mathrm{T}}\mathrm{m};\quad \boldsymbol{D}_4=[1\quad -1\quad 0]^{\mathrm{T}}\mathrm{m}$$

$$\boldsymbol{D}_5=[-1\quad -1\quad 1]^{\mathrm{T}}\mathrm{m};\quad \boldsymbol{D}_6=[1\quad -1\quad 1]^{\mathrm{T}}\mathrm{m}$$

针对情况一和情况二，分别应用 L－M 算法、EKF 算法和 UKF 算法，对航天器的相对位姿进行估计，仿真中各算法的参数设置与 7.5.1 节相同，情况一和情况二的对比仿真结果见图 7-30 和图 7-31。可以看出，当特征点数目由 4 个增加到 6 个的时候，L－M 算法、EKF 算法和 UKF 算法的相对位置和相对姿态角的估计精度都有所提高，其中，L－M 算法的精度提高了约 50%，而 EKF 和 UKF 的精度虽略有改善，但效果不如前者明显。这是由于增加了特征点的数目，可以为算法提供更多的约束，因此对估计值的精度具有改进作用。然而，特征点的数目增多会相应地导致算法的计算量增加，因此在实际应用中，应选取合适数目的特征点，既可以减小估计误差，又可以保证一定的计算效率。

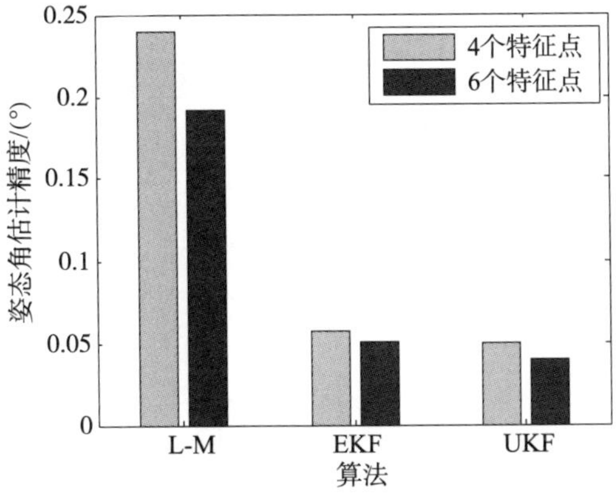

图 7-30　相对姿态角估计误差比较

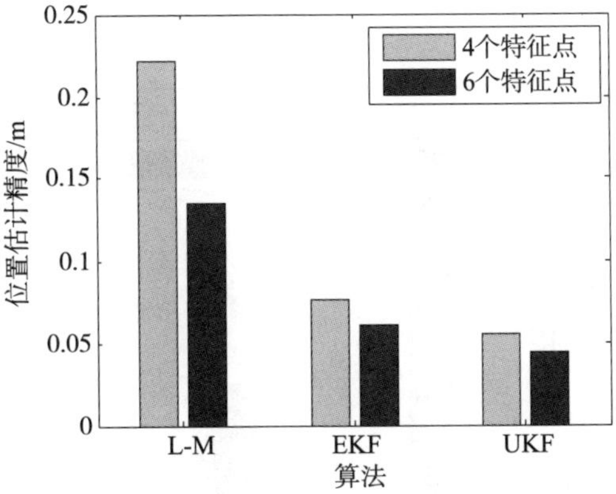

图 7-31　相对位置估计误差比较

(2) 特征点分散程度对估计精度的影响。

情况一：目标航天器上配置有 4 个特征点（$\boldsymbol{D}_1$，$\boldsymbol{D}_2$，$\boldsymbol{D}_3$，$\boldsymbol{D}_4$），其在坐标系 $P_1-x_1y_1z_1$ 下的表示与 7.5.1 节相同。

情况二：目标航天器上配置有 4 个特征点（$\tilde{\boldsymbol{D}}_1$，$\tilde{\boldsymbol{D}}_2$，$\tilde{\boldsymbol{D}}_3$，$\tilde{\boldsymbol{D}}_4$），其在坐标系 $P_1-x_1y_1z_1$ 下的表示为

$$\tilde{\boldsymbol{D}}_1=[0.5\quad 0.5\quad 0]^{\mathrm{T}}\mathrm{m};\quad \tilde{\boldsymbol{D}}_2=[-0.5\quad 0.5\quad 0]^{\mathrm{T}}\mathrm{m}$$

$$\tilde{\boldsymbol{D}}_3=[-0.5\quad -0.5\quad 0]^{\mathrm{T}}\mathrm{m};\quad \tilde{\boldsymbol{D}}_4=[0.5\quad -0.5\quad 0]^{\mathrm{T}}\mathrm{m}$$

针对情况一和情况二，分别应用 L－M 算法、EKF 算法和 UKF 算法，对航天器的相对位姿进行估计，仿真中各算法的参数设置与 7.5.1 节相同，情况一和情况二的对比仿真结果见图 7-32 和图 7-33。从图中可以看出，当特征点变得紧凑时，L－M 算法、EKF 算法和 UKF 算法的相对位置和相对姿态角的估计误差都明显变大。其中，L－M算法的估计误差增大了约 1 倍，而 EKF 算法的估计误差增大了约 50％，UKF 算法的估计误差增大约 30％。这是由于当特征点变得密集时，观测范围会相对减小，进而降低了相对位置和相对姿态角的估计精度。

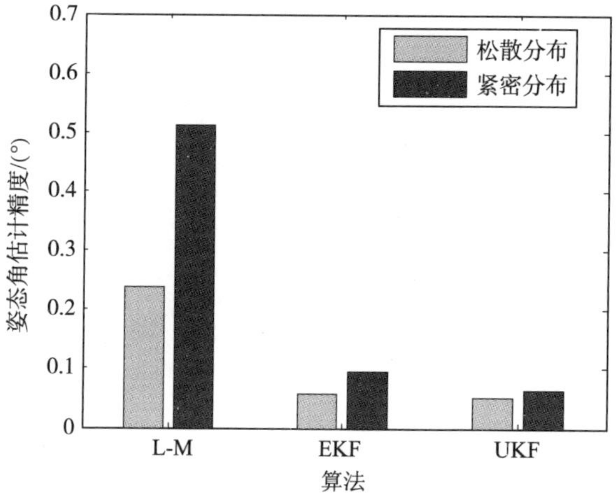

图 7-32　相对姿态角估计误差比较

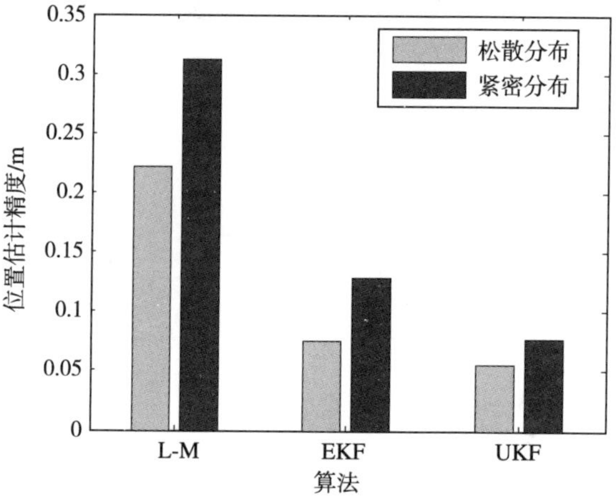

图 7-33　相对位置估计误差比较

7.6　小结

本章在对偶代数的框架内统一描述了特征点、特征线和特征圆，其中，特征圆的对偶数描述是基于一种动态定义完成的。利用单目视觉原理建立了基于特征点、特征线和特征圆的测量方程，并分别采用 L－M 算法、EKF 算法和 UKF 算法对航天器间的相对姿态和非质心点的相对位置进行估计。仿真结果表明，上述三种算法均能对航天器相对运动状态进行有效的估计，且与 L－M 算法相比，EKF 和 UKF 算法的精度能够提高几倍以上，而相比于 EKF 算法，UKF 算法精度也略有提高。此外，对比于基于单一特征信息的位姿估计结果，利用多种几何特征的估计精度更高，收敛速度更快。最后，研究了特征点数目以及特征点分散程度对估计精度的影响，仿真结果表明，当特征点数目增加、特征点分布松散时，相对运动状态的估计精度有所提高。

参考文献

[1] KUBOTA T, HASIMOTO T, KAWAGUCHI J, SHIRAKAWA K, MORITA H. Vision Based Navigation by Landmark for Robotic Explorer[C]. IEEE International Conference on Robotics and Biomimetics, Bangkok, Thailand, 2009.

[2] LEE D, PERNICKA H. Vision—Based Relative State Estimation Using the Unscented Kalman Filer [C]. AAS/AIAA 19th Space Flight Mechanics Meeting, Savannah, GA, 2009.

[3] VELA P, BETSER A, MALCOLM J, TANNENBAUM A. Vision - based Range Regulation of a Leader - Follower Formation[J]. IEEE Transactions on Control Systems Technology, 2009, 17 (2): 442 - 448.

[4] 李克昭,袁建平，岳晓奎．空间飞行器特征提取与相对定姿研究进展[J].自然科学进展，2006，16 (3): 257 - 261.

[5] 张志勇,张靖，朱大勇．一种基于视觉成像的快速收敛的位姿测量算法及实验研究[J]. 航空学报，2007，28 (4)：943 - 947.

[6] SONG D M. Conics - Based Stereo, Motion Estimation, and Pose Determination[J]. International Journal of Computer Vision, 1993, 10(1): 7 - 25.

[7] WU Y H, HU Z Y. PnP Problem Revisited[J]. Journal of Mathematical Imaging and Vision, 2006, 24(1): 131 - 141.

[8] GAO X S, HOU X R, TANG J, CHENG H F. Complete Solution Classification for the Perspective - Three - Point Problem [J]. IEEE Transactions on Pattern Analysis and Machine Intelligence, 2003, 25(8): 930 - 943.

[9] HU Z Y, WU C F. A Note on the Number of Solutions of the Noncoplanar P4P Problem[J]. IEEE Transactions on Pattern Analysis and Machine Intelligence, 2002, 24(4): 550 - 555.

[10] NISTER D. An Efficient Solution to the Five - Point Relative Pose Problem [J]. IEEE Transactions on Pattern Analysis and Machine Intelligence, 2004, 26(6): 756 - 77.

[11] HOLT J R, NETRAVALI A N. Uniqueness of Solutions to Structure and Motion from Combinations of Point and Line Correspondences[J]. Journal of Visual Communication and Image Representation, 1996, 7(2): 126 -136.

[12] TANG J L, CHEN W S, WANG J. A Novel Linear Algorithm for P5P Problem[J]. Applied Mathematics and Computation, 2008, 205(2): 628 -634.

[13] ANSAR A, DANIILIDIS K. Linear Pose Estimation from Points or Lines[J]. IEEE Transactions on Pattern Analysis and Machine Intelligence, 2003, 25(5): 578 - 589.

[14] PAUL D F. Efficient Linear Solution of Exterior Orientation[J]. IEEE Transactions on Pattern Analysis and Machine Intelligence, 2001, 23(2): 140 -148.

[15] LEPETIT V, NOGUER F M, FUA P. EPnP: An Accurate O(n) Solution to the PnP Problem[J]. International Journal of Computer Vision, 2009, 81(2): 155 - 166.

[16] LEE P Y, MOORE J B. Gauss - Newton - on - Manifold for Pose Estimation [J]. Journal of Industrial and Management Optimization, 2005, 1(4): 565 -587.

[17] LU C P, HAGER G D, MJOLSNESS E. Fast and Globally Convergent Pose Estimation from Video Images[J]. IEEE Transactions on Pattern Analysis and Machine Intelligence, 2000, 22(6): 610 - 622.

第 8 章　基于特征线的单目视觉相对位姿确定算法

8.1　引言

视觉测量中的相对位姿的确定主要是利用几个坐标系下的特征点或特征线的测量数据和模型数据进行匹配与解算，进而确定坐标系间的转换关系。物空间到像空间的转化是由相机成像模型决定的，根据实际问题本章首先定义了各种坐标系，并对相机模型进行了合理简化。

传统的交会对接任务往往需要在目标航天器的对接界面上配置若干特征光标，虽然很好地解决了特征点定位提取问题，但增加了对系统可靠性的要求。考虑到航天器作为一类人造物体通常具有明显的自然特征，如尖锐角点、棱边等，因此可以充分利用这些特征信息而不必配置特征光标，这也适用于非合作航天器的相对测量问题，使得相对测量方法有更广泛的适用范围。本章基于单目视觉，对已知构型的目标航天器的特征线进行位姿解算，假设特征线匹配与提取已完成。

坐标系间的转换关系可以有多种表示形式：齐次坐标、四元数、平移矢量及对偶四元数，本章采用能以最简捷的形式表示空间刚体运动的对偶四元数，来描述同时旋转和平移的坐标系转换关系。

8.2　相对导航坐标系定义及摄像机模型

8.2.1　坐标系定义

相对导航问题需要定义若干坐标系，工程上一般包括目标航天器本体坐标系、特征配置坐标系、追踪航天器本体坐标系、相机坐标系、像平面坐标系、像平面像素坐标系等，本章对以上坐标系进行合理简化，假设目标航天器本体坐标系与特征配置坐标系重合、相机坐标系与追踪航天器本体坐标系重合。

为便于分析，建立如图 8－1 所示的目标航天器坐标系 $O_{a}xyz$、相机坐标系 $O_{b}xyz$ 和像平面坐标系 $O_{c}xy$，设相机焦距为 f，则 O_{c} 到 O_{b} 距离为 f。

由以上坐标系定义可知，相对位姿测量实际上是确定从目标航天器本体坐标系到相机坐标系的转换关系。

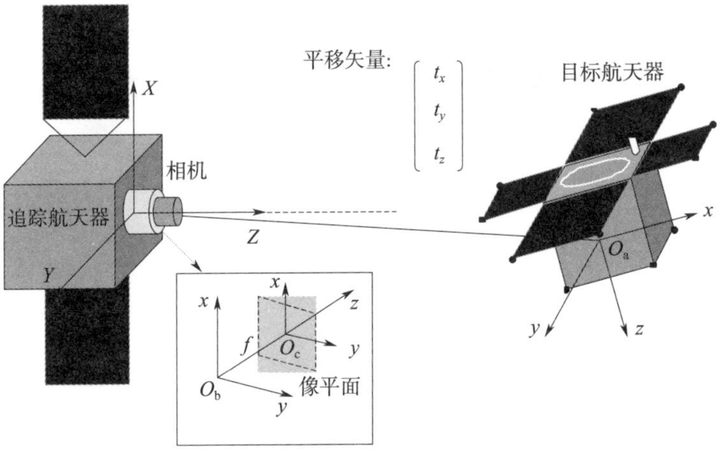

图 8-1　目标航天器和相机坐标系及特征点设置

8.2.2　视觉相机投影模型

一般选用针孔相机模型作为理想的成像模型。针孔相机模型是以相机光心作为投影中心，物体上的点经过光心在透镜的像平面上成像。当物点与光心的相对位置发生变化时，其投影点也随之发生变化。这样的投影方式被称为透视投影（Perspective projection），投影关系如式（8-1）。像平面中像点的大小和间距包含了空间中物体的距离和姿态信息

$$x_c = f\frac{x_b}{z_b},\ y_c = f\frac{y_b}{z_b} \tag{8-1}$$

8.3　基于特征直线的相对位姿确定算法

在航天器交会对接任务中，在追踪航天器上安装单目视觉相机对目标航天器进行观测，目标航天器几何特征均已知，以对偶矢量表示目标航天器的直线特征，通过视觉成像解算出从目标航天器本体坐标系到相机坐标系的转换关系。

8.3.1　基本原理

如图 8-2 所示，基于特征直线的单目视觉相对位姿参数确定算法可分为如下几个阶段。

1）由图像敏感器获取目标航天器的一幅图像，首先提取出预先定义的特征直线，得到特征直线在像平面坐标系的 Plüker 坐标对偶数描述，并将提取出的特征直线与目标航天器已知的特征直线相匹配，本书不考虑特征直线提取和特征直线匹配的问题，假设这两个过程已经完成，仅考虑特征直线提取误差对本书算法的影响。

2）根据上一步计算得到的相对位姿参数（如果是第一次计算，迭代初值采用航天器相对姿态信息作为旋转量初值，平移量选取其他敏感器的测量结果），在给定相机内外部

参数、三维特征坐标情况下，利用小孔成像模型计算特征直线在像平面投影估计值。

3）一般情况下，实际提取的特征直线坐标和由步骤 2 计算得到的特征直线估计值之间会有一定的偏差，通过迭代算法由此偏差计算出相对位姿参数的更新值。

4）将由步骤 3 计算出的位姿参数更新值带入步骤 2 计算，如果计算得到的相对位姿参数与真实参数接近，偏差为小量，迭代终止。

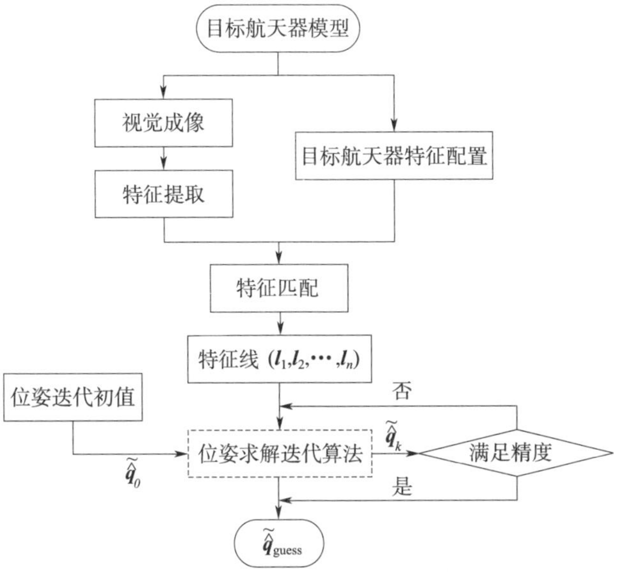

图 8-2　基于特征线的迭代算法

8.3.2　位姿转移对偶四元数估计

如图 8-3 所示，已知目标航天器本体坐标系下特征点 $\boldsymbol{p}_{a1}$，$\boldsymbol{p}_{a2}$，…，$\boldsymbol{p}_{an}$，可得到 $n-1$ 个对偶矢量 $\hat{\boldsymbol{a}}_1$，$\hat{\boldsymbol{a}}_2$，…，$\hat{\boldsymbol{a}}_{n-1}$。由于从目标航天器本体坐标系到相机坐标系之间的转换关系未知，不能直接得到相机坐标系下 $n-1$ 个对偶矢量的描述，$\hat{\boldsymbol{b}}_1$，$\hat{\boldsymbol{b}}_2$，…，$\hat{\boldsymbol{b}}_{n-1}$。不过，此问题可通过估计方法解决。

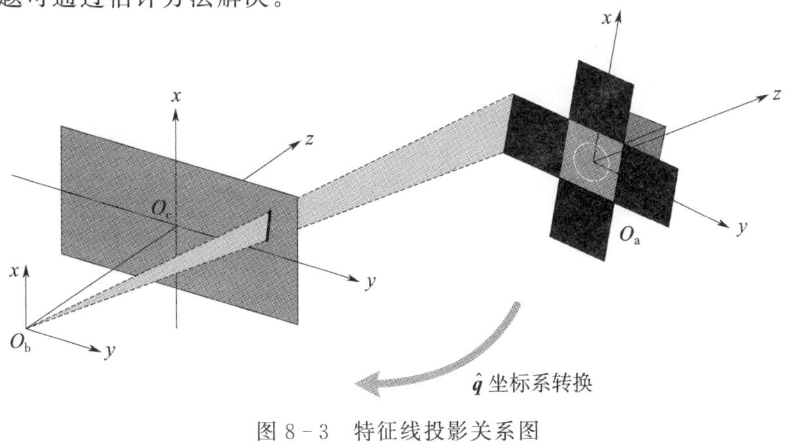

图 8-3　特征线投影关系图

首先估计从目标航天器本体坐标系到相机坐标系之间的转换关系，以对偶四元数表示为 $\tilde{\hat{\boldsymbol{q}}}$，可以得到相应对偶矢量 $\hat{\boldsymbol{a}}_j$ 在相机坐标系下的估计值 $\tilde{\hat{\boldsymbol{b}}}$

$$\tilde{\hat{\boldsymbol{b}}} = \tilde{\hat{\boldsymbol{q}}}^* \circ \hat{\boldsymbol{a}} \circ \tilde{\hat{\boldsymbol{q}}} \tag{8-2}$$

以实部和对偶部分别表示为

$$\begin{aligned} \tilde{\boldsymbol{b}} &= \tilde{\boldsymbol{q}}^* \circ \tilde{\boldsymbol{a}} \circ \tilde{\boldsymbol{q}} \\ \tilde{\boldsymbol{b}}' &= \tilde{\boldsymbol{q}}^* \circ \boldsymbol{a} \circ \tilde{\boldsymbol{q}}' + \tilde{\boldsymbol{q}}^* \circ \boldsymbol{a}' \circ \tilde{\boldsymbol{q}} + \tilde{\boldsymbol{q}}'^* \circ \boldsymbol{a} \circ \tilde{\boldsymbol{q}} \end{aligned} \tag{8-3}$$

随后，我们将通过以下推导，建立相机坐标系下对偶矢量真值 $\hat{\boldsymbol{b}}_j$ 与估计值 $\tilde{\hat{\boldsymbol{b}}}_j$ 之间的联系。

如图 8-4 所示，对偶矢量 $\tilde{\hat{\boldsymbol{b}}}$ 在像平面投影为

$$\tilde{\hat{\boldsymbol{c}}} = \tilde{\boldsymbol{c}} + \boldsymbol{\varepsilon}\tilde{\boldsymbol{c}}' \tag{8-4}$$

这里

$$\tilde{\boldsymbol{c}} = \tilde{\boldsymbol{p}} \times \tilde{\boldsymbol{c}}$$

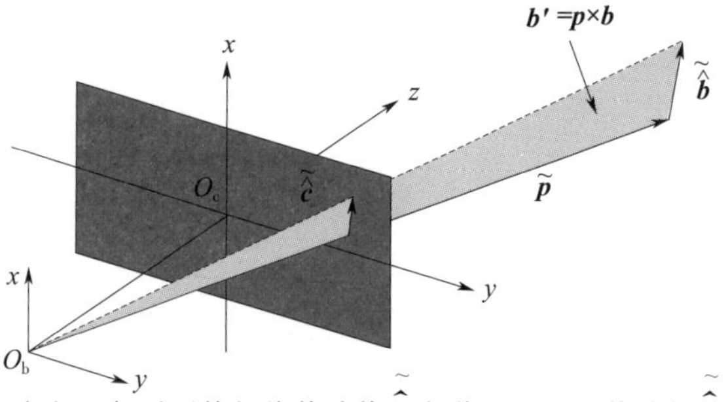

图 8-4　相机坐标系下特征线估计值 $\tilde{\hat{\boldsymbol{b}}}$ 与像平面投影估计值 $\tilde{\hat{\boldsymbol{c}}}$ 的关系

显然，$\tilde{\boldsymbol{b}}'$的单位矢量为由相机坐标系原点与对偶矢量 $\tilde{\hat{\boldsymbol{b}}}$ 所构成的平面的法矢量，同样的 $\tilde{\boldsymbol{c}}'$的单位矢量为由相机坐标系原点与像平面对偶矢量$\tilde{\hat{\boldsymbol{c}}}$所构成的平面的法矢量，故有如下关系式

$$\mathrm{unit}(\tilde{\boldsymbol{b}}') = \mathrm{unit}(\tilde{\boldsymbol{c}}') \tag{8-5}$$

相应平面的法矢量 $\boldsymbol{n}$ 可表示为

$$\boldsymbol{n} = \frac{\tilde{\boldsymbol{b}}'}{\| \tilde{\boldsymbol{b}}' \|} \tag{8-6}$$

通过观察图 8-4 易知，$\tilde{\boldsymbol{c}}$ 为 $\tilde{\boldsymbol{b}}$ 绕轴 $\boldsymbol{n}$ 转过一定的角度 θ 得到的

$$\tilde{\boldsymbol{c}} = \boldsymbol{q}_c \circ \tilde{\boldsymbol{b}} \circ \boldsymbol{q}_c^* \tag{8-7}$$

式中　$\tilde{\boldsymbol{b}}$，$\tilde{\boldsymbol{c}}$——分别为实部为零的矢量的四元数表示方式；

θ——易由相应的投影关系得出。

故

$$\boldsymbol{q}_c=\cos(\theta)+\sin(\theta)\boldsymbol{n} \tag{8-8}$$

由于

$$\tilde{\boldsymbol{q}}'=\frac{1}{2}\tilde{\boldsymbol{q}}\circ\tilde{\boldsymbol{t}}$$

则由方程（8-3）与式（8-7）可得

$$\tilde{\boldsymbol{c}}=\boldsymbol{q}_c\circ\tilde{\boldsymbol{q}}^*\circ\boldsymbol{a}\circ\tilde{\boldsymbol{q}}\circ\boldsymbol{q}_c^* \tag{8-9}$$

$$\begin{aligned}\tilde{c}'&=\frac{\|\tilde{\boldsymbol{c}}'\|}{\|\tilde{\boldsymbol{b}}'\|}\tilde{\boldsymbol{b}}'=\frac{\|\tilde{\boldsymbol{c}}'\|}{\|\tilde{\boldsymbol{b}}'\|}(\tilde{\boldsymbol{q}}^*\circ\boldsymbol{a}\circ\tilde{\boldsymbol{q}}'+\tilde{\boldsymbol{q}}^*\circ\boldsymbol{a}'\circ\tilde{\boldsymbol{q}}+\tilde{\boldsymbol{q}}'^*\circ\boldsymbol{a}\circ\tilde{\boldsymbol{q}})\\&=\frac{\|\tilde{\boldsymbol{c}}'\|}{\|\tilde{\boldsymbol{b}}'\|}\left(\tilde{\boldsymbol{q}}^*\circ\boldsymbol{a}\circ\frac{1}{2}\tilde{\boldsymbol{q}}\circ\tilde{\boldsymbol{t}}+\tilde{\boldsymbol{q}}^*\circ\boldsymbol{a}'\circ\tilde{\boldsymbol{q}}+\frac{1}{2}(\tilde{\boldsymbol{q}}\circ\tilde{\boldsymbol{t}})^*\circ\boldsymbol{a}\circ\tilde{\boldsymbol{q}}\right)\\&=\frac{\|\tilde{\boldsymbol{c}}'\|}{\|\tilde{\boldsymbol{b}}'\|}\left(\tilde{\boldsymbol{q}}^*\circ\boldsymbol{a}\circ\frac{1}{2}\tilde{\boldsymbol{q}}\circ\tilde{\boldsymbol{t}}+\tilde{\boldsymbol{q}}^*\circ\boldsymbol{a}'\circ\tilde{\boldsymbol{q}}+\frac{1}{2}\tilde{\boldsymbol{t}}^*\circ\tilde{\boldsymbol{q}}^*\circ\boldsymbol{a}\circ\tilde{\boldsymbol{q}}\right)\end{aligned} \tag{8-10}$$

由于投影问题为 3－D 到 2－D 的变换过程，不免会损失深度信息，对于点特征而言，3－D 到 2－D 的变换约束由 3 变为 2，而 3－D 空间确定线特征约束为 6，2－D 平面仅需要 3 个约束，由式（8-9）和式（8-10）易知，特征直线像平面投影对偶四元数 $\hat{\tilde{\boldsymbol{c}}}$ 的实部 $\tilde{\boldsymbol{c}}$ 和对偶部 $\tilde{\boldsymbol{c}}'$是相互关联的，因此选用任意一个量都可以表征 3－D 空间直线。

8.3.3　估计方程线性化迭代算法

设非线性方程 $z=h(x)$ 可在 x_0 点被线性化

$$z=h(x_0)+\left.\frac{\partial h}{\partial x}\right|_{x=x_0}(x-x_0)+O(x^2) \tag{8-11}$$

忽略高阶小量则式（8-11）化为以下形式

$$z-h(x_0)=\left.\frac{\partial h}{\partial x}\right|_{x=x_0}(x-x_0)=\boldsymbol{H}(x-x_0) \tag{8-12}$$

故

$$x=(\boldsymbol{H}^{\mathrm{T}}\boldsymbol{H})^{-1}\boldsymbol{H}^{\mathrm{T}}[z-h(x_0)]+x_0 \tag{8-13}$$

设 x_0 为初值，x_k，x_{k+1}为第 k，$k+1$ 次迭代值，则构造以下迭代格式

$$x_{k+1}=(\boldsymbol{H}^{\mathrm{T}}\boldsymbol{H})^{-1}\boldsymbol{H}^{\mathrm{T}}[z-h(x_k)]+x_k \tag{8-14}$$

选取式（8-10）作为 $\hat{\boldsymbol{q}}$ 的观测方程，重写如下

$$\tilde{\boldsymbol{c}}'=\frac{\|\tilde{\boldsymbol{c}}'\|}{\|\tilde{\boldsymbol{b}}'\|}\left(\tilde{\boldsymbol{q}}^*\circ\boldsymbol{a}\circ\frac{1}{2}\tilde{\boldsymbol{q}}\circ\tilde{\boldsymbol{t}}+\tilde{\boldsymbol{q}}^*\circ\boldsymbol{a}'\circ\tilde{\boldsymbol{q}}+\frac{1}{2}\tilde{\boldsymbol{t}}^*\circ\tilde{\boldsymbol{q}}^*\circ\boldsymbol{a}\circ\tilde{\boldsymbol{q}}\right)$$

上式括号部分针对 $\tilde{\boldsymbol{q}}$ 求偏导

$$c'-\tilde{c}'=\frac{1}{2}\frac{\|\tilde{c}'\|}{\|\tilde{b}'\|}[[\bar{\tilde{t}}][\bar{\tilde{q}}][\bar{a}]\boldsymbol{E}+[\overset{+}{\tilde{q}}]^{\mathrm{T}}[\overset{+}{a}][\bar{\tilde{t}}]\boldsymbol{I}+2[\bar{\tilde{q}}][\bar{a}']\boldsymbol{E}+$$

$$2[\overset{+}{\tilde{q}}]^{\mathrm{T}}[\overset{+}{a}{}']\boldsymbol{I}+[\overset{+}{\tilde{t}}]^{\mathrm{T}}[\bar{\tilde{q}}][\bar{a}]\boldsymbol{E}+[\overset{+}{\tilde{t}}]^{\mathrm{T}}[\overset{+}{\tilde{q}}]^{\mathrm{T}}[\overset{+}{a}]\boldsymbol{I}](q-\tilde{q})$$

$$c'-\tilde{c}'=\boldsymbol{H}_1(q-\tilde{q})$$

$$\Delta c'=\boldsymbol{H}_1\Delta q \tag{8-15}$$

此处

$$\boldsymbol{I}=\begin{bmatrix}1&0&0&0\\0&1&0&0\\0&0&1&0\\0&0&0&1\end{bmatrix},\ \boldsymbol{E}=\begin{bmatrix}1&0&0&0\\0&-1&0&0\\0&0&-1&0\\0&0&0&-1\end{bmatrix}$$

式（8-10）括号部分针对 $\tilde{t}$ 取偏导

$$c'-\tilde{c}'=\frac{1}{2}\frac{\|\tilde{c}'\|}{\|\tilde{b}'\|}[[\overset{+}{\tilde{q}}]^{\mathrm{T}}[\overset{+}{a}][\overset{+}{\tilde{q}}]\boldsymbol{I}+[\bar{\tilde{q}}][\bar{a}][\bar{\tilde{q}}]^{\mathrm{T}}\boldsymbol{E}](t-\tilde{t})$$

$$c'-\tilde{c}'=\boldsymbol{H}_2(t-\tilde{t})$$

$$\Delta c'=\boldsymbol{H}_2\Delta t \tag{8-16}$$

将式（8-15）和式（8-16）联立得

$$\Delta c'=\boldsymbol{H}\begin{bmatrix}\Delta q\\\Delta t\end{bmatrix}=[\boldsymbol{H}_1\quad\boldsymbol{H}_2]\begin{bmatrix}\Delta q\\\Delta t\end{bmatrix} \tag{8-17}$$

$$\begin{bmatrix}\Delta q\\\Delta t\end{bmatrix}=(\boldsymbol{H}^{\mathrm{T}}\boldsymbol{H})^{-1}\boldsymbol{H}^{\mathrm{T}}\Delta c' \tag{8-18}$$

化为迭代格式

$$\begin{bmatrix}q\\t\end{bmatrix}-\begin{bmatrix}\tilde{q}\\\tilde{t}\end{bmatrix}=(\boldsymbol{H}^{\mathrm{T}}\boldsymbol{H})^{-1}\boldsymbol{H}^{\mathrm{T}}(c'-\tilde{c}') \tag{8-19}$$

$$\begin{bmatrix}\tilde{q}\\\tilde{t}\end{bmatrix}_{k+1}=(\boldsymbol{H}^{\mathrm{T}}\boldsymbol{H})^{-1}\boldsymbol{H}^{\mathrm{T}}[c'-\tilde{c}'_{(k)}]+\begin{bmatrix}\tilde{q}\\\tilde{t}\end{bmatrix}_k \tag{8-20}$$

由于

$$\tilde{q}'=\frac{1}{2}\tilde{q}\circ\tilde{t}$$

故可求出每次迭代后的坐标变换对偶四元数描述

$$\tilde{\hat{q}}_{k+1}=\tilde{q}_{k+1}+\varepsilon\frac{1}{2}\tilde{q}_{k+1}\circ\tilde{t}_{k+1} \tag{8-21}$$

从目标航天器本体坐标系到相机坐标系转移对偶四元数 $\hat{q}$ 附近取初值 $\tilde{\hat{q}}_0$，取式（8-21）迭代格式，当第 k 次迭代 $\Delta\tilde{\hat{q}}$ 小于某设定精度时，迭代终止，则 $\tilde{\hat{q}}_k$ 为坐标系转移对偶四元数估值。

8.4 数学仿真及结果分析

在数学仿真中，假设相机内部参数已经预先标定。目标航天器固定不动，追踪航天器沿对接轴（Z 轴）相对目标航天器运动。

由于位姿确定算法的计算速度及收敛与否与初值密切相关，因此迭代初值的选取显得尤为重要，由于本书考虑合作航天器间的交会问题，因此实际任务中可采用航天器相对姿态信息作为旋转量初值，平移量的初值可选取其他敏感器的测量结果。

特征线配置选取目标航天器直线特征，仿真中直线由点产生，$\boldsymbol{s}_1=[1\quad 1\quad 0]^{\mathrm{T}}$，$\boldsymbol{s}_2=[-1\quad 1\quad 0]^{\mathrm{T}}$，$\boldsymbol{s}_3=[-1\quad -1\quad 0]^{\mathrm{T}}$，$\boldsymbol{s}_4=[1\quad -1\quad 0]^{\mathrm{T}}$，如图 8-5 所示。

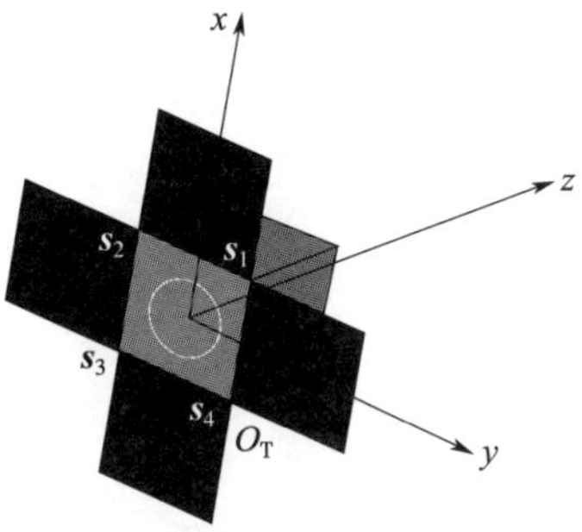

图 8-5　特征线选择

（1）不考虑误差时，算法验证

相机焦距取 0.5 m，坐标转换真值由四元数和平移矢量产生，目标航天器本体坐标系首先绕欧拉轴 $\boldsymbol{n}=[0\quad 2\quad 1]^{\mathrm{T}}$ 旋转欧拉角 $\theta=0.15$ rad，而后平移 $\boldsymbol{t}=[0.2\quad 0.2\quad -20]^{\mathrm{T}}$，可得坐标转换对偶四元数表示形式如下

$$\hat{\boldsymbol{q}}=[0.997\,2\quad 0.000\,0\quad 0.067\,0\quad 0.033\,5]^{\mathrm{T}}+\varepsilon[0.328\,4\quad -0.573\,8\quad 0.103\,1\quad -9.978\,6]^{\mathrm{T}}$$

坐标转换估计值由四元数和平移矢量产生，追踪航天器相对于目标航天器本体坐标系旋转四元数为$[1\quad 0\quad 0\quad 0]^{\mathrm{T}}$，平移矢量 $\boldsymbol{t}=[1\quad 2\quad -18]^{\mathrm{T}}$，可得坐标转换对偶四元数表示形式如下

$$\tilde{\hat{\boldsymbol{q}}}=[1\quad 0\quad 0\quad 0]^{\mathrm{T}}+\varepsilon[0.000\,0\quad 0.500\,0\quad 1.000\,0\quad -9.000\,0]^{\mathrm{T}}$$

迭代求解结果如图 8-6 和图 8-7 所示，由上到下分别代表，对偶四元数偏差的模，四元数偏差的模，位置矢量偏差的模。可以看出，算法在有限次迭代后收敛，收敛速度较快，不考虑各种误差的前提下，均能逼近真值信息。对于姿态角各轴及位移各轴而言，收敛速度相似，都能在 10 余次迭代过后快速逼近真值。

（2）当考虑各种误差时，以如下初始条件进行仿真

相机焦距取 0.5 m，坐标转换真值由四元数和平移矢量产生，按表 8-1 所示运动轨迹和第 2 章所述误差模型进行仿真。

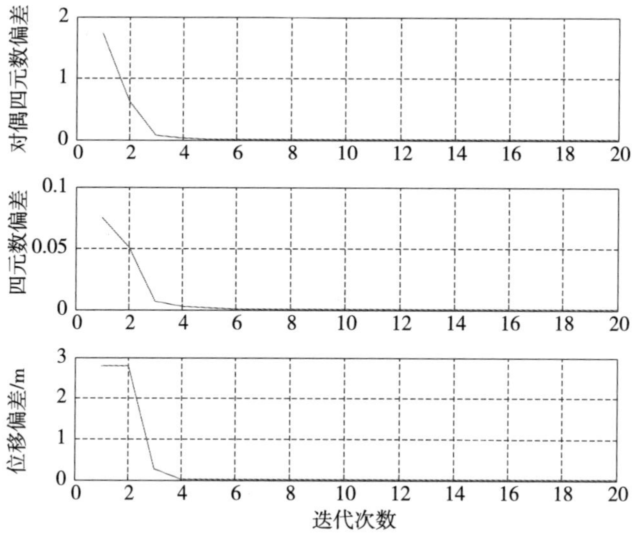

图 8-6 单次迭代过程收敛性验证

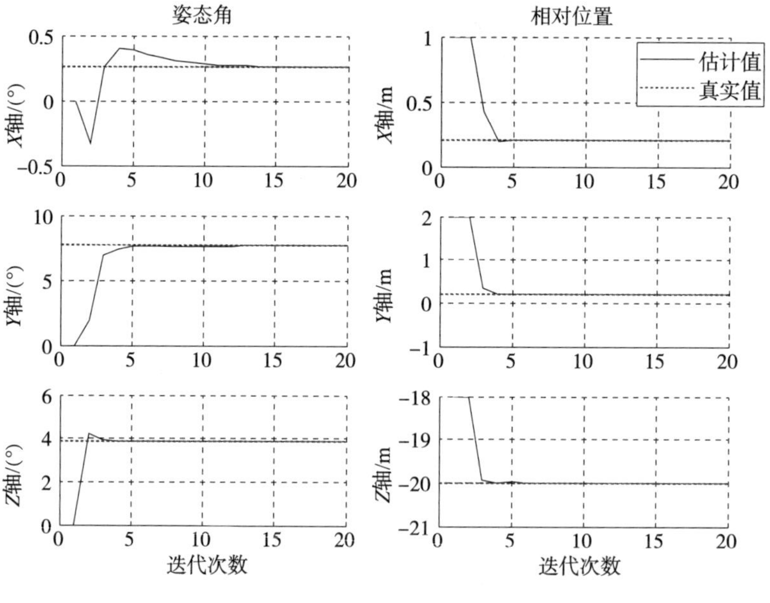

图 8-7 单次迭代过程中 $Z-Y-X$ 旋转欧拉角及三轴平移矢量变化曲线

表 8-1 视觉导航运动轨迹参数

参数项目	接近段	靠拢段
相对位置/m	100～10	10～2
有效焦距/m	0.5	0.25
接近速度 V/ (m/s)	0.9	0.08
相对姿态四元数	$[1\quad 0\quad 0\quad 0]^T$	$[1\quad 0\quad 0\quad 0]^T$
仿真时间/s	100	100
采样频率/Hz	3	3

假定追踪航天器以匀速接近目标航天器，相对速度、姿态角速度均如上述条件均匀变化。本仿真主要验证相对距离及姿态角变化时，视觉导航算法对两个航天器间相对位置和相对姿态的确定精度及其变化趋势。

迭代求解结果如图 8－8 所示。

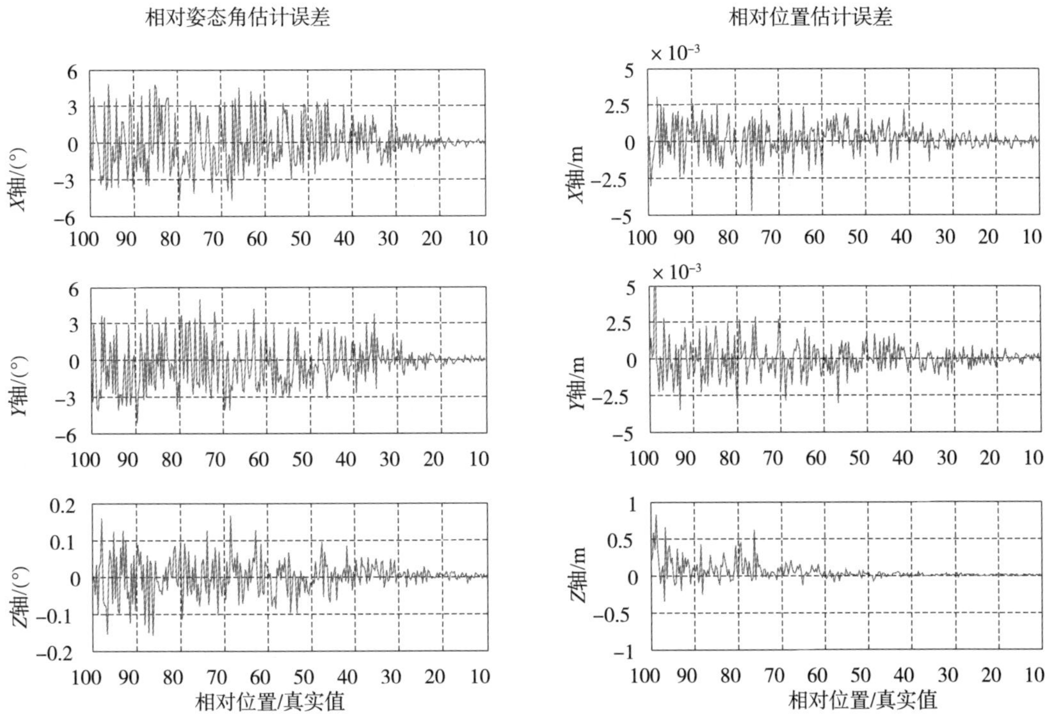

图 8－8　相对距离在 100～10 m 时的相对位姿估计误差

由图 8－8 可以看出，在相对距离 100～10 m 段，随着相对距离的减小，相对姿态角估计误差变化明显减小，X 轴、Y 轴姿态角精度由 4°变化到 0.4°，Z 轴为视觉导引轴，精度相对于 X 轴、Y 轴较高，由 0.2°变化到 0.02°。位置估计方面，X 轴、Y 轴位置估计精度由3 mm变化到 1 mm。Z 轴为视觉导引轴，精度相对于 X 轴、Y 轴较低，由1 000 mm 变化到 6 mm。最大相对位置估计误差为 0.6%。

由图 8－9 可以看出，在相对距离 10～2 m 段，随着相对距离的减小，相对姿态角估计误差变化明显减小，X 轴、Y 轴姿态角精度由 0.4°变化到 0.04°，Z 轴为视觉导引轴，精度相对于 X 轴、Y 轴较高，由 0.02°变化到 0.005°。位置估计方面，X 轴、Y 轴位置估计精度由 1 mm 变化到 0.2 mm。Z 轴为视觉导引轴，精度相对于 X 轴、Y 轴较低，由 6 mm变化到 0.6 mm。最大相对位置估计误差为 0.6%。

对数学仿真结果的分析可以得出以下结论。

1）随着相对距离的逐渐减小，相对位置和姿态的估计精度逐渐提高。

2）视觉导引轴姿态角估计精度高于像平面轴 1 个数量级左右。

3）视觉导引轴位置估计精度远低于像平面轴，距离越远越明显。

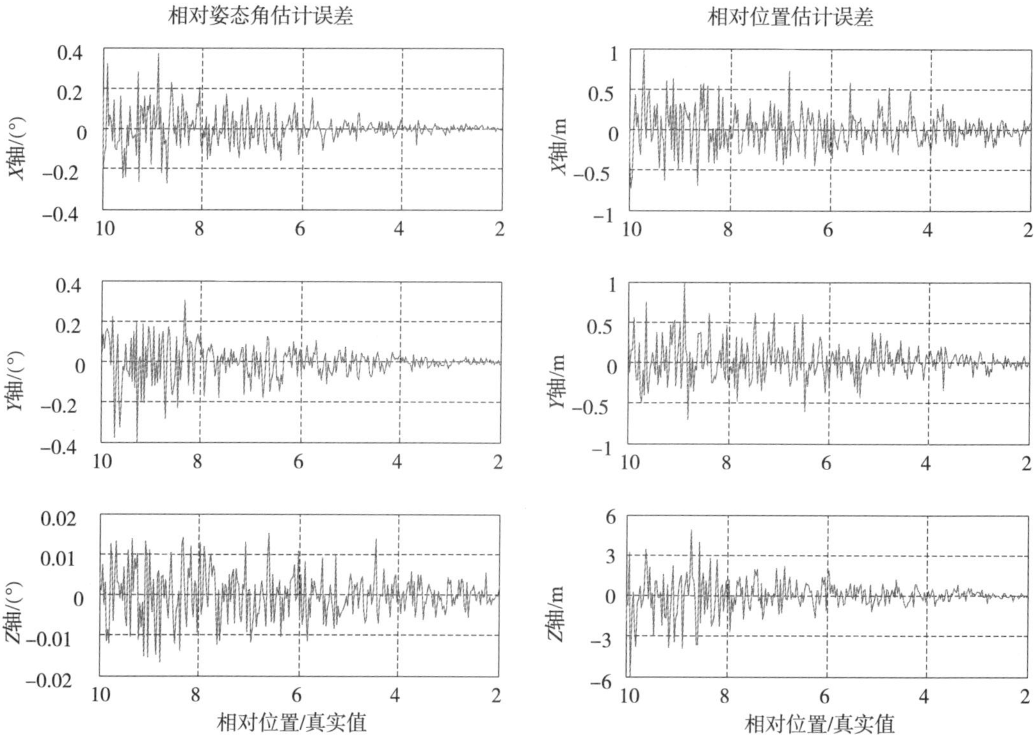

图 8-9　相对距离在 10～2 m 时的相对位姿估计误差

4）该算法能够满足以交会对接最终逼近段为背景的近距离相对导航所要求的近距离接近段相对位置误差在 1%及相对姿态角误差在 1°的精度。

（3）当考虑各种误差时，特征线数目对位姿估计精度的影响

仿真中直线由点产生，如图 8-10 所示。

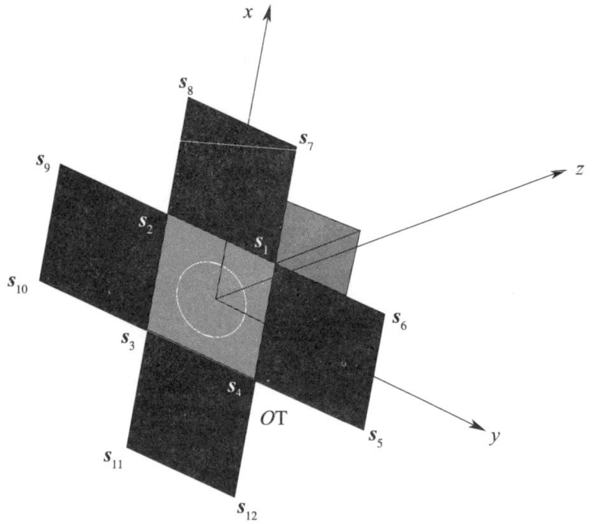

图 8-10　特征点配置

$$\boldsymbol{s}_1=[1\quad 1\quad 0]^{\mathrm{T}},\qquad \boldsymbol{s}_2=[-1\quad 1\quad 0]^{\mathrm{T}},$$
$$\boldsymbol{s}_3=[-1\quad -1\quad 0]^{\mathrm{T}},\qquad \boldsymbol{s}_4=[1\quad -1\quad 0]^{\mathrm{T}}$$
$$\boldsymbol{s}_5=[3\quad -1\quad 0]^{\mathrm{T}},\qquad \boldsymbol{s}_6=[3\quad 1\quad 0]^{\mathrm{T}},$$
$$\boldsymbol{s}_7=[1\quad 3\quad 0]^{\mathrm{T}},\qquad \boldsymbol{s}_8=[-1\quad 3\quad 0]^{\mathrm{T}}$$
$$\boldsymbol{s}_9=[-3\quad 1\quad 0]^{\mathrm{T}},\qquad \boldsymbol{s}_{10}=[-3\quad -1\quad 0]^{\mathrm{T}},$$
$$\boldsymbol{s}_{11}=[-1\quad -3\quad 0]^{\mathrm{T}},\qquad \boldsymbol{s}_{12}=[1\quad -3\quad 0]^{\mathrm{T}}$$

最小的可解算位姿所需的特征线数目为 3，因此对像平面上 12 个投影点取均方差为 12 μm 的高斯白噪声，进行实验，线特征数目由 3～12，取法见表 8-2。

表 8-2　特征线配置

特征线数目	特征线生成点集
3	$\{\boldsymbol{s}_1, \boldsymbol{s}_2, \boldsymbol{s}_3, \boldsymbol{s}_4\}$
4	$\{\boldsymbol{s}_1, \boldsymbol{s}_2, \boldsymbol{s}_3, \boldsymbol{s}_4\}$
5	$\{\boldsymbol{s}_1, \boldsymbol{s}_2, \boldsymbol{s}_3, \boldsymbol{s}_4, \boldsymbol{s}_5\}$
6	$\{\boldsymbol{s}_1, \boldsymbol{s}_2, \boldsymbol{s}_3, \boldsymbol{s}_4, \boldsymbol{s}_5, \boldsymbol{s}_6\}$
7	$\{\boldsymbol{s}_1, \boldsymbol{s}_2, \boldsymbol{s}_3, \boldsymbol{s}_4, \boldsymbol{s}_5, \boldsymbol{s}_6\}$
8	$\{\boldsymbol{s}_1, \boldsymbol{s}_2, \boldsymbol{s}_3, \boldsymbol{s}_4, \boldsymbol{s}_5, \boldsymbol{s}_6, \boldsymbol{s}_7\}$
9	$\{\boldsymbol{s}_1, \boldsymbol{s}_2, \boldsymbol{s}_3, \boldsymbol{s}_4, \boldsymbol{s}_5, \boldsymbol{s}_6, \boldsymbol{s}_7, \boldsymbol{s}_8\}$
10	$\{\boldsymbol{s}_1, \boldsymbol{s}_2, \boldsymbol{s}_3, \boldsymbol{s}_4, \boldsymbol{s}_5, \boldsymbol{s}_6, \boldsymbol{s}_7, \boldsymbol{s}_8\}$
11	$\{\boldsymbol{s}_1, \boldsymbol{s}_2, \boldsymbol{s}_3, \boldsymbol{s}_4, \boldsymbol{s}_5, \boldsymbol{s}_6, \boldsymbol{s}_7, \boldsymbol{s}_8, \boldsymbol{s}_9\}$
12	$\{\boldsymbol{s}_1, \boldsymbol{s}_2, \boldsymbol{s}_3, \boldsymbol{s}_4, \boldsymbol{s}_5, \boldsymbol{s}_6, \boldsymbol{s}_7, \boldsymbol{s}_8, \boldsymbol{s}_9, \boldsymbol{s}_{10}\}$
13	$\{\boldsymbol{s}_1, \boldsymbol{s}_2, \boldsymbol{s}_3, \boldsymbol{s}_4, \boldsymbol{s}_5, \boldsymbol{s}_6, \boldsymbol{s}_7, \boldsymbol{s}_8, \boldsymbol{s}_9, \boldsymbol{s}_{10}\}$
14	$\{\boldsymbol{s}_1, \boldsymbol{s}_2, \boldsymbol{s}_3, \boldsymbol{s}_4, \boldsymbol{s}_5, \boldsymbol{s}_6, \boldsymbol{s}_7, \boldsymbol{s}_8, \boldsymbol{s}_9, \boldsymbol{s}_{10}, \boldsymbol{s}_{11}\}$
15	$\{\boldsymbol{s}_1, \boldsymbol{s}_2, \boldsymbol{s}_3, \boldsymbol{s}_4, \boldsymbol{s}_5, \boldsymbol{s}_6, \boldsymbol{s}_7, \boldsymbol{s}_8, \boldsymbol{s}_9, \boldsymbol{s}_{10}, \boldsymbol{s}_{11}, \boldsymbol{s}_{12}\}$
16	$\{\boldsymbol{s}_1, \boldsymbol{s}_2, \boldsymbol{s}_3, \boldsymbol{s}_4, \boldsymbol{s}_5, \boldsymbol{s}_6, \boldsymbol{s}_7, \boldsymbol{s}_8, \boldsymbol{s}_9, \boldsymbol{s}_{10}, \boldsymbol{s}_{11}, \boldsymbol{s}_{12}\}$

相机焦距取 0.5 m，坐标转换真值由四元数和平移矢量产生，按表 8-3 所示位置姿态和第 2 章所述误差模型进行仿真。

表 8-3　视觉导航运动轨迹参数

参数项目	相对参数
相对位置/m	30
有效焦距/m	0.5
相对姿态四元数	$[1\quad 0\quad 0\quad 0]^{\mathrm{T}}$

12 条特征线，共生成 10 组噪声模型，为保证相同的噪声条件，每次计算按一组噪声模型、分别取直线数目从 3～16 进行计算，所估计位置姿态参数误差以姿态四元数偏差的模 $\|\boldsymbol{q}_{\mathrm{real}}-\boldsymbol{q}_{\mathrm{guess}}\|$ 与位置偏差 $\|\boldsymbol{t}_{\mathrm{real}}-\boldsymbol{t}_{\mathrm{guess}}\|$ 的模表示，结果绘图见图 8-11 和图 8-12。

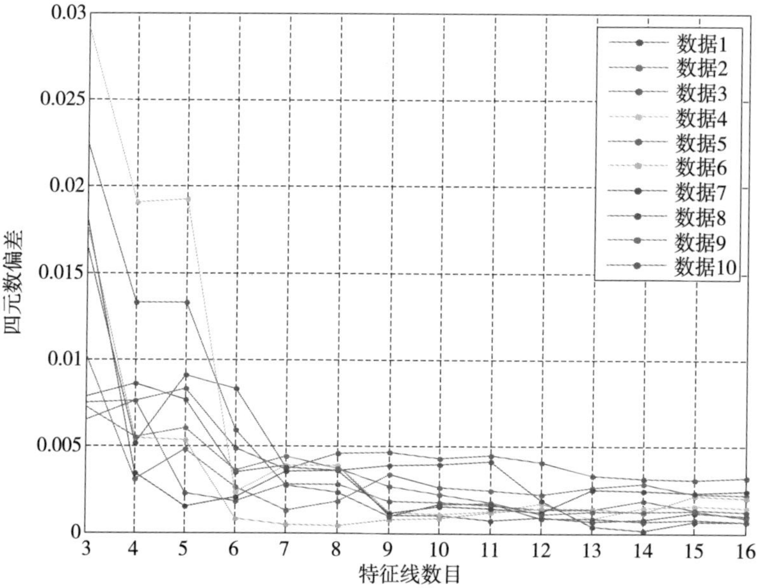

图 8-11　姿态四元数估计偏差的模随特征线数目增多的变化情况

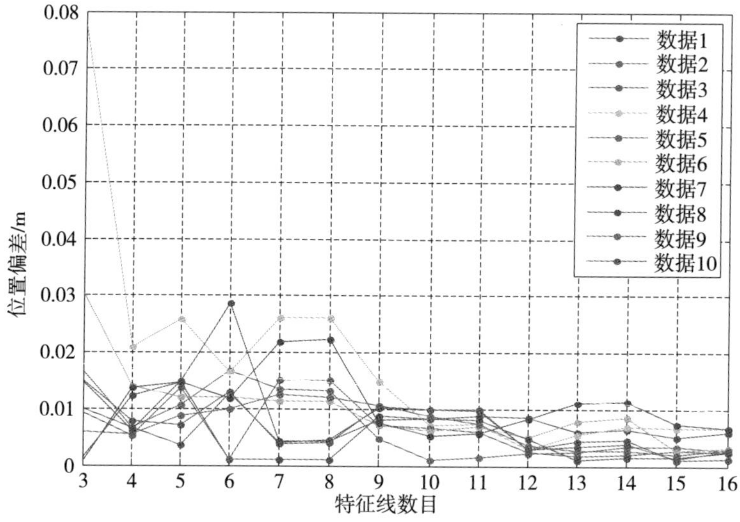

图 8-12　位置估计偏差的模随特征线数目增多的变化情况

由以上两图可以看出，随着特征线数目的增多，位置和姿态参数估计误差整体上呈逐渐减小的趋势，这是由于增加了特征线数目，提供了更多的约束，对估计值有改进作用，但是随着特征线数目的增多，算法的计算量相应地增加，效率降低，因此，在实际应用中，可选取 8～10 条特征线，既可以减小误差，使位姿估计更准确，又可以保证一定的计算效率。

8.5　小结

本章以交会对接最终逼近段为研究背景，针对近距离相对位姿确定问题，设计了单目视觉相对导航系统方案，在定义了各坐标系及给出了视觉相机模型的基础上，应用对偶四元数理论统一描述了目标航天器相对于追踪航天器的位置与姿态，很好地将旋转和平移整合为一个对偶四元数的形式，并基于目标特征线在像平面投影，选取对偶矢量描述特征线，选取像平面投影线的对偶部作为测量量，推导了位姿确定迭代算法，最后通过数学仿真验证了此算法的有效性。

参 考 文 献

[1] 张世杰，曹喜滨，李晖．交会对接航天器间相对位姿参数单目视觉测量的解析算法[J]. 光学技术，2005，(1)：6-10.

[2] 林来兴，四十年空间交会对接技术的发展[J]. 航天器工程，2007，(4)：70-77.

[3] 曹喜滨，张世杰．航天器交会对接位姿视觉测量迭代算法[J]. 哈尔滨工业大学学报，2005，(8)：1123-1126.

[4] 陈密密，江刚武，姜挺．空间合作目标交会对接光学测量研究[J]. 测绘科学，2008，(S1)：30-32.

[5] 李克昭，袁建平，岳晓奎．基于四元数和航天器姿轨信息的相对位姿确定算法[J]. 西北工业大学学报，2008，(3)：321-325.

[6] 张世杰，曹喜滨，陈闽．非合作航天器间相对位姿的单目视觉确定算法[J]. 南京理工大学学报（自然科学版），2006，(5)：564-568.

[7] 张世杰，曹喜滨等．基于特征点的空间目标三维位姿单目视觉确定算法[J]. 中国科学 E 辑：信息科学，2009，39 (1)：123-134.

[8] CHIANG Y T，HUANG P Y，CHEN H W，CHANG F R. Estimation of 3～D Transformation from 2～D Observing Image Using Dual Quaternion. Proceedings of the 17th World Congress[C]. The International Federation of Automatic Control，Seoul，Korea，July 6 ～ 11，2008：10445-10450.

第 9 章　多自然特征信息融合的相对位姿确定算法

9.1　引言

对于合作或非合作航天器间相对位姿参数确定算法，系统的可靠性和算法的鲁棒性是首要考虑的问题，如果仅利用某一种特征信息，会由于特征光标损坏、遮挡或特征提取和匹配错误导致特征数据量不足，从而导致算法可靠性和精度降低，甚至得到错误的结果。如果将目标航天器的特征点、特征直线等多种自然特征相组合，将能极大地提高相对位置导航参数确定算法的可靠性和精度。

传统上针对特征点、特征直线等几何特征的数学表示不同，导致基于上述特征的相对位姿确定算法差别极大，同时多特征融合也极为困难。在对偶四元数代数框架内能够以统一的数学模型表示特征点和直线，为推导基于点、线特征的多特征融合提供了可能。

该部分研究主要包括：特征的对偶四元数表示方法；在对偶数代数框架内建立基于点、线等多特征融合的目标相对位姿确定数学模型及优化算法。

9.2　相对导航坐标系定义及摄像机模型

9.2.1　坐标系定义

对于导航问题的研究，这里需要重新定义若干个坐标系，本章对上章 8.2.1 的内容进行合理的简化，假定目标航天器本体坐标系与特征配置坐标系重合，同时相机坐标系与追踪航天器本体坐标系也重合，使本章问题得到简化。

为了便于相对位姿测量分析建立如图 9-1 所示分别定义目标航天器坐标系，相机坐标系和像平面坐标系，目的是为了准确定位位姿的状态。

9.2.2　视觉相机投影模型

在实际问题中受到环境的影响而使问题复杂化，在研究这类问题时，我们通常把问题简化，在视察相机投影模型中，一般选用针孔机相模型作为理想的成像模型，如 8.2.2 节中所述。像平面中像点的大小和间距包含了空间中物体的距离和姿态信息

$$x_c = f\frac{x_b}{z_b},\ y_c = f\frac{y_b}{z_b} \tag{9-1}$$

9.3 多自然特征描述方法

通常人造物体都包含点及直线等多种自然特征信息，在对偶数代数理论框架内可以以统一的形式描述特征点及特征直线，对偶矢量是一类特殊的对偶数，因为其实数部分和对偶部分都是矢量。换句话说，对偶矢量与普通的矢量类似，只不过它的各元素是对偶数而不是实数而已。

9.3.1 特征直线的对偶数描述

单位对偶矢量可用来表示空间直线。实数部分是直线的单位方向矢量，对偶部分则为直线相对于坐标原点的矩。这里，直线矩定义为直线上的点矢量与直线的单位方向矢量的矢量积。在这种情况下，单位对偶矢量就是大家所熟知的 Plücker 坐标或 Plücker 直线。如图 9-1 所示，过点 $\boldsymbol{p}$ 单位方向矢量为 $\boldsymbol{l}$ 的直线可以被表示成一条 Plücker 直线 $\hat{\boldsymbol{l}}=\boldsymbol{l}+\varepsilon\boldsymbol{m}$，成为对偶矢量，其中直线矩 $\boldsymbol{m}=\boldsymbol{p}\times\boldsymbol{l}$，垂直于过直线和坐标原点的平面向外。

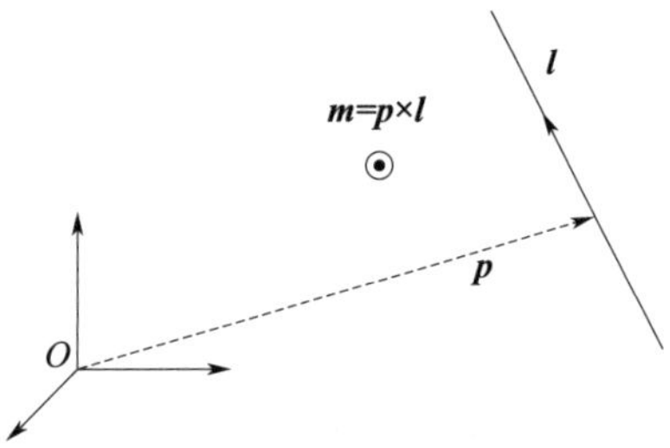

图 9-1 Plücker 直线

直线之间的关系可以通过 Plücker 直线之间的运算得出。比如，两条 Plücker 直线的标量积等于对偶角 $\hat{\theta}=\theta+\varepsilon d$ 的余弦。对偶角有很清晰的物理含义（如图 9-2 所示），θ 是两条直线的交角，d 是它们之间公垂线的长度。这可以表示为

$$\hat{\boldsymbol{l}}_1\cdot\hat{\boldsymbol{l}}_2=\cos\hat{\theta} \tag{9-2}$$

其中

$$\hat{\boldsymbol{l}}_1=\boldsymbol{l}_1+\varepsilon\boldsymbol{m}_1$$

$$\hat{\boldsymbol{l}}_2=\boldsymbol{l}_1+\varepsilon\boldsymbol{m}_2$$

对偶矢量积与普通矢量类似，有

$$\hat{\boldsymbol{l}}_1\times\hat{\boldsymbol{l}}_2=\sin\hat{\theta}\hat{\boldsymbol{n}} \tag{9-3}$$

新的 Plücker 直线 $\hat{\boldsymbol{n}}$ 表示方向为 $\hat{\boldsymbol{l}}_1\times\hat{\boldsymbol{l}}_2$ 的公垂直线，如图 9-2 所示。

第 2 章中已经推导了特征线的空间坐标变换算法，固定矢量 $\boldsymbol{r}$，在坐标系 $Oxyz$ 中的

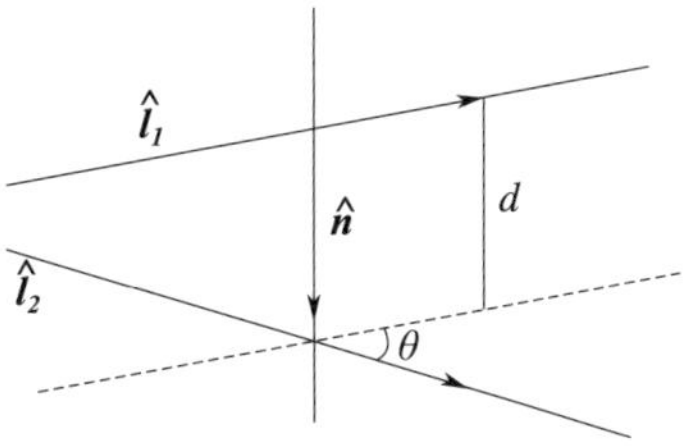

图 9-2　直线间的关系

投影为 $\boldsymbol{r}^0$，在坐标系 $Ox'y'z'$ 中的投影为 $\boldsymbol{r}'$，对偶四元数表示的对偶矢量坐标变换如下

$$\hat{\boldsymbol{l}}^N = \hat{\boldsymbol{q}}^* \circ \hat{\boldsymbol{l}}^O \circ \hat{\boldsymbol{q}} \tag{9-4}$$

9.3.2　特征点的对偶数描述

类似于特征线的表示方式，特征点也可以用对偶矢量来表示，但由于特征点只有三个约束，因此可将对偶矢量加以简化。定义如下：若在某坐标系下特征点所在位置的矢量为 $\boldsymbol{a}$，则相应的对偶矢量描述方式为如下形式

$$\hat{\boldsymbol{a}} = 1 - \varepsilon \boldsymbol{a} \tag{9-5}$$

这里对特征点的对偶矢量描述方式，将用来推导不同坐标系中特征量的转换关系，此时它可以与特征直线的描述有相似的统一形式。

同针对特征线的相对位姿参数确定算法，特征线是在对偶数体系下加以描述的，同样的特征点也可以扩展为对偶数体系下的描述方式，若在某坐标系下特征点所在位置的矢量为 $\boldsymbol{a}$，则相应的对偶矢量描述方式为如下形式

$$\hat{\boldsymbol{a}} = 1 - \varepsilon \boldsymbol{a}$$

如图 9-3 所示，假定坐标系 O 与坐标系 N 之间的一般性刚体运动由转动四元数 $\boldsymbol{q}$ 紧接着平移 $\boldsymbol{t}^N$（或平移 $\boldsymbol{t}^O$ 紧接着转动 $\boldsymbol{q}$）描述。$\boldsymbol{a}$ 为特征点矢量，在坐标系 O 与坐标系 N 分别表述为 $\boldsymbol{a}^O$ 与 $\boldsymbol{a}^N$。

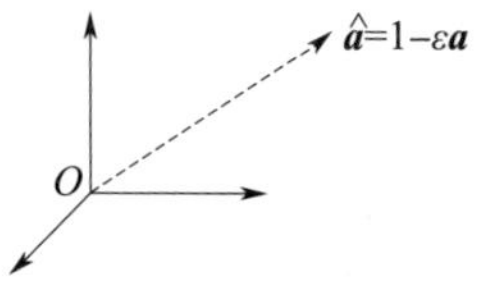

图 9-3　特征点的对偶数描述

由图可知

$$\boldsymbol{t}^N = \boldsymbol{q}^* \circ \boldsymbol{t}^O \circ \boldsymbol{q}$$

对于对偶矢量 $\hat{\boldsymbol{a}}$，在坐标系 O 中表示为

$$\hat{\boldsymbol{a}}^O = 1 - \varepsilon\, \boldsymbol{a}^O$$

在坐标系 N 中可以表示为

$$\hat{\boldsymbol{a}}^N = 1 - \varepsilon \boldsymbol{a}^N$$

可以导出，对偶矢量 $\hat{\boldsymbol{a}}$ 满足

$$\hat{\boldsymbol{a}}^{O}=1-\varepsilon\boldsymbol{a}^{O}=1-\varepsilon(\boldsymbol{q}^{*}\circ\boldsymbol{a}^{O}\circ\boldsymbol{q}-\boldsymbol{t}^{N}) \tag{9-6}$$

由定义描述的坐标系变换的对偶四元数

$$\hat{\boldsymbol{q}}=\boldsymbol{q}+\varepsilon\boldsymbol{q}'$$

其中

$$\boldsymbol{q}'=\frac{1}{2}\boldsymbol{q}\circ\boldsymbol{t}^{N}$$

可得式（9-6）与下式等价

$$\hat{\boldsymbol{a}}^{N}=(\boldsymbol{q}^{*}-\varepsilon\boldsymbol{q}'^{*})\circ(1-\varepsilon\boldsymbol{a}^{O})\circ(\boldsymbol{q}+\varepsilon\boldsymbol{q}') \tag{9-7}$$

因此可得到对偶四元数表示的对偶矢量坐标变换如下

$$\hat{\boldsymbol{a}}^{N}=\hat{\boldsymbol{q}}_{\varepsilon}^{*}\circ\hat{\boldsymbol{a}}^{O}\circ\hat{\boldsymbol{q}} \tag{9-8}$$

因此以上针对特征点坐标变换的描述与针对特征线的描述具有相似的形式，解决了传统上针对特征点、特征直线等几何特征的数学表示不同的问题，使在对偶四元数代数框架内能够以统一的数学模型表示特征点和直线，为推导基于点、线特征的多特征融合提供了可能。

9.4 基于特征点的相对位姿确定算法

9.4.1 基本原理

如图 9-4 所示，基于特征点的单目视觉相对位姿参数确定算法可分为如下几个阶段。

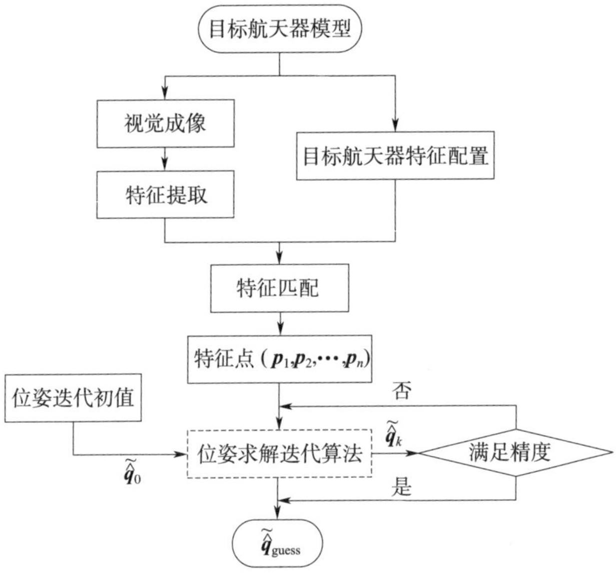

图 9-4 基于特征点的迭代算法

1）由图像敏感器获取目标航天器的一幅图像，首先提取出预先定义的特征点，得到特征点在相机坐标系的描述，并将提取出的特征点与目标航天器已知的特征点相匹配，本书不考虑特征点提取和特征点匹配的问题，假设这两个过程已经完成，仅考虑特征点提取误差对本书算法的影响。

2）根据上一步计算得到的相对位姿参数（如果是第一次计算，迭代初值采用航天器相对姿态信息作为旋转量初值，平移量选取其他敏感器的测量结果），在给定相机内外部参数、三维特征坐标情况下，利用小孔成像模型计算特征点在像平面投影估计值。

3）一般情况下，实际提取的特征点坐标和由步骤 2 计算得到的特征直线估计值之间会有一定的偏差，通过迭代算法由此偏差计算出相对位姿参数的更新值。

4）将由步骤 3 计算出的位姿参数更新值带入步骤 2 计算，如果计算得到的相对位姿参数与真实参数接近，偏差为小量，迭代终止。

9.4.2　位姿转移对偶四元数估计

若在某坐标系下特征点所在位置的矢量为 $\boldsymbol{p}_{\mathrm{a}}$，则相应的对偶矢量描述方式为 $\hat{\boldsymbol{p}}_{\mathrm{a}}=1-\varepsilon\boldsymbol{p}_{\mathrm{a}}$。已知目标航天器本体坐标系下特征点 $\boldsymbol{p}_{\mathrm{a}1}$，$\boldsymbol{p}_{\mathrm{a}2}$，…，$\boldsymbol{p}_{\mathrm{a}n}$，可得到 n 个对偶矢量 $\hat{\boldsymbol{p}}_{\mathrm{a}1}$，$\hat{\boldsymbol{p}}_{\mathrm{a}2}$，…，$\hat{\boldsymbol{p}}_{\mathrm{a}n}$。由于目标航天器本体坐标系到相机坐标系之间的转换关系未知，不能直接得到相机坐标系下 n 个对偶矢量的描述 $\hat{\boldsymbol{p}}_{\mathrm{b}1}$，$\hat{\boldsymbol{p}}_{\mathrm{b}2}$，…，$\hat{\boldsymbol{p}}_{\mathrm{b}n}$。不过，此问题可通过估计方法解决。特征点投影关系图如图 9－5 所示。

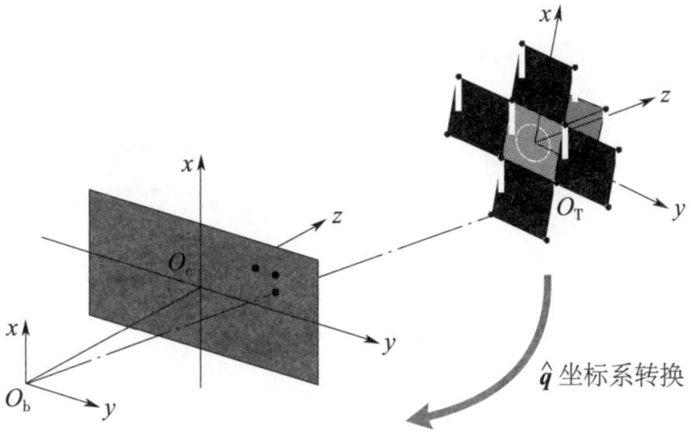

图 9－5　特征点投影关系图

首先估计从目标航天器本体坐标系到相机坐标系之间的转换关系，以对偶四元数表示为 $\tilde{\hat{\boldsymbol{q}}}$，可以得到相应对偶矢量 $\hat{\boldsymbol{p}}_{\mathrm{a}}$ 在相机坐标系下的估计值 $\tilde{\hat{\boldsymbol{p}}}_{\mathrm{b}}$，由式（9－8）可得到对偶四元数表示的对偶矢量坐标变换如下

$$\tilde{\hat{\boldsymbol{p}}}_{\mathrm{b}}=\tilde{\hat{\boldsymbol{q}}}_{\varepsilon}^{*}\circ\hat{\boldsymbol{p}}_{\mathrm{a}}\circ\tilde{\hat{\boldsymbol{q}}} \tag{9-9}$$

此处为描述坐标系变换的对偶四元数

$$\tilde{\hat{\boldsymbol{q}}}=\tilde{\boldsymbol{q}}+\varepsilon\tilde{\boldsymbol{q}}'$$

其中

$$\tilde{\boldsymbol{q}}' = \frac{1}{2}\tilde{\boldsymbol{q}} \circ \tilde{\boldsymbol{t}}$$

$$\tilde{\hat{\boldsymbol{q}}}_{\varepsilon}^{*} = \tilde{\boldsymbol{q}}^{*} - \varepsilon\tilde{\boldsymbol{q}}'$$

式中　$\tilde{\hat{\boldsymbol{q}}}_{\varepsilon}^{*}$——对偶四元数共轭的一种表示形式。

以实部和对偶部分别表示$\tilde{\hat{\boldsymbol{p}}}_{\mathrm{b}} = 1 - \varepsilon\tilde{\boldsymbol{p}}$ 为

$$\begin{aligned} 1 &= \tilde{\boldsymbol{q}}^{*} \circ 1 \circ \tilde{\boldsymbol{q}} \\ \tilde{\boldsymbol{p}}_{\mathrm{b}} &= \tilde{\boldsymbol{q}}^{*} \circ \boldsymbol{p}_{\mathrm{a}} \circ \tilde{\boldsymbol{q}} + \tilde{\boldsymbol{q}}'^{*} \circ \tilde{\boldsymbol{q}} - \tilde{\boldsymbol{q}}^{*} \circ \tilde{\boldsymbol{q}}' \end{aligned} \tag{9-10}$$

随后，我们将通过以下推导，建立相机坐标系下对偶矢量真值 $\hat{\boldsymbol{p}}_{\mathrm{b}}$ 与估计值 $\tilde{\hat{\boldsymbol{p}}}_{\mathrm{b}}$ 之间的联系。

如图 9－6 所示，对偶矢量 $\tilde{\hat{\boldsymbol{p}}}_{\mathrm{b}}$ 在像平面投影为

$$\tilde{\hat{\boldsymbol{p}}}_{\mathrm{c}} = 1 - \varepsilon\tilde{\boldsymbol{p}}_{\mathrm{c}} \tag{9-11}$$

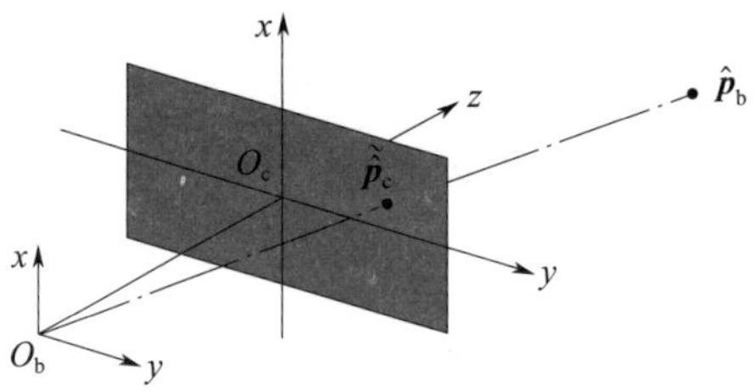

图 9－6　相机坐标系下特征点估计值 $\tilde{\hat{\boldsymbol{p}}}_{\mathrm{b}}$ 与像平面投影估计值$\tilde{\hat{\boldsymbol{p}}}_{\mathrm{c}}$ 的关系

显然，目标特征点与像平面投影点在一条与光心连接的直线上，故有如下关系式

$$\mathrm{unit}(\tilde{\boldsymbol{p}}_{\mathrm{b}}) = \mathrm{unit}(\tilde{\boldsymbol{p}}_{\mathrm{c}}) \tag{9-12}$$

因为

$$\tilde{\boldsymbol{q}}' = \frac{1}{2}\tilde{\boldsymbol{q}} \circ \tilde{\boldsymbol{t}}$$

则由方程（9－10）可得

$$\begin{aligned} \tilde{\boldsymbol{p}}_{\mathrm{c}} &= \frac{\|\tilde{\boldsymbol{p}}_{\mathrm{c}}\|}{\|\tilde{\boldsymbol{p}}_{\mathrm{b}}\|}\tilde{\boldsymbol{p}}_{\mathrm{b}} = \frac{\|\tilde{\boldsymbol{p}}_{\mathrm{c}}\|}{\|\tilde{\boldsymbol{p}}_{\mathrm{b}}\|}(\tilde{\boldsymbol{q}}^{*} \circ \boldsymbol{p}_{\mathrm{a}} \circ \tilde{\boldsymbol{q}} + \tilde{\boldsymbol{q}}'^{*} \circ \tilde{\boldsymbol{q}} - \tilde{\boldsymbol{q}}^{*} \circ \tilde{\boldsymbol{q}}') \\ &= \frac{\|\tilde{\boldsymbol{p}}_{\mathrm{c}}\|}{\|\tilde{\boldsymbol{p}}_{\mathrm{b}}\|}\left(\tilde{\boldsymbol{q}}^{*} \circ \boldsymbol{p}_{\mathrm{a}} \circ \tilde{\boldsymbol{q}} + \frac{1}{2}\tilde{\boldsymbol{t}}^{*} \circ \tilde{\boldsymbol{q}}^{*} \circ \tilde{\boldsymbol{q}} - \tilde{\boldsymbol{q}}^{*} \circ \frac{1}{2}\tilde{\boldsymbol{q}} \circ \tilde{\boldsymbol{t}}\right) \\ &= \frac{\|\tilde{\boldsymbol{p}}_{\mathrm{c}}\|}{\|\tilde{\boldsymbol{p}}_{\mathrm{b}}\|}(\tilde{\boldsymbol{q}}^{*} \circ \boldsymbol{p}_{\mathrm{a}} \circ \tilde{\boldsymbol{q}} - \tilde{\boldsymbol{t}}) \end{aligned} \tag{9-13}$$

9.4.3　估计方程线性化迭代算法

与第 8 章基于特征线的估计方法相同，设非线性方程 $z=h(x)$ 可在 x_0 点被线性化

$$z=h(x_0)+\left.\frac{\partial h}{\partial x}\right|_{x=x_0}(x-x_0)+O(x^2) \tag{9-14}$$

忽略高阶小量则式（9－14）化为以下形式

$$z-h(x_0)=\left.\frac{\partial h}{\partial x}\right|_{x=x_0}(x-x_0)=\boldsymbol{H}(x-x_0) \tag{9-15}$$

故

$$x=(\boldsymbol{H}^{\mathrm{T}}\boldsymbol{H})^{-1}\boldsymbol{H}^{\mathrm{T}}[z-h(x_0)]+x_0 \tag{9-16}$$

设 x_0 为初值，x_k，x_{k+1} 为第 k，$k+1$ 次迭代值，则构造以下迭代格式

$$x_{k+1}=(\boldsymbol{H}^{\mathrm{T}}\boldsymbol{H})^{-1}\boldsymbol{H}^{\mathrm{T}}[z-h(x_k)]+x_k \tag{9-17}$$

选取式（9－13）作为 $\hat{\boldsymbol{q}}$ 的观测方程，重写如下

$$\tilde{\boldsymbol{p}}_{\mathrm{c}}=\frac{\|\tilde{\boldsymbol{p}}_{\mathrm{c}}\|}{\|\tilde{\boldsymbol{p}}_{\mathrm{b}}\|}(\tilde{\boldsymbol{q}}^{*}\circ\boldsymbol{p}_{\mathrm{a}}\circ\tilde{\boldsymbol{q}}-\tilde{\boldsymbol{t}})$$

上式括号部分针对 $\tilde{\boldsymbol{q}}$ 求偏导

$$\boldsymbol{p}_{\mathrm{c}}-\tilde{\boldsymbol{p}}_{\mathrm{c}}=\frac{\|\tilde{\boldsymbol{p}}_{\mathrm{c}}\|}{\|\tilde{\boldsymbol{p}}_{\mathrm{b}}\|}[[\bar{\tilde{\boldsymbol{q}}}][\bar{\boldsymbol{p}}_{\mathrm{a}}]\boldsymbol{E}+[\overset{+}{\tilde{\boldsymbol{q}}}]^{\mathrm{T}}[\overset{+}{\boldsymbol{p}}_{\mathrm{a}}]\boldsymbol{I}](\boldsymbol{q}-\tilde{\boldsymbol{q}})$$

$$\boldsymbol{p}_{\mathrm{c}}-\tilde{\boldsymbol{p}}_{\mathrm{c}}=\boldsymbol{H}_1(\boldsymbol{q}-\tilde{\boldsymbol{q}})$$

$$\Delta\boldsymbol{p}_{\mathrm{c}}=\boldsymbol{H}_1\Delta\boldsymbol{q} \tag{9-18}$$

此处

$$\boldsymbol{I}=\begin{bmatrix}1&0&0&0\\0&1&0&0\\0&0&1&0\\0&0&0&1\end{bmatrix},\ \boldsymbol{E}=\begin{bmatrix}1&0&0&0\\0&-1&0&0\\0&0&-1&0\\0&0&0&-1\end{bmatrix}$$

式（9－13）括号部分针对 $\tilde{\boldsymbol{t}}$ 取偏导

$$\boldsymbol{p}_{\mathrm{c}}-\tilde{\boldsymbol{p}}_{\mathrm{c}}=\frac{\|\tilde{\boldsymbol{p}}_{\mathrm{c}}\|}{\|\tilde{\boldsymbol{p}}_{\mathrm{b}}\|}(-\boldsymbol{I})(\boldsymbol{t}-\tilde{\boldsymbol{t}})$$

$$\boldsymbol{p}_{\mathrm{c}}-\tilde{\boldsymbol{p}}_{\mathrm{c}}=\boldsymbol{H}_2(\boldsymbol{t}-\tilde{\boldsymbol{t}})$$

$$\Delta\boldsymbol{p}_{\mathrm{c}}=\boldsymbol{H}_2(\Delta\boldsymbol{t}) \tag{9-19}$$

将式（9－15）和式（9－16）联立得

$$\Delta\boldsymbol{p}_{\mathrm{c}}=\boldsymbol{H}\begin{bmatrix}\Delta\boldsymbol{q}\\\Delta\boldsymbol{t}\end{bmatrix}=[\boldsymbol{H}_1\quad\boldsymbol{H}_2]\begin{bmatrix}\Delta\boldsymbol{q}\\\Delta\boldsymbol{t}\end{bmatrix} \tag{9-20}$$

$$\begin{bmatrix}\Delta\boldsymbol{q}\\\Delta\boldsymbol{t}\end{bmatrix}=(\boldsymbol{H}^{\mathrm{T}}\boldsymbol{H})^{-1}\ \boldsymbol{H}^{\mathrm{T}}\Delta\boldsymbol{p}_{\mathrm{c}} \tag{9-21}$$

化为迭代格式

$$\begin{bmatrix}\boldsymbol{q}\\\boldsymbol{t}\end{bmatrix}-\begin{bmatrix}\tilde{\boldsymbol{q}}\\\tilde{\boldsymbol{t}}\end{bmatrix}=(\boldsymbol{H}^{\mathrm{T}}\boldsymbol{H})^{-1}\ \boldsymbol{H}^{\mathrm{T}}(\boldsymbol{p}_{\mathrm{c}}-\tilde{\boldsymbol{p}}_{\mathrm{c}}) \tag{9-22}$$

$$\begin{bmatrix}\tilde{\boldsymbol{q}}\\ \tilde{\boldsymbol{t}}\end{bmatrix}_{k+1}=(\boldsymbol{H}^{\mathrm{T}}\boldsymbol{H})^{-1}\boldsymbol{H}^{\mathrm{T}}(\boldsymbol{p}_{\mathrm{c}}-\boldsymbol{p}_{\mathrm{c}(k)})+\begin{bmatrix}\tilde{\boldsymbol{q}}\\ \tilde{\boldsymbol{t}}\end{bmatrix}_{k} \tag{9-23}$$

由于

$$\tilde{\boldsymbol{q}}'=\frac{1}{2}\tilde{\boldsymbol{q}}\circ\tilde{\boldsymbol{t}}$$

故可求出每次迭代后的坐标变换对偶四元数描述

$$\tilde{\hat{\boldsymbol{q}}}_{k+1}=\tilde{\boldsymbol{q}}_{k+1}+\varepsilon\frac{1}{2}\tilde{\boldsymbol{q}}_{k+1}\circ\tilde{\boldsymbol{t}}_{k+1} \tag{9-24}$$

从目标航天器本体坐标系到相机坐标系转移对偶四元数 $\hat{\boldsymbol{q}}$ 附近取初值 $\tilde{\hat{\boldsymbol{q}}}_0$，取式（9-24）迭代格式，当第 k 次迭代 $\Delta\tilde{\hat{\boldsymbol{q}}}$ 小于某设定精度时，迭代终止，则 $\tilde{\hat{\boldsymbol{q}}}_k$ 为坐标系转移对偶四元数估值。

9.5 基于特征点、线融合的相对位姿确定算法

9.5.1 基本原理

如图 9-7 所示，基于特征点的单目视觉相对位姿参数确定算法可分为如下几个阶段。

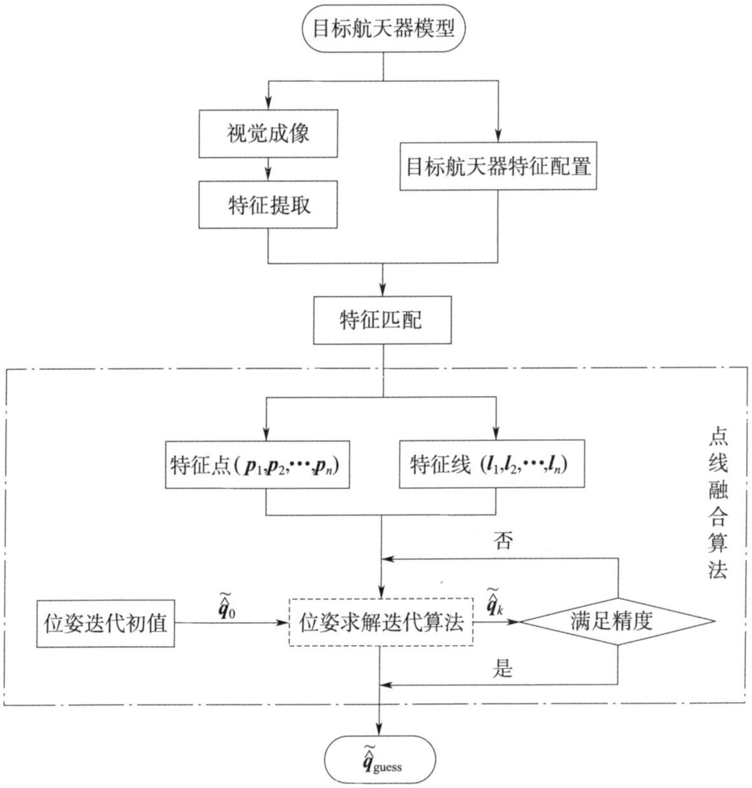

图 9-7　基于特征点、线的迭代算法

1）由图像敏感器获取目标航天器的一幅图像，首先提取出预先定义的特征点、线，得到特征点、特征线在相机坐标系的描述，并将提取出的特征点、线与目标航天器已知的特征点、线相匹配，本书不考虑特征提取和特征点匹配的问题，假设这两个过程已经完成，仅考虑特征提取误差对本书算法的影响。

2）根据上一步计算得到的相对位姿参数（如果是第一次计算，迭代初值采用航天器相对姿态信息作为旋转量初值，平移量选取其他敏感器的测量结果），在给定相机内外部参数，三维特征坐标情况下，利用小孔成像模型计算特征点在像平面投影估计值。

3）一般情况下，实际提取的特征坐标和由步骤 2 计算得到的特征直线估计值之间会有一定的偏差，通过迭代算法由此偏差计算出相对位姿参数的更新值。

4）将由步骤 3 计算出的位姿参数更新值带入步骤 2 计算，如果计算得到的相对位姿参数与真实参数接近，偏差为小量，迭代终止。

9.5.2　点线融合位姿确定迭代算法

如图 9－8 所示，已知目标航天器本体坐标系下 m 个特征点 $\hat{\boldsymbol{p}}_{a1}$，$\hat{\boldsymbol{p}}_{a2}$，…，$\hat{\boldsymbol{p}}_{am}$ 及 n 条特征线 $\hat{\boldsymbol{a}}_1$，$\hat{\boldsymbol{a}}_2$，…，$\hat{\boldsymbol{a}}_n$。在对偶四元数代数框架内以统一的数学模型表示特征点和直线，为推导基于点、线特征的多特征融合提供了可能。9.4.2 节已经推导得出基于特征线、特征点的位姿确定算法，为了进行多信息融合任务，首先将特征点、线算法加以比较，见表 9－1。

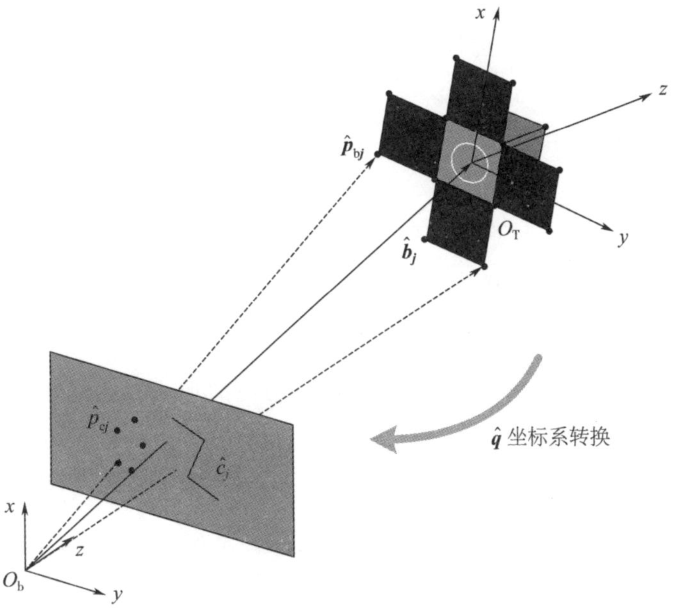

图 9－8　特征点、线像平面投影图

表 9-1 特征点、特征线位姿确定算法比较

	特征点	特征线
自然特征对偶数表示	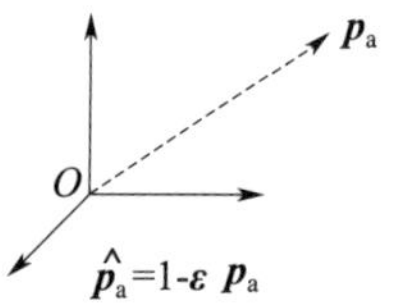	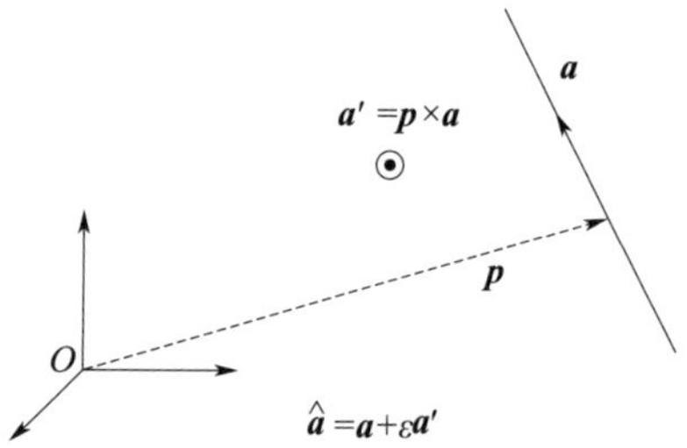
相机系下特征估值对偶数描述	$\tilde{\hat{\boldsymbol{p}}}_{\mathrm{b}}=\tilde{\hat{\boldsymbol{q}}}_{\varepsilon}^{*}\circ\hat{\boldsymbol{p}}_{\mathrm{a}}\circ\tilde{\hat{\boldsymbol{q}}}$	$\tilde{\hat{\boldsymbol{b}}}_{j}=\tilde{\hat{\boldsymbol{q}}}^{*}\circ\hat{\boldsymbol{a}}_{j}\circ\tilde{\hat{\boldsymbol{q}}}$
相机系下特征估值对偶部	$\tilde{\boldsymbol{p}}_{\mathrm{b}}=\tilde{\boldsymbol{q}}^{*}\circ\boldsymbol{p}_{\mathrm{a}}\circ\tilde{\boldsymbol{q}}+\tilde{\boldsymbol{q}}'^{*}\circ\tilde{\boldsymbol{q}}-\tilde{\boldsymbol{q}}^{*}\circ\tilde{\boldsymbol{q}}'$	$\tilde{\boldsymbol{b}}'_{j}=\tilde{\boldsymbol{q}}^{*}\circ\boldsymbol{a}_{j}\circ\tilde{\boldsymbol{q}}'+\tilde{\boldsymbol{q}}^{*}\circ\boldsymbol{a}'_{j}\circ\tilde{\boldsymbol{q}}+\tilde{\boldsymbol{q}}'^{*}\circ\boldsymbol{a}_{j}\circ\tilde{\boldsymbol{q}}$
像平面投影量对偶部	$\tilde{\boldsymbol{p}}_{\mathrm{c}}=\dfrac{\Vert\tilde{\boldsymbol{p}}_{\mathrm{c}}\Vert}{\Vert\tilde{\boldsymbol{p}}_{\mathrm{b}}\Vert}(\boldsymbol{q}^{*}\circ\boldsymbol{p}_{\mathrm{a}}\circ\boldsymbol{q}-\boldsymbol{t})$	$\tilde{\boldsymbol{c}}'=\dfrac{\Vert\tilde{\boldsymbol{c}}'\Vert}{\Vert\tilde{\boldsymbol{b}}'\Vert}\begin{pmatrix}\tilde{\boldsymbol{q}}^{*}\circ\boldsymbol{a}\circ\frac{1}{2}\tilde{\boldsymbol{q}}\circ\tilde{\boldsymbol{t}}+\tilde{\boldsymbol{q}}^{*}\circ\boldsymbol{a}'\circ\tilde{\boldsymbol{q}}+\\\frac{1}{2}\tilde{\boldsymbol{t}}^{*}\circ\tilde{\boldsymbol{q}}^{*}\circ\boldsymbol{a}\circ\tilde{\boldsymbol{q}}\end{pmatrix}$
像平面投影量线性化（$\boldsymbol{q}$，$\boldsymbol{t}$）	$\boldsymbol{p}_{\mathrm{c}}-\tilde{\boldsymbol{p}}_{\mathrm{c}}=\dfrac{\Vert\tilde{\boldsymbol{p}}_{\mathrm{c}}\Vert}{\Vert\tilde{\boldsymbol{p}}_{\mathrm{b}}\Vert}\{[\bar{\tilde{\boldsymbol{q}}}][\bar{\boldsymbol{p}}_{\mathrm{a}}]\boldsymbol{E}+[\overset{+}{\tilde{\boldsymbol{q}}}]^{\mathrm{T}}[\overset{+}{\boldsymbol{p}}_{\mathrm{a}}]\}\boldsymbol{I}(\boldsymbol{q}-\tilde{\boldsymbol{q}})$ $\boldsymbol{p}_{\mathrm{c}}-\tilde{\boldsymbol{p}}_{\mathrm{c}}=\dfrac{\Vert\tilde{\boldsymbol{p}}_{\mathrm{c}}\Vert}{\Vert\tilde{\boldsymbol{p}}_{\mathrm{b}}\Vert}(-\boldsymbol{I})(\boldsymbol{t}-\tilde{\boldsymbol{t}})$	$\boldsymbol{c}'-\tilde{\boldsymbol{c}}'=\dfrac{1}{2}\dfrac{\Vert\tilde{\boldsymbol{c}}'\Vert}{\Vert\tilde{\boldsymbol{b}}'\Vert}\{[\bar{\tilde{\boldsymbol{t}}}][\bar{\tilde{\boldsymbol{q}}}][\bar{\boldsymbol{a}}]\boldsymbol{E}+\cdots+[\overset{+}{\tilde{\boldsymbol{t}}}]^{\mathrm{T}}[\overset{+}{\tilde{\boldsymbol{q}}}]^{\mathrm{T}}[\overset{+}{\boldsymbol{a}}]\boldsymbol{I}\}(\boldsymbol{q}-\tilde{\boldsymbol{q}})$ $\boldsymbol{c}'-\tilde{\boldsymbol{c}}'=\dfrac{1}{2}\dfrac{\Vert\tilde{\boldsymbol{c}}'\Vert}{\Vert\tilde{\boldsymbol{b}}'\Vert}\{[\overset{+}{\tilde{\boldsymbol{q}}}]^{\mathrm{T}}[\overset{+}{\boldsymbol{a}}][\overset{+}{\tilde{\boldsymbol{q}}}]\boldsymbol{I}+[\bar{\tilde{\boldsymbol{q}}}][\bar{\boldsymbol{a}}][\bar{\tilde{\boldsymbol{q}}}]^{\mathrm{T}}\boldsymbol{E}\}(\boldsymbol{t}-\tilde{\boldsymbol{t}})$
像平面投影量线性化偏差	$\Delta\boldsymbol{p}_{\mathrm{c}}=\boldsymbol{H}\begin{bmatrix}\Delta\boldsymbol{q}\\\Delta\boldsymbol{t}\end{bmatrix}$	$\Delta\boldsymbol{c}'=\boldsymbol{H}\begin{bmatrix}\Delta\boldsymbol{q}\\\Delta\boldsymbol{t}\end{bmatrix}$
迭代格式	$\begin{bmatrix}\tilde{\boldsymbol{q}}\\\tilde{\boldsymbol{t}}\end{bmatrix}=(\boldsymbol{H}^{\mathrm{T}}\boldsymbol{H})^{-1}\boldsymbol{H}^{\mathrm{T}}[\boldsymbol{p}_{\mathrm{c}}-\tilde{\boldsymbol{p}}_{\boldsymbol{c}(k)}]+\begin{bmatrix}\tilde{\boldsymbol{q}}\\\tilde{\boldsymbol{t}}\end{bmatrix}_{k}$	$\begin{bmatrix}\tilde{\boldsymbol{q}}\\\tilde{\boldsymbol{t}}\end{bmatrix}_{k+1}=(\boldsymbol{H}^{\mathrm{T}}\boldsymbol{H})^{-1}\boldsymbol{H}^{\mathrm{T}}[\boldsymbol{c}'-\tilde{\boldsymbol{c}}'_{(k)}]+\begin{bmatrix}\tilde{\boldsymbol{q}}\\\tilde{\boldsymbol{t}}\end{bmatrix}_{k}$

由于特征点、特征线位姿确定迭代算法具有相似的形式，因此可采用如下步骤融合信息。

1）分别计算相机坐标系下 m 个特征点 $\hat{\boldsymbol{p}}_{\mathrm{a}1}$，$\hat{\boldsymbol{p}}_{a2}$，…，$\hat{\boldsymbol{p}}_{\mathrm{a}m}$ 及 n 条特征线 $\hat{\boldsymbol{a}}_{1}$，$\hat{\boldsymbol{a}}_{2}$，…，$\hat{\boldsymbol{a}}_{n}$ 在相机坐标系下的对偶数描述：$\hat{\boldsymbol{p}}_{\mathrm{b}1}$，$\hat{\boldsymbol{p}}_{\mathrm{b}2}$，…，$\hat{\boldsymbol{p}}_{\mathrm{b}m}$ 及 $\hat{\boldsymbol{b}}_{1}$，$\hat{\boldsymbol{b}}_{2}$，…，$\hat{\boldsymbol{b}}_{\boldsymbol{n}}$。

2）对特征点及特征线对偶部针对 $\boldsymbol{q}$、$\boldsymbol{t}$ 进行线性化，如下式所示

$$\Delta\boldsymbol{p}_{\mathrm{c}}=\boldsymbol{H}_{\mathrm{p}}\begin{bmatrix}\Delta\boldsymbol{q}\\\Delta\boldsymbol{t}\end{bmatrix}\tag{9-25}$$

$$\Delta c' = H_H \begin{bmatrix} \Delta q \\ \Delta t \end{bmatrix} \tag{9-26}$$

由上两式可得

$$\begin{bmatrix} \Delta p_c \\ \Delta c' \end{bmatrix} = \begin{bmatrix} H_p \\ H_H \end{bmatrix} \begin{bmatrix} \Delta q \\ \Delta t \end{bmatrix} \tag{9-27}$$

将特征点及特征线对偶部统一表示为 C_{dual}，线性化矩阵统一写成 H_{unif}，式（9-27）化为

$$\Delta C_{dual} = H_{unif} \begin{bmatrix} \Delta q \\ \Delta t \end{bmatrix} \tag{9-28}$$

3）构造迭代格式如下

$$\begin{bmatrix} \tilde{q} \\ \tilde{t} \end{bmatrix}_{k+1} = (H_{unif}{}^{T} H_{unif})^{-1} H_{unif}{}^{T} [C_{dual} - \tilde{C}_{dual(k)}] + \begin{bmatrix} \tilde{q} \\ \tilde{t} \end{bmatrix}_{k} \tag{9-29}$$

9.6 数学仿真及结果分析

取与第 4 章相同的仿真假设条件，在数学仿真中，相机内部参数已经预先标定。目标航天器固定不动，追踪航天器沿对接轴（Z 轴）相对目标航天器运动。

由于位姿确定算法的计算速度及收敛与否与初值密切相关，因此迭代初值的选取显得尤为重要，由于本书考虑合作航天器间的交会问题，因此实际任务中可采用航天器相对姿态信息作为旋转量初值，平移量的初值可选取其他敏感器的测量结果。

9.6.1 基于特征点的相对位姿参数确定算法验证

特征点选取目标航天器棱边交点及边缘角点特征，$s_1 = [1\quad 1\quad 0]^T$，$s_2 = [-1\quad 1\quad 0]^T$，$s_3 = [-1\quad -1\quad 0]^T$，$s_4 = [1\quad -1\quad 0]^T$，$s_5 = [1\quad 1\quad 1]^T$，如图 9-9 所示。

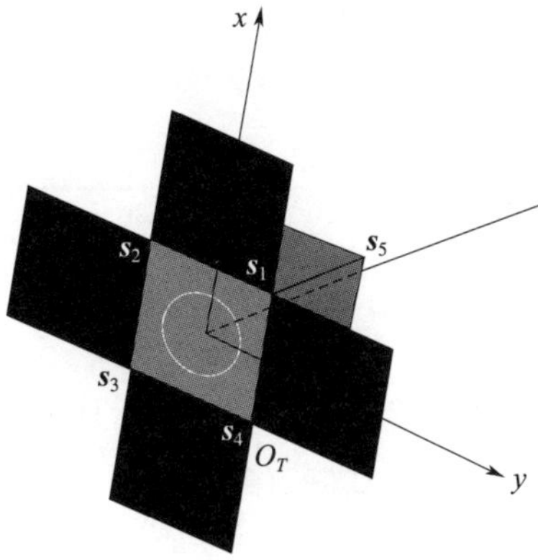

图 9-9　特征点选取

(1) 不考虑误差时

不考虑误差时，相机焦距取 0.5 m，坐标转换真值由四元数和平移矢量产生，目标航天器本体坐标系首先绕欧拉轴 $\boldsymbol{n}=[0\quad 2\quad 1]^{\mathrm{T}}$ 旋转欧拉角 $\theta=0.15$ rad，而后平移 $\boldsymbol{t}=[0.2\quad 0.2\quad -20]^{\mathrm{T}}$，可得坐标转换对偶四元数表示形式如下

$$\hat{\boldsymbol{q}}=\begin{bmatrix}0.9972\\0.0000\\0.0670\\0.0335\end{bmatrix}+\varepsilon\begin{bmatrix}0.3284\\-0.5738\\0.1031\\-9.9786\end{bmatrix}$$

坐标转换估计值由四元数和平移矢量产生，追踪航天器相对于目标航天器本体坐标系的旋转四元数为$[1\quad 0\quad 0\quad 0]^{\mathrm{T}}$，而后平移$\boldsymbol{t}=[1\quad 2\quad -18]^{\mathrm{T}}$，可得坐标转换对偶四元数表示形式如下

$$\tilde{\hat{\boldsymbol{q}}}=\begin{bmatrix}1\\0\\0\\0\end{bmatrix}+\varepsilon\begin{bmatrix}0.0000\\0.5000\\1.0000\\-9.0000\end{bmatrix}$$

迭代求解结果如图 9－10 所示，由上到下分别代表，对偶四元数偏差的模，四元数偏差的模，位移偏差的模。

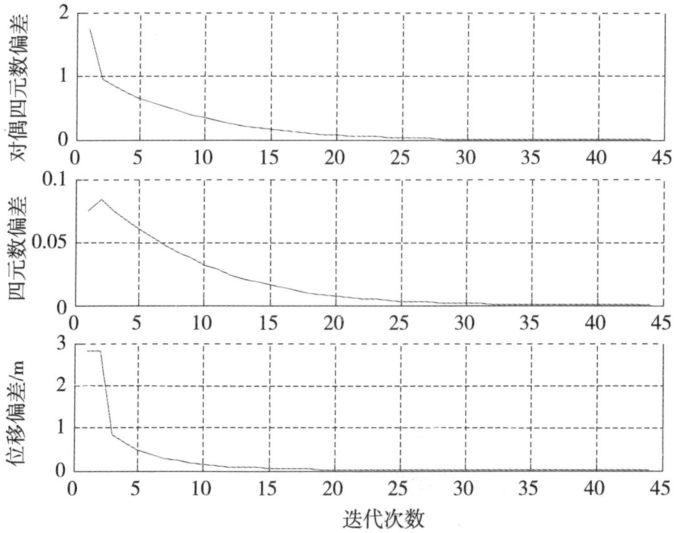

图 9－10 单次迭代过程收敛性验证

由图 9－11 可以看出，算法在有限次迭代后收敛，与特征线算法相比较，收敛速度稍慢，不考虑各种误差的前提下，均能逼近真值信息。

(2) 当考虑各种误差时，以如下初始条件进行仿真

相机焦距取 0.5 m，坐标转换真值由四元数和平移矢量产生，按表 9－2 所示运动轨迹和第 2 章所述误差模型进行仿真。

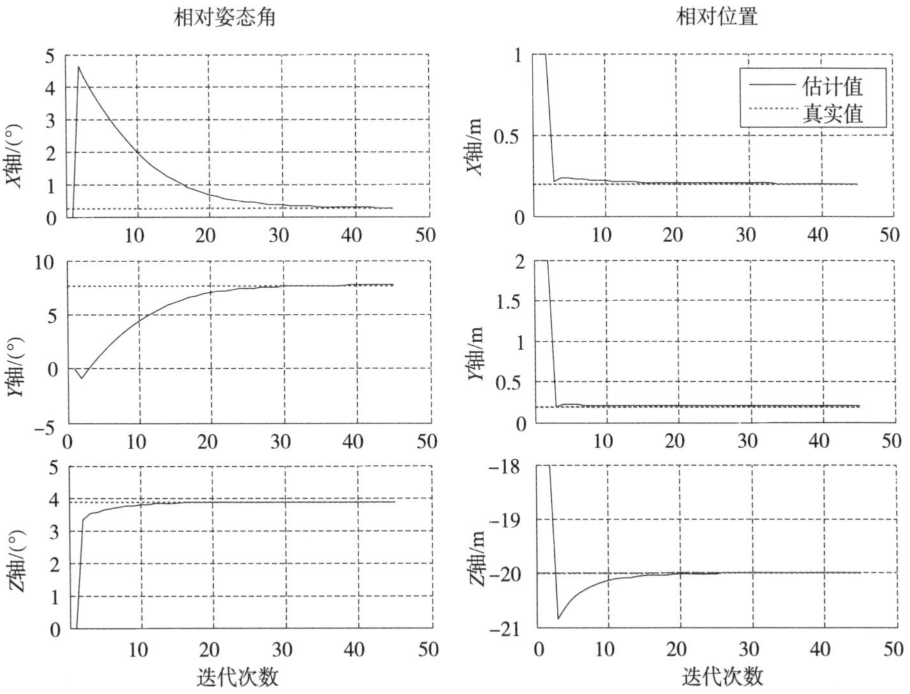

图 9－11　单次迭代过程中 $Z-Y-X$ 旋转欧拉角及三轴平移矢量变化曲线

表 9－2　视觉导航运动轨迹参数

参数项目	接近段	靠拢段
相对位置/m	100～10	10～2
有效焦距/m	0.5	0.25
接近速度 V/（m/s）	0.9	0.08
相对姿态四元数	$[1\ \ 0\ \ 0\ \ 0\ ]^T$	$[1\ \ 0\ \ 0\ \ 0]^T$
仿真时间/s：	100	100
采样频率/Hz	3	3

假定追踪航天器以匀速接近目标航天器，相对速度、姿态角速度均如上述条件均匀变化。本仿真主要验证相对距离及姿态角变化时，视觉导航算法对两个航天器间相对位置和相对姿态的确定精度及其变化趋势。

迭代求解结果如图 9－12 和图 9－13 所示。通过两图特征点算法的数学仿真结果可以得出以下结论。

1）随着相对距离的逐渐减小，相对位置和姿态的估计精度逐渐提高。

2）视线导引轴姿态角估计精度高于像平面轴 1 个数量级左右。

3）视线导引轴位置估计精度远低于像平面轴，距离越远越明显。

4）该算法能够满足以交会对接最终逼近段为背景的近距离相对导航所要求的近距离接近段相对位置误差在 1%及相对姿态角误差在 1°的精度。

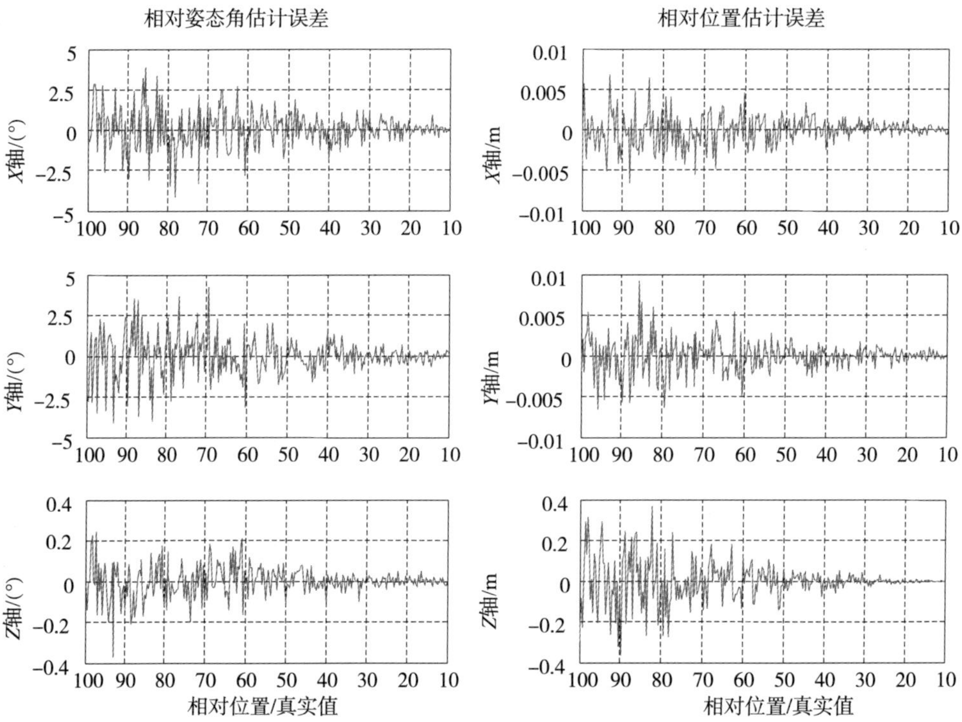

图 9-12　相对距离在 100～10 m 时的相对位姿估计误差

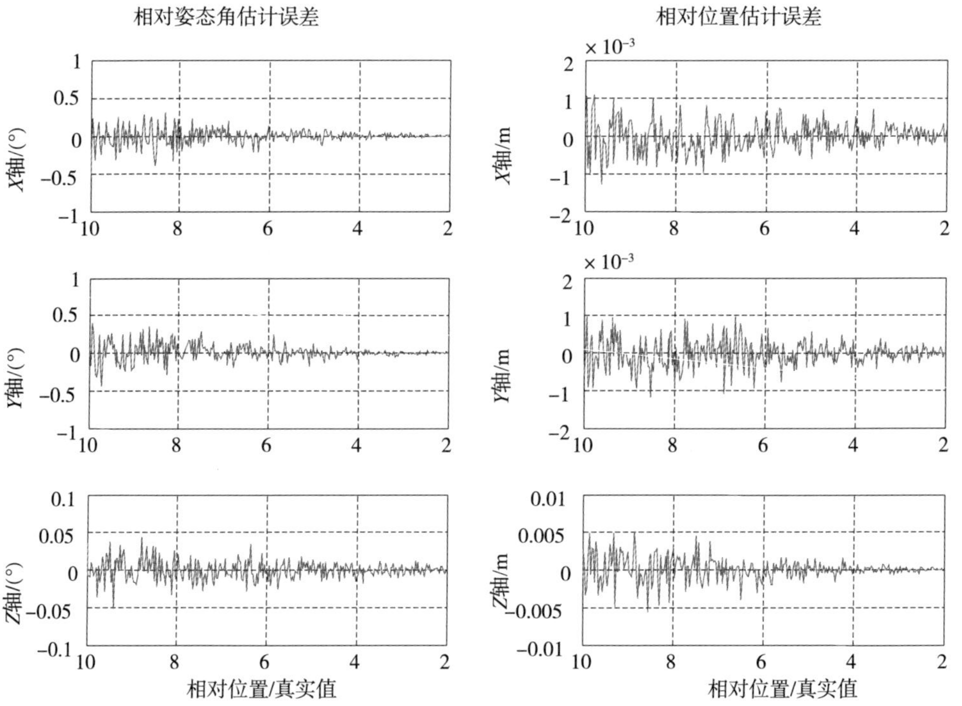

图 9-13　相对距离在 10～2 m 时的相对位姿估计误差

9.6.2　基于特征点、线融合的相对位姿参数确定算法验证

特征点选取目标航天器棱边交点及边缘角点特征，$\boldsymbol{s}_1=[1\quad 1\quad 0]^T$，$\boldsymbol{s}_2=[-1\quad 1\quad 0]^T$，$\boldsymbol{s}_3=[-1\quad -1\quad 0]^T$，$\boldsymbol{s}_4=[1\quad -1\quad 0]^T$，$\boldsymbol{s}_5=[1\quad 1\quad 1]^T$，特征线选取以上各点组成的四条棱边，如图9-14 所示。

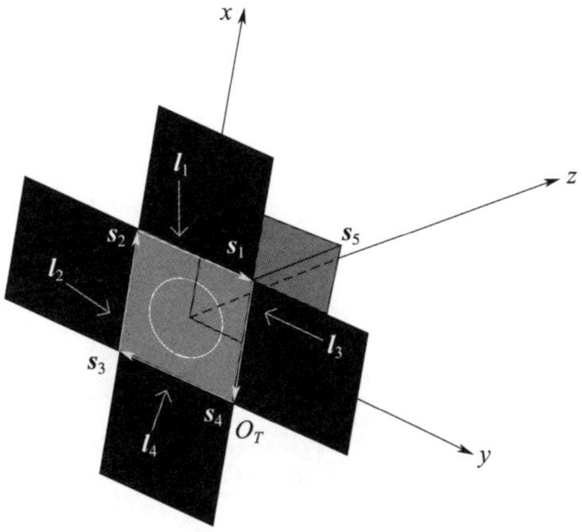

图 9-14　特征点、线选取

算法验证仿真初始条件与上节特征点算法相同，即不考虑误差时，相机焦距取 0.5 m，坐标转换真值由四元数和平移矢量产生，目标航天器本体坐标系首先绕欧拉轴 $\boldsymbol{n}=[0\quad 2\quad 1]^T$ 旋转欧拉角$\theta=0.15$ rad，而后平移 $\boldsymbol{t}=[0.2\quad 0.2\quad -20]^T$。可得坐标转换对偶四元数表示形式如下

$$\hat{\boldsymbol{q}}=\begin{bmatrix}0.997\,2\\0.000\,0\\0.067\,0\\0.033\,5\end{bmatrix}+\varepsilon\begin{bmatrix}0.328\,4\\-0.573\,8\\0.103\,1\\-9.978\,6\end{bmatrix}$$

坐标转换估计值由四元数和平移矢量产生，目标航天器本体坐标系首先绕欧拉轴 $\boldsymbol{n}=[1\quad 1\quad 1]^T$ 旋转欧拉角 $\theta=0$ rad，而后平移 $\boldsymbol{t}=[1\quad 2\quad -18]^T$，可得坐标转换对偶四元数表示形式如下

$$\hat{\boldsymbol{q}}=\begin{bmatrix}1\\0\\0\\0\end{bmatrix}+\varepsilon\begin{bmatrix}0.000\,0\\0.500\,0\\1.000\,0\\-9.000\,0\end{bmatrix}$$

迭代求解结果如图 9-15～图 9-18 所示，图 9-15 由上到下分别代表，对偶四元数偏差的模，四元数偏差的模，位置矢量偏差的模。

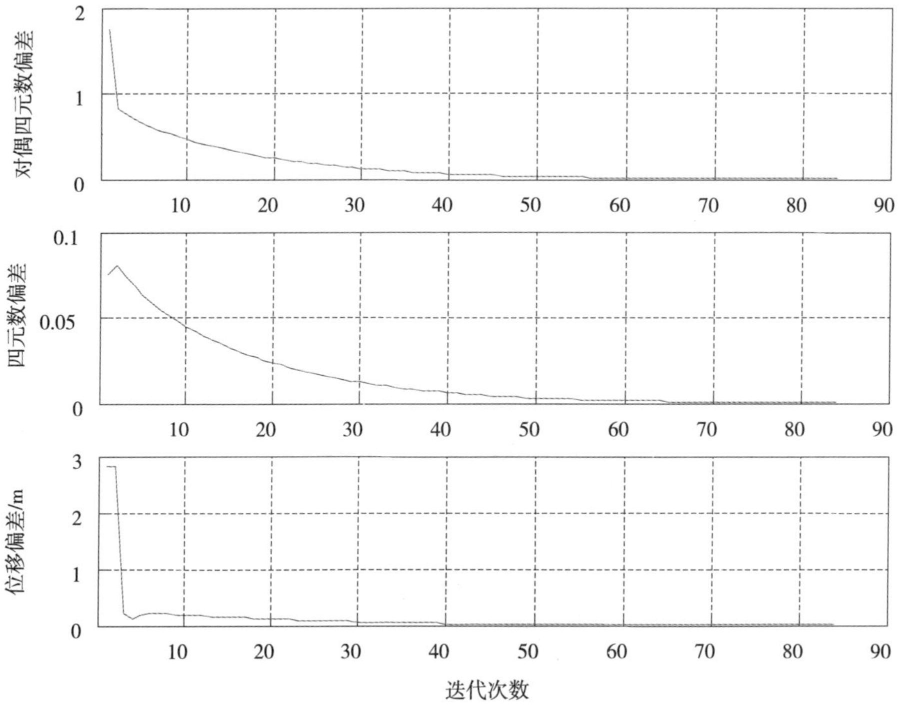

图 9-15 单次迭代过程收敛性验证

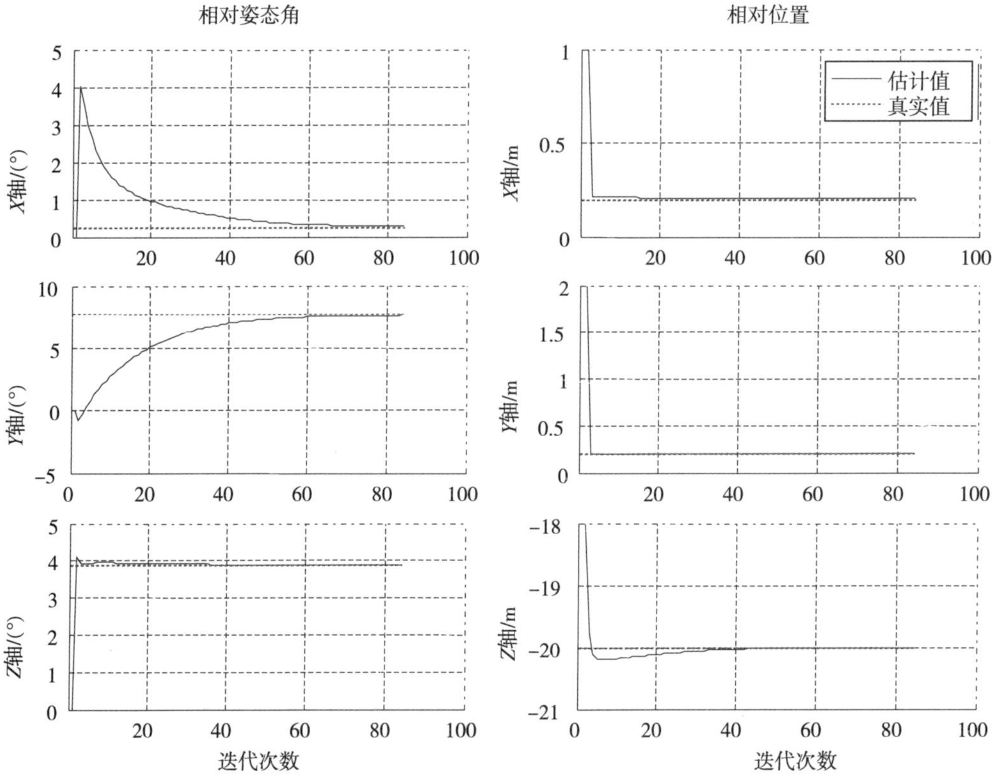

图 9-16 单次迭代过程中 $Z-Y-X$ 旋转欧拉角及三轴平移矢量变化曲线

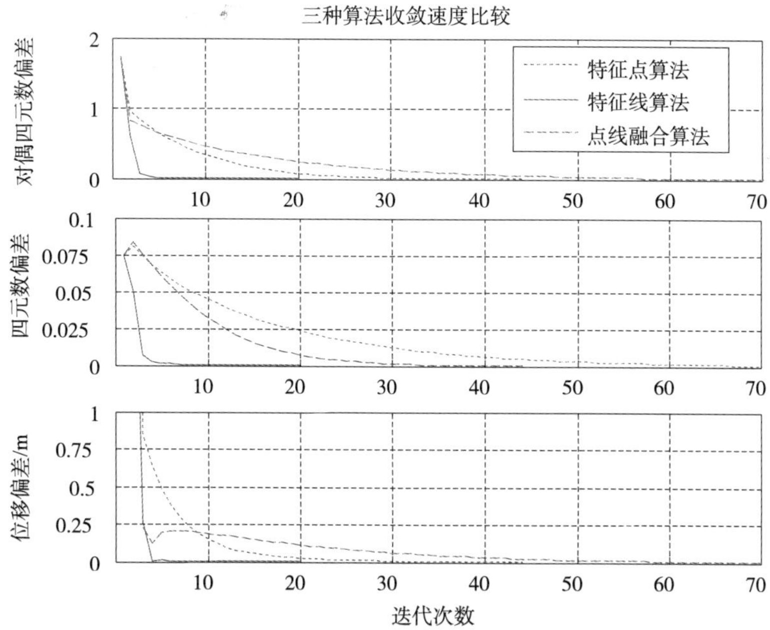

图 9－17　特征点、线、点线融合算法单次迭代过程收敛性比较

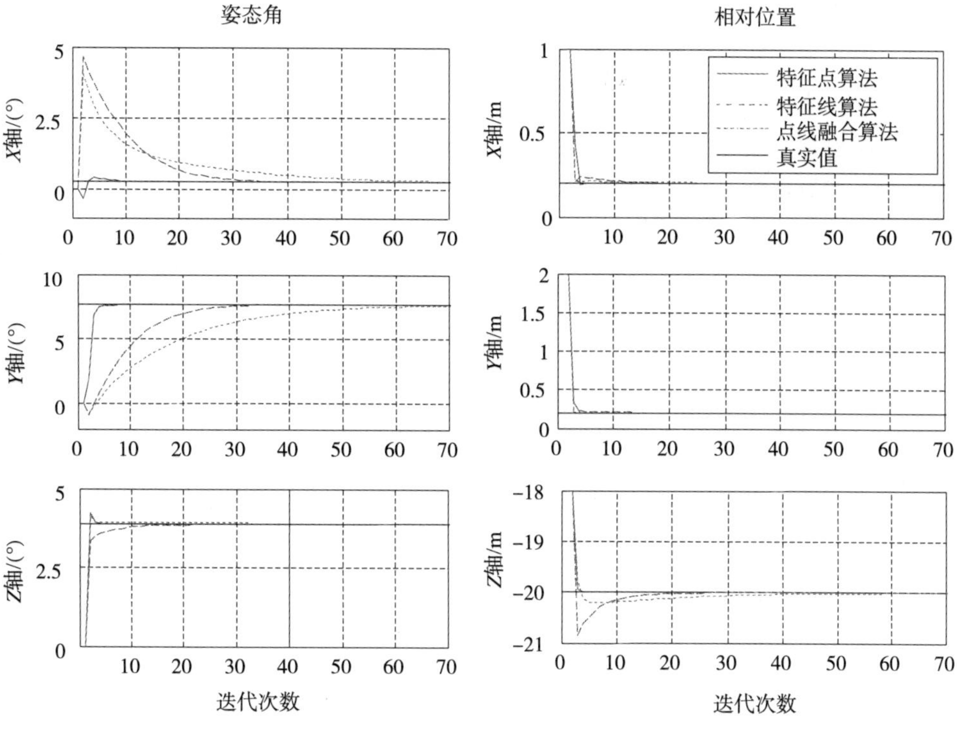

图 9－18　特征点、线、点线融合算法姿态角及位移单次迭代过程收敛性比较

由图 9-15 可以看出，算法在有限次迭代后收敛，收敛速度稍慢于特征点与特征线算法。图 9-16 单次迭代过程中 $Z-Y-X$ 旋转欧拉角中 Z 轴及三轴平移矢量收敛较快，而 X 轴、Y 轴姿态角收敛速度较慢。通过图 9-17 和图 9-18 比较特征点、特征线、点线融合算法的收敛速度，分析可得以下结论。

1）在达到相同位姿确定精度时，基于特征线的收敛速度最快，特征点算法次之，特征点、线融合算法最慢。

2）对于姿态角的解算速度方面，点线融合算法受特征点算法的收敛性影响较大，收敛曲线与特征点相似。

3）对于位置的解算速度方面，三种方案收敛速度均较快。

点、线融合算法，充分利用了航天器本体自然特征信息，如点、线特征，增强了算法的可靠性和改善算法精度的目的。

9.7 小结

本章以交会对接最终逼近段为研究背景，针对近距离相对位姿确定问题，设计了单目视觉相对导航系统方案，在定义了各坐标系及给出了视觉相机模型的基础上，应用对偶四元数理论统一描述了目标航天器相对于追踪航天器的位置与姿态，提出了点、线融合方案，解决了可能由于特征光标损坏、遮挡或特征提取和匹配错误导致特征数据量不足，甚至得到错误结果的问题，提高了系统的可靠性。在对偶四元数代数框架内能够以统一的数学模型表示特征点和直线，根据特征线、特征点在追踪航天器相机像平面投影的对偶矢量，选择其对偶部进行拟线性化，推导了基于点、线特征的多特征融合算法，最后通过数学仿真验证了此算法的有效性。

参考文献

[1] 张春慧．高精度捷联式惯性导航系统算法研究[D]．哈尔滨：哈尔滨工业大学，2005．

[2] 武元新．对偶四元数导航算法与非线性高斯滤波研究[D]．长沙：国防科学技术大学，2005．

第 10 章　基于对偶四元数的相对导航 EKF 算法

10.1　引言

第 8 章和第 9 章是利用单帧图像的位姿确定算法，由于每一时刻都需要迭代求解，且存在成像过程中的量化误差及特征提取误差，影响了系统的精度；另外仅基于视觉的导航方法由于相机在视轴线方向上的观测性较差，因此方向定位精度较低，这从第 3 章仿真结果中可以看出；并且以上算法无法直接或间接得到线速度和角速度信息。因此，为了解决以上方案存在的不足，本章将探讨两种解决方案。

1）设计基于单目视觉的卡尔曼滤波算法，利用图像序列进行递推估计比利用单帧图像的位姿确定算法更能抑制可近似为高斯白噪声的误差，且可以通过系统运动学和动力学模型估计出线速度和角速度信息，满足相对导航任务的需要。

2）考虑到大部分航天器上都装有惯性组件（IMU），包括陀螺和加速度计，其可靠性高，短期内精度好且不受距离影响，但其误差会随时间累积。针对单目视觉和 IMU 系统各自的优点与不足，本章后半段将针对最终逼近段，将两种测量信息在 EKF 算法中融合。

该部分基于以下任务背景：在航天器交会对接最终逼近段，即近距离绕飞段和平移段，通过观测目标航天器特征线在像平面的投影，以及 IMU 组件输出的卫星三轴角速度及加速度，估计出两航天器间的相对状态，即相对位置、姿态，相对速度、角速度。

重点研究基于矢量观测及惯性器件的扩展卡尔曼滤波算法，包括 EKF 状态方程：建立航天器近距离相对运动模型，包括相对轨道运动学、动力学模型，相对姿态运动学、动力学模型；建立航天器瞄准线制导方式下的平移段相对运动模型；以及 EKF 测量方程；在对偶四元数框架内建立基于特征线像平面投影的观测模型。

另外，本书引入一种将角速度和加速度以对偶数形式描述的旋量表示形式，推导对偶四元数运动学方程，以此种形式建立的相对运动状态方程继承了四元数运动学方程的优点，并且可以将陀螺常值漂移与加速度计常值偏量统一，以对偶数形式进行描述，使状态方程更简洁直观。

10.2　扩展卡尔曼滤波器基本原理

扩展卡尔曼滤波（EKF，Extended Kalman Filter）方法是基于非线性状态方程和测量方程在状态预测值附近的局部线性化近似，是离散系统的卡尔曼滤波器的一种，其最大特点是有一整套线性滤波递推公式，在应用这些递推公式时，每进行一次新的测量，只需利用已知的前一状态滤波值 $\boldsymbol{X}(k)$ 和滤波误差矩阵 $\boldsymbol{P}(k)$，便可算出新的状态滤波值 $\boldsymbol{X}(k+1)$ 和滤波误差矩阵 $\boldsymbol{P}(k+1)$，随后即可进行下一轮的计算。因此，只要系统的初始状态 $\boldsymbol{X}(0)$ 和初始误差矩阵$\boldsymbol{P}(0)$ 已知，根据导出的公式，就可对系统状态做出十分精确的估计。

由于讨论的是非线性的动态系统，所以这里采用扩展卡尔曼滤波。

系统的连续非线性动态方程为

$$\boldsymbol{X}(t)=\boldsymbol{f}[\boldsymbol{X}(t),\ t]+\boldsymbol{W}(t) \tag{10-1}$$

式中　$\boldsymbol{X}$——系统的 n 维状态矢量；

$\boldsymbol{f}$——状态变量的 n 维非线性函数；

$\boldsymbol{W}(t)$——p 维随机过程噪声。

将非线性连续系统线性化并离散化得

$$\delta\boldsymbol{X}_k=\boldsymbol{\Phi}_{k,\ k-1}\delta\boldsymbol{X}_{k-1}+\boldsymbol{W}_{k-1} \tag{10-2}$$

其中

$$\delta\boldsymbol{X}_k=\boldsymbol{X}_k-\boldsymbol{X}_{k-1}$$

$$\boldsymbol{\Phi}_{k,\ k-1}=\mathrm{e}^{\boldsymbol{A}(k-1)T}\approx\boldsymbol{I}+\boldsymbol{A}(k-1)T$$

$$\boldsymbol{A}(k-1)=\left.\frac{\partial\boldsymbol{f}(\boldsymbol{X},\ k-1)}{\partial\boldsymbol{X}}\right|_{\boldsymbol{X}_k=\boldsymbol{X}_{k-1}}$$

式中　$\boldsymbol{X}_{k-1}$——上一步状态变量的估值；

T——采样时间。

系统的连续形式的非线性观测方程为

$$\boldsymbol{Z}_k=\boldsymbol{h}[\boldsymbol{X}(t),\ \boldsymbol{t}]+\boldsymbol{V}(\boldsymbol{t}) \tag{10-3}$$

离散形式的非线性观测方程为

$$\boldsymbol{Z}_k=\boldsymbol{h}(\boldsymbol{X}_k,\ \boldsymbol{k})+\boldsymbol{V}_k \tag{10-4}$$

其中

$$\boldsymbol{H}_k=\left.\frac{\partial\boldsymbol{h}(\boldsymbol{X},\ \boldsymbol{t})}{\partial\boldsymbol{X}}\right|_{\boldsymbol{X}=\hat{\boldsymbol{X}}}$$

式中　$\boldsymbol{h}$——m 维非线性函数；

$\boldsymbol{Z}_k$——m 维测量值矢量；

$\boldsymbol{V}_k$——q 维随机测量噪声。

进而得到离散系统卡尔曼滤波器的状态方程和测量方程

$$\delta\boldsymbol{X}_k=\boldsymbol{\Phi}_{k,\ k-1}\delta\boldsymbol{X}_{k-1}+\boldsymbol{W}_{k-1} \tag{10-5}$$

$$\delta\boldsymbol{Z}_k=\boldsymbol{H}_k\delta\boldsymbol{X}_k+\boldsymbol{V}_k \tag{10-6}$$

其中，动态噪声 $\boldsymbol{W}_k$ 和观测噪声 $\boldsymbol{V}_k$ 的统计特性为

$$\begin{gathered}E[\boldsymbol{W}_k]=0,\quad \mathrm{cov}[\boldsymbol{W}_k,\boldsymbol{W}_j]=\mathrm{E}[\boldsymbol{W}_k,\boldsymbol{W}_j^{\mathrm{T}}]=\boldsymbol{Q}_k\delta_{kj}\\ E[\boldsymbol{V}_k]=0,\quad \mathrm{cov}[\boldsymbol{V}_k,\boldsymbol{V}_j]=\mathrm{E}[\boldsymbol{V}_k,\boldsymbol{V}_j^{\mathrm{T}}]=\boldsymbol{R}_k\delta_{kj}\\ \mathrm{cov}[\boldsymbol{W}_k,\boldsymbol{V}_j]=\mathrm{E}[\boldsymbol{W}_k,\boldsymbol{V}_j^{\mathrm{T}}]=0\end{gathered} \tag{10-7}$$

式中　$\boldsymbol{Q}_k$——动态噪声协方差矩阵；

$\boldsymbol{R}_k$——观测噪声协方差矩阵，$\delta_{kk}=1$，$\delta_{kj}=0$ $(k\neq j)$。

而初始状态 $\boldsymbol{X}_0$ 的统计特性是

$$\begin{aligned}&E[\boldsymbol{X}_0]=\overline{\boldsymbol{X}}_0,\mathrm{var}[\boldsymbol{X}_0]=E[(\boldsymbol{X}_0-\overline{\boldsymbol{X}}_0)(\boldsymbol{X}_0-\overline{\boldsymbol{X}}_0)^{\mathrm{T}}]=\boldsymbol{P}_0\\&\mathrm{cov}[\boldsymbol{X}_0,\boldsymbol{W}_k]=E[\boldsymbol{X}_0\boldsymbol{W}_k^{\mathrm{T}}]=0\\&\mathrm{cov}[\boldsymbol{X}_0,\boldsymbol{V}_k]=E[\boldsymbol{X}_0\boldsymbol{V}_k^{\mathrm{T}}]=0\end{aligned}\tag{10-8}$$

于是 k 时刻状态偏差 $\delta\boldsymbol{X}_k$ 的最优线性估计 $\delta\hat{\boldsymbol{X}}_k$ 的递推公式为：

状态一步预测

$$\delta\hat{\boldsymbol{X}}_{k\mid k-1}=\boldsymbol{\Phi}_{k,k-1}\hat{\boldsymbol{X}}_{k-1}\tag{10-9}$$

状态估计

$$\delta\hat{\boldsymbol{X}}_k=\delta\hat{\boldsymbol{X}}_{k\mid k-1}+\boldsymbol{K}_k(\delta\boldsymbol{Z}_k-\boldsymbol{H}_k\delta\hat{\boldsymbol{X}}_{k\mid k-1})\tag{10-10}$$

滤波增益

$$\boldsymbol{K}_k=\boldsymbol{P}_{k\mid k-1}\boldsymbol{H}_k^{\mathrm{T}}(\boldsymbol{H}_k\boldsymbol{P}_{k\mid k-1}\boldsymbol{H}_k^{\mathrm{T}}+\boldsymbol{R}_k)^{-1}\tag{10-11}$$

一步预测均方误差

$$\boldsymbol{P}_{k\mid k-1}=\boldsymbol{\Phi}_{k,k-1}\boldsymbol{P}_{k-1}\boldsymbol{\Phi}_{k,k-1}^{\mathrm{T}}+\boldsymbol{Q}_{k-1}\tag{10-12}$$

滤波均方误差

$$\boldsymbol{P}_k=(\boldsymbol{I}-\boldsymbol{K}_k\boldsymbol{H}_k)\boldsymbol{P}_{k\mid k-1}\tag{10-13}$$

其中

$$\delta\boldsymbol{Z}_k=\boldsymbol{Z}_k-\boldsymbol{h}(\hat{\boldsymbol{X}}_{k\mid k-1})-\boldsymbol{H}_k\delta\hat{\boldsymbol{X}}_{k\mid k-1}\tag{10-14}$$

于是 k 时刻状态 $\boldsymbol{X}_k$ 的最优线性估计 $\hat{\boldsymbol{X}}_k$ 的递推公式为：

状态一步预测

$$\hat{\boldsymbol{X}}_{k\mid k-1}=\hat{\boldsymbol{X}}_{k-1}+\boldsymbol{f}(\hat{\boldsymbol{X}}_{k-1})T\tag{10-15}$$

状态估计

$$\hat{\boldsymbol{X}}_k=\hat{\boldsymbol{X}}_{k\mid k-1}+\boldsymbol{K}_k[\boldsymbol{Z}_k-\boldsymbol{h}(\hat{\boldsymbol{X}}_{k\mid k-1})]\tag{10-16}$$

滤波增益

$$\boldsymbol{K}_k=\boldsymbol{P}_{k\mid k-1}\boldsymbol{H}_k^{\mathrm{T}}(\boldsymbol{H}_k\boldsymbol{P}_{k\mid k-1}\boldsymbol{H}_k^{\mathrm{T}}+\boldsymbol{R}_k)^{-1}\tag{10-17}$$

一步预测均方误差

$$\boldsymbol{P}_{k\mid k-1}=\boldsymbol{\Phi}_{k,k-1}\boldsymbol{P}_{k-1}\boldsymbol{\Phi}_{k,k-1}^{\mathrm{T}}+\boldsymbol{Q}_{k-1}\tag{10-18}$$

滤波均方误差

$$\boldsymbol{P}_k=(\boldsymbol{I}-\boldsymbol{K}_k\boldsymbol{H}_k)\boldsymbol{P}_{k\mid k-1}\tag{10-19}$$

以上为离散形式 Kalman 滤波基本方程，只要给定初值 $\boldsymbol{X}$ (0) 和 $\boldsymbol{P}$ (0)，k 时刻的测量值为 $\boldsymbol{Z}_k$，则 k 时刻状态 $\boldsymbol{X}_k$ 的最优线性估计即为 $\hat{\boldsymbol{X}}_k$。基于以上推导，离散扩展卡尔曼滤波方程计算流程如图10-1所示。

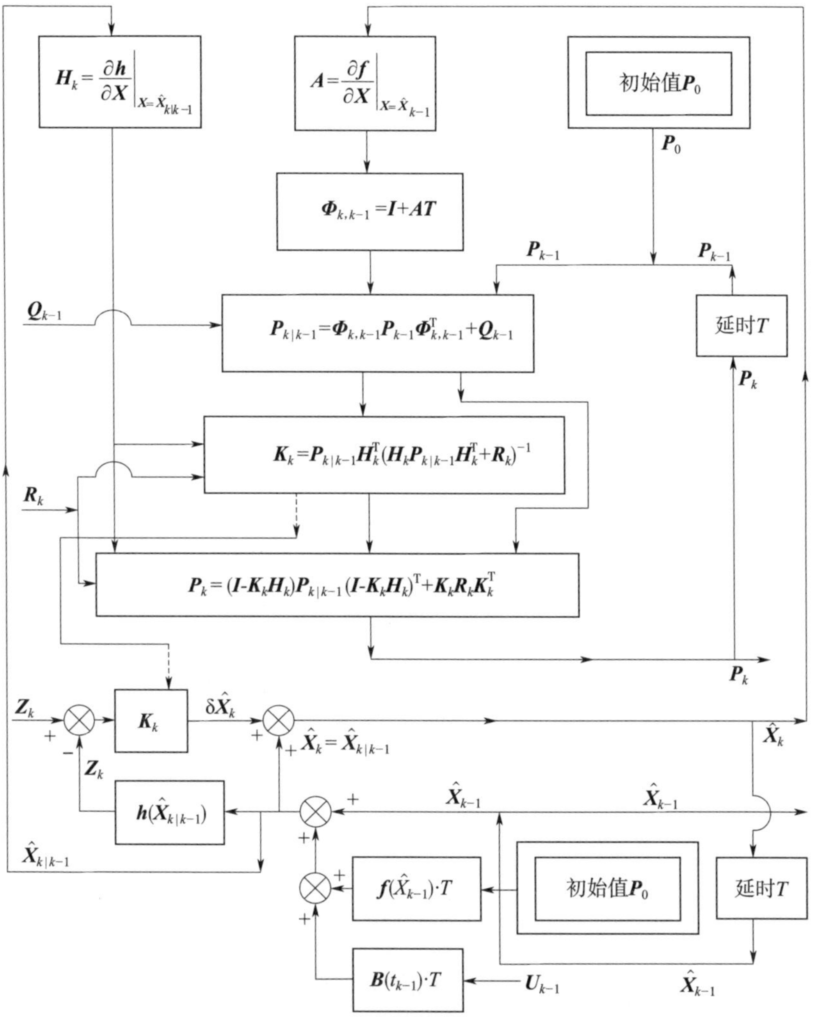

图 10－1　扩展卡尔曼滤波方程计算流程图

10.3　视觉导航扩展卡尔曼滤波算法

前面章节的算法由像平面特征线、特征点的投影量进行相对位置和姿态确定，但无法测得相对速度和相对角速度，本节设计 EKF 算法需要的系统状态方程和测量方程，通过对偶四元数可以同时描述作为状态量的姿态旋转和位移，使系统的设计有了一定的简化。

对偶四元数作为描述一般刚体运动的最简捷方法，有它独有的优势，其包含实部和对偶部，每一部分均为四元数，这种结构有八个变量。然而，由于三维空间运动为六自由度，并且滤波计算量与计算时间是与状态变量成正比的，因此越少的状态量对滤波算法的设计越有利，因此选取状态变量如下

$$\boldsymbol{X}=[t_x \quad t_y \quad t_z \quad \boldsymbol{q}_0 \quad \boldsymbol{q}_1 \quad \boldsymbol{q}_2 \quad \boldsymbol{q}_3 \quad v_x \quad v_y \quad v_z \quad w_x \quad w_y \quad w_z]^{\mathrm{T}} \tag{10-20}$$

以上状态变量为 13 维，t 与 v 分别表示位置和线速度，$\boldsymbol{q}$ 与 w 分别表示姿态四元数与姿态角速度。后文首先将推导最终逼近段的绕飞段及平移段相对运动状态方程，而后推导出基于对偶矢量观测的测量模型，最后选择合适的状态变量，对绕飞段和平移段分别建立 EKF 算法。

基本原理如图 10－2 所示。

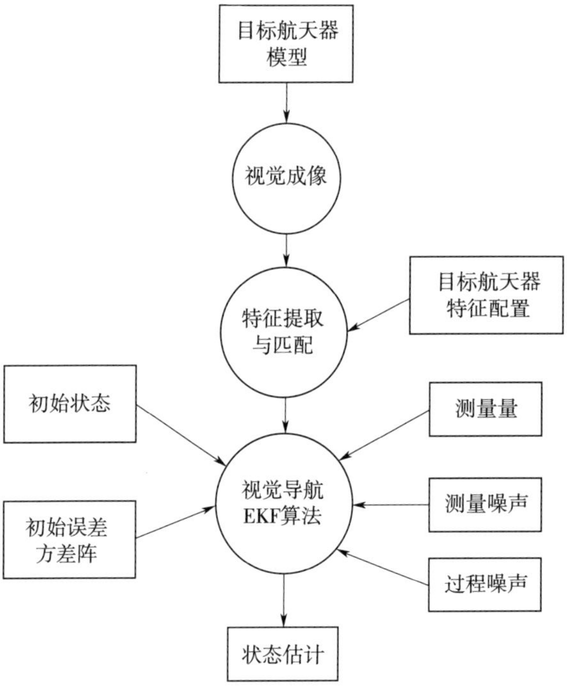

图 10－2　EKF 算法数据流图

10.3.1　相对运动状态方程的建立

10.3.1.1　绕飞段

（1）相对轨道运动状态方程

一般情况下相对导航问题是为求解目标航天器本体坐标系到追踪航天器本体坐标系的坐标转换关系，因此一般选取目标航天器本体坐标系作为参考坐标系，对于航天器交会对接任务，可以认为空间站一类的目标航天器本体坐标系 O_a 与其轨道坐标系 O_o 重合，也就是说，可以直接借鉴成熟的航天器近距离相对运动建模理论研究相对导航问题，即研究追踪航天器本体坐标系 O_b 相对于目标航天器轨道坐标系 O_o 的转换关系。

本节将采用相对轨道状态的参考坐标系 O_o 来描述相对位置。矢量分量均在参考坐标系 O_o 中描述。

此问题相当于双星编队问题，由一颗中心星和一颗环绕星组成。其中，中心星绕地球运行，环绕星在中心星附近运行。

在地心惯性坐标系中，中心星的空间位置由矢量 $\boldsymbol{r}_{\mathrm{s}}(t)$ 表示，环绕星的空间位置由矢量 $\boldsymbol{r}_{\mathrm{m}}(t)$ 表示。故中心星和环绕星在地心赤道惯性坐标系下的动力学方程可表示为

$$\ddot{\boldsymbol{r}}_{\mathrm{m}} = -\frac{\mu}{r_{\mathrm{m}}^{3}}\boldsymbol{r}_{\mathrm{m}} + \boldsymbol{a}_{\mathrm{m}} \tag{10-21}$$

$$\ddot{\boldsymbol{r}}_{\mathrm{s}} = -\frac{\mu}{r_{\mathrm{s}}^{3}}\boldsymbol{r}_{\mathrm{s}} + \boldsymbol{a}_{\mathrm{s}} \tag{10-22}$$

式中　μ——地球引力常数；

a——卫星所受摄动力与推力的合力产生的加速度；

m——代表中心星；

s——代表环绕星。

星间的相对位置由矢量 $\boldsymbol{\rho}$ 表示（由中心星指向环绕星），由图10－3知

$$\boldsymbol{\rho} = \boldsymbol{r}_{\mathrm{s}} - \boldsymbol{r}_{\mathrm{m}} \tag{10-23}$$

令 $\boldsymbol{i}$，$\boldsymbol{j}$，$\boldsymbol{k}$，分别为参考坐标系 O_{o} 中 X_{o} 轴，Y_{o} 轴和 Z_{o} 轴的单位矢量，则有

$$\boldsymbol{\rho} = x\boldsymbol{i} + y\boldsymbol{j} + z\boldsymbol{k} \tag{10-24}$$

$$\boldsymbol{r}_{\mathrm{m}} = r_{\mathrm{c}}\boldsymbol{i} \tag{10-25}$$

$$\boldsymbol{r}_{\mathrm{s}} = x\boldsymbol{i} + y\boldsymbol{j} + (r_{\mathrm{c}} + z)\boldsymbol{k} \tag{10-26}$$

式中　x，y，z——双星相对位置矢量在参考坐标系 O_{o} 中 x，y，z 轴方向的分量；

r_{c}——地心到中心星的距离。

设中心星的轨道角速度为 ω，则

$$\boldsymbol{\omega} = -\omega\boldsymbol{j} \tag{10-27}$$

对 $\boldsymbol{\rho}$ 求二阶导得

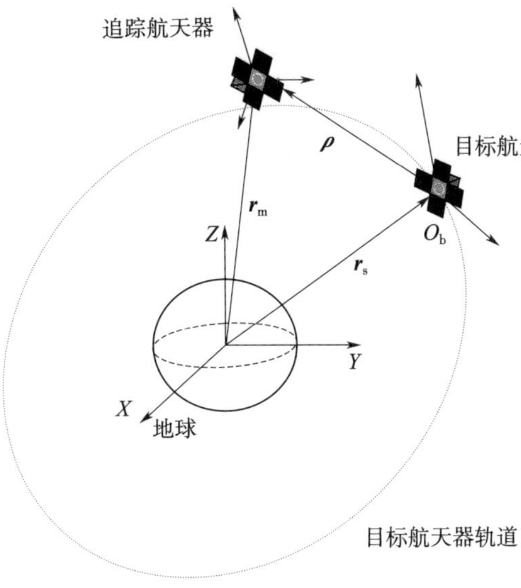

图 10－3　相对轨道状态的参考坐标系

$$\ddot{\boldsymbol{\rho}} = \ddot{\boldsymbol{r}}_{s} - \ddot{\boldsymbol{r}}_{m} \tag{10-28}$$

$$\ddot{\boldsymbol{\rho}} = \frac{\mu}{r_{m}^{3}}\boldsymbol{r}_{m} - \frac{\mu}{r_{s}^{3}}\boldsymbol{r}_{s} + \boldsymbol{a}_{s} - \boldsymbol{a}_{m} \tag{10-29}$$

$$\ddot{\boldsymbol{\rho}} = \ddot{\rho} + 2\boldsymbol{\omega} \times \dot{\rho} + \dot{\omega} \times \boldsymbol{\rho} + \boldsymbol{\omega} \times (\boldsymbol{\omega} \times \boldsymbol{\rho}) \tag{10-30}$$

式（10－29）右侧前两项 $\frac{\mu}{r_{m}^{3}}\boldsymbol{r}_{m} - \frac{\mu}{r_{s}^{3}}\boldsymbol{r}_{s}$ 化简得

$$\frac{\mu}{r_{m}^{3}}\boldsymbol{r}_{m} - \frac{\mu}{r_{s}^{3}}\boldsymbol{r}_{s} = \mu r_{c}^{-3}\left[\boldsymbol{r}_{m} - \left(1 - \frac{2z}{r_{c}} + \frac{\rho^{2}}{{r_{c}}^{2}}\right)^{-\frac{3}{2}}(\boldsymbol{r}_{m} + \boldsymbol{\rho})\right] \tag{10-31}$$

当两星相对距离较小时，有

$$\rho \ll r_{c}, \quad x \ll r_{c}, \quad y \ll r_{c}, \quad z \ll r_{c}$$

它们之比的二阶项可略去，且应用近似表达式

$$(1 + a)^{-\frac{3}{2}} = 1 - \frac{3}{2}a + \frac{15}{8}a^{2} + \cdots \quad (a < 1)$$

只保留一阶小量，使式（10－31）简化为

$$\frac{\mu}{r_{m}^{3}}\boldsymbol{r}_{m} - \frac{\mu}{r_{s}^{3}}\boldsymbol{r}_{s} \cong \mu r_{c}^{-3}\left[\boldsymbol{r}_{m} - \left(1 + \frac{3z}{r_{c}}\right)^{-\frac{3}{2}}(\boldsymbol{r}_{m} + \boldsymbol{\rho})\right] \tag{10-32}$$

将式（10－30）化为分量形式

$$\begin{aligned} &\ddot{x} - 2\omega\dot{z} + \dot{\omega}z - \omega^{2}x = -\frac{\mu}{r_{c}^{3}}x + a_{x} \\ &\ddot{y} = -\frac{\mu}{r_{c}^{3}}y + a_{y} \\ &\ddot{z} + 2\omega\dot{x} + \dot{\omega}\dot{x} - \omega^{2}z = 2\frac{\mu}{r_{c}^{3}}z + a_{z} \end{aligned} \tag{10-33}$$

式中 a_{x}，a_{y}，a_{z}——单位质量作用在环绕星上的外力在三轴方向的分量；

$\dot{x}$，$\dot{y}$，$\dot{z}$——X_{o}，Y_{o}，Z_{o} 轴方向的相对速度；

$\ddot{x}$，$\ddot{y}$，$\ddot{z}$——X_{o}，Y_{o}，Z_{o} 轴方向的相对加速度。

式（10－33）描述的相对运动方程对于任意的相对轨道都是有效的，并且中心星轨道也可为椭圆轨道。

为便于研究，现假设中心星的运行轨道为圆轨道。则中心星轨道角速度 ω 为常值，且

$$\omega = \sqrt{\frac{\mu}{r_{c}^{3}}}$$

所以，式（10－33）可写成

$$\begin{aligned} &\ddot{x} - 2\omega\dot{z} = a_{x} \\ &\ddot{y} + \omega^{2}y = a_{y} \\ &\ddot{z} - 3\omega^{2}z + 2\omega\dot{x} = a_{z} \end{aligned} \tag{10-34}$$

式（10－34）即为C－W（Clohessy－Wiltshire）方程，也称为 Hill 方程。

需要注意的是，只有在中心星轨道为圆轨道，并且相对轨道坐标（x，y，z）相对于

参考卫星轨道半径 r_c 为小量时，上述运动方程才正确。式（10－34）中微分方程的简单形式使得该方程可以通过解析方法积分得到相对运动方程的解析形式解。此方程即为轨道相对运动状态方程。

（2）相对姿态运动状态方程

相对姿态问题是研究追踪航天器本体坐标系 O_b 相对于目标航天器轨道坐标系 O_o（假设与其本体系 O_a 重合）的转换关系。如图10－4中，当目标航天器经过 $\boldsymbol{q}_{ba}$ 相对姿态四元数变换，我们可以得到追踪航天器的姿态。

这里给出的是相对姿态运动的运动学方法推导结果，推导追踪航天器和目标航天器的运动学与动力学方程。相对姿态描述如图10－4所示。

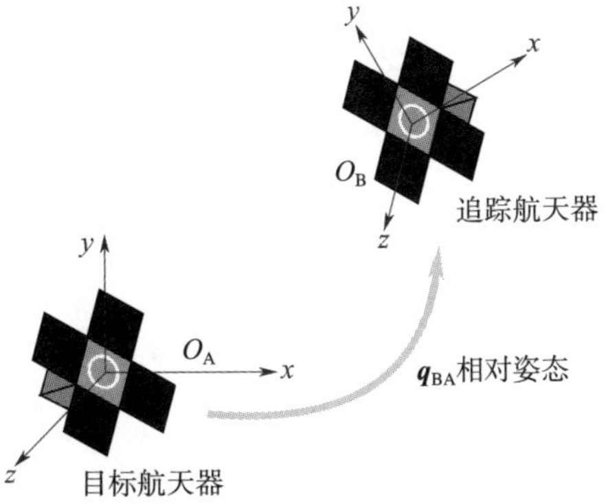

图 10－4　相对姿态描述

定义相对姿态四元数描述为 $\boldsymbol{q}_{ba}$

$$\boldsymbol{q}_{ba}=[q_{0ba} \quad q_{1ba} \quad q_{2ba} \quad q_{3ba}]^{\mathrm{T}}$$

可由追踪航天器和目标航天器的绝对角速度，求出相对角速度

$$\boldsymbol{\omega}_{\mathrm{BA}}^{b}=\boldsymbol{\omega}_{\mathrm{B}}^{b}-\boldsymbol{q}_{\mathrm{BA}}^{*}\circ\boldsymbol{\omega}_{\mathrm{A}}^{a}\circ\boldsymbol{q}_{\mathrm{BA}} \tag{10-35}$$

式中　角速度 $\boldsymbol{\omega}$——扩展为标量为 0 的四元数；

A——目标航天器；

B——追踪航天器；

a——矢量在目标航天器本体坐标系分量；

b——矢量在追踪航天器本体坐标系分量。

然后建立相对运动学方程，四元数表示的微分方程如下

$$\dot{\boldsymbol{q}}_{\mathrm{BA}}=\frac{1}{2}\boldsymbol{q}_{\mathrm{BA}}\circ\boldsymbol{\omega}_{\mathrm{BA}}^{b} \tag{10-36}$$

直接给出两航天器本体坐标系下的动力学方程

$$\begin{aligned}\dot{\boldsymbol{\omega}}_{\mathrm{A}}^{a}&=-\boldsymbol{I}_{\mathrm{A}}^{-1}(\boldsymbol{\omega}_{\mathrm{A}}^{a}\times\boldsymbol{I}_{\mathrm{A}}\boldsymbol{\omega}_{\mathrm{A}}^{a})+\boldsymbol{I}_{\mathrm{A}}^{-1}\boldsymbol{T}_{\mathrm{A}}^{a}\\ \dot{\boldsymbol{\omega}}_{\mathrm{B}}^{b}&=-\boldsymbol{I}_{\mathrm{B}}^{-1}(\boldsymbol{\omega}_{\mathrm{B}}^{b}\times\boldsymbol{I}_{\mathrm{B}}\boldsymbol{\omega}_{\mathrm{B}}^{b})+\boldsymbol{I}_{\mathrm{B}}^{-1}\boldsymbol{T}_{\mathrm{B}}^{b}\end{aligned} \tag{10-37}$$

式中　$\boldsymbol{I}$——转动惯量矩阵。

将式（10－35）对时间微分

$$\dot{\boldsymbol{\omega}}_{BA}^{b}=\dot{\boldsymbol{\omega}}_{B}^{b}-\boldsymbol{q}_{BA}\circ\dot{\boldsymbol{\omega}}_{A}^{a}\circ\boldsymbol{q}_{BA}-\boldsymbol{q}_{BA}^{*}\circ\boldsymbol{\omega}_{A}^{a}\circ\dot{\boldsymbol{q}}_{BA}-\dot{\boldsymbol{q}}_{BA}^{*}\circ\boldsymbol{\omega}_{A}^{a}\circ\boldsymbol{q}_{BA}\tag{10-38}$$

定义

$$\boldsymbol{I}=\begin{bmatrix}1&0&0&0\\0&1&0&0\\0&0&1&0\\0&0&0&1\end{bmatrix},\ \boldsymbol{E}=\begin{bmatrix}1&0&0&0\\0&-1&0&0\\0&0&-1&0\\0&0&0&-1\end{bmatrix}$$

式（10－38）化为

$$\dot{\boldsymbol{\omega}}_{BA}^{b}=\dot{\boldsymbol{\omega}}_{B}^{b}-\boldsymbol{q}_{BA}\circ\dot{\boldsymbol{\omega}}_{A}^{a}\circ\boldsymbol{q}_{BA}-\boldsymbol{q}_{BA}^{*}\circ\boldsymbol{\omega}_{A}^{a}\circ(\boldsymbol{I}\dot{\boldsymbol{q}}_{BA})-(\boldsymbol{E}\dot{\boldsymbol{q}}_{BA})\circ\boldsymbol{\omega}_{A}^{a}\circ\boldsymbol{q}_{BA}\tag{10-39}$$

将式（10－36）带入式（10－39）得

$$\dot{\boldsymbol{\omega}}_{BA}^{b}=\dot{\boldsymbol{\omega}}_{B}^{b}-\boldsymbol{q}_{BA}\circ\dot{\boldsymbol{\omega}}_{A}^{a}\circ\boldsymbol{q}_{BA}-\boldsymbol{q}_{BA}^{*}\circ\boldsymbol{\omega}_{A}^{a}\circ\left(\frac{1}{2}\boldsymbol{I}\boldsymbol{q}_{BA}\circ\boldsymbol{\omega}_{BA}^{b}\right)-\left(\frac{1}{2}\boldsymbol{E}\boldsymbol{q}_{BA}\circ\boldsymbol{\omega}_{BA}^{b}\right)\circ\boldsymbol{\omega}_{A}^{a}\circ\boldsymbol{q}_{BA}\tag{10-40}$$

$$\dot{\boldsymbol{\omega}}_{BA}^{b}=\dot{\boldsymbol{\omega}}_{B}^{b}-\boldsymbol{q}_{BA}\circ\dot{\boldsymbol{\omega}}_{A}^{a}\circ\boldsymbol{q}_{BA}-\frac{1}{2}(\boldsymbol{q}_{BA}^{*}\circ\boldsymbol{\omega}_{A}^{a}\circ\boldsymbol{q}_{BA}\circ\boldsymbol{\omega}_{BA}^{b}+\boldsymbol{\omega}_{BA}^{b\,*}\circ\boldsymbol{q}_{BA}^{*}\circ\boldsymbol{\omega}_{A}^{a}\circ\boldsymbol{q}_{BA})\tag{10-41}$$

化简得

$$\dot{\boldsymbol{\omega}}_{BA}^{b}=\dot{\boldsymbol{\omega}}_{B}^{b}-\boldsymbol{q}_{BA}\circ\dot{\boldsymbol{\omega}}_{A}^{a}\circ\boldsymbol{q}_{BA}+\frac{1}{2}([\overset{+}{\boldsymbol{\omega}}{}_{BA}^{b}]+[\overset{-}{\boldsymbol{\omega}}{}_{BA}^{b}]^{\mathrm{T}})\boldsymbol{q}_{BA}^{*}\circ\boldsymbol{\omega}_{A}^{a}\circ\boldsymbol{q}_{BA}\tag{10-42}$$

以上正负标矩阵的表示分别如下，两 4 阶方阵右下角的 3 阶方阵为互为转置的关系

$$[\overset{+}{\boldsymbol{\omega}}{}_{BA}^{b}]=\begin{bmatrix}0&-\boldsymbol{\omega}_{BAx}^{b}&-\boldsymbol{\omega}_{BAy}^{b}&-\boldsymbol{\omega}_{BAz}^{b}\\\boldsymbol{\omega}_{BAx}^{b}&0&-\boldsymbol{\omega}_{BAz}^{b}&\boldsymbol{\omega}_{BAy}^{b}\\\boldsymbol{\omega}_{BAy}^{b}&\boldsymbol{\omega}_{BAz}^{b}&0&\boldsymbol{\omega}_{BAx}^{b}\\\boldsymbol{\omega}_{BAz}^{b}&-\boldsymbol{\omega}_{BAy}^{b}&\boldsymbol{\omega}_{BAx}^{b}&0\end{bmatrix}$$

$$[\overset{-}{\boldsymbol{\omega}}{}_{BA}^{b}]=\begin{bmatrix}0&-\boldsymbol{\omega}_{BAx}^{b}&-\boldsymbol{\omega}_{BAy}^{b}&-\boldsymbol{\omega}_{BAz}^{b}\\\boldsymbol{\omega}_{BAx}^{b}&0&\boldsymbol{\omega}_{BAz}^{b}&-\boldsymbol{\omega}_{BAy}^{b}\\\boldsymbol{\omega}_{BAy}^{b}&-\boldsymbol{\omega}_{BAz}^{b}&0&\boldsymbol{\omega}_{BAx}^{b}\\\boldsymbol{\omega}_{BAz}^{b}&\boldsymbol{\omega}_{BAy}^{b}&-\boldsymbol{\omega}_{BAx}^{b}&0\end{bmatrix}$$

定义右下角 3 阶方阵为 $\boldsymbol{\omega}_{BA}^{b}$ 叉乘阵的 4 阶方阵

$$[\overset{\times}{\boldsymbol{\omega}}{}_{BA}^{b}]=\begin{bmatrix}0&0&0&0\\0&0&-\boldsymbol{\omega}_{BAz}^{b}&\boldsymbol{\omega}_{BAy}^{b}\\0&\boldsymbol{\omega}_{BAz}^{b}&0&-\boldsymbol{\omega}_{BAx}^{b}\\0&-\boldsymbol{\omega}_{BAy}^{b}&\boldsymbol{\omega}_{BAx}^{b}&0\end{bmatrix}$$

则式（10－42）化为

$$\dot{\boldsymbol{\omega}}_{BA}^{b}=\dot{\boldsymbol{\omega}}_{B}^{b}-\boldsymbol{q}_{BA}\circ\dot{\boldsymbol{\omega}}_{A}^{a}\circ\boldsymbol{q}_{BA}+[\overset{\times}{\boldsymbol{\omega}}{}_{BA}^{b}]\boldsymbol{q}_{BA}^{*}\circ\boldsymbol{\omega}_{A}^{a}\circ\boldsymbol{q}_{BA}\tag{10-43}$$

将式（10－37）代入式（10－43）

$$\dot{\boldsymbol{\omega}}_{BA}^{b}=-\boldsymbol{I}_{B}^{-1}(\boldsymbol{\omega}_{B}^{b}\times\boldsymbol{I}_{B}\boldsymbol{\omega}_{B}^{b})+\boldsymbol{I}_{B}^{-1}\boldsymbol{T}_{B}^{b}-\boldsymbol{q}_{BA}^{*}\circ\boldsymbol{\omega}_{A}^{a}\circ\boldsymbol{q}_{BA}+[\overset{\times}{\boldsymbol{\omega}}{}_{BA}^{b}]\boldsymbol{q}_{BA}^{*}\circ\boldsymbol{\omega}_{A}^{a}\circ\boldsymbol{q}_{BA} \tag{10-44}$$

根据任务需要做合理的简化假设：$\boldsymbol{\omega}_{A}^{a}$ 为目标航天器轨道坐标系角速度，由于假设为圆轨道，且不考虑目标航天器机动，有$\dot{\boldsymbol{\omega}}_{A}^{a}=0$；式（10－44）中 $\boldsymbol{\omega}_{B}^{b}\times\boldsymbol{I}_{B}\boldsymbol{\omega}_{B}^{b}$ 为角速度耦合项，假定追踪航天器为三轴对称构型，即 $\boldsymbol{I}_{B}$ 为元素相等的三对角阵。根据以上假设，式（10－44）化为

$$\dot{\boldsymbol{\omega}}_{BA}^{b}=[\overset{\times}{\boldsymbol{\omega}}{}_{BA}^{b}]\boldsymbol{q}_{BA}^{*}\circ\boldsymbol{\omega}_{A}^{a}\circ\boldsymbol{q}_{BA}+\boldsymbol{I}_{B}^{-1}\boldsymbol{T}_{B}^{b} \tag{10-45}$$

此方程即为姿态相对运动状态方程。

（3）相对运动状态矩阵

状态变量的定义

$$\boldsymbol{X}=[t_x\quad t_y\quad t_z\quad \boldsymbol{q}_0\quad \boldsymbol{q}_1\quad \boldsymbol{q}_2\quad \boldsymbol{q}_3\quad v_x\quad v_y\quad v_z\quad w_x\quad w_y\quad w_z\quad]^{\mathrm{T}} \tag{10-46}$$

将 Hill 方程

$$\begin{aligned}&\ddot{x}-2\omega\dot{z}=a_x\\&\ddot{y}+\omega^2 y=a_y\\&\ddot{z}-3\omega^2 z+2\omega\dot{x}=a_z\end{aligned} \tag{10-47}$$

化为如下形式

$$\dot{\boldsymbol{v}}=\begin{bmatrix}0&0&0\\0&-\omega^2&0\\0&0&3\omega^2\end{bmatrix}\boldsymbol{t}+\begin{bmatrix}0&0&2\omega\\0&0&0\\-2\omega&0&0\end{bmatrix}\boldsymbol{v} \tag{10-48}$$

定义

$$\boldsymbol{\Omega}_t=\begin{bmatrix}0&0&0\\0&-\omega^2&0\\0&0&3\omega^2\end{bmatrix},\ \boldsymbol{\Omega}_v=\begin{bmatrix}0&0&2\omega\\0&0&0\\-2\omega&0&0\end{bmatrix}$$

则绕飞段相对运动状态方程为

$$\begin{cases}\dot{\boldsymbol{t}}=\boldsymbol{v}\\ \dot{\boldsymbol{q}}_{BA}=\dfrac{1}{2}\boldsymbol{q}_{BA}\circ\boldsymbol{\omega}_{BA}^{b}\\ \dot{\boldsymbol{v}}=\boldsymbol{\Omega}_t\boldsymbol{t}+\boldsymbol{\Omega}_v\boldsymbol{v}+\boldsymbol{a}\\ \dot{\boldsymbol{\omega}}_{BA}^{b}=[\overset{\times}{\boldsymbol{\omega}}{}_{BA}^{b}]\boldsymbol{q}_{BA}^{*}\circ\boldsymbol{\omega}_{A}^{a}\circ\boldsymbol{q}_{BA}+\boldsymbol{I}_{B}^{-1}\boldsymbol{T}_{B}^{b}\end{cases} \tag{10-49}$$

由式（10－1）得

$$\dot{\boldsymbol{X}}(t)=\boldsymbol{f}[\boldsymbol{X}(t),\ t]+\boldsymbol{W}(t) \tag{10-50}$$

将式（10－50）非线性方程进行线性化并离散化有

$$\mathrm{d}\boldsymbol{X}_k=\boldsymbol{\Phi}_{k,\ k-1}\mathrm{d}\boldsymbol{X}_{k-1}+\boldsymbol{W}_{k-1} \tag{10-51}$$

线性化离散化后转移矩阵为

$$\boldsymbol{\Phi} = \mathrm{e}^{\boldsymbol{A}T} \approx \boldsymbol{I} + \boldsymbol{A}T \tag{10-52}$$

其中

$$\boldsymbol{A}(k-1) = \left.\frac{\partial \boldsymbol{f}(\boldsymbol{X},\ k-1)}{\partial \boldsymbol{X}}\right|_{\boldsymbol{X}=\boldsymbol{X}_{k-1}}$$

式中　T——离散采样时间。

将式（10-49）线性化得

$$\begin{cases}\left.\dfrac{\partial \dot{\boldsymbol{t}}(t_k)}{\partial \boldsymbol{v}}\right|_{\boldsymbol{v}=\boldsymbol{v}(t_k)} = \boldsymbol{I} \\ \left.\dfrac{\partial \dot{\boldsymbol{q}}_{\mathrm{BA}}(t_k)}{\partial \boldsymbol{q}_{\mathrm{BA}}}\right|_{\boldsymbol{q}_{\mathrm{BA}}=\boldsymbol{q}_{\mathrm{BA}}(t_k)} = \dfrac{1}{2}[\overset{-}{\boldsymbol{\omega}^b_{\mathrm{BA}}}(t_k)],\ \left.\dfrac{\partial \dot{\boldsymbol{q}}_{\mathrm{BA}}(t_k)}{\partial \boldsymbol{\omega}_{\mathrm{BA}}}\right|_{\boldsymbol{\omega}^b_{\mathrm{BA}}=\boldsymbol{\omega}^b_{\mathrm{BA}}(t_k)} = \dfrac{1}{2}[\overset{+}{\boldsymbol{q}^b_{\mathrm{BA}}}(t_k)]\end{cases}$$

$$\begin{cases}\left.\dfrac{\partial \dot{\boldsymbol{v}}(t_k)}{\partial \boldsymbol{t}}\right|_{\boldsymbol{t}=\boldsymbol{t}(t_k)} = \boldsymbol{\Omega}_t,\ \left.\dfrac{\partial \dot{\boldsymbol{v}}(t_k)}{\partial \boldsymbol{v}}\right|_{\boldsymbol{v}=\boldsymbol{v}(t_k)} = \boldsymbol{\Omega}_v \\ \left.\dfrac{\partial \dot{\boldsymbol{\omega}}_{\mathrm{BA}}(t_k)}{\partial \boldsymbol{q}_{\mathrm{BA}}}\right|_{\boldsymbol{q}_{\mathrm{BA}}=\boldsymbol{q}_{\mathrm{BA}}(t_k)} = \dfrac{1}{2}([\overset{+}{\boldsymbol{\omega}^b_{\mathrm{BA}}}(t_k)] - [\overset{-}{\boldsymbol{\omega}^b_{\mathrm{BA}}}(t_k)]) \\ \quad \{[\overset{+}{\boldsymbol{q}^b_{\mathrm{BA}}}(t_k)]^{\mathrm{T}}[\overset{+}{\boldsymbol{\omega}^b_{\mathrm{BA}}}(t_k)]\boldsymbol{I} + [\overset{-}{\boldsymbol{q}^b_{\mathrm{BA}}}(t_k)][\overset{-}{\boldsymbol{\omega}^b_{\mathrm{BA}}}(t_k)]\boldsymbol{E}\} \\ \left.\dfrac{\partial \dot{\boldsymbol{\omega}}_{\mathrm{BA}}(t_k)}{\partial \boldsymbol{\omega}_{\mathrm{BA}}}\right|_{\boldsymbol{\omega}^b_{\mathrm{BA}}=\boldsymbol{\omega}^b_{\mathrm{BA}}(t_k)} = \dfrac{1}{2}([\overset{-}{\boldsymbol{q}^b_{\mathrm{BA}}}(t_k)][\overset{-}{\boldsymbol{\omega}^b_{\mathrm{BA}}}(t_k)][\overset{-}{\boldsymbol{q}^b_{\mathrm{BA}}}(t_k)]^{\mathrm{T}} - [\overset{+}{\boldsymbol{q}^b_{\mathrm{BA}}}(t_k)]^{\mathrm{T}}[\overset{+}{\boldsymbol{\omega}^b_{\mathrm{BA}}}(t_k)][\overset{+}{\boldsymbol{q}^b_{\mathrm{BA}}}(t_k)])\end{cases} \tag{10-53}$$

将式（10-53）离散化，定义矩阵 $\boldsymbol{A}$

$$\begin{cases}\boldsymbol{A}^{\dot{\boldsymbol{t}}}_{(\boldsymbol{v},\ k-1)} = \boldsymbol{I} \\ \boldsymbol{A}^{\dot{\boldsymbol{q}}_{\mathrm{BA}}}_{(\boldsymbol{q}_{\mathrm{BA}},\ k-1)} = \left.\dfrac{\partial \dot{\boldsymbol{q}}_{\mathrm{BA}}(\boldsymbol{q}_{\mathrm{BA}},\ \boldsymbol{\omega}^b_{\mathrm{BA}},\ k-1)}{\partial \boldsymbol{q}_{\mathrm{BA}}}\right|_{\boldsymbol{q}_{\mathrm{BA}}=\boldsymbol{q}_{\mathrm{BA}(k-1)}} \\ \boldsymbol{A}^{\dot{\boldsymbol{q}}_{\mathrm{BA}}}_{(\boldsymbol{\omega}^b_{\mathrm{BA}},\ k-1)} = \left.\dfrac{\partial \dot{\boldsymbol{q}}_{\mathrm{BA}}(\boldsymbol{q}_{\mathrm{BA}},\ \boldsymbol{\omega}^b_{\mathrm{BA}},\ k-1)}{\partial \boldsymbol{\omega}^b_{\mathrm{BA}}}\right|_{\boldsymbol{\omega}^b_{\mathrm{BA}}=\boldsymbol{\omega}^b_{\mathrm{BA}(k-1)}} \\ \boldsymbol{A}^{\dot{\boldsymbol{v}}}_{(\boldsymbol{t},\ k-1)} = \left.\dfrac{\partial \dot{\boldsymbol{v}}(\boldsymbol{t},\ \boldsymbol{v},\ k-1)}{\partial \boldsymbol{t}}\right|_{\boldsymbol{t}=\boldsymbol{t}_{k-1}} \\ \boldsymbol{A}^{\dot{\boldsymbol{v}}}_{(\boldsymbol{v},\ k-1)} = \left.\dfrac{\partial \dot{\boldsymbol{v}}(\boldsymbol{t},\ \boldsymbol{v},\ k-1)}{\partial \boldsymbol{v}}\right|_{\boldsymbol{v}=\boldsymbol{v}_{k-1}} \\ \boldsymbol{A}^{\dot{\boldsymbol{\omega}}_{\mathrm{BA}}}_{(\boldsymbol{q}_{\mathrm{BA}},\ k-1)} = \left.\dfrac{\partial \dot{\boldsymbol{\omega}}_{\mathrm{BA}}(\boldsymbol{q}_{\mathrm{BA}},\ \boldsymbol{\omega}^b_{\mathrm{BA}},\ k-1)}{\partial \boldsymbol{q}_{\mathrm{BA}}}\right|_{\boldsymbol{q}_{\mathrm{BA}}=\boldsymbol{q}_{\mathrm{BA}(k-1)}} \\ \boldsymbol{A}^{\dot{\boldsymbol{\omega}}_{\mathrm{BA}}}_{(\boldsymbol{\omega}^b_{\mathrm{BA}},\ k-1)} = \left.\dfrac{\partial \dot{\boldsymbol{\omega}}^b_{\mathrm{BA}}(\boldsymbol{q}_{\mathrm{BA}},\ \boldsymbol{\omega}^b_{\mathrm{BA}},\ k-1)}{\partial \boldsymbol{\omega}^b_{\mathrm{BA}}}\right|_{\boldsymbol{\omega}^b_{\mathrm{BA}}=\boldsymbol{\omega}^b_{\mathrm{BA}(k-1)}}\end{cases}$$

可得

$$
\boldsymbol{\Phi}=\boldsymbol{I}+\begin{bmatrix} \boldsymbol{0}_{3\times3} & \boldsymbol{0}_{3\times4} & \boldsymbol{I}_{3\times3} & \boldsymbol{0}_{3\times3} \\ \boldsymbol{0}_{4\times3} & \boldsymbol{A}^{\dot{\boldsymbol{q}}_{\mathrm{BA}}}_{(\boldsymbol{q}_{\mathrm{BA}},\ k-1)} & \boldsymbol{0}_{4\times4} & \boldsymbol{A}^{\dot{\boldsymbol{q}}_{\mathrm{BA}}}_{(\boldsymbol{\omega}_{\mathrm{BA}},\ k-1)} \\ \boldsymbol{A}^{\dot{\boldsymbol{v}}}_{(t,\ k-1)} & \boldsymbol{0}_{3\times3} & \boldsymbol{A}^{\dot{\boldsymbol{v}}}_{(\boldsymbol{v},\ k-1)} & \boldsymbol{0}_{3\times3} \\ \boldsymbol{0}_{3\times3} & \boldsymbol{A}^{\dot{\boldsymbol{\omega}}_{\mathrm{BA}}}_{(\boldsymbol{q}_{\mathrm{BA}},\ k-1)} & \boldsymbol{0}_{3\times3} & \boldsymbol{A}^{\dot{\boldsymbol{\omega}}_{\mathrm{BA}}}_{(\boldsymbol{\omega}_{\mathrm{BA}},\ k-1)} \end{bmatrix}T \tag{10-54}
$$

式中　T——采样时间。

10.3.1.2　平移段

航天器交会对接最终逼近平移段通常采用视线制导方式，与自由轨道法的区别在于对两个航天器质心的相对运动轨迹作了约束。从初始机动时刻到完成的整个作用时间内，相对坐标系中的相对运动轨迹应当是一条通过两个航天器质心的直线。追踪航天器是沿着这条瞄准线（对接轴）向目标航天器运动，并且瞄准线在相对坐标系中的旋转角速度始终保持为零。相对速度矢量的方向在每个瞬时都与瞄准线方向重合。

由于平移段通常只有百余秒的时间，相对于轨道周期非常小，因此进行满足导航任务要求的合理简化时，假设目标航天器静止不动，追踪航天器沿视轴线减速逼近。角速度设为常量。

（1）相对轨道运动状态方程

建立目标航天器本体坐标系下相对轨道运动状态方程

$$
\begin{aligned} \ddot{x}&=0 \\ \ddot{y}&=0 \\ \ddot{z}&=a_z \end{aligned} \tag{10-55}
$$

式中　a_z——视线轴向加速度。

（2）相对姿态运动状态方程

由四元数描述的卫星姿态运动学方程为

$$
\begin{aligned} \dot{\boldsymbol{q}}&=\frac{1}{2}\boldsymbol{q}\circ\boldsymbol{\omega} \\ \dot{\boldsymbol{\omega}}&=0 \end{aligned} \tag{10-56}
$$

式中　$\boldsymbol{\omega}$——卫星角速度在本体坐标系的分量扩展成四元数形式。

（3）相对运动状态矩阵

绕飞段状态变量的定义：

$$
\boldsymbol{X}=[t_x\quad t_y\quad t_z\quad \boldsymbol{q}_0\quad \boldsymbol{q}_1\quad \boldsymbol{q}_2\quad \boldsymbol{q}_3\quad v_x\quad v_y\quad v_z\quad w_x\quad w_y\quad w_z]^{\mathrm{T}} \tag{10-57}
$$

将状态方程（10-55）、方程（10-56）线性化得

$$
\begin{cases} \left.\dfrac{\partial \dot{\boldsymbol{t}}(t_k)}{\partial \boldsymbol{v}}\right|_{\boldsymbol{v}=\boldsymbol{v}(t_k)}=\boldsymbol{I} \\ \left.\dfrac{\partial \dot{\boldsymbol{q}}(t_k)}{\partial \boldsymbol{q}}\right|_{\boldsymbol{q}=\boldsymbol{q}(t_k)}=\dfrac{1}{2}[\overset{-}{\boldsymbol{\omega}(t_k)}],\quad \left.\dfrac{\partial \dot{\boldsymbol{q}}(t_k)}{\partial \boldsymbol{\omega}}\right|_{\boldsymbol{\omega}=\boldsymbol{\omega}(t_k)}=\dfrac{1}{2}[\overset{+}{\boldsymbol{q}(t_k)}] \end{cases} \tag{10-58}
$$

离散化有

$$\boldsymbol{A}^{\dot{q}}_{(q,\ k-1)}=\left.\frac{\partial\dot{\boldsymbol{q}}(\boldsymbol{q},\ \boldsymbol{\omega},\ k-1)}{\partial\boldsymbol{q}}\right|_{\boldsymbol{q}=\boldsymbol{q}_{k-1}},\ \boldsymbol{A}^{\dot{q}}_{(\omega,\ k-1)}=\left.\frac{\partial\dot{\boldsymbol{q}}(\boldsymbol{q},\ \boldsymbol{\omega},\ k-1)}{\partial\boldsymbol{\omega}}\right|_{\boldsymbol{\omega}=\boldsymbol{\omega}_{k-1}} \tag{10-59}$$

$$\boldsymbol{\Phi}=\mathrm{e}^{\boldsymbol{A}T}\approx\boldsymbol{I}+\boldsymbol{A}T \tag{10-60}$$

$$\boldsymbol{\Phi}=\boldsymbol{I}+\begin{bmatrix}\boldsymbol{0}_{3\times3} & \boldsymbol{0}_{3\times4} & I_{3\times3} & \boldsymbol{0}_{3\times3}\\ \boldsymbol{0}_{4\times3} & \boldsymbol{A}^{\dot{q}}_{(q,\ k-1)} & \boldsymbol{0}_{4\times4} & \boldsymbol{A}^{\dot{q}}_{(\omega,\ k-1)}\\ \boldsymbol{0}_{3\times3} & \boldsymbol{0}_{3\times3} & \boldsymbol{0}_{3\times3} & \boldsymbol{0}_{3\times3}\\ \boldsymbol{0}_{3\times3} & \boldsymbol{0}_{3\times3} & \boldsymbol{0}_{3\times3} & \boldsymbol{0}_{3\times3}\end{bmatrix}T \tag{10-61}$$

式中　T——采样时间。

10.3.2　相对运动测量方程的建立

目标航天器通过视觉相机在像平面投影，可以通过对其特征线投影量进行观测，解算出相对位置和姿态，并通过卡尔曼滤波估计速度和角速度。第 4 章中已经详尽地推导了目标特征线的投影模型，如图 10－5 所示。

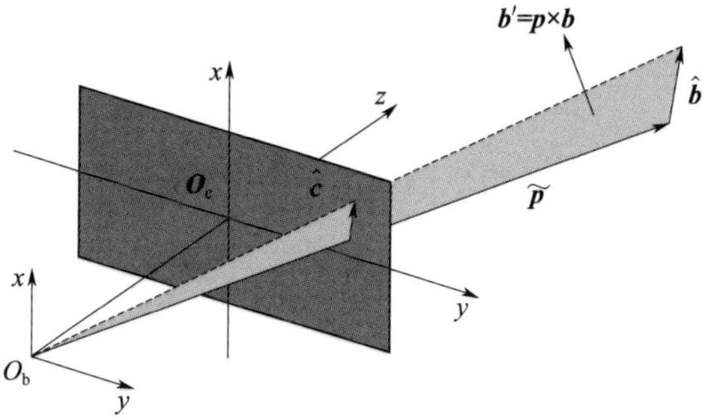

图 10－5　相机坐标系下特征线估计值 $\tilde{\hat{\boldsymbol{b}}}$ 与像平面投影估计值 $\tilde{\hat{\boldsymbol{c}}}$ 的关系

像平面投影量对偶部单位矢量重写如下

$$\boldsymbol{c}'_{\text{unit}}=\frac{\boldsymbol{c}'}{\|\boldsymbol{c}'\|}=\frac{1}{\|\boldsymbol{b}'\|}\left(\boldsymbol{q}^{*}\circ\boldsymbol{a}\circ\frac{1}{2}\boldsymbol{t}\circ\boldsymbol{q}+\boldsymbol{q}^{*}\circ\boldsymbol{a}'\circ\boldsymbol{q}+\frac{1}{2}\boldsymbol{q}^{*}\circ\boldsymbol{t}^{*}\circ\boldsymbol{a}\circ\boldsymbol{q}\right) \tag{10-62}$$

式中　$\boldsymbol{c}'$——特征直线在像平面投影量的对偶部，选择其为系统的观测量。

将式（10－62）对 $\boldsymbol{q}$ 与 $\boldsymbol{t}$ 拟线性化得

$$\boldsymbol{H}_t=\frac{\partial\boldsymbol{c}'_{\text{unit}}}{\partial q}\approx\frac{1}{2}\frac{1}{\|\boldsymbol{b}'\|}\{[\overset{+}{\boldsymbol{q}}]^{\mathrm{T}}[\overset{+}{\boldsymbol{a}}][\overset{-}{\boldsymbol{q}}]\boldsymbol{I}+[\overset{-}{\boldsymbol{q}}][\overset{-}{\boldsymbol{a}}][\overset{+}{\boldsymbol{q}}]^{\mathrm{T}}\boldsymbol{E}\} \tag{10-63}$$

$$\begin{aligned}\boldsymbol{H}_q=\frac{\partial\boldsymbol{c}'_{\text{unit}}}{\partial\boldsymbol{q}}\approx\frac{1}{2}\frac{1}{\|\boldsymbol{b}'\|}\{&[\overset{-}{\boldsymbol{q}}][\overset{-}{\boldsymbol{t}}][\overset{-}{\boldsymbol{a}}]\boldsymbol{E}+[\overset{+}{\boldsymbol{q}}]^{\mathrm{T}}[\overset{+}{\boldsymbol{a}}][\overset{+}{\boldsymbol{t}}]\boldsymbol{I}+\\&2[\overset{-}{\boldsymbol{q}}][\overset{-}{\boldsymbol{a}}{}']\boldsymbol{E}+2[\overset{+}{\boldsymbol{q}}]^{\mathrm{T}}[\overset{+}{\boldsymbol{a}}{}']\boldsymbol{I}+[\overset{-}{\boldsymbol{q}}][\overset{-}{\boldsymbol{a}}][\overset{-}{\boldsymbol{t}}]^{\mathrm{T}}\boldsymbol{E}+\\&[\overset{+}{\boldsymbol{q}}]^{\mathrm{T}}[\overset{+}{\boldsymbol{t}}]^{\mathrm{T}}[\overset{+}{\boldsymbol{a}}]\boldsymbol{I}\}\end{aligned} \tag{10-64}$$

此处

$$I=\begin{bmatrix}1&0&0&0\\0&1&0&0\\0&0&1&0\\0&0&0&1\end{bmatrix},\ E=\begin{bmatrix}1&0&0&0\\0&-1&0&0\\0&0&-1&0\\0&0&0&-1\end{bmatrix}$$

对状态量的观测至少需要三条特征直线，因此可得观测量为三个单位对偶矢量

$$Y=\begin{bmatrix}\boldsymbol{c}'_{\mathrm{unit1}}\\\boldsymbol{c}'_{\mathrm{unit2}}\\\boldsymbol{c}'_{\mathrm{unit3}}\end{bmatrix} \tag{10-65}$$

因此有

$$\boldsymbol{H}_k=\begin{bmatrix}\boldsymbol{H}_{t1}&\boldsymbol{H}_{p1}&\boldsymbol{0}_{3\times6}\\\boldsymbol{H}_{t2}&\boldsymbol{H}_{p2}&\boldsymbol{0}_{3\times6}\\\boldsymbol{H}_{t3}&\boldsymbol{H}_{p3}&\boldsymbol{0}_{3\times6}\end{bmatrix} \tag{10-66}$$

式中　$\boldsymbol{H}_k$——9×6 矩阵。

10.4　视觉/惯性器件组合导航扩展卡尔曼滤波算法

本节在使用与上一节相同测量模型的基础上，采用对偶四元数描述的刚体运动学方程，并将陀螺常值漂移与加速度计常偏以对偶数的形式统一建模。基本原理如图 10-6 所示。选取与第 9 章相同的测量模型，以下推导基于对偶四元数统一描述的运动微分方程及陀螺加速度计常偏的卡尔曼滤波运动学方程。

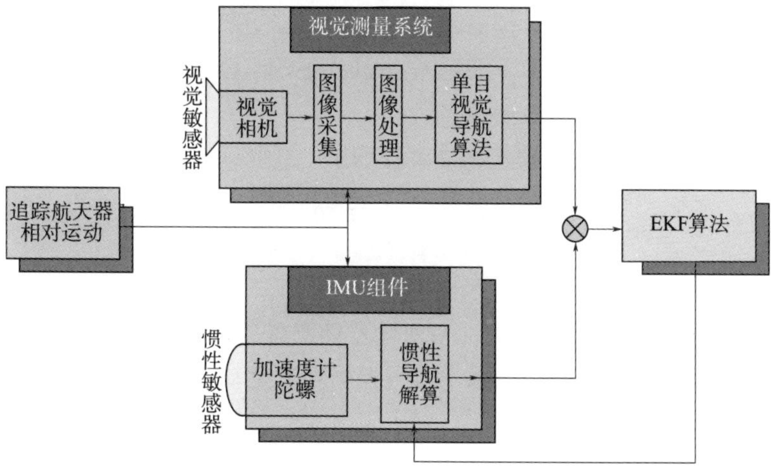

图 10-6　单目视觉/IMU 组合的相对运动状态估计流程框图

10.4.1 相对运动状态方程的建立

这里仅针对航天器交会对接最终逼近平移段建立运动学模型，与 10.3 节类似，在进行满足导航任务要求的合理简化时，假设目标航天器静止不动，追踪航天器沿视轴线减速逼近。角速度设为常量。

对偶四元数描述的运动学方程为如下形式

$$\dot{\hat{\boldsymbol{q}}}=\frac{1}{2}\hat{\boldsymbol{q}}\circ\hat{\boldsymbol{\omega}}_{\mathrm{b}} \tag{10-67}$$

$$\dot{\hat{\boldsymbol{q}}}=\frac{1}{2}\hat{\boldsymbol{\omega}}_{\mathrm{o}}\circ\hat{\boldsymbol{q}} \tag{10-68}$$

其中，对偶矢量

$$\hat{\boldsymbol{\omega}}_{\mathrm{b}}=\boldsymbol{\omega}_{\mathrm{b}}+\varepsilon(\dot{\boldsymbol{r}}_{\mathrm{b}}+\boldsymbol{\omega}_{\mathrm{b}}\times\boldsymbol{r}_{\mathrm{b}}) \tag{10-69}$$

$$\hat{\boldsymbol{\omega}}_{\mathrm{o}}=\boldsymbol{\omega}_{\mathrm{o}}+\varepsilon(\dot{\boldsymbol{r}}_{\mathrm{o}}+\boldsymbol{\omega}_{\mathrm{o}}\times\boldsymbol{r}_{\mathrm{o}}) \tag{10-70}$$

式中　o——参考坐标系；

　　b——航天器本体坐标系。

式（10-70）被称为“旋量”（Twist）。可以看出对偶四元数运动学方程与四元数相似，实际上，根据 Kotelnikov 的转移原理，四元数的性质被对偶四元数完全继承了。

考虑目标航天器本体坐标系 O 和追踪航天器本体坐标系 b，假定对偶四元数 $\hat{\boldsymbol{q}}=\boldsymbol{q}+\varepsilon\boldsymbol{q}'$从 O 系到 b 系的一般性刚体运动，这里

$$\boldsymbol{q}'=\frac{1}{2}\boldsymbol{v}_{\mathrm{o}}\circ\boldsymbol{q}=\frac{1}{2}\boldsymbol{q}\circ\boldsymbol{v}_{\mathrm{b}} \tag{10-71}$$

因为角速度和加速度都是在本体坐标系中表示的，下面将在 B 系下表示旋量

$$\begin{aligned}\hat{\boldsymbol{\omega}}_{\mathrm{b}}&=\boldsymbol{\omega}_{\mathrm{b}}+\varepsilon(\dot{\boldsymbol{v}}_{\mathrm{b}}+\boldsymbol{\omega}_{\mathrm{b}}\times\boldsymbol{v}_{\mathrm{b}})\\&=\boldsymbol{\omega}_{\mathrm{b}}+\varepsilon(\boldsymbol{q}^{*}\circ\dot{\boldsymbol{v}}_{\mathrm{o}}\circ\boldsymbol{q})\\&=\boldsymbol{\omega}_{\mathrm{b}}+\varepsilon(\boldsymbol{q}^{*}\circ\boldsymbol{a}_{\mathrm{o}}\circ\boldsymbol{q})\\&=\boldsymbol{\omega}_{\mathrm{b}}+\varepsilon\boldsymbol{a}_{\mathrm{b}}\end{aligned} \tag{10-72}$$

得到对偶四元数描述的航天器运动学方程如下

$$\begin{cases}\dot{\boldsymbol{t}}_{\mathrm{o}}=\dot{\boldsymbol{v}}_{\mathrm{o}}=2\boldsymbol{q}'\circ\boldsymbol{q}^{*}\\\dot{\hat{\boldsymbol{q}}}=\dfrac{1}{2}\boldsymbol{q}\circ\hat{\boldsymbol{\omega}}_{\mathrm{b}}\end{cases} \tag{10-73}$$

式中　$\boldsymbol{\omega}_{\mathrm{b}}$，$\boldsymbol{a}_{\mathrm{b}}$——都是航天器本体坐标系惯性器件测得的；

　　$\boldsymbol{t}_{\mathrm{o}}$——描述了在相对导航坐标系下航天器的相对运动状态。

陀螺和加速度计的模型如下

$$\begin{cases}\boldsymbol{\omega}_{\mathrm{b}}=\boldsymbol{\omega}_{\mathrm{g}}+\boldsymbol{b}_{\omega}+\boldsymbol{\eta}_{\omega}\\\boldsymbol{a}_{\mathrm{b}}=\boldsymbol{a}_{\mathrm{g}}+\boldsymbol{b}_{\mathrm{a}}+\boldsymbol{\eta}_{\mathrm{a}}\end{cases} \tag{10-74}$$

式中　$\boldsymbol{b}_{\omega}$，$\boldsymbol{b}_{\mathrm{a}}$——分别为陀螺常值漂移和加速度计的常值偏差；

　　η_{ω}，η_{a}——分别为陀螺和加速度计测量高斯白噪声。

将式（10－74）整合为对偶数描述的惯性组件模型如下

$$\begin{gathered}\hat{\boldsymbol{\omega}}=\boldsymbol{\omega}+\varepsilon\boldsymbol{a}\\ \hat{\boldsymbol{b}}=\boldsymbol{b}_{\omega}+\varepsilon\boldsymbol{b}_{\mathrm{a}}\end{gathered}\tag{10-75}$$

得到

$$\hat{\boldsymbol{\omega}}_{\mathrm{b}}=\hat{\boldsymbol{\omega}}_{\mathrm{g}}+\hat{\boldsymbol{b}}+\hat{\boldsymbol{\eta}}\tag{10-76}$$

与式（10－73）联立得

$$\dot{\hat{\boldsymbol{q}}}=\frac{1}{2}\hat{\boldsymbol{q}}\circ(\hat{\boldsymbol{\omega}}_{\mathrm{g}}+\hat{\boldsymbol{b}}+\hat{\boldsymbol{\eta}})\tag{10-77}$$

卡尔曼滤波状态量选取 $\boldsymbol{X}=[\boldsymbol{t}^{\mathrm{T}}\quad\hat{\boldsymbol{q}}^{\mathrm{T}}\quad\hat{\boldsymbol{b}}^{\mathrm{T}}]^{\mathrm{T}}$，可得以下卡尔曼滤波状态方程

$$\begin{cases}\dot{\boldsymbol{t}}_{\mathrm{o}}=2\boldsymbol{q}'\circ\boldsymbol{q}^{*}\\ \dot{\hat{\boldsymbol{q}}}=\dfrac{1}{2}\hat{\boldsymbol{q}}\circ(\hat{\boldsymbol{\omega}}_{\mathrm{g}}+\hat{\boldsymbol{b}}+\hat{\boldsymbol{\eta}})\\ \dot{\hat{\boldsymbol{b}}}=0\end{cases}\tag{10-78}$$

可见，采用对偶四元数描述的运动学方程，在引入惯性测量时很好地简化了系统的模型。

为了得到 EKF 算法所需的方程，将式（10－78）线性化有

$$\begin{cases}\dfrac{\partial\dot{\boldsymbol{t}}_{\mathrm{o}}(t_k)}{\partial\hat{\boldsymbol{q}}}\Big|_{\hat{q}=\hat{q}(t_k)}=2[[\boldsymbol{q}'\overset{+}{(t_k)}]\boldsymbol{E}\,[\boldsymbol{q}\overset{-}{(t_k)}]^{\mathrm{T}}]\\ \dfrac{\partial\dot{\hat{\boldsymbol{q}}}(t_k)}{\partial\hat{\boldsymbol{q}}}\Big|_{\hat{q}=\hat{q}(t_k)}=\dfrac{1}{2}[\hat{\boldsymbol{\omega}}_{\mathrm{g}(t_k)}\overset{-}{+}\hat{\boldsymbol{b}}_{(t_k)}],\ \dfrac{\partial\dot{\hat{\boldsymbol{q}}}(t_k)}{\partial\hat{\boldsymbol{b}}}\Big|_{\hat{b}=\hat{b}(t_k)}=\dfrac{1}{2}[\overset{+}{\hat{\boldsymbol{q}}}]\end{cases}\tag{10-79}$$

离散化有

$$\begin{cases}\boldsymbol{A}^{\dot{t}_{\mathrm{o}}}_{(\hat{q},k-1)}=\dfrac{\partial\dot{\boldsymbol{t}}_{\mathrm{o}}(\hat{\boldsymbol{q}},k-1)}{\partial\hat{\boldsymbol{q}}}\Big|_{\hat{q}=\hat{q}_{k-1}}\\ \boldsymbol{A}^{\dot{\hat{q}}}_{(\hat{q},k-1)}=\dfrac{\partial\dot{\hat{\boldsymbol{q}}}(\hat{\boldsymbol{q}},\hat{\boldsymbol{b}},k-1)}{\partial\hat{\boldsymbol{q}}}\Big|_{\hat{q}=\hat{q}_{k-1}},\boldsymbol{A}^{\dot{\hat{q}}}_{(\hat{b},k-1)}=\dfrac{\partial\dot{\hat{\boldsymbol{q}}}(\hat{\boldsymbol{q}},\hat{\boldsymbol{b}},k-1)}{\partial\hat{\boldsymbol{b}}}\Big|_{\hat{b}=\hat{b}_{k-1}}\\ \boldsymbol{A}^{\dot{\hat{b}}}_{(k-1)}=0\end{cases}\tag{10-80}$$

$$\boldsymbol{\Phi}=\mathrm{e}^{\boldsymbol{A}T}\approx\boldsymbol{I}+\boldsymbol{A}T\tag{10-81}$$

$$\boldsymbol{\Phi}=\boldsymbol{I}+\begin{bmatrix}\boldsymbol{0}_{3\times3} & \boldsymbol{A}^{\dot{t}_{\mathrm{o}}}_{(\hat{q},\ k-1)} & \boldsymbol{0}_{3\times6}\\ \boldsymbol{0}_{8\times3} & \boldsymbol{A}^{\dot{\hat{q}}}_{(\hat{q},\ k-1)} & \boldsymbol{A}^{\dot{\hat{q}}}_{(\hat{b},\ k-1)}\\ \boldsymbol{0}_{6\times3} & \boldsymbol{0}_{6\times8} & \boldsymbol{0}_{6\times6}\end{bmatrix}T\tag{10-82}$$

式中　T——采样时间。

10.4.2 相对运动测量方程的建立

采用与上一节相同的观测方法，基于目标特征线的投影模型，观测方程如下

$$\boldsymbol{H}_t=\frac{\partial \boldsymbol{c}'_{\text{unit}}}{\partial \boldsymbol{q}}\approx\frac{1}{2}\frac{1}{\|\boldsymbol{b}'\|}\{[\overset{+}{\boldsymbol{q}}]^{\mathrm{T}}[\overset{+}{\boldsymbol{a}}][\bar{\boldsymbol{q}}]I+[\bar{\boldsymbol{q}}][\bar{\boldsymbol{a}}][\overset{+}{\boldsymbol{q}}]^{\mathrm{T}}\boldsymbol{E}\} \tag{10-83}$$

$$\begin{aligned}\boldsymbol{H}_q=\frac{\partial \boldsymbol{c}'_{\text{unit}}}{\partial \boldsymbol{q}}\approx\frac{1}{2}\frac{1}{\|\boldsymbol{b}'\|}\{&[\bar{\boldsymbol{q}}][\bar{\boldsymbol{t}}][\bar{\boldsymbol{a}}]\boldsymbol{E}+[\overset{+}{\boldsymbol{q}}]^{\mathrm{T}}[\overset{+}{\boldsymbol{a}}][\overset{+}{\boldsymbol{t}}]\boldsymbol{I}+\\&2[\bar{\boldsymbol{q}}][\bar{\boldsymbol{a}}']\boldsymbol{E}+2[\overset{+}{\boldsymbol{q}}]^{\mathrm{T}}[\overset{+}{\boldsymbol{a}}']\boldsymbol{I}+[\bar{\boldsymbol{q}}][\bar{\boldsymbol{a}}][\bar{\boldsymbol{t}}]^{\mathrm{T}}\boldsymbol{E}+[\overset{+}{\boldsymbol{q}}]^{\mathrm{T}}[\overset{+}{\boldsymbol{t}}]^{\mathrm{T}}[\overset{+}{\boldsymbol{a}}]\boldsymbol{I}\}\end{aligned} \tag{10-84}$$

对状态量的观测至少需要三条特征直线，因此可得观测量为三个单位对偶矢量

$$\boldsymbol{Y}=\begin{bmatrix}\boldsymbol{c}'_{\text{unit1}}\\\boldsymbol{c}'_{\text{unit2}}\\\boldsymbol{c}'_{\text{unit3}}\end{bmatrix} \tag{10-85}$$

因此有

$$\boldsymbol{H}_k=\begin{bmatrix}\boldsymbol{H}_{t1} & \boldsymbol{H}_{p1} & \boldsymbol{0}_{3\times6}\\\boldsymbol{H}_{t2} & \boldsymbol{H}_{p2} & \boldsymbol{0}_{3\times6}\\\boldsymbol{H}_{t3} & \boldsymbol{H}_{p3} & \boldsymbol{0}_{3\times6}\end{bmatrix} \tag{10-86}$$

式中　$\boldsymbol{H}_k$——9×6 矩阵。

10.5 数学仿真及结果分析

数学仿真是分析系统性能的一个重要手段，是在设计和稳定性分析的基础上，对所设计的结果进行验证的过程。通过仿真所得到的图像可以清晰地看出系统所能达到的精度。进而也间接地反映了系统设计过程中所选取的设计方案、对参数的设计和分析方法是否合理。

10.5.1 轨迹发生器

轨迹发生器是研究导航系统运动仿真的基础，主要用来生成两个航天器相对位置和姿态运动的轨迹，并作为导航系统的原始输入，以验证算法的正确性。轨迹发生器的设计思想是针对以交会对接最终逼近段为背景的相对导航运动特点，建立相对运动轨迹方程，经积分得到两个航天器的相对位置、速度和姿态等相对导航参数。在导航系统中，轨迹参数转化到以目标航天器本体坐标系为相对导航坐标系下，再根据相应的坐标系转换关系，分别推导出相机坐标系下的视觉导航系统运动参数。

10.5.2 视觉导航扩展卡尔曼滤波算法仿真条件、结果及分析

10.5.2.1 绕飞段

在不受外力及外力矩的情况下，选取同轨道面绕飞情况进行仿真编队，任意给定 Z 轴向初始相对位置、速度，另两轴向相对位置、速度参数需满足如下条件

$$x_0=\frac{2\dot{z}_0}{\omega};\quad \dot{x}_0=2\omega z_0$$

$$y_0=0;\quad \dot{y}_0=0 \tag{10-87}$$

仿真初始条件见表 10-1。

表 10-1　绕飞段仿真初始条件

项目	符号	值
目标星轨道高/km	h	400
目标星轨道角速度/[(°)/s]	ω	0.063
同轨道绕飞周期/s	T	5 712
采样周期/s	ΔT	1
相对位置真值/m	$[x\quad y\quad z]^T$	$[181\quad 0\quad 200]^T$
相对速度真值/m	$[v_x\quad v_y\quad v_z]^T$	$[0.44\quad 0\quad 0.1]^T$
相对姿态四元数真值	$[q_0\quad q_1\quad q_2\quad q_3]^T$	$[0.998\,2\quad 0.033\,6\quad 0.036\,1\quad 0.033\,6]^T$
相对角速度真值/[(°)/s]	$[\omega_x\quad \omega_y\quad \omega_z]^T$	$[0.005\,7\quad 0.005\,7\quad 0.005\,7]^T$
EKF 相对位置初值/m	$[x\quad y\quad z]^T$	$[179\quad 2\quad 180]^T$
EKF 相对速度初值/(m/s)	$[v_x\quad v_y\quad v_z]^T$	$[0.1\quad 0.1\quad 0.1]^T$
EKF 相对姿态四元数初值	$[q_0\quad q_1\quad q_2\quad q_3]^T$	$[1\quad 0\quad 0\quad 0]^T$
EKF 相对角速度初值/[(°)/s]	$[\omega_x\quad \omega_y\quad \omega_z]^T$	$[0.01\quad 0.01\quad 0.01]^T$
过程噪声协方差阵	$\boldsymbol{Q}_{13\times13}$	$\mathrm{diag}[0.000\,01^2,\ \cdots,\ 0.000\,01^2]^T_{13\times13}$
测量噪声协方差阵	$\boldsymbol{R}_{9\times9}$	$\mathrm{diag}[0.005^2,\ \cdots,\ 0.005^2]^T_{9\times9}$
初始误差矩阵	$\boldsymbol{P}^0_{13\times13}$	$\mathrm{diag}[1,\ \cdots,\ 1]_{13\times13}$

利用以上初始条件，生成仿真图如图 10-7 所示。

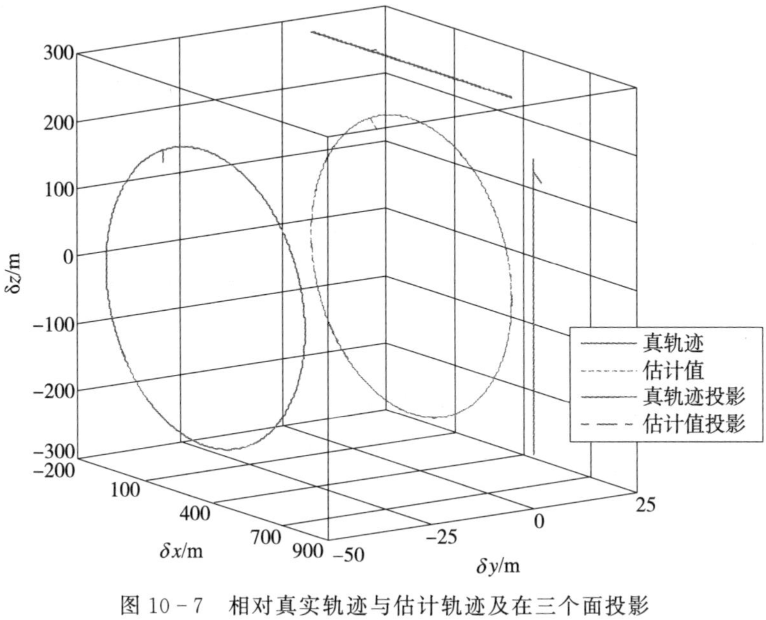

图 10-7　相对真实轨迹与估计轨迹及在三个面投影

从图 10－7、图 10－8 和图 10－9 可以看出在初值条件下，EKF 算法在 100 次计算后 13 个状态量均很好地收敛于真值。由于只有位置和姿态信息是可观测的，且可以由第 4 章的迭代算法得出，图10－10与图 10－11 将 EKF 算法与第 4 章算法精度进行了比较，可以看出，EKF 算法能够很好地滤去测量噪声和系统噪声，相对导航精度得到显著提高，提高了一个数量级左右，并正确估计出了线速度及角速度信息，精度对比见表 10－2。图 10－12所示为相对速度、相对角速度估计误差。

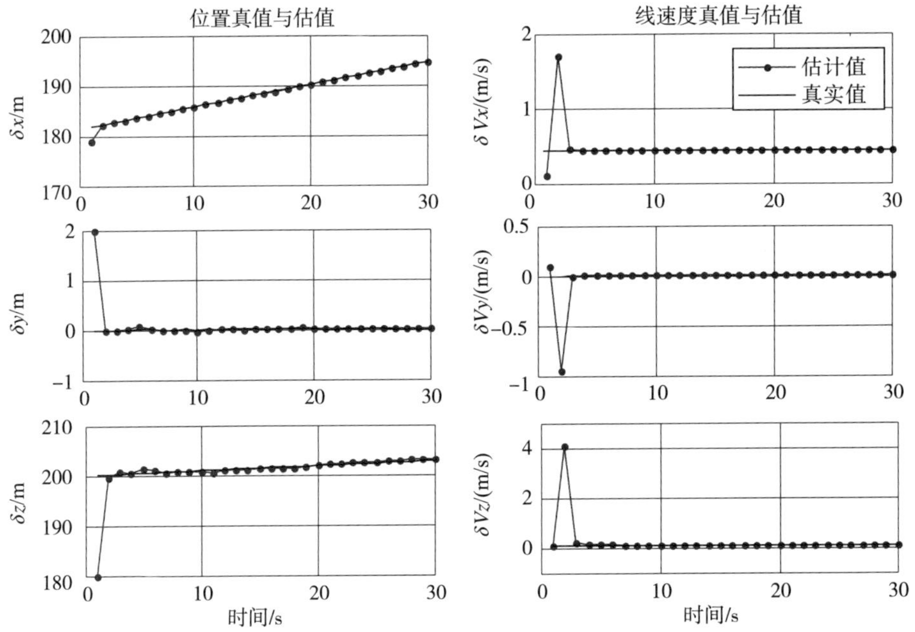

图 10－8　相对位置与线速度真值与估计值（初始 30 s）

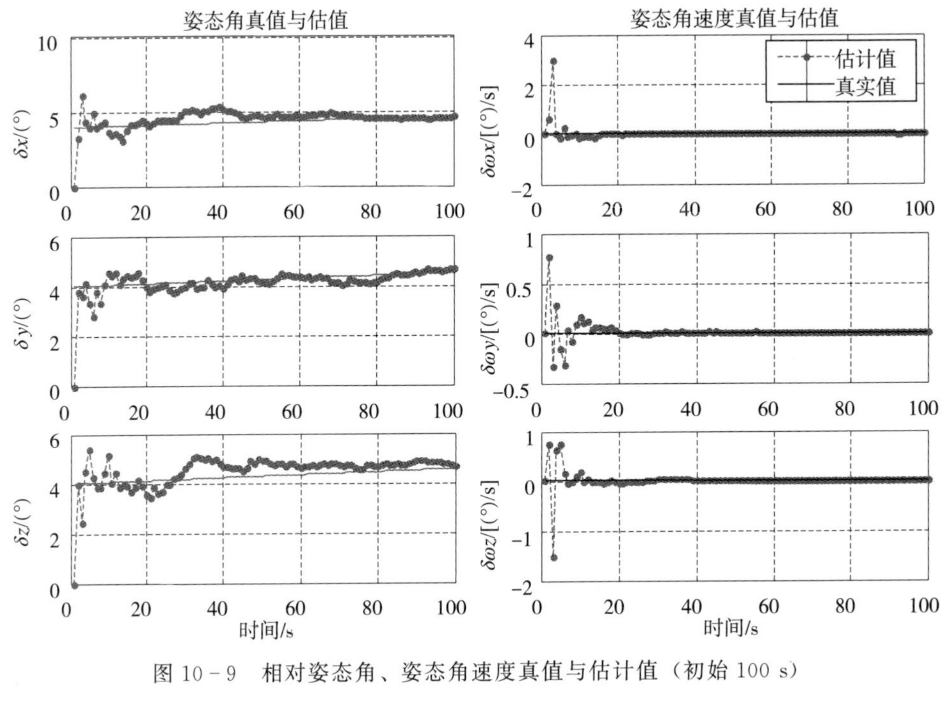

图 10－9　相对姿态角、姿态角速度真值与估计值（初始 100 s）

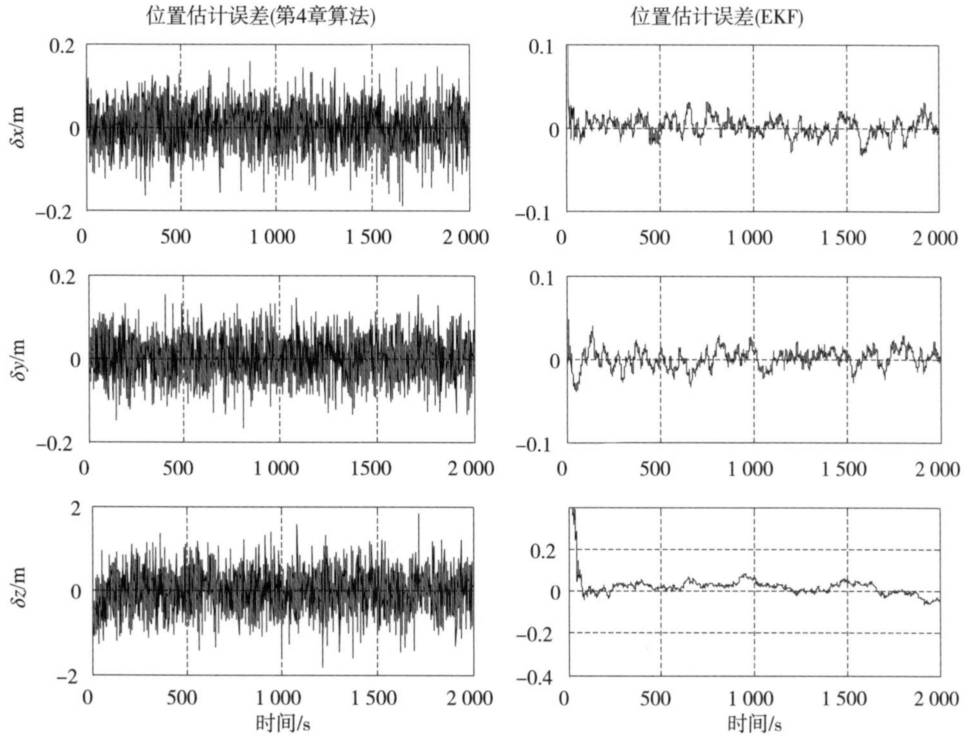

图 10-10　第 4 章算法与 EKF 误差对比（相对位置）

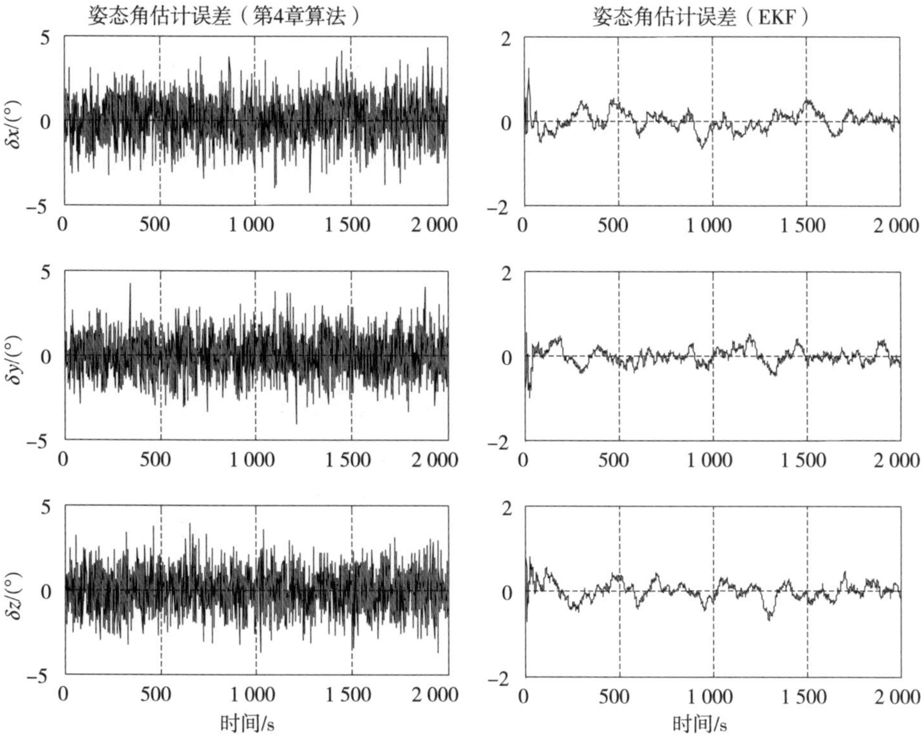

图 10-11　第 4 章算法与 EKF 误差对比（姿态角）

表 10-2 迭代算法/EKF 误差稳态收敛值比较

项目	迭代算法			EKF 算法		
	X 轴	Y 轴	Z 轴	X 轴	Y 轴	Z 轴
位置误差/m	0.02	0.02	2	0.004	0.004	0.1
线速度误差/（m/s）	—	—	—	0.1	0.1	0.2
姿态角误差/（°）	4	4	4	0.4	0.4	0.4
姿态角速度误差/［（°）/s］	—	—	—	0.01	0.01	0.01

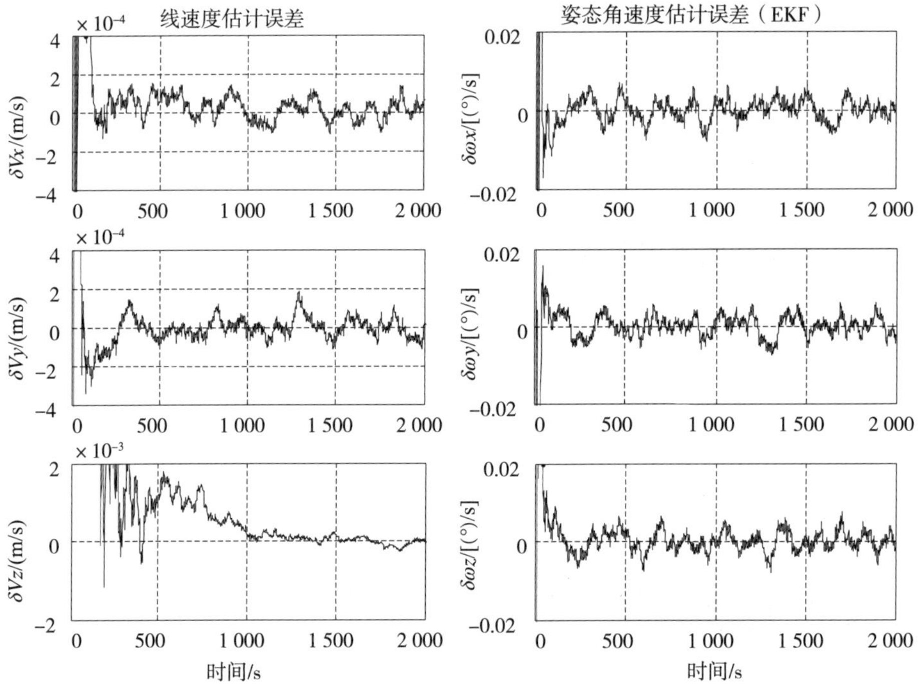

图 10-12 相对速度、相对角速度估计误差

10.5.2.2 平移段

追踪航天器沿导引轴的相对速度和位置关系如图 10-13 所示，这里仅对减速逼近段进行仿真，初始条件见表 10-3。减速逼近段仿真轨迹图如图 10-14 所示。

表 10-3 平移段仿真初始条件

项目	符号	值
采样周期为/s	ΔT	0.1
仿真时间/s	T	360
相对位置真值/m	$[x \quad y \quad z]^T$	$[0 \quad 0 \quad 200]^T$
相对速度真值/(m/s)	$[v_x \quad v_y \quad v_z]^T$	$[0 \quad 0 \quad -0.75]^T$
相对姿态四元数真值	$[q_0 \quad q_1 \quad q_2 \quad q_3]^T$	$[0.9999 \quad 0.0003 \quad 0.0003 \quad 0.0003]^T$
相对角速度真值/[(°)/s]	$[\omega_x \quad \omega_y \quad \omega_z]^T$	$[-0.000992 \quad -0.000916 \quad -0.000922]^T$

续表

项目	符号	值
相对 Z 轴加速度/(m/s)	a_z	0.00 139
EKF 相对位置初值/m	$[x \quad y \quad z]^{\mathrm{T}}$	$[0 \quad 0 \quad 202]^{\mathrm{T}}$
EKF 相对速度初值/(m/s)	$[v_x \quad v_y \quad v_z]^{\mathrm{T}}$	$[0 \quad 0 \quad -0.7]^{\mathrm{T}}$
EKF 相对姿态四元数初值	$[q_0 \quad q_1 \quad q_2 \quad q_3]^{\mathrm{T}}$	$[1 \quad 0 \quad 0 \quad 0]^{\mathrm{T}}$
EKF 相对角速度初值/[(°)/s]	$[\omega_x \quad \omega_y \quad \omega_z]^{\mathrm{T}}$	$[0.001 \quad 0.001 \quad 0.001]^{\mathrm{T}}$
过程噪声协方差阵	$\boldsymbol{Q}_{13\times13}$	$\mathrm{diag}\,[0.000\,01^2,\cdots,0.000\,01^2]^{\mathrm{T}}_{13\times13}$
测量噪声协方差阵	$\boldsymbol{R}^k_{9\times9}$	$\mathrm{diag}\,[0.005^2,\cdots,0.005^2]^{\mathrm{T}}_{9\times9/z_k^2}$
初始误差矩阵	$\boldsymbol{P}^0_{13\times13}$	$\mathrm{diag}\,[100,\cdots,100]_{13\times13}$

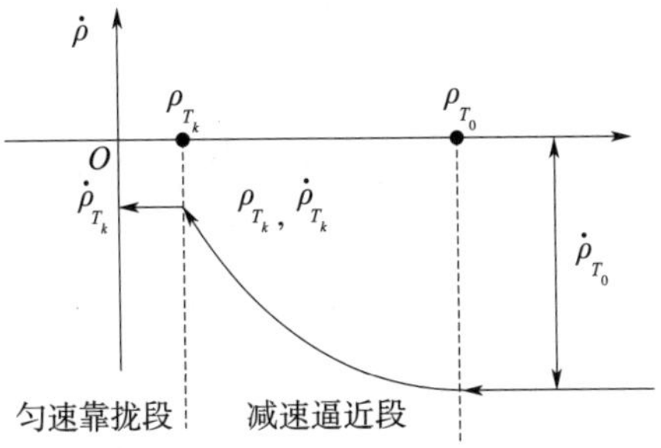

图 10-13 交会对接接近控制相轨迹图

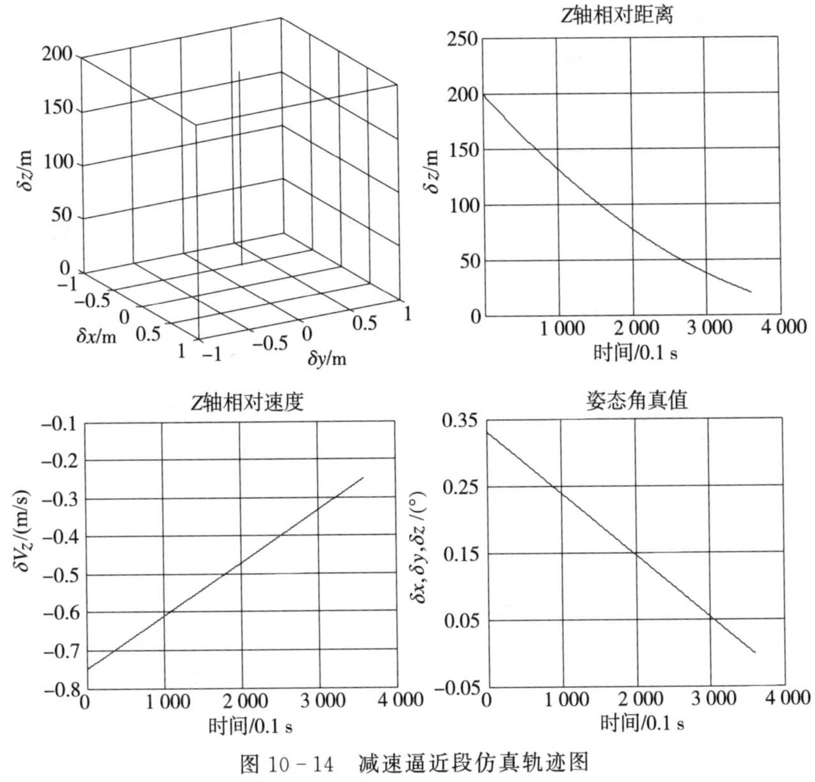

图 10-14 减速逼近段仿真轨迹图

从图 10－15、图 10－16 可以看出在初值条件下，EKF 算法在有限次计算后，13 个状态量均很好地收敛于真值。其中，从图 10－15 可以看出，Z 轴方向由于有常值加速度，且缺少速度观测信息，收敛速度较慢。同样，由于只有位置和姿态信息是可观测的，且可以由第 4 章的迭代算法得出，图 10－17 将 EKF 算法与第 4 章算法精度进行了比较，可以看出，EKF 算法能够很好地滤去测量噪声和系统噪声，使相对导航精度提高了一个数量级左右，随着距离的逼近，误差水平逐步降低，200 m 和 20 m 的导航精度见表 10－4。

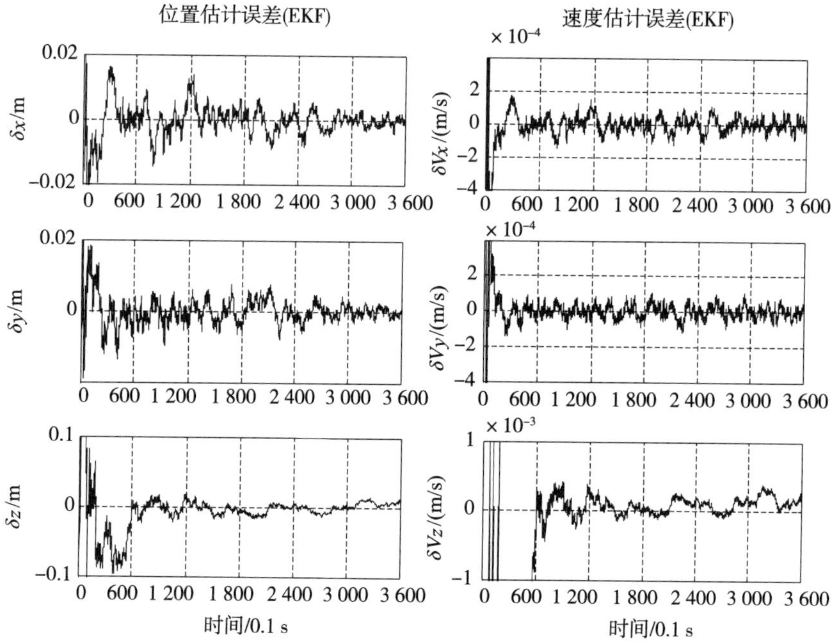

图 10－15　相对位置、相对速度估计误差

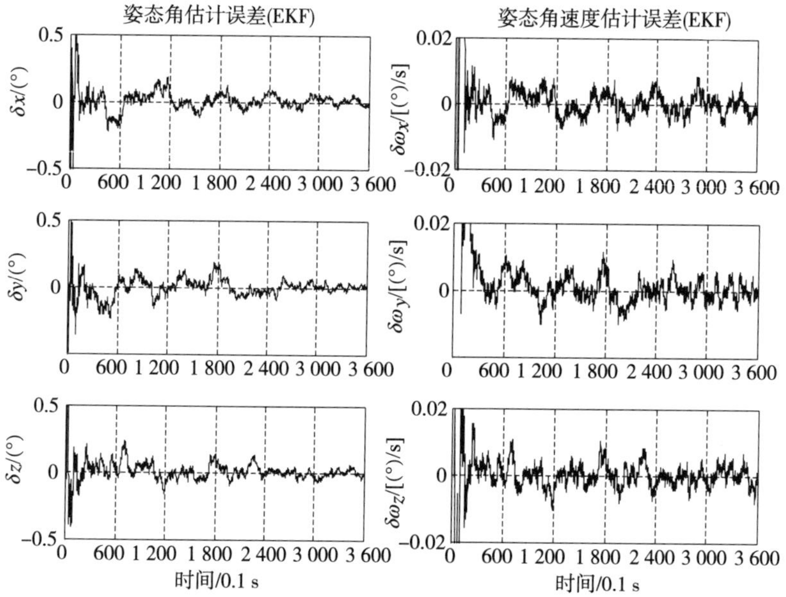

图 10－16　相对姿态角、相对角速度估计误差

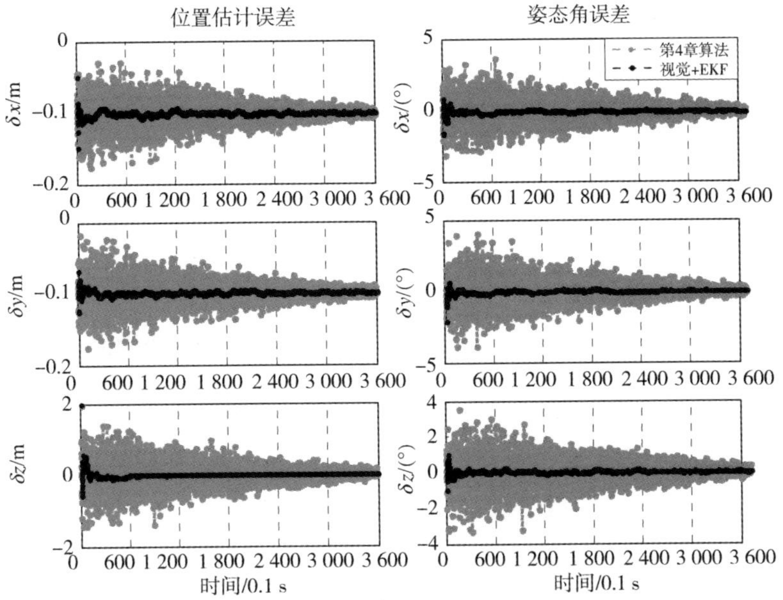

图 10－17　第 4 章算法与 EKF 误差对比

表 10－4　迭代算法/EKF 误差比较

项目		迭代算法			EKF 算法		
		X 轴	Y 轴	Z 轴	X 轴	Y 轴	Z 轴
200 m	位置误差/m	0.02	0.02	2	0.02	0.02	0.1
	线速度误差/(m/s)	—	—	—	0.002	0.002	0.005
	姿态角误差/(°)	4	4	4	0.4	0.4	0.4
	姿态角速度误差/[(°)/s]	—	—	—	0.01	0.01	0.01
20 m	位置误差/m)	0.02	0.02	0.2	0.002	0.002	0.01
	线速度误差/(m/s)	—	—	—	0.001	0.001	0.003
	姿态角误差/(°)	0.4	0.4	0.4	0.04	0.04	0.04
	姿态角速度误差/[(°)/s]	—	—	—	0.008	0.008	0.008

由上表可以看出 EKF 算法对位置估计的改善精度在 1 个数量级左右，而对于无法测量的线速度和角速度，随着距离的逼近，精度改善不明显，这和系统噪声量级有关。

10.5.3　视觉/惯性器件组合导航仿真条件、结果及分析

追踪航天器沿导引轴的相对速度和位置关系如图 10－13 所示，这里仅对减速逼近段进行仿真，初始条件与表 10－3 给出的条件相同，需要特别注意的是对相对速度的描述，这里采用航天器本体坐标系表示速度，相对初值真值 $\boldsymbol{v}_{\mathrm{b}}=[0\quad 0\quad -0.75]^{\mathrm{T}}$。取常值加速度沿航天器本体坐标系 $\boldsymbol{a}_{\mathrm{b}}=[0\quad 0\quad 0.001\,39]^{\mathrm{T}}$，由于未引入闭环控制，因此受到初始姿态微小偏差及微小角速度影响，追踪航天器运行轨迹并非沿瞄准线，线速度真值和姿态角速度真值（如图10－19所示）与图 10－14 中的姿态角真值并不完全相同。

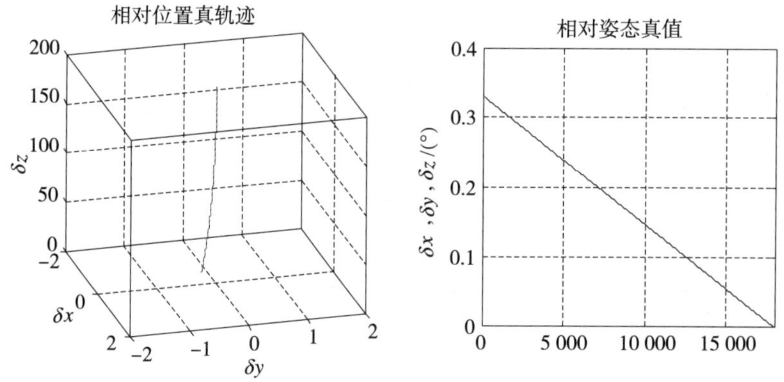

图 10-18 减速逼近段真轨迹图

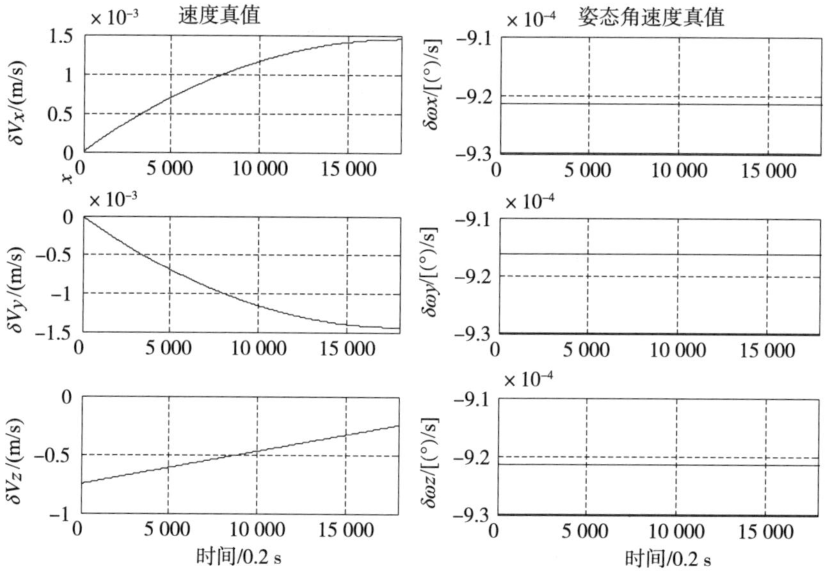

图 10-19 减速逼近段速度姿态角速度真值

补充惯性组件条件见表 10-5。

表 10-5 惯性器件仿真参数

陀螺偏差/[(°)/s]		
	常值漂移	高斯白噪声
X 轴	1.0×10^{-5}	1.0×10^{-7}
Y 轴	1.0×10^{-5}	1.0×10^{-7}
Z 轴	1.0×10^{-5}	1.0×10^{-7}
加速度计偏差/(m/s^2)		
	常值偏量	高斯白噪声
X 轴	1.0×10^{-4}	1.0×10^{-5}
Y 轴	1.0×10^{-4}	1.0×10^{-5}
Z 轴	1.0×10^{-4}	1.0×10^{-5}

采样时间 $T=0.02$ s，仿真结果如图 10－20 所示。

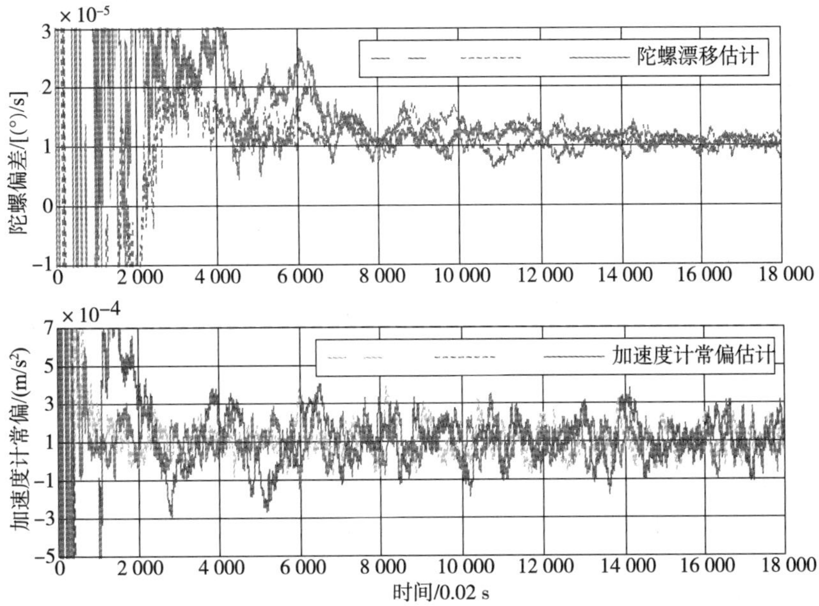

图 10－20　陀螺漂移 [(°)/s]、加速度计常偏 (m/s^2) 估计

由上图可见，陀螺和加速度计所测量的星体角速度、加速度经过 EKF 算法后均在真值附近振荡，由于本身测量元件高斯白噪声量级小于或接近于系统噪声量级，因此噪声滤去效果并不明显。

从图 10－21，图 10－22 可以看出在初值条件下，EKF 算法在有限次计算后，17 个状态量均很好地收敛于真值。其中，同样，由于只有位置和姿态信息是可观测的，且可以由

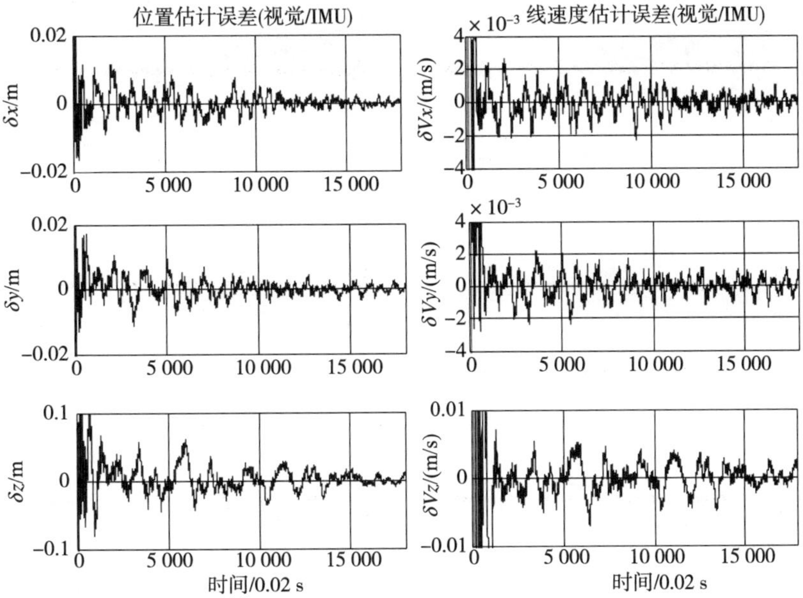

图 10－21　相对位置、相对速度估计误差

第 4 章的迭代算法得出，图 10 - 23 将视觉/IMU 组合 EKF 算法与第 4 章算法精度进行了比较，可以看出，视觉/IMU 组合 EKF 算法同样能够很好地滤去测量噪声和系统噪声，使相对导航精度提高了一个数量级左右，随着距离的逼近，误差水平逐步降低，200 m 和 20 m 的导航精度见表10 - 6。

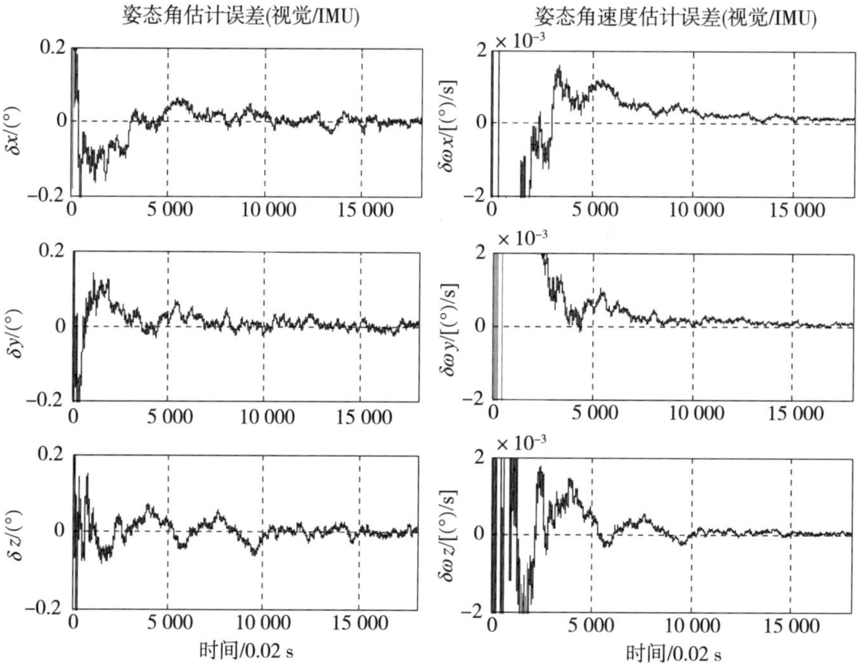

图 10 - 22 相对姿态角、姿态角速度误差

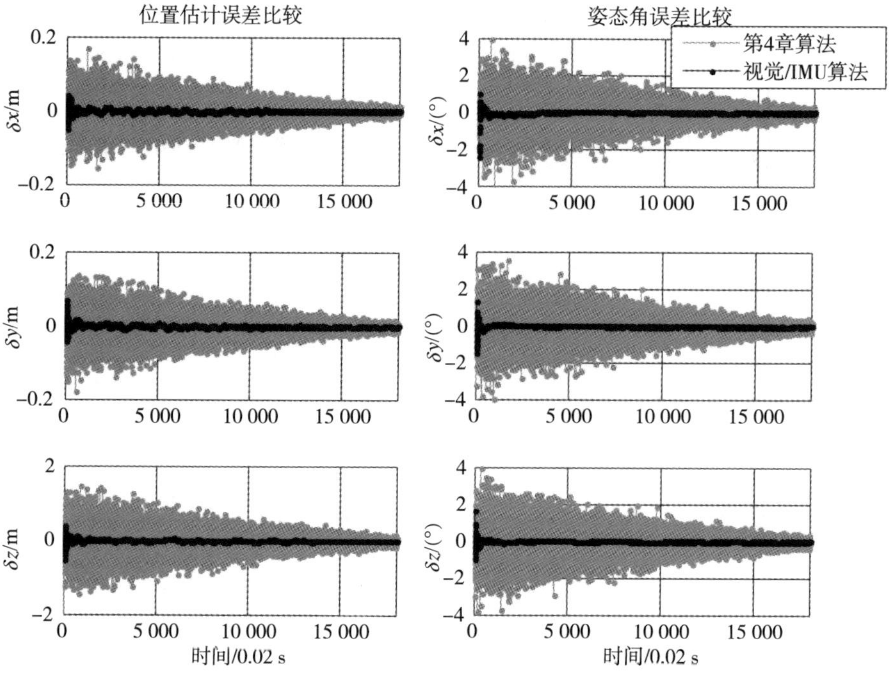

图 10 - 23 第 4 章算法与视觉/IMU 组合算法误差对比

表 10-6　迭代算法与视觉/IMU 误差比较

项目		迭代算法			视觉/IMU 组合算法		
		X 轴	Y 轴	Z 轴	X 轴	Y 轴	Z 轴
200 m	位置误差/m	0.1	0.1	1	0.01	0.01	0.1
	线速度误差/(m/s)	—	—	—	0.002	0.002	0.01
	姿态角误差/(°)	4	4	4	0.2	0.2	0.2
	姿态角速度误差/[(°)/s]	—	—	—	0.002	0.002	0.002
20 m	位置误差/m	0.01	0.01	0.1	0.001	0.001	0.01
	线速度误差/(m/s)	—	—	—	0.001	0.001	0.003
	姿态角误差/(°)	0.4	0.4	0.4	0.02	0.02	0.02
	姿态角速度误差/[(°)/s]	—	—	—	0.000 2	0.000 2	0.000 2

10.5.4　基于视觉 EKF 算法与视觉/惯性器件组合导航仿真结果比较

上两节分别对本章引言中提到的两种针对相对导航问题提出的方案做了数学仿真，仿真结果表明两种方案在提高相对导航精度方面是有效的，对滤去系统噪声表现明显，现将两种算法加以比较，交会对接最终逼近段的平移段比较见表 10-7。

表 10-7　视觉 EKF 算法与视觉/IMU 组合算法误差比较

项目		基于视觉 EKF 方案			视觉/IMU 组合算法		
		X 轴	Y 轴	Z 轴	X 轴	Y 轴	Z 轴
200 m	位置误差/m	0.02	0.02	0.1	0.01	0.01	0.1
	线速度误差/(m/s)	0.002	0.002	0.005	0.002	0.002	0.01
	姿态角误差/(°)	0.4	0.4	0.4	0.2	0.2	0.2
	姿态角速度误差/[(°)/s]	0.01	0.01	0.01	0.002	0.002	0.002
20 m	位置误差/m	0.002	0.002	0.01	0.001	0.001	0.01
	线速度误差/(m/s)	0.001	0.001	0.003	0.001	0.001	0.003
	姿态角误差/(°)	0.04	0.04	0.04	0.02	0.02	0.02
	姿态角速度误差/[(°)/s]	0.008	0.008	0.008	0.000 2	0.000 2	0.000 2

可以看出，两种算法在导航精度方面相似，在加入惯性组件后，位置和线速度测量精度与仅基于视觉的 EKF 算法相似，姿态角和姿态角速度精度略有提升。此外两种系统还存在其他方面的不同点，见表 10-8。

表 10-8　视觉 EKF 方案与视觉/IMU 方案误差比较

	基于视觉 EKF 方案	视觉/IMU 组合 EKF 方案
测量元件	相机	相机，陀螺，加速度计
测量信息	特征投影	特征投影，角速度，加速度

续表

	基于视觉 EKF 方案	视觉/IMU 组合 EKF 方案
测量系统可靠性	仅受相机制约	受相机，陀螺，加速度计三重影响
EKF 状态量	$[\boldsymbol{t}\quad\boldsymbol{q}\quad\boldsymbol{v}\quad\boldsymbol{w}]^{\mathrm{T}}$	$[\boldsymbol{t}\quad\hat{\boldsymbol{q}}\quad\hat{\boldsymbol{w}}]^{\mathrm{T}}$
EKF 状态量维数	13	17
EKF 所需系统模型	运动学，动力学	运动模型

通过比较两种方案的不同点，可以得出各自的优缺点。

1）基于视觉的 EKF 方案测量元件仅为视觉相机，相比视觉/IMU 组合方案可靠性更高。

2）航天器相对运动动力学模型一般比较复杂，导致 EKF 算法计算量增加，对星载计算机提出了较高的要求，而视觉/IMU 组合方案不需要系统的动力学模型，角速度和加速度信息可以直接测得，但相比基于视觉的 EKF 算法状态量维数略有增加。

基于两种方案各自特点，在实际应用时，仅基于视觉 EKF 方案可作为视觉/IMU 组合方案的备用方案，使系统可靠性和计算效率都有所提高。

10.6　小结

本章针对交会对接最终逼近段为研究背景的近距离导航问题，考虑到采用图像序列的相对位置姿态估计算法比利用单帧图像的位姿确定算法可以更好地抑制近似为高斯白噪声的误差，讨论了解决以上问题的两种方案：

第一个方案是基于单目视觉的卡尔曼滤波算法，利用图像序列进行递推估计比利用单帧图像的位姿确定算法更能抑制可近似为高斯白噪声的误差，且可以通过系统运动学和动力学模型估计出线速度和角速度信息，满足相对导航任务的需要。

第二个方案是以对偶数形式进行描述，将角速度和加速度以对偶数形式描述的旋量表示，推导对偶四元数运动学方程，以此种形式建立的相对运动状态方程继承了四元数运动学方程的优点，使状态方程更简洁直观。

仿真结果表明，两种算法很好地滤去了噪声，并直接或间接地给出了非测量量的相对速度和姿态角速度，相比第 4 章算法，导航精度提高了一个数量级左右，完全满足交会对接相对测量任务要求，并在最后分析了两种方案的优缺点，建议在实际应用中，以仅基于视觉的 EKF 方案作为视觉/IMU 导航系统的备用方案，在提高系统计算效率的同时，使系统可靠性有所提高。

参 考 文 献

[1] DAVIS T，BAKER T，BELCHAK T，LARSEN W. XSS－10 Micro－Satellite Demonstration Program[C]. SSC03－IV－1，17th AIAA/USU Conference on Small Satellites，Logan，UT，2003.

[2] 秦永元，张洪钺，汪叔华．卡尔曼滤波与组合导航原理[M]. 西安：西北工业大学出版社，1998.

[3] 曾占魁．视觉/惯性组合相对导航算法及物理仿真研究[D]. 哈尔滨：哈尔滨工业大学，2007.

[4] 邓泓．基于无线电测量的双星编队飞行相对位置确定算法研究[D]. 哈尔滨：哈尔滨工业大学，2007.

第 11 章　航天器相对导航鲁棒滤波方法

11.1　引言

第 9 章中研究了基于特征测量的航天器相对视觉导航方法，当目标航天器是合作目标时，上述方法是可行有效的。然而当目标航天器故障或失效需要对其进行在轨服务时，由于其具有非合作性而被视为非合作目标，传统的针对合作目标的相对导航算法由于不具备鲁棒性而不能完全适用。因此，本章将考虑上述故障或失效的目标航天器，研究航天器相对导航的鲁棒滤波方法。

对于故障或失效的目标航天器而言，一方面由于难以实时获取其惯性参数和轨道参数，使得基于目标参数建立的相对运动模型存在一定的不确定性；另一方面由于故障或失效的目标航天器通常存在机动，且其机动方向和大小变化难以预知，使得系统运动状态会发生不可预计的突变。鉴于目标航天器的上述特点，本章将研究航天器相对导航的鲁棒滤波方法，使其对模型不确定性以及目标机动性都具有一定的鲁棒性。此外，在利用目标航天器上所配置的几何特征进行相对位姿的估计时，由于故障或失效的目标航天器具有非合作性，可能会导致某些正在观测的几何特征被遮挡而出现特征提取故障，使得追踪航天器的观测序列中出现野值。这些测量野值的出现会严重影响相对位姿估计过程的收敛性和稳定性。因此，如何避免或减弱特征测量失效对导航系统的影响也是本章研究的重点之一。

本章首先针对系统模型的不确定性以及运动状态的机动性，设计改进的强跟踪滤波（MSTF，Modified Strong Tracking Filter）算法，使算法不仅对系统模型不确定性具有鲁棒性，且对状态突变具有较强的跟踪能力。其次，考虑到特征信息失效的测量故障情况，分别设计了单比例因子和多比例因子的鲁棒无迹卡尔曼滤波（RUKF，Robust Unscented Kalman Filter）算法，用来抑制测量误差或故障对导航算法的影响，最终提高系统的容错性和鲁棒性。

11.2　基于强跟踪滤波的相对导航方法

通常来讲，如果能够建立足够高准确度的系统模型和测量模型，则可以通过选取合适的滤波器初始值 $\boldsymbol{x}_0$ 和 $\boldsymbol{P}_0$，利用扩展卡尔曼滤波方法得到比较准确的状态估计。然而，当目标航天器存在非合作性时，所建立的系统模型存在大量的不确定性，此时，扩展卡尔曼滤波器的鲁棒性会比较差。为了解决这一问题，本节首先给出强跟踪滤波器的一般形式，进一步，考虑到测量矩阵不是满秩矩阵的情况，提出改进的强跟踪卡尔曼滤波器，并证明滤波器的稳定性。

11.2.1　传统强跟踪滤波器

强跟踪滤波器是由周东华等在 20 世纪 90 年代提出的，与普通的滤波器相比，它具有较强的对模型不确定性的鲁棒性和对突变状态的跟踪能力。通常来讲，强跟踪滤波器的设计是以正交性原理为理论依据的。

定义 11－1：通过实时调整滤波增益矩阵 $\boldsymbol{K}_k$，使得滤波系统满足下列条件

$$E[(\boldsymbol{x}_k-\hat{\boldsymbol{x}}_k)(\boldsymbol{x}_k-\hat{\boldsymbol{x}}_k)^{\mathrm{T}}]=\min \tag{11-1}$$

$$E[\boldsymbol{\gamma}_{k+j}\boldsymbol{\gamma}_k^{\mathrm{T}}]=0,\ j=0,\ 1,\ 2\cdots \tag{11-2}$$

其中

$$\boldsymbol{\gamma}_k=\boldsymbol{z}_k-\boldsymbol{h}(\hat{\boldsymbol{x}}_{k|k-1})$$

则称该滤波器满足正交性原理。

在定义 11－1 中，式（11－1）为卡尔曼滤波器的性能指标，式（11－2）则需要不同采样时刻的测量残差序列保持相互正交。对于标准的卡尔曼滤波器，当系统模型的建模精度足够高时，其输出的测量残差序列可以看作是高斯白噪声，因此可以满足式（11－2）。当系统建模不够准确或存在未知干扰时，采用卡尔曼滤波器得到的估计值会与系统的实际状态产生偏差，使得输出的测量残差增大，进而可能会导致滤波发散。针对上述问题，周东华等在文献中通过采用渐消因子对滤波增益矩阵和状态误差方差矩阵进行在线调整，强迫滤波器满足正交性原理，最终使得滤波器的状态估计值保持对系统实际状态的跟踪。该滤波器由于削弱了过去陈旧的数据对当前估计的影响，并更多地利用了当前的测量数据，因此具有很强的跟踪能力，被称为强跟踪滤波器。利用强跟踪滤波器对系统进行状态估计的算法如下

$$\begin{aligned}\hat{\boldsymbol{x}}_k&=\hat{\boldsymbol{x}}_{k|k-1}+\overline{\boldsymbol{K}}_k\boldsymbol{\gamma}_k\\ \overline{\boldsymbol{P}}_k&=[\boldsymbol{I}-\overline{\boldsymbol{K}}_k\boldsymbol{H}_{k|k-1}]\overline{\boldsymbol{P}}_{k|k-1}\end{aligned} \tag{11-3}$$

其中

$$\begin{aligned}\hat{\boldsymbol{x}}_{k|k-1}&=\boldsymbol{f}(\hat{\boldsymbol{x}}_{k-1},\ \boldsymbol{u}_{k-1})\\ \overline{\boldsymbol{P}}_{k|k-1}&=\lambda_k(\boldsymbol{F}_{k-1}\overline{\boldsymbol{P}}_{k-1}\boldsymbol{F}_{k-1}^{\mathrm{T}}+\boldsymbol{Q}_{k-1})\\ \overline{\boldsymbol{K}}_k&=\overline{\boldsymbol{P}}_{k|k-1}\boldsymbol{H}_{k|k-1}^{\mathrm{T}}(\boldsymbol{H}_{k|k-1}\overline{\boldsymbol{P}}_{k|k-1}\boldsymbol{H}_{k|k-1}^{\mathrm{T}}+\boldsymbol{R}_k)^{-1}\\ \boldsymbol{H}_{k|k-1}&=\left.\frac{\partial\boldsymbol{h}}{\partial\boldsymbol{x}^{\mathrm{T}}}\right|_{\boldsymbol{x}=\hat{\boldsymbol{x}}_{k|k-1}}\end{aligned} \tag{11-4}$$

式中为了与标准的卡尔曼滤波器区分，在某些变量上增加了上标“—”，以表示强跟踪滤波器对应的变量，如 $\overline{\boldsymbol{P}}_{k|k-1}$、$\overline{\boldsymbol{P}}_k$ 和 $\overline{\boldsymbol{K}}_k$。$\lambda_k\geqslant 1$ 为自适应渐消因子，其求取过程如下。

由正交性原理，经过一系列运算，可推导出

$$\begin{aligned} \boldsymbol{C}_{j,k} &\overset{\Delta}{=} E[\boldsymbol{\gamma}_{k+j}\boldsymbol{\gamma}_{k}^{\mathrm{T}}] \\ &= \boldsymbol{H}_{k+j\mid k+j-1}\boldsymbol{F}_{k+j-1}[\boldsymbol{I}-\overline{\boldsymbol{K}}_{k+j-1}\boldsymbol{H}_{k+j-1\mid k+j-2}]\cdots \\ &\quad \boldsymbol{F}_{k+1}[\boldsymbol{I}-\overline{\boldsymbol{K}}_{k+1}\boldsymbol{H}_{k+1\mid k}]\cdot \boldsymbol{F}_{k}[\overline{\boldsymbol{P}}_{k\mid k-1}\boldsymbol{H}_{k\mid k-1}^{\mathrm{T}}-\overline{\boldsymbol{K}}_{k}\boldsymbol{C}_{0,k}] \end{aligned} \tag{11-5}$$

由此可知，欲使 $\boldsymbol{C}_{j,k}\equiv 0$，$j\neq 0$，须满足

$$\overline{\boldsymbol{P}}_{k\mid k-1}\boldsymbol{H}_{k\mid k-1}^{\mathrm{T}}-\overline{\boldsymbol{K}}_{k}\boldsymbol{C}_{0,k}\equiv 0 \tag{11-6}$$

将式（11-4）中 $\overline{\boldsymbol{K}}_{k}$ 的表达式代入式（11-6），可得

$$\overline{\boldsymbol{P}}_{k\mid k-1}\boldsymbol{H}_{k\mid k-1}^{\mathrm{T}}\{\boldsymbol{I}-[\boldsymbol{H}_{k\mid k-1}\overline{\boldsymbol{P}}_{k\mid k-1}\boldsymbol{H}_{k\mid k-1}^{\mathrm{T}}+\boldsymbol{R}_{k}]^{-1}\boldsymbol{C}_{0,k}\}\equiv 0 \tag{11-7}$$

若 $\overline{\boldsymbol{P}}_{k\mid k-1}$ 和 $\boldsymbol{C}_{0,k}$ 为满秩对称阵，在式（11-7）两边左乘 $\overline{\boldsymbol{P}}_{k\mid k-1}^{-1}$，并右乘 $\boldsymbol{C}_{0,k}^{-1}$，整理有

$$\boldsymbol{H}_{k\mid k-1}^{\mathrm{T}}\boldsymbol{C}_{0,k}^{-1}=\boldsymbol{H}_{k\mid k-1}^{\mathrm{T}}[\boldsymbol{H}_{k\mid k-1}\overline{\boldsymbol{P}}_{k\mid k-1}\boldsymbol{H}_{k\mid k-1}^{\mathrm{T}}+\boldsymbol{R}_{k}]^{-1} \tag{11-8}$$

假设 $\boldsymbol{H}_{k\mid k-1}$ 为满秩矩阵，则易推出下式成立

$$\boldsymbol{C}_{0,k}=\boldsymbol{H}_{k\mid k-1}\overline{\boldsymbol{P}}_{k\mid k-1}\boldsymbol{H}_{k\mid k-1}^{\mathrm{T}}+\boldsymbol{R}_{k} \tag{11-9}$$

将式（11-4）中 $\overline{\boldsymbol{P}}_{k\mid k-1}$ 的表达式代入式（11-9），整理得

$$\boldsymbol{C}_{0,k}-\boldsymbol{R}_{k}=\lambda_{k}\boldsymbol{H}_{k\mid k-1}[\boldsymbol{F}_{k-1}\overline{\boldsymbol{P}}_{k-1}\boldsymbol{F}_{k-1}^{\mathrm{T}}+\boldsymbol{Q}_{k-1}]\boldsymbol{H}_{k\mid k-1}^{\mathrm{T}} \tag{11-10}$$

因此，结合 $\lambda_k\geqslant 1$ 的要求，渐消因子 λ_k 可由下式求取

$$\lambda_{k}=\max\left[1,\ \frac{\mathrm{Tr}(\boldsymbol{N}_{k})}{\mathrm{Tr}(\boldsymbol{M}_{k})}\right] \tag{11-11}$$

其中

$$\begin{aligned} \boldsymbol{N}_{k} &= \boldsymbol{C}_{0,k}-\boldsymbol{R}_{k} \\ \boldsymbol{M}_{k} &= \boldsymbol{H}_{k\mid k-1}[\boldsymbol{F}_{k-1}\overline{\boldsymbol{P}}_{k-1}\boldsymbol{F}_{k-1}^{\mathrm{T}}+\boldsymbol{Q}_{k-1}]\boldsymbol{H}_{k\mid k-1}^{\mathrm{T}} \\ \boldsymbol{C}_{0,k} &= \begin{cases} \boldsymbol{\gamma}_{1}\boldsymbol{\gamma}_{1}^{\mathrm{T}}, & k=0 \\ \dfrac{\rho\boldsymbol{C}_{0,k}+\boldsymbol{\gamma}_{k}\boldsymbol{\gamma}_{k}^{\mathrm{T}}}{1+\rho}, & k\geqslant 1 \end{cases} \end{aligned} \tag{11-12}$$

其中

$$0.95\leqslant\rho\leqslant 0.99$$

式中　ρ——遗忘因子。

11.2.2　改进强跟踪滤波器

在11.2.1节对渐消因子 λ_k 的求取过程中，当 $\boldsymbol{H}_{k\mid k-1}$ 不是满秩矩阵时，并不能由式（11-8）推出式（11-9），因此传统的强跟踪滤波器是以矩阵 $\boldsymbol{H}_{k\mid k-1}$ 满秩为前提的。然而，实际应用中很多情况并不能保证 $\boldsymbol{H}_{k\mid k-1}$ 为满秩矩阵，为避免这一假设，本小节将提出一种新的方法，以扩展强跟踪滤波器的应用范围。

本节所提出的改进的强跟踪滤波器仍然采用传统强跟踪滤波器的结构，即式（11-3）和式（11-4），不同的是渐消因子 λ_k 的求取过程中不需要假设 $\boldsymbol{H}_{k\mid k-1}$ 为满秩矩阵，λ_k 的具体求取过程如下。

引入标量因子 α_k，使得有下式成立

$$\begin{aligned}&\alpha_k[\boldsymbol{H}_{k|k-1}(\boldsymbol{F}_{k-1}\overline{\boldsymbol{P}}_{k-1}\boldsymbol{F}_{k-1}^{\mathrm{T}}+\boldsymbol{Q}_{k-1})\boldsymbol{H}_{k|k-1}^{\mathrm{T}}+\boldsymbol{R}_k]\\&=\boldsymbol{H}_{k|k-1}\overline{\boldsymbol{P}}_{k|k-1}\boldsymbol{H}_{k|k-1}^{\mathrm{T}}+\boldsymbol{R}_k\end{aligned}\tag{11-13}$$

为了满足正交性原理，将式（11－13）代入式（11－7），并在两边左乘 $\overline{\boldsymbol{P}}_{k|k-1}^{-1}$，整理有

$$\boldsymbol{H}_{k|k-1}^{\mathrm{T}}=\frac{1}{\alpha_k}\boldsymbol{H}_{k|k-1}^{\mathrm{T}}[\boldsymbol{H}_{k|k-1}(\boldsymbol{F}_{k-1}\overline{\boldsymbol{P}}_{k-1}\boldsymbol{F}_{k-1}^{\mathrm{T}}+\boldsymbol{Q}_{k-1})\boldsymbol{H}_{k|k-1}^{\mathrm{T}}+\boldsymbol{R}_k]^{-1}\boldsymbol{C}_{0,k}\tag{11-14}$$

为了后面计算矩阵的迹，在式（11－14）两边同时右乘 $\boldsymbol{H}_{k|k-1}$，可得

$$\boldsymbol{H}_{k|k-1}^{\mathrm{T}}\boldsymbol{H}_{k|k-1}=\frac{1}{\alpha_k}\boldsymbol{H}_{k|k-1}^{\mathrm{T}}[\boldsymbol{H}_{k|k-1}(\boldsymbol{F}_{k-1}\overline{\boldsymbol{P}}_{k-1}\boldsymbol{F}_{k-1}^{\mathrm{T}}+\boldsymbol{Q}_{k-1})\boldsymbol{H}_{k|k-1}^{\mathrm{T}}+\boldsymbol{R}_k]^{-1}\boldsymbol{C}_{0,k}\boldsymbol{H}_{k|k-1}\tag{11-15}$$

因此，标量因子 α_k 可由下式求取

$$\alpha_k=\max\left[1,\ \frac{\mathrm{Tr}(\boldsymbol{N}_{\alpha,k})}{\mathrm{Tr}(\boldsymbol{M}_{\alpha,k})}\right]\tag{11-16}$$

其中

$$\begin{aligned}\boldsymbol{N}_{\alpha,k}&=\boldsymbol{H}_{k|k-1}^{\mathrm{T}}[\boldsymbol{H}_{k|k-1}(\boldsymbol{F}_{k-1}\overline{\boldsymbol{P}}_{k-1}\boldsymbol{F}_{k-1}^{\mathrm{T}}+\boldsymbol{Q}_{k-1})\boldsymbol{H}_{k|k-1}^{\mathrm{T}}+\boldsymbol{R}_k]^{-1}\boldsymbol{C}_{0,k}\boldsymbol{H}_{k|k-1}\\\boldsymbol{M}_{\alpha,k}&=\boldsymbol{H}_{k|k-1}^{\mathrm{T}}\boldsymbol{H}_{k|k-1}\end{aligned}\tag{11-17}$$

再将 $\overline{\boldsymbol{P}}_{k|k-1}=\lambda_k(\boldsymbol{F}_{k-1}\overline{\boldsymbol{P}}_{k-1}\boldsymbol{F}_{k-1}^{\mathrm{T}}+\boldsymbol{Q}_{k-1})$ 代入式（11－13）中，可得渐消因子 λ_k 的一种求取方法为

$$\lambda_k=\max\left[1,\ \frac{\mathrm{Tr}(\boldsymbol{N}_{\lambda,k})}{\mathrm{Tr}(\boldsymbol{M}_{\lambda,k})}\right]\tag{11-18}$$

其中

$$\begin{aligned}\boldsymbol{N}_{\lambda,k}&=\alpha_k\boldsymbol{H}_{k|k-1}(\boldsymbol{F}_{k-1}\overline{\boldsymbol{P}}_{k-1}\boldsymbol{F}_{k-1}^{\mathrm{T}}+\boldsymbol{Q}_{k-1})\boldsymbol{H}_{k|k-1}^{\mathrm{T}}+(\alpha_k-1)\boldsymbol{R}_k\\\boldsymbol{M}_{\lambda,k}&=\boldsymbol{H}_{k|k-1}(\boldsymbol{F}_{k-1}\overline{\boldsymbol{P}}_{k-1}\boldsymbol{F}_{k-1}^{\mathrm{T}}+\boldsymbol{Q}_{k-1})\boldsymbol{H}_{k|k-1}^{\mathrm{T}}\end{aligned}\tag{11-19}$$

在上述对渐消因子 λ_k 的求取过程中，通过引入标量因子 α_k，避免了对 $\boldsymbol{H}_{k|k-1}$ 为满秩矩阵的假设。由于在本书中基于特征测量的观测矩阵 $\boldsymbol{H}_{k|k-1}$ 并不是满秩的，因此可以利用改进的强跟踪滤波器以实现对航天器相对位置和相对姿态的估计。

11.2.3　滤波器稳定性分析

稳定性是一个滤波器正常工作的基本要求，在分析强跟踪滤波器的稳定性之前，首先不加证明地给出一些与标准卡尔曼滤波稳定性相关的理论。

定义 11－2：对于线性离散系统，若存在正数 $p_1<p_2$ 和正整数 N，使得对于所有的 $k\geqslant N$，满足

$$p_1\boldsymbol{I}\leqslant\sum_{i=k-N}^{k-1}\boldsymbol{F}_{i+1\to k}\boldsymbol{Q}_i\boldsymbol{F}_{i+1\to k}^{\mathrm{T}}\leqslant p_2\boldsymbol{I}\tag{11-20}$$

则称该系统一致完全可控。若存在正数 $q_1<q_2$ 和正整数 N，使得对于所有的 $k\geqslant N$，满足

$$q_1\boldsymbol{I}\leqslant\sum_{i=k-N}^{k}\boldsymbol{F}_{i\to k}^{\mathrm{T}}\boldsymbol{H}_i^{\mathrm{T}}\boldsymbol{R}_i^{-1}\boldsymbol{H}_i\boldsymbol{F}_{i\to k}\leqslant q_2\boldsymbol{I} \tag{11-21}$$

则称该系统一致完全可观。

式中 $\boldsymbol{F}_{i\to k}$——从采样时刻 i 到 k 的状态转移矩阵。

$\boldsymbol{F}_{i\to k}$ 具有如下特性

$$\boldsymbol{F}_{i\to k}=\boldsymbol{F}_{k\to k-1}\boldsymbol{F}_{k-1\to k-2}\cdots\boldsymbol{F}_{i+1\to i+2}\boldsymbol{F}_{i\to i+1}\text{，}\boldsymbol{F}_{i\to k}=\boldsymbol{F}_{i\to k}^{-1}\text{，}\boldsymbol{F}_{k\to k}=\boldsymbol{I}$$

有

$$\boldsymbol{F}_{k\to k-1}=\boldsymbol{F}_{k-1}$$

引理 11-1：对于如下标准卡尔曼滤波器

$$\hat{\boldsymbol{x}}=\hat{\boldsymbol{x}}_{k\mid k-1}+\boldsymbol{K}_k[\boldsymbol{z}_k-\boldsymbol{H}_{k\mid k-1}\hat{\boldsymbol{x}}_{k\mid k-1}]=\boldsymbol{P}_k\boldsymbol{P}_{k\mid k-1}^{-1}\boldsymbol{F}_{k-1}\hat{\boldsymbol{x}}_{k-1}+\boldsymbol{K}_k\boldsymbol{z}_k \tag{11-22}$$

其齐次部分为

$$\boldsymbol{y}_k=\boldsymbol{P}_k\boldsymbol{P}_{k\mid k-1}^{-1}\boldsymbol{F}_{k-1}\boldsymbol{y}_{k-1}$$

该齐次部分与卡尔曼滤波器具有相同的稳定性性质。

引理 11-2：定义 Lyapunov 函数 $V(\boldsymbol{y}_k,k)=\boldsymbol{y}_k^{\mathrm{T}}\boldsymbol{P}_{k\mid k-1}^{-1}\boldsymbol{y}_k$，$\boldsymbol{y}_k\neq\boldsymbol{0}$，若存在实数函数 $\mu_1(\|\boldsymbol{y}_k\|)$，$\mu_2(\|\boldsymbol{y}_k\|)$ 和 $\mu_3(\|\boldsymbol{y}_k\|)$，对于有限的整数 $N\geqslant0$，满足如下条件

$$0<\mu_1(\|\boldsymbol{y}_k\|)\leqslant V(\boldsymbol{y}_k,k)\leqslant\mu_2(\|\boldsymbol{y}_k\|) \tag{11-23}$$

$$\mu_1(0)=\mu_2(0)=0,\ \lim_{\rho\to\infty}\mu_1(\rho)=\infty \tag{11-24}$$

$$V(\boldsymbol{y}_k,k)-V(\boldsymbol{y}_{k-N},k-N)\leqslant\mu_3(\|\boldsymbol{y}_k\|)<0,\ k\geqslant N \tag{11-25}$$

则系统

$$\boldsymbol{y}_k=\boldsymbol{P}_k\boldsymbol{P}_{k\mid k-1}^{-1}\boldsymbol{F}_{k-1}\boldsymbol{y}_{k-1}$$

是一致渐近稳定的。

引理 11-3：若线性离散系统

$$\boldsymbol{x}_k=\boldsymbol{F}_{k-1}\boldsymbol{x}_{k-1}+\boldsymbol{W}_{k-1}$$

$$\boldsymbol{z}_k=\boldsymbol{H}_k x_k+\boldsymbol{V}_k$$

一致完全可观并且一致完全可控，则标准卡尔曼滤波器的齐次部分

$$\boldsymbol{y}_k=\boldsymbol{P}_k\boldsymbol{P}_{k\mid k-1}^{-1}\boldsymbol{F}_{k-1}\boldsymbol{y}_{k-1}$$

一致渐近稳定。

线性化并离散化，上述引理的详细证明过程可参见参考文献 [14]，本书不再赘述，此处仅给出一些后续的证明过程中用到的重要结论。

若系统一致完全可观并且一致完全可控，则可得到 $\boldsymbol{P}_k$ 的上界为

$$\boldsymbol{P}_k\leqslant[\sum_{i=k-N}^{k}\boldsymbol{F}_{i\to k}^{\mathrm{T}}\boldsymbol{H}_i^{\mathrm{T}}\boldsymbol{R}_i^{-1}\boldsymbol{H}_i\boldsymbol{F}_{i\to k}]^{-1}+\frac{N^2p_2q_2}{p_1q_1}\sum_{i=k-N}^{k-1}\boldsymbol{F}_{i+1\to k}\boldsymbol{Q}_i^{\mathrm{T}}\boldsymbol{F}_{i+1\to k}^{\mathrm{T}}\leqslant\left(\frac{1}{q_1}+\frac{N^2p_2^2q_2}{p_1q_2}\right)\boldsymbol{I} \tag{11-26}$$

由此可得到 $V(\boldsymbol{y}_k,k)$ 的一个下界为

$$V(\boldsymbol{y}_k,k)=\boldsymbol{y}_k^{\mathrm{T}}\boldsymbol{P}_{k\mid k-1}^{-1}\boldsymbol{y}_k\geqslant\left(\frac{1}{q_1}+\frac{N^2p_2^2q_2}{p_1q_1}\right)^{-1}\|\boldsymbol{y}_k\|^2=\mu_1(\|\boldsymbol{y}_k\|) \tag{11-27}$$

此外，还可得到 $\boldsymbol{P}_k^{-1}$ 的一个上界为

$$\boldsymbol{P}_k^{-1} \leqslant [\sum_{i=k-N}^{k-1} \boldsymbol{F}_{i+1\to k}\boldsymbol{Q}_i^{\mathrm{T}}\boldsymbol{F}_{i+1\to k}^{\mathrm{T}}]^{-1} + \frac{N^2 p_2 q_2}{p_1 q_1}\sum_{i=k-N}^{k} \boldsymbol{F}_{i\to k}^{\mathrm{T}}\boldsymbol{H}_i^{\mathrm{T}}\boldsymbol{R}_i^{-1}\boldsymbol{H}_i\boldsymbol{F}_{i\to k}$$
$$\leqslant \left(\frac{1}{q_1} + \frac{N^2 p_2^2 q_2}{p_1 q_1}\right)\boldsymbol{I} \tag{11-28}$$

进而得到 $V(\boldsymbol{y}_k,\ k)$ 的一个上界为

$$V(\boldsymbol{y}_k,\ k) = \boldsymbol{y}_k^{\mathrm{T}}\boldsymbol{P}_{k|k-1}^{-1}\boldsymbol{y}_k \leqslant \left(\frac{1}{q_1} + \frac{N^2 p_2^2 q_2}{p_1 q_1}\right)\|\boldsymbol{y}_k\|^2 = \mu_2(\|\boldsymbol{y}_k\|) \tag{11-29}$$

经推导，若定义

$$\boldsymbol{\mu}_k = [\boldsymbol{P}_k\boldsymbol{P}_{k|k-1}^{-1} - \boldsymbol{I}]\boldsymbol{F}_{k-1}\boldsymbol{y}_{k-1}$$

则 $V(\boldsymbol{y}_k,\ k)$还满足如下关系

$$V(\boldsymbol{y}_k,\ k) = \boldsymbol{y}_k^{\mathrm{T}}\boldsymbol{P}_{k|k-1}^{-1}\boldsymbol{y}_k$$
$$\leqslant \boldsymbol{y}_{k-1}^{\mathrm{T}}\boldsymbol{P}_{k-1}^{-1}\boldsymbol{y}_{k-1} - \boldsymbol{y}_k^{\mathrm{T}}\boldsymbol{H}_k^{\mathrm{T}}\boldsymbol{R}_k^{-1}\boldsymbol{H}_k\boldsymbol{y}_k - \boldsymbol{\mu}_k^{\mathrm{T}}\boldsymbol{P}_{k|k-1}^{-1}\boldsymbol{\mu}_k \tag{11-30}$$

进一步定义代价函数

$$J = \sum_{i=k-N+1}^{k} [\boldsymbol{y}_i^{\mathrm{T}}\boldsymbol{H}_i^{\mathrm{T}}\boldsymbol{R}_i^{-1}\boldsymbol{H}_i\boldsymbol{y}_i + \boldsymbol{\mu}_i^{\mathrm{T}}\boldsymbol{P}_{i|i-1}^{-1}\boldsymbol{\mu}_i] \tag{11-31}$$

由参考文献［14］可知，代价函数 J 的极小值 $J_{\min}$ 满足 $J_{\min} \geqslant \xi_1\ \|\boldsymbol{y}_k\|^2$，$\xi_1 > 0$，因此有

$$V(\boldsymbol{y}_k, k) - V(\boldsymbol{y}_{k-N}, k-N) \leqslant -\sum_{i=k-N+1}^{k} [\boldsymbol{y}_i^{\mathrm{T}}\boldsymbol{H}_i^{\mathrm{T}}\boldsymbol{R}_i^{-1}\boldsymbol{H}_i\boldsymbol{y}_i + \boldsymbol{\mu}_i^{\mathrm{T}}\boldsymbol{P}_{i|i-1}^{-1}\boldsymbol{\mu}_i]$$
$$\leqslant -J_{\min} \leqslant -\xi_1\ \|\boldsymbol{y}_k\|^2 \tag{11-32}$$
$$\leqslant \mu_3(\|\boldsymbol{y}_k\|) < 0$$

由引理 11-2 可知，齐次部分 $\boldsymbol{y}_k = \boldsymbol{P}_k\boldsymbol{P}_{k|k-1}^{-1}\boldsymbol{F}_{k-1}\boldsymbol{y}_{k-1}$ 是一致渐近稳定的，再由引理 11-1 可知，标准卡尔曼滤波器也是一致渐近稳定的。

下面将通过定理 11-1，给出本书提出的改进强跟踪滤波器稳定的充分条件。

定理 11-1：若线性离散系统

$$\boldsymbol{x}_k = \boldsymbol{F}_{k-1}\boldsymbol{x}_{k-1} + \boldsymbol{W}_{k-1}$$
$$\boldsymbol{z}_k = \boldsymbol{H}_k\boldsymbol{x}_k + \boldsymbol{V}_k$$

一致完全可观并且一致完全可控，且标量因子 α_k 和渐消因子 λ_k 满足不等式 $\lambda_k \leqslant \alpha_k$，则 11.2.2 节提出的改进的强跟踪滤波是一致渐近稳定的。

证明：类似于标准卡尔曼滤波器，改进强跟踪滤波器的齐次部分可描述为 $\boldsymbol{y}_k = \overline{\boldsymbol{P}}_k\overline{\boldsymbol{P}}_{k|k-1}^{-1}\boldsymbol{F}_{k-1}\boldsymbol{y}_{k-1}$。因此，可以通过分析该齐次部分的稳定性，最终达到分析改进强跟踪滤波稳定性的目的。

当引入标量因子 α_k 和渐消因子 λ_k 时，对比标准卡尔曼滤波器，有下式成立

$$\overline{\boldsymbol{P}}_{k|k-1} = \lambda_k(\boldsymbol{F}_{k-1}\boldsymbol{P}_{k-1}\boldsymbol{F}_{k-1}^{\mathrm{T}} + \boldsymbol{Q}_{k-1}) = \lambda_k\boldsymbol{P}_{k|k-1} \tag{11-33}$$

$$\overline{\boldsymbol{K}}_k = \overline{\boldsymbol{P}}_{k|k-1}\boldsymbol{H}_{k|k-1}^{\mathrm{T}}(\boldsymbol{H}_{k|k-1}\overline{\boldsymbol{P}}_{k|k-1}\boldsymbol{H}_{k|k-1}^{\mathrm{T}} + \boldsymbol{R}_k)^{-1} = \frac{\lambda_k}{\alpha_k}\boldsymbol{K}_k \tag{11-34}$$

由式（11-4）和式（11-34），可以得出

$$\overline{\boldsymbol{P}}_k=(\boldsymbol{I}-\overline{\boldsymbol{K}}_k\boldsymbol{H}_{k\mid k-1})\overline{\boldsymbol{P}}_{k\mid k-1}=\lambda_k(\boldsymbol{P}_{k\mid k-1}-\frac{\lambda_k}{\alpha_k}\boldsymbol{K}_k\boldsymbol{H}_{k\mid k-1}\boldsymbol{P}_{k\mid k-1})$$

$$\geqslant\boldsymbol{P}_{k\mid k-1}-\frac{\lambda_k}{\alpha_k}\boldsymbol{K}_k\boldsymbol{H}_{k\mid k-1}\boldsymbol{P}_{k\mid k-1}\tag{11-35}$$

由定理 11-1 中的条件 $\lambda_k\leqslant\alpha_k$，可得

$$\overline{\boldsymbol{P}}_k\geqslant\boldsymbol{P}_k\tag{11-36}$$

由式（11-36）可知，存在矩阵 $\boldsymbol{\Gamma}_k\geqslant I$，使得 $\overline{\boldsymbol{P}}_k=\boldsymbol{\Gamma}_k\boldsymbol{P}_k$。因此，由式（11-27）和式（11-29）可得

$$\overline{V}(\boldsymbol{y}_k,k)=\boldsymbol{y}_k^{\mathrm{T}}\overline{\boldsymbol{P}}_k^{-1}\boldsymbol{y}_k\geqslant\frac{1}{\sigma_{\max}}\boldsymbol{y}_k^{\mathrm{T}}\boldsymbol{P}_k^{-1}\boldsymbol{y}_k\geqslant\frac{1}{\sigma_{\max}}\left(\frac{1}{q_1}+\frac{N^2p_2^2q^2}{p_1q_1}\right)^{-1}\|\boldsymbol{y}_k\|^2$$

$$=\frac{\mu_1(\|\boldsymbol{y}_k\|)}{\sigma_{\max}}=\overline{\mu}_1(\|\boldsymbol{y}_k\|)\tag{11-37}$$

$$\overline{V}(\boldsymbol{y}_k,k)=\boldsymbol{y}_k^{\mathrm{T}}\overline{\boldsymbol{P}}_k^{-1}\boldsymbol{y}_k\leqslant\frac{1}{\sigma_{\min}}\boldsymbol{y}_k^{\mathrm{T}}\boldsymbol{P}_k^{-1}\boldsymbol{y}_k\leqslant\frac{1}{\sigma_{\min}}\left(\frac{1}{q_1}+\frac{N^2p_2^2q_2}{p_1q_1}\right)^{-1}\|\boldsymbol{y}_k\|^2$$

$$=\frac{\mu_2(\|\boldsymbol{y}_k\|)}{\sigma_{\min}}=\overline{\mu}_2(\|\boldsymbol{y}_k\|)\tag{11-38}$$

其中

$$\sigma_{\max}>0,\ \sigma_{\min}>0$$

式中 $\sigma_{\max}$，$\sigma_{\min}$——分别为矩阵 $\boldsymbol{\Gamma}_k$ 的最大和最小特征值。

对于改进的强跟踪滤波器，有

$$\begin{aligned}\overline{\boldsymbol{u}}_i&=[\overline{\boldsymbol{P}}_i\overline{\boldsymbol{P}}_{i\mid i-1}^{-1}-\boldsymbol{I}]\boldsymbol{F}_{i-1}\boldsymbol{y}_{i-1}\\&\geqslant[(\boldsymbol{I}-\overline{\boldsymbol{K}}_i\boldsymbol{H}_{i\mid i-1})-\boldsymbol{I}]\boldsymbol{F}_{i-1}\boldsymbol{y}_{i-1}\\&\geqslant[(\boldsymbol{I}-\boldsymbol{K}_i\boldsymbol{H}_{i\mid i-1})-\boldsymbol{I}]\boldsymbol{F}_{i-1}\boldsymbol{y}_{i-1}\\&=[\boldsymbol{P}_i\boldsymbol{P}_{i\mid i-1}^{-1}-I]\boldsymbol{F}_{i-1}\boldsymbol{y}_{i-1}=\boldsymbol{u}_i\end{aligned}\tag{11-39}$$

因此，存在对角矩阵 $\boldsymbol{\Lambda}_i\geqslant\boldsymbol{I}$ 满足 $\overline{\boldsymbol{u}}_i=\boldsymbol{\Lambda}_i\boldsymbol{u}_i$，则由式（11-32）可知

$$\begin{aligned}\overline{V}(\boldsymbol{y}_k,k)-\overline{V}(\boldsymbol{y}_{k-N},k-N)&\leqslant-\sum_{i=k-N+1}^{k}[\boldsymbol{y}_i^{\mathrm{T}}\boldsymbol{H}_i^{\mathrm{T}}\boldsymbol{R}_i^{-1}\boldsymbol{H}_i\boldsymbol{y}_i+\overline{\boldsymbol{\mu}}_i^{\mathrm{T}}\boldsymbol{P}_{i\mid i-1}^{-1}\boldsymbol{\mu}_i]\\&\leqslant-\sum_{i=k-N+1}^{k}[\boldsymbol{y}_i^{\mathrm{T}}\boldsymbol{H}_i^{\mathrm{T}}\boldsymbol{R}_i^{-1}\boldsymbol{H}_i\boldsymbol{y}_i+\gamma_{\min}^2\boldsymbol{\mu}_i^{\mathrm{T}}\boldsymbol{P}_{i\mid i-1}^{-1}\boldsymbol{\mu}_i]\\&\leqslant-\sum_{i=k-N+1}^{k}[\boldsymbol{y}_i^{\mathrm{T}}\boldsymbol{H}_i^{\mathrm{T}}\boldsymbol{R}_i^{-1}\boldsymbol{H}_i\boldsymbol{y}_i+\boldsymbol{\mu}_i^{\mathrm{T}}\boldsymbol{P}_{i\mid i-1}^{-1}\boldsymbol{\mu}_i]\\&\leqslant-J_m\leqslant-\xi_1\|\boldsymbol{y}_k\|^2\leqslant\mu_3(\|\boldsymbol{y}_k\|)<0\end{aligned}\tag{11-40}$$

其中

$$\gamma_{\min}>0$$

式中 $\gamma_{\min}$——对角矩阵 $\boldsymbol{\Lambda}_i$ 中所有元素的最小值。

由上述证明过程可知，当系统 $\boldsymbol{y}_k=\overline{\boldsymbol{P}}_k\overline{\boldsymbol{P}}_{k\mid k-1}^{-1}\boldsymbol{F}_{k-1}\boldsymbol{y}_{k-1}$ 一致完全可观并且一致完全可控，且标量因子 α_k 和渐消因子 λ_k 满足不等式 $\lambda_k\leqslant\alpha_k$ 时，系统满足引理 11-2 所要求的全部条件。因此，改进强跟踪滤波器的齐次部分是一致渐近稳定的，进而由引理 11-3 可知，改进的强跟踪滤波器也是一致渐近稳定的。

11.2.4 数学仿真及结果分析

为了验证本节所提出的改进强跟踪滤波算法的有效性，进行如下数学仿真。仿真中，假设目标航天器在正常情况下运行在半长轴为 $a_l=17\ 000$ km，偏心率为 $e_l=0.02$ 的椭圆轨道上，初始时刻的真近点角为 $\nu_l(0)=30°$。追踪航天器的质量和转动惯量为 $m_f=500$ kg 和 $\boldsymbol{J}_f=\mathrm{diag}(22,20,26)$ kg · m^2。初始时刻，追踪航天器相对于目标航天器的运动状态以及算法的估计初值设置与 5.5 节相同。观测量为目标航天器上的 4 个特征点（$\boldsymbol{D}_1$，$\boldsymbol{D}_2$，$\boldsymbol{D}_3$，$\boldsymbol{D}_4$），其在坐标系 $P_1-x_1y_1z_1$ 下的位置与 5.5.1 节相同。

由于航天器在轨运行的燃料消耗以及目标航天器轨道角速度的不确定性，因此仿真中考虑如下不确定性模型

$$
\begin{aligned}
\boldsymbol{\omega}_l&=\boldsymbol{\omega}_{l0}(1+\delta_\omega)\\
m_f&=m_{f0}(1+\delta_m)\\
\boldsymbol{J}_f&=\boldsymbol{J}_{f0}(1+\delta_J)
\end{aligned}
\tag{11-41}
$$

式中　$\boldsymbol{\omega}_{l0}$、m_{f0}、$\boldsymbol{J}_{f0}$——分别为目标轨道角速度、追踪航天器质量和转动惯量的标称值；

δ_ω、δ_m、δ_J——分别为目标轨道角速度、追踪航天器质量和转动惯量的不确定度，取 $\delta_\omega=\delta_m=\delta_J=0.1$。

仿真中，假设在 $t=495\sim500$ s 的时间段内，目标航天器的推力器发生故障，导致目标航天器出现加速度为 1 m/s^2 的轨道机动。利用改进的强跟踪滤波算法，仿真结果如图 11-1～图 11-5 所示。为了将强跟踪滤波算法与传统的 EKF 算法进行比较分析，选取同样的仿真条件，采用 EKF 算法进行仿真，结果见图 11-6～图11-9。

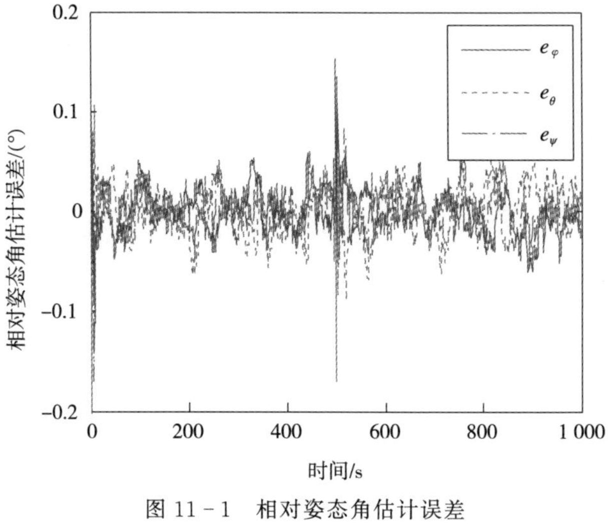

图 11-1　相对姿态角估计误差

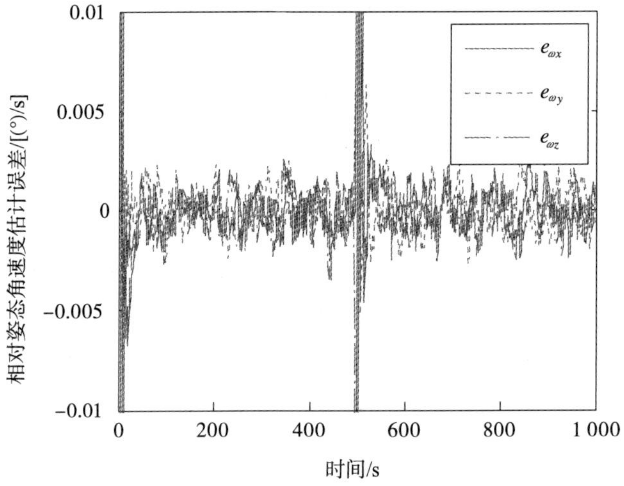

图 11-2　相对姿态角速度估计误差

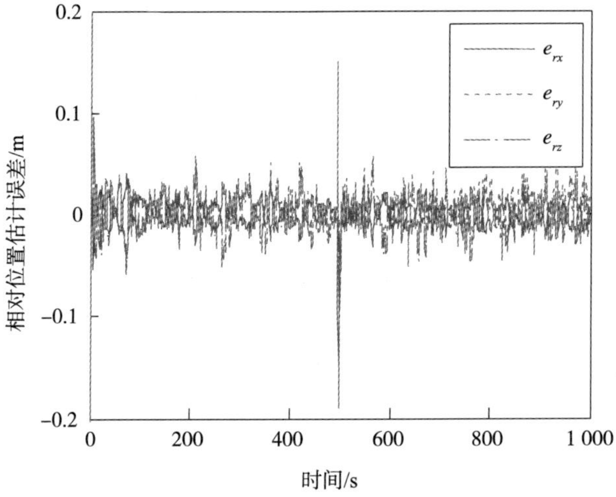

图 11-3　相对位置估计误差

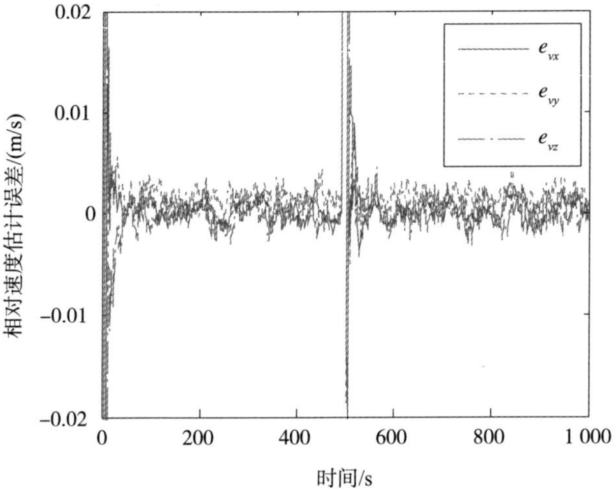

图 11-4　相对速度估计误差

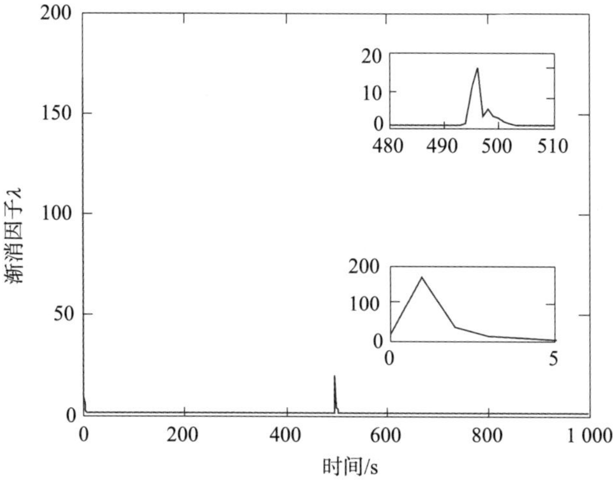

图 11-5　渐消因子时间历程

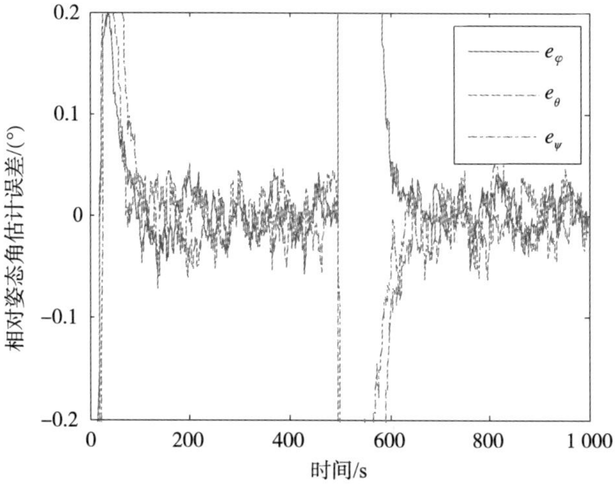

图 11-6　相对姿态角估计误差

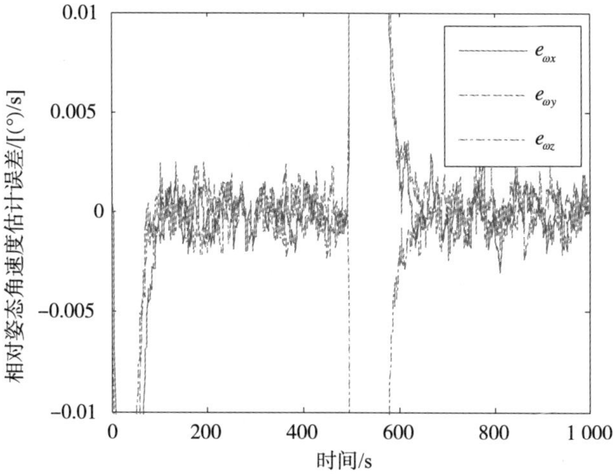

图 11-7　相对姿态角速度估计误差

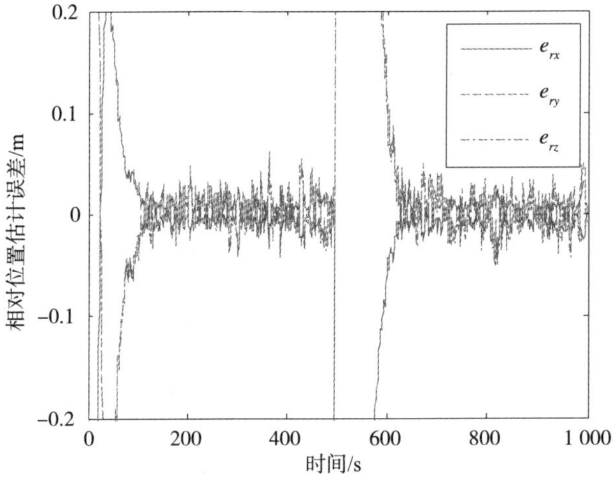

图 11-8　相对位置估计误差

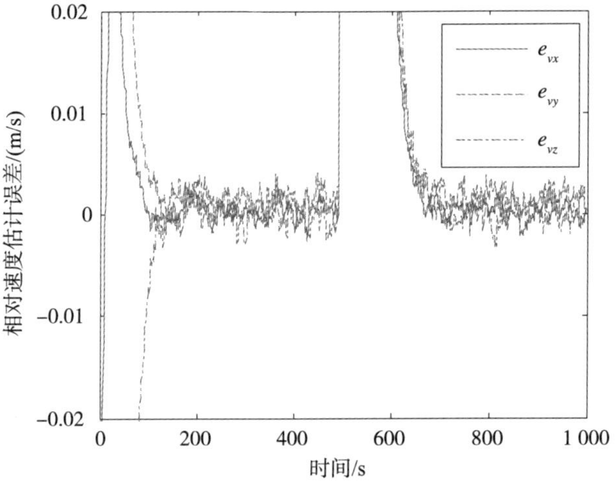

图 11-9　相对速度估计误差

由图 11-1～图 11-5 可以看出，在目标航天器常规运行时，尽管存在模型不确定性，采用改进的强跟踪滤波器仍可以实现航天器相对位置和相对姿态的估计，其中相对姿态角估计误差小于 0.1°，相对位置估计误差小于 0.1 m。由于目标航天器在 $t=495\sim500$ s 发生机动，使得强跟踪滤波算法的位姿估计误差在该时段时出现瞬间的跳跃，但位姿估计误差仍在很小的范围内且很快又恢复到稳定的状态。图 11-6～图 11-9 显示了 EKF 算法的仿真结果，可以看出，当目标航天器发生机动后，位姿估计误差发散，而后又经过较长一段时间才重新开始收敛。因此与 EKF 相比，强跟踪滤波算法能够对状态突变更快地做出反应，通过调节渐消因子的大小，尽量保持对真实系统状态的跟踪。此外，对比强跟踪滤波算法和 EKF 算法的仿真结果，不难发现，在位姿估计误差稳定之前，前者的收敛速度要明显快于后者，这是由于在强跟踪滤波算法中，初始估计误差的存在会使得渐消因子变大，进而增大了状态预测误差方差矩阵，最终提高了算法收敛速度。

11.3　基于鲁棒无迹卡尔曼滤波的相对导航方法

7.4.3 节中给出了基于特征测量的航天器相对位姿估计 UKF 算法，当测量系统正常时，UKF 算法是行之有效的。考虑到故障或失效目标航天器的非合作性，某些正在观测的几何特征可能会突然被遮挡，使得追踪航天器的测量系统出现故障，此时传统的 UKF 算法可能会失效。因此，为了抑制或减弱测量故障引起的滤波失效，本节将提出鲁棒的 UKF 算法。

11.3.1　单比例因子鲁棒无迹卡尔曼滤波

在滤波算法中，通常称实际测量值与预测测量值的差 $\boldsymbol{\gamma}_k = \boldsymbol{z}_k - \boldsymbol{h}(\hat{\boldsymbol{x}}_{k|k-1})$ 为新息。新息直接反映了测量模型的误差，因此为提高滤波算法的鲁棒性，可以基于新息来设计滤波器。当实际方差小于或等于理论方差时，按照传统的 UKF 算法进行估计；当实际方差大于理论方差时，说明实际测量信息与模型预测不匹配。此时引入比例因子，对预测理论方差适当放大，以获得新的滤波增益矩阵，进而得到适合当前状况的鲁棒估计结果。

取新息的实际方差 l 个采样时刻的均值，则新息的实际方差可由下式表示

$$\overline{\boldsymbol{C}}_k = \frac{1}{l} \sum_{j=k-l+1}^{k} \boldsymbol{\gamma}_j \boldsymbol{\gamma}_j^{\mathrm{T}} \tag{11-42}$$

当测量系统正常工作时，新息的实际方差和理论方差相等，即

$$\frac{1}{l} \sum_{j=k-l+1}^{k} \boldsymbol{\gamma}_j \boldsymbol{\gamma}_j^{\mathrm{T}} = \boldsymbol{P}_{z,k|k-1} + \boldsymbol{R}_k \tag{11-43}$$

然而当测量系统故障时，实际测量值 $\boldsymbol{z}_k$ 与模型预测的测量值 $\boldsymbol{z}_{k|k-1}$ 不匹配，进而新息 $\boldsymbol{\gamma}_k$ 变大，使得实际方差大于理论方差，此时，则需要根据实际方差 $\overline{\boldsymbol{C}}_k$ 将理论方差 $\boldsymbol{C}_k$ 适当放大。

引入如下比例因子 s_k，使之满足

$$\frac{1}{l} \sum_{j=k-l+1}^{k} \boldsymbol{\gamma}_j \boldsymbol{\gamma}_j^{\mathrm{T}} = \boldsymbol{P}_{z,k|k-1} + s_k \boldsymbol{R}_k \tag{11-44}$$

则有

$$s_k = \frac{\mathrm{tr}\left(\frac{1}{l} \sum_{j=k-l+1}^{k} \boldsymbol{\gamma}_j \boldsymbol{\gamma}_j^{\mathrm{T}} - \boldsymbol{P}_{z,k|k-1}\right)}{\mathrm{tr}(\boldsymbol{R}_k)} \tag{11-45}$$

由新息方差调整条件可知，s_k 应为大于等于 1 的正数。再结合式（11-45）可知，比例因子 s_k 的取值为

$$s_k = \max\left[1,\ \frac{\mathrm{tr}\left(\frac{1}{l} \sum_{j=k-l+1}^{k} \boldsymbol{\gamma}_j \boldsymbol{\gamma}_j^{\mathrm{T}} - \boldsymbol{P}_{z,k|k-1}\right)}{\mathrm{tr}(\boldsymbol{R}_k)}\right] \tag{11-46}$$

将比例因子 s_k 引入滤波增益矩阵，可得

$$\overline{\boldsymbol{K}}_k=\boldsymbol{P}_{xz,k}(\boldsymbol{P}_{z,k}+s_k\boldsymbol{R}_k)^{-1} \tag{11-47}$$

此时，系统状态的误差方差矩阵为

$$\overline{\boldsymbol{P}}_{x,k}=\boldsymbol{P}_{x,k|k-1}-\overline{\boldsymbol{K}}_k(\boldsymbol{P}_{z,k}+s_k\boldsymbol{R}_k)\boldsymbol{K}_k^{\mathrm{T}} \tag{11-48}$$

状态修正方程为

$$\hat{\boldsymbol{x}}_k=\hat{\boldsymbol{x}}_{k|k-1}+\overline{\boldsymbol{K}}_k(\boldsymbol{z}_k-\hat{\boldsymbol{z}}_k) \tag{11-49}$$

单比例因子 RUKF 算法仍然沿用传统的 UKF 算法的一般结构，不同之处在于单比例因子 RUKF 算法中的测量更新过程采用式(11-47)～式（11-49)。将单比例因子 RUKF 算法与传统的 UKF 算法相比较可知，当测量系统发生故障时，比例因子 s_k 会增大，滤波器增益 $\overline{\boldsymbol{K}}_k$ 会相应地减小，进而在状态更新的过程中降低测量故障对状态估计的影响，因此，单比例因子 RUKF 算法能够降低测量故障对状态估计的影响，保持滤波器的稳定。

11.3.2 多比例因子鲁棒无迹卡尔曼滤波

单比例因子能够针对测量信息适当调整滤波增益矩阵，保证状态估计效果。然而对于多种测量信息的测量系统而言，当仅有某一种特征失效时，我们希望有多个比例因子针对所有测量量，并不是针对每个测量量做出不同的反应。因此，针对多个测量量，本节提出多比例因子 RUKF 算法，分别为每个测量量提供一个独立的比例因子，以更好地调节滤波增益矩阵。

引入如下调节矩阵 $\boldsymbol{S}_k$，使得

$$\frac{1}{l}\sum_{j=k-l+1}^{k}\boldsymbol{\gamma}_j\boldsymbol{\gamma}_j^{\mathrm{T}}=\boldsymbol{P}_{z,k|k-1}+\boldsymbol{S}_k\boldsymbol{R}_k \tag{11-50}$$

整理得

$$\boldsymbol{S}_k=\left[\frac{1}{l}\sum_{j=k-l+1}^{k}\boldsymbol{\gamma}_j\boldsymbol{\gamma}_j^{\mathrm{T}}-\boldsymbol{P}_{z,k|k-1}\right]\boldsymbol{R}_k^{-1} \tag{11-51}$$

由于 l 是有限的且存在不可避免的计算误差，由式（11-51）计算的 $\boldsymbol{S}_k$ 矩阵可能不是对角阵，或者对角线元素为负或小于 1，为了避免上述现象的出现，进一步优化调节矩阵为

$$\boldsymbol{S}_k^*=\mathrm{diag}(s_1^*,\ s_2^*,\ \cdots,\ s_n^*) \tag{11-52}$$

其中

$$s_i^*=\max(1,\ S_{k,ii}),\ i=1,\ \cdots,\ n \tag{11-53}$$

式中 $S_{k,ii}$——矩阵 $\boldsymbol{S}_k$ 的第 i 个对角线元素。

将调节矩阵引入增益矩阵，可得

$$\overline{\boldsymbol{K}}_k=\boldsymbol{P}_{xz,k}[\boldsymbol{P}_{z,k}+\boldsymbol{S}_k^*\boldsymbol{R}_k]^{-1} \tag{11-54}$$

系统状态的误差方差矩阵为

$$\overline{\boldsymbol{P}}_{x,k}=\boldsymbol{P}_{x,k|k-1}-\overline{\boldsymbol{K}}_k(\boldsymbol{P}_{z,k}+\boldsymbol{S}_k^*\boldsymbol{R}_k)\boldsymbol{K}_k^{\mathrm{T}} \tag{11-55}$$

状态修正方程为

$$\hat{\boldsymbol{x}}_k = \hat{\boldsymbol{x}}_{k|k-1} + \overline{\boldsymbol{K}}_k(\boldsymbol{z}_k - \hat{\boldsymbol{z}}_k) \tag{11-56}$$

多比例因子 RUKF 算法与传统的 UKF 算法具有相同的结构，不同之处在于多比例因子 RUKF 算法中的测量更新过程采用式（11-54）～式（11-56）。由式（11-51）～式（11-56）可知，当测量系统发生故障时，调节矩阵 $\boldsymbol{S}_k$ 中与故障测量量相对应的元素就会增大，卡尔曼滤波增益减小，进而在状态更新的过程中减小该故障测量量对状态估计的影响，而保持其他测量量的有效性。这样，在测量系统部分发生故障时，多比例因子 RUKF 算法能够屏蔽故障测量量，而尽量利用其他非故障测量量对状态进行估计。

11.3.3　数学仿真及结果分析

为了验证本节所提出的鲁棒无迹卡尔曼滤波算法的有效性，进行如下数学仿真。仿真中，假设目标航天器运行在半长轴为 $a_l=17\ 000$ km，偏心率为 $e_l=0.02$ 的椭圆轨道上，初始时刻的真近点角为 $\nu_l(0)=30°$。追踪航天器的质量和转动惯量分别为 $m_f=500$ kg 和 $\boldsymbol{J}_f=\mathrm{diag}(22, 20, 26)$ kg·m^2。初始时刻，追踪航天器相对于目标航天器的运动状态以及算法的估计初值设置与 5.5 节相同。

情况一：观测信息来源于目标航天器上的 4 个特征点（$\boldsymbol{D}_1$，$\boldsymbol{D}_2$，$\boldsymbol{D}_3$，$\boldsymbol{D}_4$），其在坐标系 $P_l-x_ly_lz_l$ 下的位置与 5.5.1 节相同。由于目标航天器的非合作性，假设在 $t=495$～500 s 时，全部特征点测量出现野值，仿真中设为正常值的 2 倍。

采用单比例因子 RUKF 算法的仿真结果如图 11-10～图 11-14 所示，采用多比例因子 RUKF 算法的仿真结果如图 11-15～图11-19所示。为了将上述 RUKF 算法与传统的 UKF 算法进行比较分析，选取同样的仿真条件，采用 UKF 算法进行仿真，结果如图 11-20～图 11-23 所示。

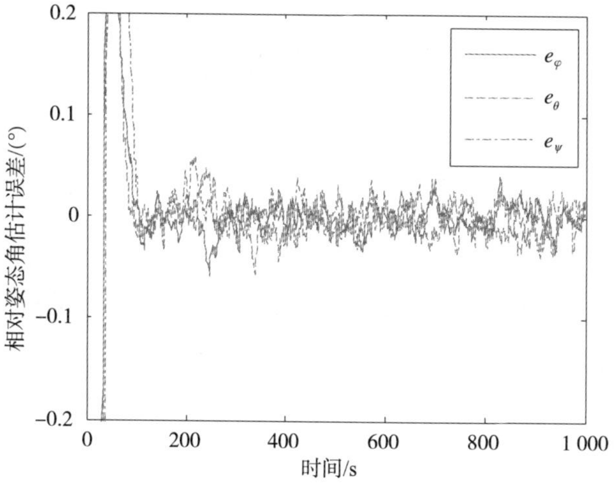

图 11-10　相对姿态角估计误差

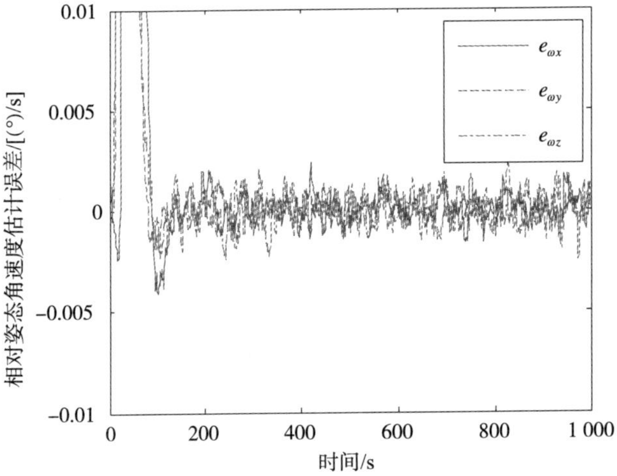

图 11－11　相对姿态角速度估计误差

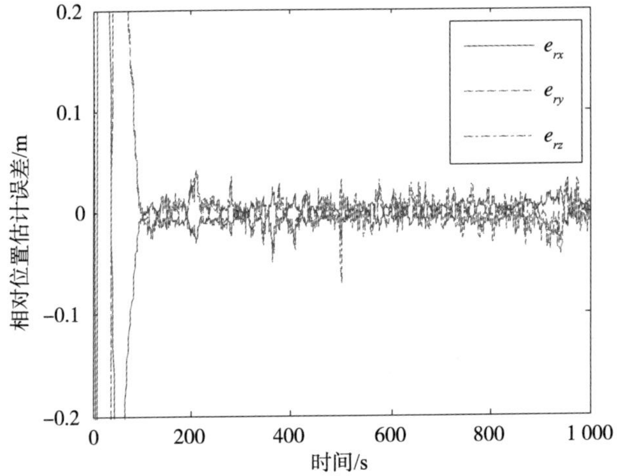

图 11－12　相对位置估计误差

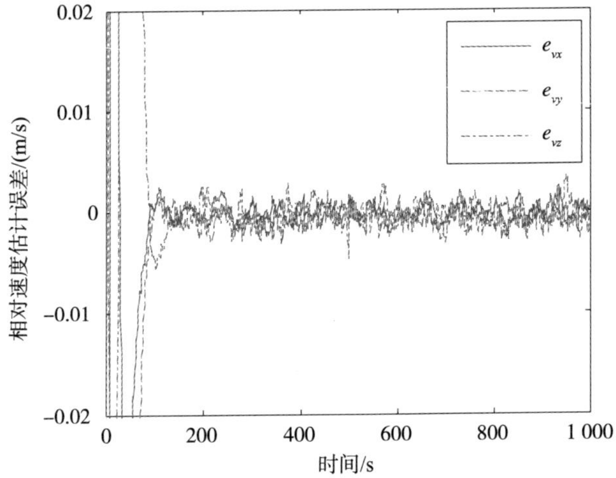

图 11－13　相对速度估计误差

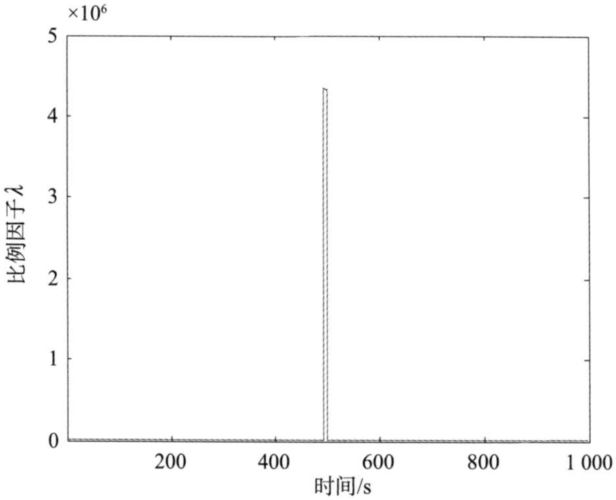

图 11－14　单比例因子时间历程

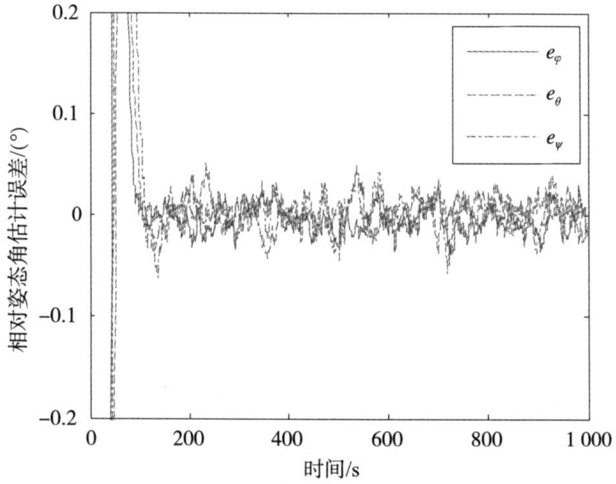

图 11－15　相对姿态角估计误差

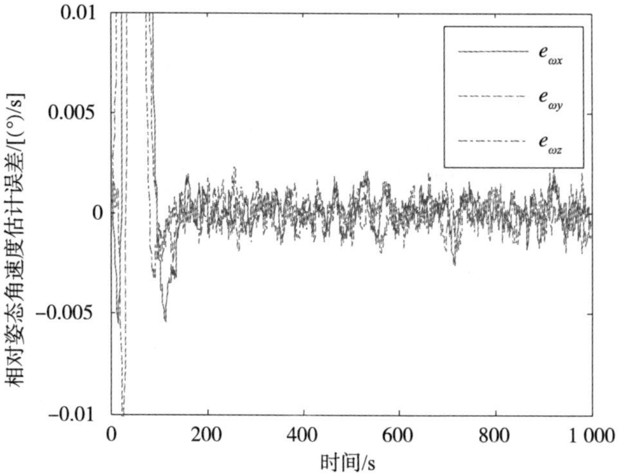

图 11－16　相对姿态角速度估计误差

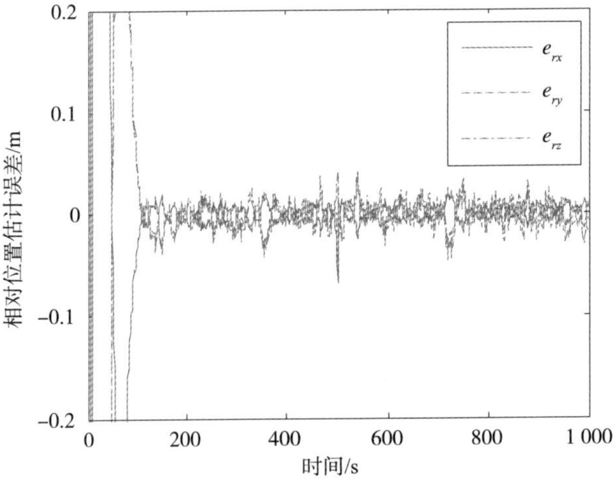

图 11－17　相对位置估计误差

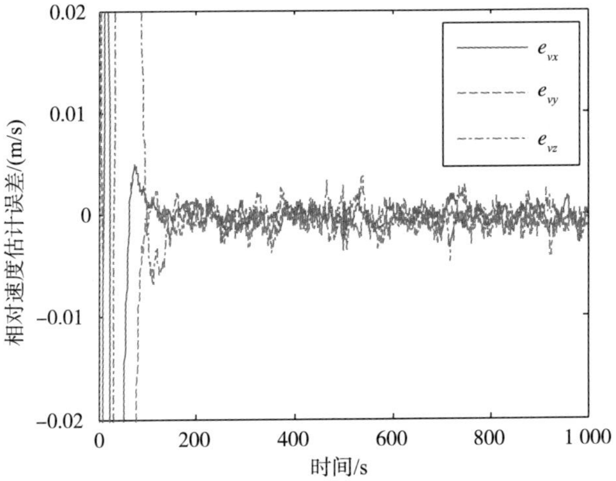

图 11－18　相对速度估计误差

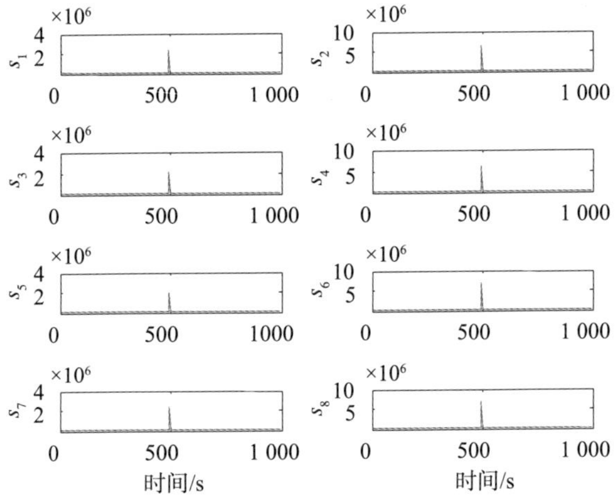

图 11－19　多比例因子时间历程

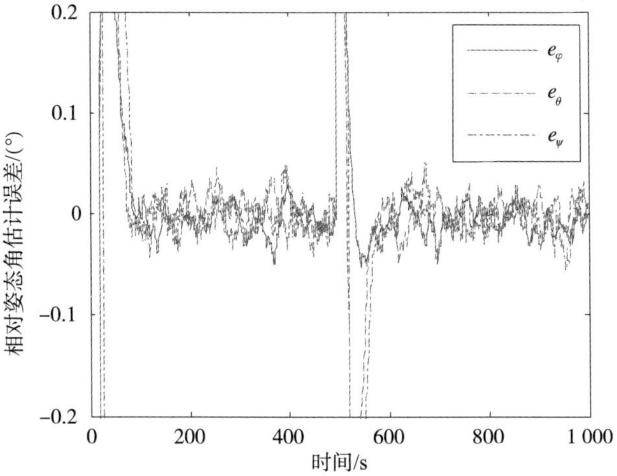

图 11 - 20　相对姿态角估计误差

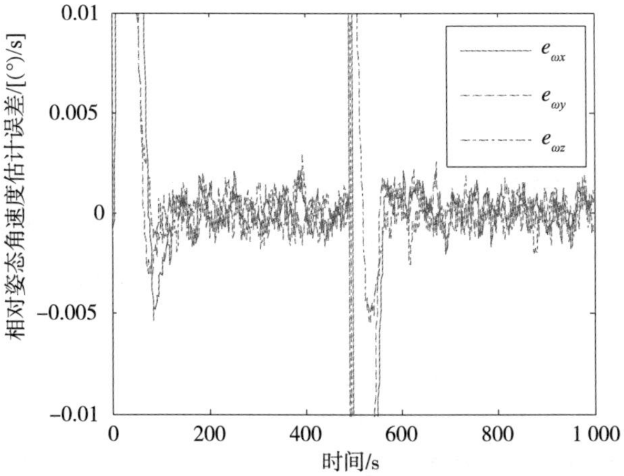

图 11 - 21　相对姿态角速度估计误差

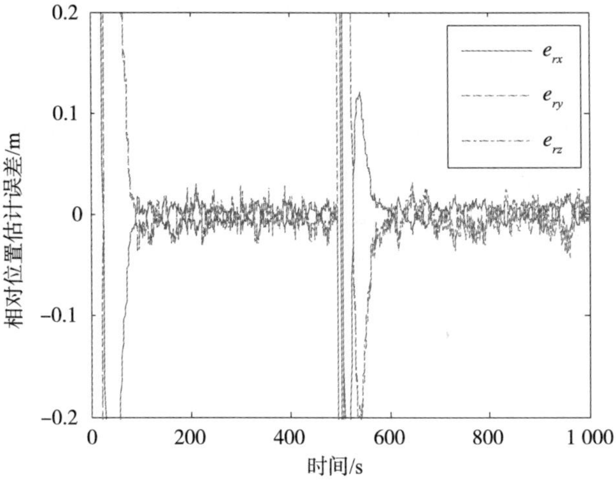

图 11 - 22　相对位置估计误差

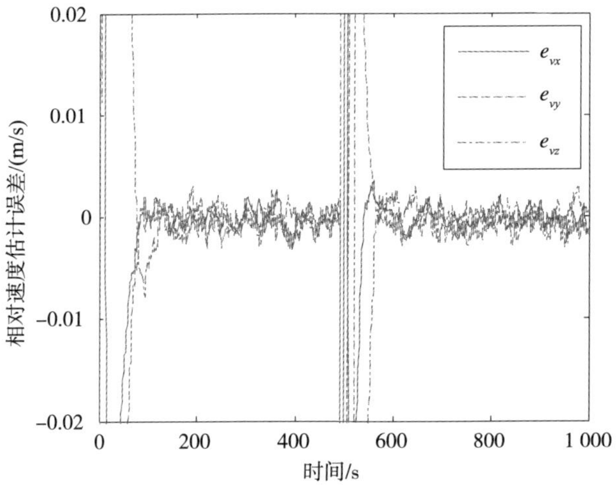

图 11-23 相对速度估计误差

由图 11-10～图 11-14 可以看出，在非故障期间，利用单比例因子 RUKF 算法可以实现对航天器相对位姿的高精度估计，其中相对姿态角误差在 0.1°以内，相对位置误差在 0.1 m 以内。在测量故障时间内，采用单比例因子 RUKF 算法的相对姿态角估计误差曲线依然保持平稳，而相对位置估计误差曲线有可接受的轻微跳跃。这说明由于测量故障，单比例因子突然增大，使得滤波器增益减小，进而降低了测量故障对状态估计的影响。由图 11-15～图 11-19 可以看出，采用多比例因子 RUKF 算法与采用单比例因子 RUKF 算法的位姿估计结果相差不多，因此，上述带比例因子的鲁棒滤波算法都能够有效抑制测量故障对位姿估计的影响。由图 11-20～图 11-23 可以看出，在 $t=495$ s 后，传统的 UKF 算法由于测量故障，相对位置和相对姿态角估计误差均发散，而在测量正常后的 100 余秒才又重新开始收敛。

情况二：观测量为目标航天器上的 4 个特征点（$\boldsymbol{D}_1$，$\boldsymbol{D}_2$，$\boldsymbol{D}_3$，$\boldsymbol{D}_4$）和 4 个特征线（$\hat{\boldsymbol{L}}_1$，$\hat{\boldsymbol{L}}_2$，$\hat{\boldsymbol{L}}_3$，$\hat{\boldsymbol{L}}_4$），其在目标航天器上的位置与 5.5.1 节相同。假设在 $t=495$～500 s 时，特征点 $\boldsymbol{D}_1$，$\boldsymbol{D}_2$ 和特征线 $\hat{\boldsymbol{L}}_1$，$\hat{\boldsymbol{L}}_2$ 的测量出现 2 倍于正常值的野值，其余的特征点和特征线的测量信息保持正常。采用单比例因子 RUKF 算法的仿真结果如图11-24～图 11-28 所示，多比例因子 RUKF 算法的仿真结果如图11-29～图 11-34 所示，UKF 算法的仿真结果如图 11-35～图11-38所示。

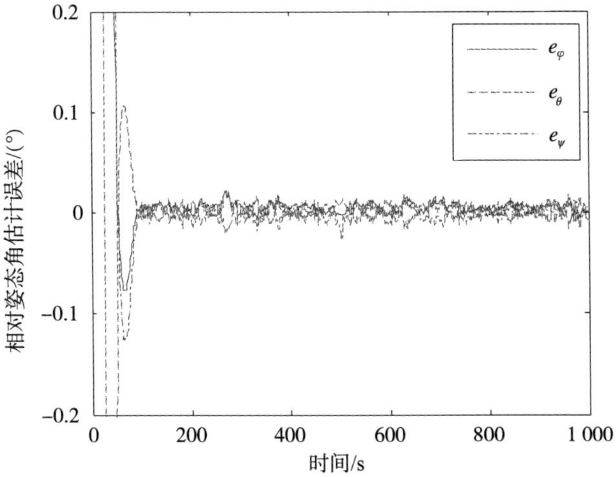

图 11－24　相对姿态角估计误差

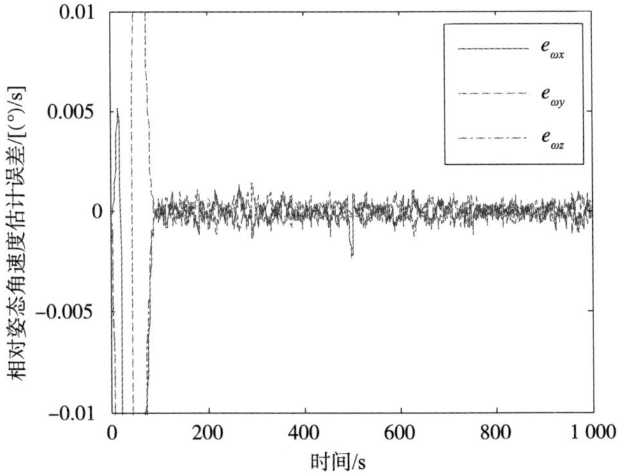

图 11－25　相对姿态角速度估计误差

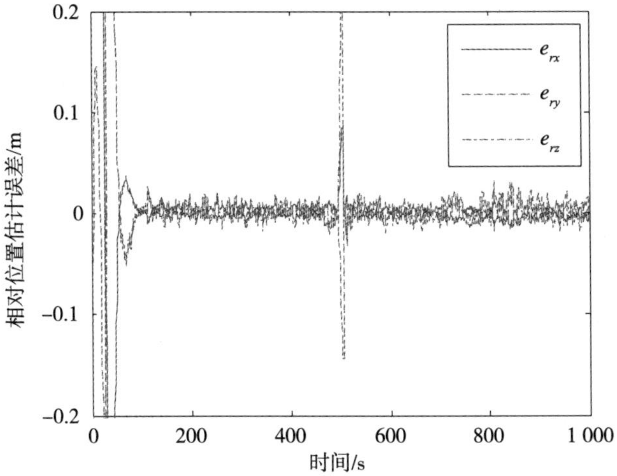

图 11－26　相对位置估计误差

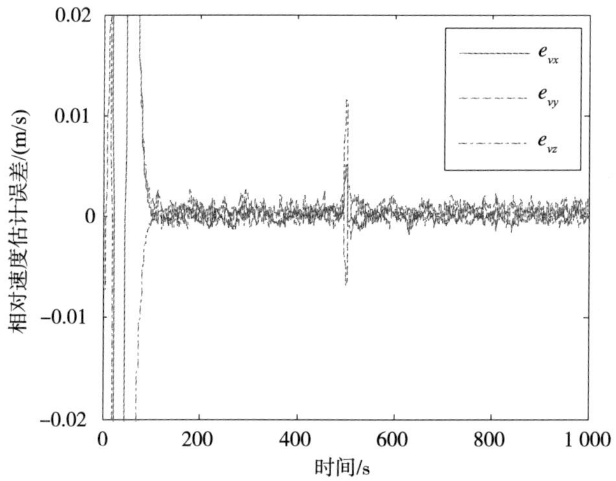

图 11-27　相对速度估计误差

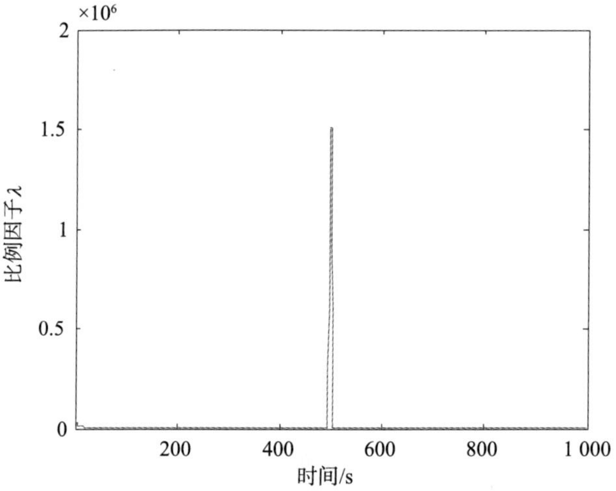

图 11-28　单比例因子时间历程

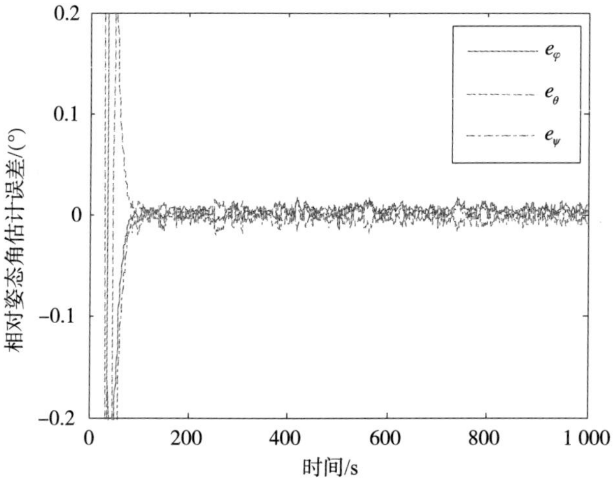

图 11-29　相对姿态角估计误差

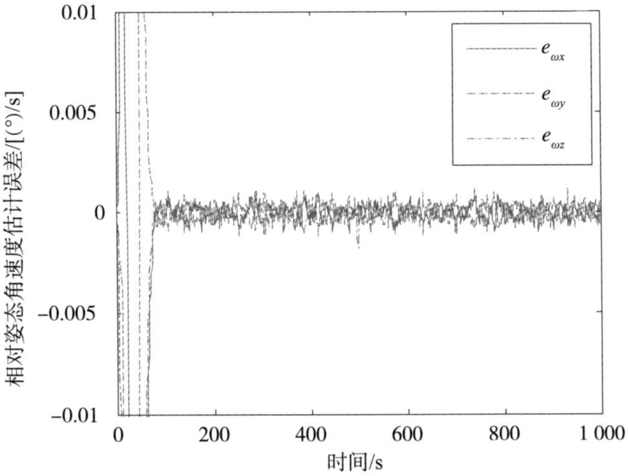

图 11-30　相对姿态角速度估计误差

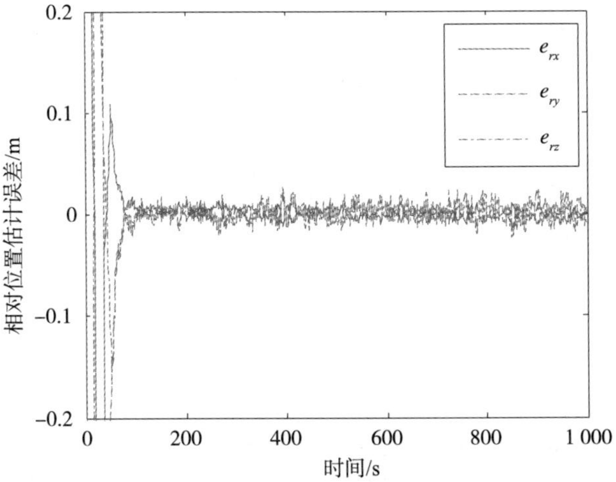

图 11-31　相对位置估计误差

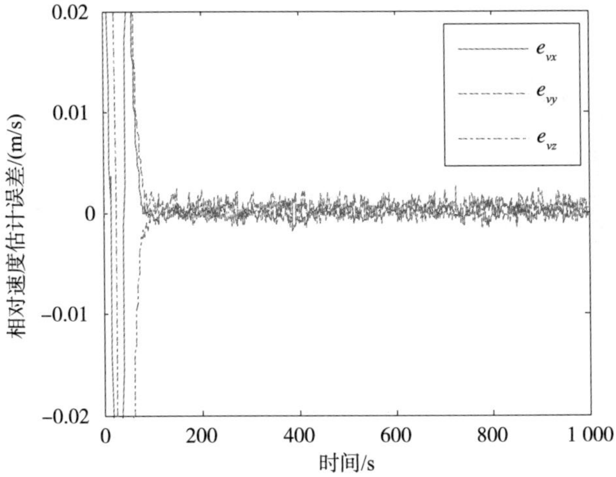

图 11-32　相对速度估计误差

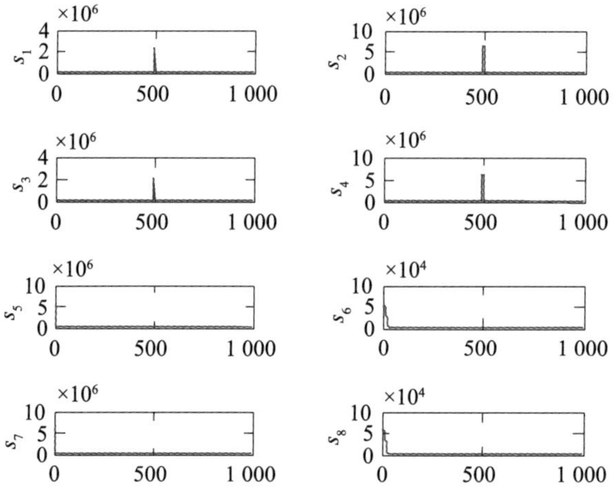

图 11-33　多比例因子 $s_1 \sim s_8$ 时间历程曲线

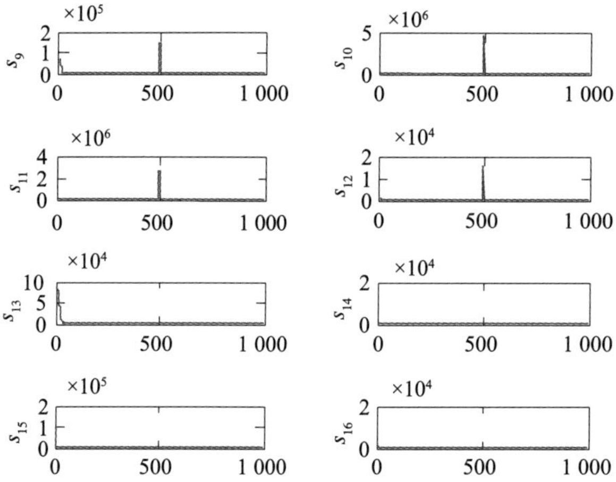

图 11-34　多比例因子 $s_9 \sim s_{16}$ 时间历程曲线

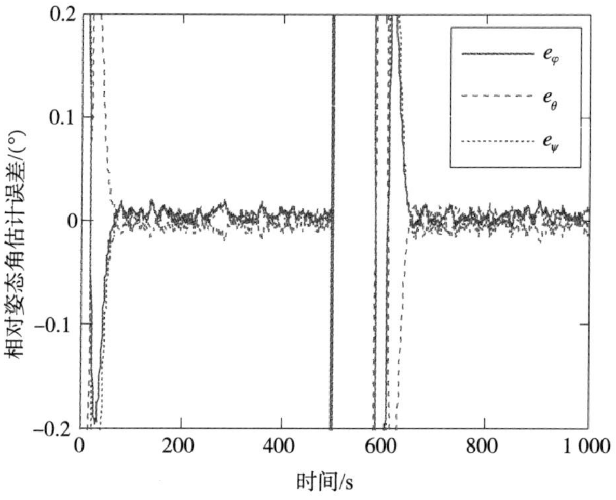

图 11-35　相对姿态角估计误差

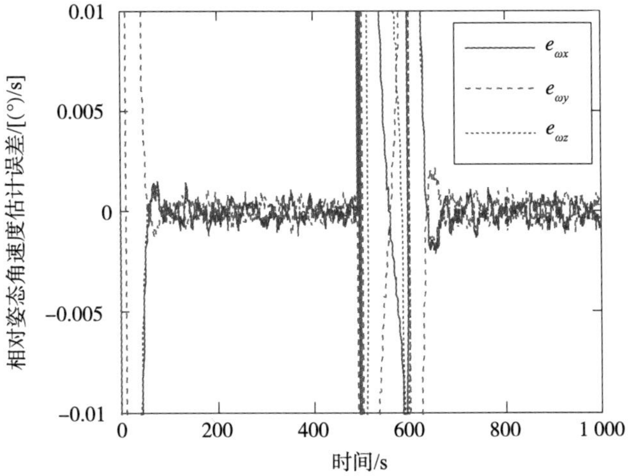

图 11 - 36　相对姿态角速度估计误差

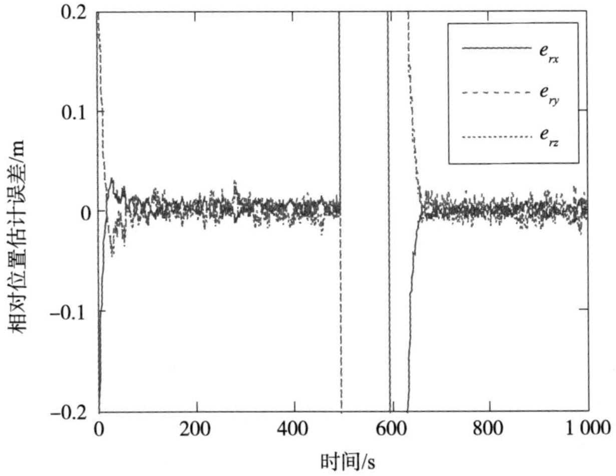

图 11 - 37　相对位置估计误差

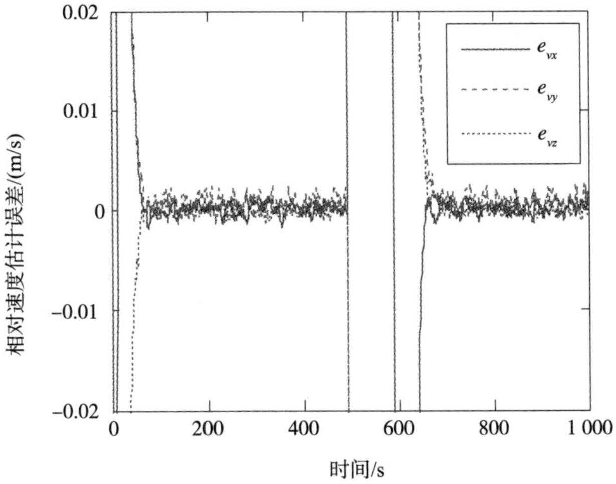

图 11 - 38　相对速度估计误差

由图 11-24～图 11-28 可以看出，在部分特征测量发生故障后，采用单比例因子 RUKF 算法的相对位置和相对姿态估计误差有可接受的跳变，之后又马上收敛到稳定的状态。从图 11-29～图 11-34 可以看出，尽管存在部分特征的测量故障，采用多比例因子 RUKF 算法仍可以保持对相对位置和相对姿态进行有效的估计，且相对位姿估计误差始终保持稳定。这说明当仅有部分特征测量信息故障时，多比例因子 RUKF 算法的容错性略优于单比例因子 RUKF 算法，这是由于多比例因子 RUKF 算法中可以利用多个因子对不同的测量信息进行调节，使得算法可以更多地依赖正常的测量信息，并忽视故障的测量信息。相对而言，单比例因子由于仅用一个因子对整个算法进行调节，使得正常的测量信息也被忽视了。图 11-35～图 11-38 给出了传统 UKF 算法的仿真结果，可以看出，由于在 $t=495\sim500$ s 出现测量故障，采用 UKF 算法的相对位姿估计误差发散，并在测量完全正常后的 200 s 左右才又重新开始收敛。因此，总的来说，无论是单比例因子 RUKF 算法还是多比例因子 RUKF 算法，其鲁棒性和容错性都优于传统的 UKF 算法。

11.4 小结

本章针对航天器相对导航的鲁棒滤波问题，提出了基于改进强跟踪滤波和鲁棒无迹卡尔曼滤波的航天器相对导航方法。考虑系统模型的不确定性以及目标运动状态的机动性，设计了航天器相对位姿估计的改进强跟踪滤波算法，该算法具有较强的关于模型不确定性的鲁棒性和关于突变状态的跟踪能力，并且适用于测量矩阵不是满秩矩阵的情况。仿真结果表明，在存在模型不确定性和目标机动的情况下，改进强跟踪滤波算法的鲁棒性和跟踪性都大大优于扩展卡尔曼滤波算法。考虑到特征信息失效的测量故障情况，分别设计了单比例因子 RUKF 算法和多比例因子 RUKF 算法，其中多比例因子 RUKF 算法能够针对每个测量量做出不同的反应。仿真结果表明，在全部特征测量故障时无论是单比例因子 RUKF 算法还是多比例因子 RUKF 算法，其容错性和鲁棒性都优于传统的 UKF 算法；在部分特征测量故障时，多比例因子 RUKF 算法性能优于单比例因子 RUKF 算法。

参考文献

[1] JULIER S, UHLMANN J, WHYTE H F D. A New Method for Nonlinear Transformation of Means and Covariances in Filters and Estimators[J]. IEEE Transactions on Automatic Control, 2000, 45(3): 477-482.

[2] XIONG K, ZHANG H Y, CHAN C W. Performance Evaluation of UKF-Based Nonlinear Filtering[J]. Automatica, 2006, 42: 261-270.

[3] CRASSIDIS J L. Sigma—Point Kalman Filtering for Integrated GPS and Inertial Navigation[J]. IEEE Transactions on Aerospace and Electronic Syste-ms, 2005.

[4] ROH K M, PARK S Y, CHOI K H. Orbit Determination Using the Geomagn-etic Field Measurement via the Unscented Kalman Filter [J]. Journal of Spacecraft and Rockets, 2007, 44(1): 246-253.

[5] GIANNITRAPANI A, CECCARELLI N, SCORTECCI F, GARULLI A. Comparison of EKF and UKF for Spacecraft Localization via Angle Measurements [J]. IEEE Transactions on Aerospace and Electronic Systems, 2011, 47(1): 75-84.

[6] XIONG K, WEI C L, LIU L D. Robust Unscented Kalman Filtering for Nonlinear Unscented Systems[J]. ASIN Journal of Control, 2010, 12(3): 426-433.

[7] ZAMES G. Feedback and Optimal Sensitivity: Model Reference Transformati-ons, Multiplicative Semi-norms, and Approximate Inverses[J]. IEEE Transactions on Automatic Control, 1981, 26(2): 301-320.

[8] RAMI S M, BRENT D A, GEORGE C. Stochastic Interpretation of H_∞ and Robust Estimation[C]. Proceedings of the 33rd Conference on Decision and Control. Cambridge, MA, 1994, 4: 3943-3948.

[9] 赵伟,袁信，林雪原．采用 H_∞ 滤波器的 GPS/INS 全组合导航系统研究[J]. 航空学报，2002，23(3)：265-267.

[10] MEHRA R K. Approaches to Adaptive Filtering[J]. IEEE Transactions on Automatic Control, 1972, 17(5): 693-698.

[11] GAO S, ZHONG Y, LI W. Robust Adaptive Filtering Method for SINS/SAR Integrated Navigation System[J]. Aerospace Science and Technology, 2010, 15(6): 425-430.

[12] 黄晓瑞,崔平远，崔祜涛．GPS/INS 组合导航系统自适应滤波算法与仿真研究[J]. 飞行力学，2001，19(2)：69-72.

[13] HIDE C, MOORE T, SMITH M. Adaptive Kalman Filtering Algorithms for Integrating GPS and Low Cost INS[J]. Position Location and Navigation Symposium, 2004: 227-233.

[14] HAJIYEV C. Adaptive Filtration Algorithm with the Filter Gain Correction Applied to Integrated INS/Rader Altimeter[J]. Proceedings of the Institution of Mechanical Engineers, Part G: Journal of Aerospace Engineering, 2007, 221(5): 847-855.

[15] DOUGLAS S C. Introduction to Adaptive Filters[M]. Boca Raton：CRC Press LLC，1999：1 - 20.

[16] 周东华，席裕庚，张钟俊．非线性系统的带次优渐消因子的扩展卡尔曼滤波[J]. 控制与决策，1990，5：1 - 6.

[17] 周东华，席裕庚，张钟俊．一种带多重次优渐消因子的扩展卡尔曼滤波器[J]. 自动化学报，1991，17 (6)：680 - 695.